Armin Börner
Chemie

Armin Börner

Chemie

Verbindungen
fürs Leben

Die Deutsche Nationalbibliothek verzeichnet diese Publikation in
der Deutschen Nationalbibliografie; detaillierte bibliografische Daten
sind im Internet über http://dnb.de abrufbar.

wbg Theiss ist ein Imprint der wbg.

© 2019 by wbg (Wissenschaftliche Buchgesellschaft), Darmstadt
Die Herausgabe des Werkes wurde durch die Vereinsmitglieder
der wbg ermöglicht.
Lektorat: Ulrike Hollmann, Hambergen; Dr. Beatrix Föllner, Nettetal
Grafik: Oliver Zeidler, Rostock
Registererstellung: Dr. Beatrix Föllner, Nettetal
Gestaltung und Satz: Anja Harms, Oberursel
Einbandabbildung: Netzwerk: koto_feja/iStock,
Blockchain: LuckyStep48/iStock
Einbandgestaltung: Vogelsang Design, Aachen
Gedruckt auf säurefreiem und alterungsbeständigem Papier
Printed in EU

Besuchen Sie uns im Internet: www.wbg-wissenverbindet.de

ISBN 978-3-8062-3884-6

Elektronisch sind folgende Ausgaben erhältlich:
eBook (PDF): 978-3-8062-3940-9
eBook (epub): 978-3-8062-3941-6

Inhalt

Man könnte die Menschen in zwei Klassen abteilen; in solche, die sich
auf eine Metapher und 2) in solche, die sich auf eine Formel verstehn. Deren,
die sich auf beides verstehn, sind zu wenige, sie machen keine Klasse aus.

Heinrich von Kleist

Einleitung

Wussten Sie eigentlich, dass „Vitamin C" gar kein Amin ist? Es mag zwar lebensnotwendig sein, wie der erste Teil des Begriffes vita (lat. „Leben") andeutet, aber ein Amin, wie das Wort endet, ist es definitiv nicht! Amine sind als chemisch nahe Verwandte des hochgiftigen und stechend riechenden Ammoniaks meist ebenfalls stinkende und aggressive Stoffe, die im Körper schnell umgewandelt werden, ehe sie Schaden anrichten können. Auch ein anderer Name für Vitamin C, „L-Ascorbinsäure", gibt uns keinen Hinweis darauf, dass es gesund sein könnte. Der Stoff hilft zugegebenermaßen gegen Skorbut, deshalb auch die Herleitung aus dem lateinischen *scorbutus*, eine Krankheit früherer Seefahrer, bei der zuerst das Zahnfleisch blutet und am Ende die Zähne ausfallen. Bei dem Stichwort Säure aber müssten wir schwere gesundheitliche Beeinträchtigungen befürchten, denn die L-Ascorbinsäure ist noch saurer als die Essigsäure, vor der bekanntlich auf jeder Flasche im Haushalt gewarnt wird: „Außer Reichweite von Kindern aufbewahren!"

Nehmen wir ein anderes Beispiel. Sie haben sicherlich schon gehört, dass *Omega*-3-Fettsäuren gesund sein sollen, fast keine Ernährungsberatung kommt ohne diesen Hinweis aus, obwohl auf vielen Grabsteinen und Friedhofstüren in Deutschland neben dem griechischen Buchstaben α auch ein ω steht. Auch über „freie Radikale", die einen besonders schlimmen Ruf haben, haben Sie bestimmt schon gelesen. Gesundheitsbewusste Menschen versuchen ihnen mit viel frischem Obst und Gemüse auf den Leib zu rücken. Ungeachtet dessen nehmen wir mit jedem Atemzug unzählige dieser offenbar sehr gefährlichen Radikale in Form des Sauerstoffs zu uns.

Ja, was ist denn hier los? Man versucht, sich richtig zu ernähren und nun diese Verwirrung! Diese Begriffe, die heutzutage in den meisten Gesundheitslehren eine zentrale Rolle spielen, haben ihren Ursprung in der Chemie, genauer gesagt in der organischen

Chemie. Wenn man verstehen möchte, was hinter den Begriffen steckt, ist es angebracht, dort einmal nachzuschauen, nach dem Motto: Erklärung bietet die Chemie! Doch davor schrecken fast alle zurück.

„Chemie habe ich nie verstanden." Das ist der Satz, den ich am häufigsten höre, wenn ich mich im Gespräch als Professor für Organische Chemie und bekennender Chemiefan oute. Dabei geben sich Lehrende an Schulen und Universitäten redlich Mühe, ihre Schützlinge in die Grundlagen dieser Naturwissenschaft einzuweihen. Es ist ein offenes Geheimnis, dass die meisten Menschen grundlegende Verständnisprobleme haben, wenn es um die Chemie geht. Schlimmer noch, die meisten stehen ihr äußerst skeptisch gegenüber. Das ist verständlich, wenn man die schlechte Presse kennt, die sie in der Öffentlichkeit hat. Danach vergiftet die Chemie in erster Linie unsere Umwelt. Ein paar Segnungen der Chemieindustrie werden zwar anerkannt, prinzipiell wird jedoch ein Hin oder Zurück – so eindeutig ist die Richtung des gesellschaftlichen Diskurses nicht – zur „chemiefreien Natur" angemahnt.[1]

Darüber hinaus ist die Fachsprache des Chemikers verwirrend und offensichtlich nur Eingeweihten verständlich. Man kann hin und wieder die Nachrichtensprecherin bedauern, wenn sie, die sonst so redegewandt ist, beim Aussprechen des langen und komplizierten Namens einer Chemikalie, die schon wieder irgendwo die Umwelt verpestet hat, ins Stocken gerät. Da geht „Dioxin" viel leichter von der Zunge, nicht nur weil das Wort kürzer ist, sondern weil die giftige Verwandtschaft zum „Toxin" (altgriech. τοξικός *toxikós*, „giftiger" [Pfeil]) auf der Hand liegt. Aber gibt es diese Verwandtschaft wirklich? Nein! Die beiden Begriffe, Dioxin und Toxin, haben etymologisch überhaupt nichts miteinander zu tun. Nach dem Klang eines Wortes sollte man in der Chemie nicht gehen. So ist zum Beispiel eine mit dem Dioxin verwandte Chemikalie, die sich vom „freundlich" klingenden „Furan" ableitet, vergleichbar giftig, klingt aber harmlos.[2]

Doch wer kann das alles wissen, zumal sich auch das intellektuell herausfordernde Feuilleton angesehener Tages- oder Wochenzeitungen eigentlich nie mit chemischen Sachverhalten beschäftigt? Ist diese Naturwissenschaft irrelevant!?* Dieser Zustand ist sogar nachvollziehbar, denn viele Medienleute und andere öffentlich wirksame Kultur- und Geisteswissenschaftler haben in der Schule das Fach Chemie meist schon frühzeitig abgewählt.** Das bleibt nicht ohne Folgen. Durch die explosionsartige Vermehrung des

----

*   Noch im Jahr 2002 konnte der Professor für Englische Literatur und Kultur Dietrich Schwanitz in seinem Buch *„Bildung. Alles, was man wissen muß"* (Goldmann Verlag, München) urteilen: „So bedauerlich es manchem erscheinen mag: Naturwissenschaftliche Kenntnisse müssen zwar nicht versteckt werden, aber zur Bildung gehören sie nicht." Daran hat sich auch 15 Jahre später nichts geändert.

Wissens und den mithilfe des Internets fast unbegrenzten Zugang dazu steht der moderne Mensch allein und hilflos inmitten einer überbordenden Ratgeberliteratur. Der Medienwissenschaftler Norbert Bolz schlussfolgert daraus, „dass die Differenz zwischen dem, was man als Information erfasst, und dem, was man operativ beherrscht, immer größer wird".[3] Allergische Abwehrreflexe gegen die intellektuellen Zumutungen der Naturwissenschaften sind die logische Konsequenz. Obwohl Naturwissenschaften und Technik die hoch entwickelten Gesellschaften dominieren, spielen sie immer weniger eine Rolle bei der lebensweltlichen Orientierung.

Es drängt sich in diesem Zusammenhang ein Bild auf, das der Philosoph Friedrich Nietzsche seinerzeit vom Menschen der Zukunft malte: „Deshalb muss eine höhere Cultur dem Menschen ein Doppelgehirn geben, […] einmal um Wissenschaft, sodann um Nicht-Wissenschaft zu empfinden."[4] Offenbar hat sich dieses Doppelgehirn bisher nicht durchgesetzt. Stattdessen wächst der Abstand zur Wissenschaft. So ist es beunruhigend, wenn mittlerweile viele Ernährungsberater, praktizierende Ärzte und engagierte Umweltschützer die Brücke zwischen beiden Welten nicht mehr finden und ihre Hilflosigkeit in Sachen Chemie eingestehen. Entweder gehen sie auf respektvolle Distanz oder bekunden Ablehnung. Eigentlich kann man das ihnen nicht krummnehmen. Auch viele Menschen, die sich hauptamtlich mit der Chemie beschäftigen, sehen dies vor allem als Möglichkeit, sich vorrangig mit einem stark eingegrenzten Sachgebiet intensiv zu beschäftigen, um daraus berufliches Auskommen, intellektuelle Befriedigung oder sogar hohe gesellschaftliche Reputation, etwa als Professorin oder Professor, zu beziehen.

Ich möchte am Anfang dieses Buches die Behauptung aufstellen, dass Chemie, insbesondere die organische Chemie, viel mehr ist als nur eine Quelle fürs tägliche Brot und das Image. Sie bietet ein Verfahren zur Welterklärung, indem sie das Basiswissen für Biochemie, Verhaltensbiologie, Anthropologie, Medizin und Ökologie liefert. Karl Jaspers, einer der herausragenden Vertreter der Existenzphilosophie, hätte an dieser Stelle von „Existenzerhellung" gesprochen, wobei er dabei sicher nicht an die Chemie gedacht hat.[5] Die Chemie benennt Ursachen, wo Begründungen nicht mehr hinreichen.*** Als exakte

---

**   Diese Tendenz spiegelt sich folgerichtig in der Berichterstattung über chemische Themen in den Medien im Rahmen von Naturwissenschaften, Medizin und Technik wider. Hier stehen 3 % Chemiethemen zehnmal mehr Themen aus der Medizin gegenüber. Die Biologie bringt es auf viermal mehr Themen und selbst die Physik liegt noch vor der Chemie (H. Wormer, *Nachrichten aus der Chemie*, 2015, 63, 1155).

***   Das Präfix „be" in Begründung hat die Bedeutung „bei" oder „nahe", was eine abschwächende Wirkung auf das Stammwort „Grund" hat. Eine Begründung ist daher meist subjektiven Intentionen unterworfen. Eine „Ursache" (auch Ursprung, Urgeschehen) beschreibt hingegen tiefere und objektive Zusammenhänge, die wir subjektiv nicht beeinflussen können.

Naturwissenschaft hat die Chemie den Charme, miteinander zusammenhängende und nachprüfbare Aussagen zu liefern, gleichzeitig wirkt sie hinein bis in die Geisteswissenschaften und in den Alltag der Menschen, indem sie Narrativbögen, also Kausalerzählungen mit einem roten Faden, zur Verfügung stellt. Chemiekenntnisse können die Welt strukturieren und somit zur Orientierung im täglichen Leben beitragen.

Selbstredend soll in diesem Buch kein einseitiger Chemismus propagiert werden. Es geht auch nicht darum, die Dinge noch komplizierter zu machen. Eine Geschichte ist aber nicht komplett, wenn der Anfang fehlt. Wenn wir über die uns umgebende Welt und damit auch über uns selbst nachdenken wollen, müssen wir die Tatsache akzeptieren, dass wir selbst und unsere Umwelt aus Tausenden von chemischen Verbindungen bestehen, die miteinander in oft noch wenig bekannter und hochkomplexer Weise wechselwirken.[6] Ob Bratwurst, Pizza oder ein erlesenes Gericht der französischen Küche, Cola, Tee oder ein edler Rotwein, alles, was wir essen und trinken kann mithilfe der Chemie beschrieben werden. Dieser Sachverhalt ist unabhängig davon, ob Sie vegetarisches Essen oder lieber einen deftigen Schweinebraten bevorzugen. Jedes Mal wenn wir Luft holen, nehmen wir eine Menge Sauerstoff zu uns, der irgendetwas in unserem Körper anstellt. Nur was? Und wenn wir wissen, was da passiert, schließt sich umgehend die nächste Frage an: Wer lenkt das alles? Wenn wir in die freie Natur hinausgehen, sind wir umgeben von Farben, deren Entstehung chemischen Prozessen zu verdanken ist. Chemische Duftstoffe wirken nicht nur zwischen Bienen und Pflanzen, sondern bestimmen gleichermaßen das soziale Verhalten von Menschen. Unser Gehirn, das wahrscheinlich komplizierteste Gebilde im Universum, ist aus chemischen Verbindungen aufgebaut. Bewusstsein und Erinnerung haben eine chemische Basis. Diese mentalen Phänomene sind an chemische Verbindungen, speziell an Lipide und Proteine, die zusammen das Myelin bilden, geknüpft. Alzheimer beim Menschen oder die um die letzte Jahrtausendwende so gefürchtete Krankheit BSE (*bovine spongiforme Enzephalopathie*) bei Rindern lassen sich zuverlässig durch eine veränderte chemische Struktur im Gehirn diagnostizieren.

Wenn wir bewusst leben wollen, müssen wir uns zunächst Wissen, das heißt Begriffe und Zusammenhänge, aneignen, mit dessen Hilfe wir über uns und unsere Umwelt nachdenken können. Ludwig Wittgenstein, der sich über die Sprachanalyse dem Wesen des Menschen nähern wollte, hat es so formuliert: „Was wir nicht denken können, das können wir nicht denken. Wir können also auch nicht *sagen*, was wir nicht denken können."[7] Seine These wird mittlerweile durch die moderne Neurochemie und Neurobiologie gestützt. Er hätte es auch „chemischer" sagen können: Ohne die chemischen Strukturen in unserem Gehirn, die sich vergleichbar zu einer virtuellen dreidimensionalen Landkarte mit all ihren Autobahnen, Bundesstraßen, Landstraßen und Feldwegen entfaltet, sind wir auch bei bestem Willen nicht in der Lage, über bestimmte Angelegenheiten nachzudenken, geschweige denn sie sprachlich zu benennen. Sie sind *terra incognita*.

Keine Angst, ich möchte Sie nicht mit Orbitaltheorien oder detaillierten Reaktionsmechanismen traktieren, also mit dem, worüber sich Berufschemiker tagsüber den Kopf zerbrechen. Dafür gibt es diese Spezialisten. Mit diesem Wissen werden Sie auch nicht weiterkommen, wenn Ihnen Ihre Hausärztin Aspirin gegen Schmerzen verordnet oder Ihre Zucker- oder Cholesterolwerte analysiert. Sie sollten aber misstrauisch werden, wenn Ihnen Ihr Apotheker bei einer Erkältung eine Tasse heiße Zitrone empfiehlt, „damit das Vitamin C richtig zur Wirksamkeit gelangt".

Anliegen dieses Buches ist es, mittlerweile verschüttetes und wahrscheinlich nie angewendetes Wissen aus Ihrem Chemieunterricht hervorzukramen und am Beispiel unserer Lebenswelt zu interpretieren. Gleichgültig, ob Sie noch studieren, Arzt, Ökobäuerin, Koch oder Rentnerin sind, ich verspreche Ihnen, dass Sie nach der Lektüre einen völlig neuen Blick auf sich selbst und die Sie umgebende Natur haben werden.

Nachdem Sie dieses Buch gelesen haben, werden Sie wissen, was uralte Höhlenzeichnungen in Spanien, die Erfindung der räumlichen Perspektive während der Renaissance und die Formelsprache der Chemie gemeinsam haben. Sie werden weiterhin erfahren haben, warum Erdöl Millionen von Jahren unbeschadet in der Erde liegen konnte, bis wir es heutzutage innerhalb von Sekundenbruchteilen in unseren Autos verbrennen können. Auf der anderen Seite möchte ich Ihnen erzählen, warum Stoffwechselvorgänge unterschiedlich schnell in unserem Körper ablaufen und dass eine oftmals diagnostizierte „Dehydrierung" nichts, aber auch überhaupt nichts mit krankhaftem Wasserverlust zu tun hat, was uns Sportreporter und Mediziner so gern einreden möchten. Wir wollen uns fragen, warum sich in unseren geografischen Breiten die Laubblätter im Oktober bunt färben und letztendlich abfallen. Die Antwort soll über die romantischen, aber unbefriedigenden Verszeilen von Theodor Storm: „Das ist der Herbst; die Blätter fliegen …"[8] hinausreichen. Gleichzeitig sollen Sie verstehen, weshalb es für Menschen, aber auch für eine Robbe oder einen Wal besser ist, Fette anstelle von Kohlenhydraten unter der Haut zu speichern. Die Antwort wird uns geradewegs zum Problem von scheiternden Diäten führen. Wir wollen uns der Bedeutung des Kochens aus chemischer Sicht nähern und den Einfluss von Zucker auf die Entscheidungsfreudigkeit von Richtern an einem israelischen Bewährungsgericht analysieren. In einem gesonderten Kapitel werden wir Ähnlichkeiten bei der Energieversorgung in biologischen Zellen mit wirtschaftlichen Abläufen in modernen Gesellschaften wie der *Just-in-time*-Lieferung von Vorprodukten herausfinden. Wir wollen auch den Fragen nachgehen, warum Koalas in Australien so friedliche Zeitgenossen sind, weshalb ein „blauer Fleck", also ein Hämatom, alle Farben des Regenbogens annimmt und warum der berühmte Geiger Niccolò Paganini so verflixt schwierige Stücke mit der Violine spielen konnte.

Um die Antworten zu verstehen, müssen wir uns auf die Chemie und ihre Besonderheiten einlassen. Sie werden in diesem Zusammenhang die Symbolsprache, also die berühmten chemischen Formeln, kennen- und auch interpretieren lernen. Chemische Formeln sind nicht nur Fenster in die Welt der Atome und Moleküle, sondern verbinden auch gleichzeitig dieses geheimnisvolle Universum mit unserer erfahrbaren Lebenswelt. Die Formeln sind ausgesprochen logisch, aber, und davor hat der britische Kulturwissenschaftler Terry Eagleton gewarnt: „Eine chemische Formel verstehe ich nicht dadurch, dass ich mich in sie einfühle. Das zu glauben, wäre ein krass romantischer Irrtum über das Wesen des Verstehens."[9] Wir müssen uns daher die Mühe machen und uns einige Grundlagen der Formelentstehung vor Augen führen. Aber keine Angst, Sie werden in diesem Buch nur dann auf Formeln stoßen, wenn sie wirklich notwendig sind, und wir werden dann gemeinsam nur deren Besonderheiten analysieren. Teile einer chemischen Formel, die für unsere Diskussion nicht relevant sind, werden einfach mit R, das bedeutet „Rest", abgekürzt.* Gleichzeitig werde ich Ihnen erzählen, warum im letzten Jahrhundert die vertrauten, oftmals sehr poetischen Trivialnamen in der modernen Chemie keine Perspektive mehr hatten.

Ich möchte Sie auf die Sonderstellung des Kohlenstoffs hinweisen und erklären, warum sich ausgerechnet dieses Element und seine Verbindungen aus der Vielzahl der Elemente, die das Periodensystem der chemischen Elemente (abgekürzt PSE) noch zu bieten hat, durchsetzen konnte. Offenbar haben wir es mit einer Form von Evolution zu tun. Evolution würden Sie an dieser Stelle möglicherweise nicht vermuten. Der Grundsatz von Herbert Spencer: *survival of the fittest*, der die Evolutionstheorie von Charles Darwin am besten auf den Punkt bringt, ist aus der Biologie bekannt. Dass „Gene" Träger der Erbinformation sind und an nachfolgende Generationen leicht verändert weitergegeben werden – daran haben wir uns gewöhnt. Dass es sogar „Meme", also Bewusstseinsinhalte (zum Beispiel Ideen), die soziokulturell vererbt werden, gibt, haben wir zur Kenntnis genommen, seit es uns Richard Dawkins erklärt hat.[10] Solche Schöpfungen des Menschen finden wir beispielgebend in den großen Weltreligionen, die sich, nachdem sie ihre punktuellen Anfangsstadien überwunden hatten, über historisch lange Zeiträume reproduzieren konnten und gleichzeitig kontinuierlich an veränderte Rahmenbedingungen

---

* „R" hat den Vorzug, dass kein Element des chemischen Periodensystems mit diesem Symbol belegt wurde. Auf diese Weise vermeiden wir Missverständnisse.

anpassten, sozusagen ihre kulturelle DNA veränderten. Nun soll es sogar eine chemische Evolution auf dem Gebiet der Atome und Moleküle geben? Wir werden uns daran gewöhnen müssen, dass Leben auf der Erde nicht erst mit Einzellern wie Viren, Archaebakterien und Bakterien begann, sondern dass die Chemie davor, die Wechselwirkungen zwischen Atomen und Molekülen, eine ganz wichtige Voraussetzung für Entwicklung war und bis heute ist.

Das vorliegende Buch soll die Vorzüge einer angeregten Plauderei mit den mentalen Anstrengungen angewandter Naturwissenschaft verbinden. Es kann als Lesebuch und gleichermaßen als einführendes oder ergänzendes Lehrbuch dienen. Das Buch ist für jene geschrieben, die sich auch ohne ein Chemiestudium für die Abläufe im eigenen Körper und für die belebte Natur interessieren. Auch Lehrende der Chemie, Biochemie, Biologie und Medizin werden Argumente finden, warum die Chemie jenseits von mehr oder weniger abgelegenen Wissensinseln ein gehöriges Rationalisierungspotential besitzt. Sie ist nicht vorrangig das, „was knallt und stinkt", sondern zuallererst ein Mittel, um zu verstehen, warum wir selbst und unsere Umwelt so aussehen und funktionieren, wie wir es täglich erfahren. Die angebotene chemische Bildung soll dabei im Sinne des großen Naturforschers Alexander von Humboldt helfen, „soviel Welt als möglich zu ergreifen und so eng, als [man] nur kann, mit sich zu verbinden".[11]

Mein besonderes Anliegen ist es, vor allem weniger chemieaffine Menschen davon zu überzeugen, dass sich ein klein wenig Verständnis der Chemie lohnt, weil sich daraus neue und meist sehr überraschende Zusammenhänge ergeben. Zitate aus dem kulturwissenschaftlichen, darunter auch philosophischen Bereich sollen bezeugen, dass sie sich als Fortsetzung der Chemie mit anderen Mitteln interpretieren lassen. In einigen Fällen sollen allzu freizügige Adaptionen aus der naturwissenschaftlichen Fachsprache in die Alltagssprache kritisch beleuchtet werden. Diese Methodik soll dazu beitragen, die neuen Erkenntnisse in bereits Bekanntes einzubetten und damit die Scheu vor der Chemie abzubauen. Chemische Fachbegriffe und Abläufe auf molekularer Ebene werden hin und wieder in verständliche Metaphern und Allegorien übersetzt. Dazu zählt auch der fast schon trivial anmutende Rückgriff auf Verkehrszeichen, die ich nutzen möchte, um den Verkehr auf molekularer Ebene zu deuten. Für näher Interessierte habe ich in den Fußnoten zusätzliche Beispiele beschrieben und für Fortgeschrittene werden vertiefende Erklärungen im Literaturteil angeboten.

Natürlich war es ein Wagnis für mich, die gewohnten Pfade der organischen Chemie zu verlassen. Das Ziel und das damit verbundene Risiko eines solchen Vorhabens hat der Physiker Erwin Schrödinger im Vorwort seiner Schrift über die biologischen Grundlagen der Vererbung, „Was ist Leben?", beschrieben: „[…] daß einige von uns sich an die Zusammenschau von Tatsachen und Theorien wagen, auch wenn ihr Wissen teilweise aus zweiter Hand stammt und unvollständig ist – und sie Gefahr laufen, sich lächerlich zu machen [ist notwendig, um] unser gesamtes Wissensgut zu einer Ganzheit zu verbinden."[12]

Dieses Buch ist im Laufe von einigen Jahren parallel zu meinen Fachvorlesungen an der Universität Rostock entstanden. Ich danke allen, die durch Diskussionen und Anregungen beitrugen, verschiedene Aspekte tiefer zu durchdenken, und mich auf zusätzliche Beispiele aufmerksam gemacht haben. Zuallererst möchte ich meinen beiden Töchtern Anna und Lisa danken, die aufgrund ihrer Expertisen in den Kulturwissenschaften mir eine Reihe wertvoller Hinweise aus diesen für mich etwas ferner liegenden Sachgebieten gegeben haben. Gisela Boeck und Christian Vogel haben das Manuskript kritisch und sehr akribisch gelesen; beiden bin ich für viele und höchst interessante Anregungen zu großem Dank verpflichtet. Bei den Kolleginnen und Kollegen Uwe Bornscheuer, Robert Franke, Detlef Heller, Jens Holz, Klaus Neymeyr, Stefan Meldau, Bettina Ohse, Axel Schulz, Wolfram Seidel, Andreas Seidel-Morgenstern, Anke Spannenberg und Joachim Wagner möchte ich mich für zahllose Anmerkungen und Hinweise auf chemischem bzw. biologischem Gebiet bedanken. Elisabetta Alberico, Haijun Jiao, Uwe Rosenthal, Ivan Shuklov und Baoxin Zhang danke ich für die Unterstützung bei fremdsprachlichen Übersetzungen von Begriffen und Zitaten. Mein Dank gilt ebenso Stephan Rüther für die vielfältigen Anregungen aus seinem philologischen Wissensfundus, namentlich von Gräzismen und Latinismen mit Bezug zur Chemie.

Dieses Buch wäre nicht in der vorliegenden Form erschienen ohne das kompetente und konsequente Lektorat von Ulrike Hollmann. Sie hat viele Scharten erkannt und ausgewetzt. Beatrix Föllner hat das Manuskript sehr sorgfältig für den Druck vorbereitet. Im gleichen Maße bin ich Oliver Zeidler für die äußerst professionelle Hilfe bei der Überarbeitung der Abbildungen zu Dank verpflichtet. Darüber hinaus hat er mir unschätzbare Rechtsbeihilfe bei der Drucklegung geleistet. Fatoumata Diop danke ich zusammen mit dem Verlag wbg Theiss für den Mut, dieses Wagnis einzugehen und Naturwissenschaften auf weniger ausgetretenen Wegen zu erkunden.

Last but not least danke ich Barbara Heller und Matthias Beller vom Leibniz-Institut für Katalyse für das immerwährende Interesse und die finanzielle Unterstützung.

1 Die Formelsprache der Chemie – Symbole als Fenster zur molekularen Welt

1.1 Verbundene Elemente

Im ersten Kapitel wollen wir der Frage nachgehen, was Höhlenzeichnungen aus der Altsteinzeit, die Entdeckung der räumlichen Perspektive während der Renaissance und die Formelsprache der Chemie gemeinsam haben.

Beim Betrachten der berühmten Malereien in den Höhlen des spanischen Ortes Valtorta sind wir fasziniert von der Realitätsnähe der dargestellten Bilder. Auch nach ca. 13 000 Jahren erkennen wir sofort Rehe, Hirsche und Menschen mit Pfeil und Bogen. Wir können uns sogar ohne viel Fantasie die Dramatik der dargestellten Jagdszenen vorstellen.

Höhlenmalerei in Valtorta (Spanien)
(ca. 11 000 Jahre v. Chr.)

Relief mit ptolemäischem Hieroglyphentext am Tempel
von Kom Ombo (Oberägypten) (ca. 304 bis 31 v. Chr.)

Wir würden sie heute in ähnlicher Weise malen, wenn wir keine anderen Aufzeichnungsgeräte, zum Beispiel einen Fotoapparat, zur Verfügung hätten. Fotos liefern sehr detaillierte Abbildungen, aber aufgrund der Unmenge an Details gehen beim flüchtigen Betrachten viele Informationen verloren. Aufgrund unterschiedlicher Vorkenntnisse und Vorlieben nehmen unterschiedliche Betrachter unterschiedliche Aspekte wahr.

Angenommen, die Künstler der letzten Eiszeit hätten schon eine Schriftsprache verwendet, so würde es uns heute schwerfallen, deren Intentionen und Aussagen zu verstehen. Es würde uns ergehen wie den Entdeckern der ägyptischen Hieroglyphen im Doppeltempel von Kom Ombo am östlichen Nilufer in Oberägypten. Dort sind menschenähnliche Wesen umgeben von rätselhaften Zeichen in den Stein eingraviert. Deren Deutung gelang erst nach Jahren mühseliger Entschlüsselungstätigkeit, und bis heute sind die wenigsten von uns in der Lage, diese Schriftzeichen zu lesen. Auch unsere modernen Schriftsprachen basieren auf Symbolen, die irgendwann einmal eine reale Bedeutung hatten, mittlerweile aber so abstrakt sind, dass wir ihre Interpretation erst mühsam in der Schule erlernen müssen.[13]

Die allerersten Symbolsprachen, mit denen unsere Vorfahren über die sie umgebende Welt hinausdrängten, sind hingegen viel anschaulicher. Auch Kinder zeichnen konsequent einfach, wenn sie beispielsweise einen Menschen darstellen wollen. Heraus kommen dabei die berühmten Strichmännchen, deren Bedeutung so eindeutig ist, dass sie als standardisierte Piktogramme überall auf der Welt auf Flughäfen oder Bahnhöfen Anwendung finden.

Eindeutig zu verstehen sind auch Verkehrszeichen auf unseren Straßen. Man muss nicht die Landessprache kennen, um sie deuten zu können. Nach diesem Prinzip funktioniert auch die Formelsprache der Chemie. Die chemischen Strukturformeln basieren auf Symbolen für die beteiligten Atomsorten und beschreiben deren Beziehungen zueinander.[14] Die Beziehungen sind nicht willkürlich, sondern ergeben sich aus den Eigenschaften der Elemente. Strukturformeln korrespondieren auf diese Weise mit einem physikalisch determinierten Ordnungsrahmen. Die Atomsymbole repräsentieren Elemente, die mit den Abkürzungen ihrer lateinischen Namen wiedergegeben und im Periodensystem der chemischen Elemente (PSE) erfasst werden. Dabei stehen, um die wichtigsten zu nennen, C (*carboneum*) für Kohlenstoff, H (*hydrogenium*) für Wasserstoff, O (*oxygenium*) für Sauerstoff und N (*nitrogenium*) für Stickstoff. Die chemische Symbolsprache auf der Basis von Formeln kann jeder, der sich ein wenig in der Chemie auskennt, interpretieren. Der Begriff des Symbols steht mit dem altgriechischen Wort συμβάλλειν *symbállein* für „zusammenbringen" und „vergleichen" in Zusammenhang. Damit wird die Forderung deutlich, dass den chemischen Symbolen ein physikalischer Realitätsgehalt zukommen muss. Tatsächlich geben die chemischen Formeln in diesem Buch die Bindungsverhältnisse und die räumliche Anordnung der Atome in Molekülen mit ungefähr 10^8-facher Vergrößerung wieder.

Hin und wieder werden in der Chemie auch Molekülmodelle mit Stäbchen und Kugeln verwendet. Diese ergänzen die chemischen Formeln auf sehr praktische Weise, indem sie die relativen Größen von Atomen und deren räumlicher Beziehungen zueinander noch fassbarer abbilden. Dadurch werden geometrische Relationen sichtbar und ein dreidimensionales Abbild der molekularen Struktur entsteht. Im Begriff der chemischen „Verbindung" wird das strukturbildende Prinzip deutlich hervorgehoben; es wird ersichtlich, dass Teilchen, hier Atome, miteinander *verbunden* worden sind.[*]

Selbstverständlich kann man einer chemischen Verbindung auch einen Namen geben, aber oftmals sind diese Bezeichnungen ungenau oder sogar falsch. Und wenn sie exakt sind, dann sind sie so kompliziert, dass sie sich kein Mensch merken kann. Chemiker aus der ganzen Welt können sich mittels der Formelsprache auf Tagungen austauschen, wobei es völlig belanglos ist, ob die Konferenz in Tokio, Peking, Bagdad, São Paulo oder Berlin stattfindet und ob das Englisch der Beteiligten glänzend oder nur rudimentär ist.

Das ist aber noch nicht alles, was die chemische Formelsprache so attraktiv und vielseitig macht: Ebenso wie ein Strichmännchen die wichtigsten Merkmale eines realen Menschen mit Kopf, Armen, Rumpf und Beinen wiedergibt, so geben chemische Formeln Auskunft über Art und Anzahl der beteiligten Atome und ihre Bindungsverhältnisse zueinander. Die Realitätsnähe dieser Formeln können wir durch die Kristallstrukturanalyse überprüfen, bei der mittels einer physikalischen Methode, der Röntgenbeugung, Lage und Abstände der einzelnen Atome zueinander exakt ermittelt werden.

---

[*] Aus diesem Grund wird in diesem Buch auf die formelfernen Begriffe „Stoff" und „Substanz" weitgehend verzichtet. Der Begriff der „Chemikalie" ist in der deutschen Sprache synthesechemisch hergestellten Substanzen vorbehalten und findet deshalb hier ebenfalls keine Anwendung (in der englischen Sprache gibt es übrigens keine Entsprechung für Chemikalie, nur die Ausdrücke *chemical* und *chemical substance*, die meist synonym verwendet werden). Der Begriff des „Moleküls" bezieht sich hingegen auf molekulare Individuen, in denen Atome miteinander verbunden sind, und entspricht daher genau dem Symbolgehalt von Formeln.

Aus den chemischen Formeln kann man zahlreiche chemische Eigenschaften der betreffenden Verbindung ableiten. Man muss diese Formeln nur interpretieren können. Der Eingeweihte kann dann, ohne ein einziges chemisches Experiment im Labor zu machen, etwa vorhersagen, ob die Verbindung in Wasser oder in Pflanzenöl löslich ist, wie es um deren saure oder basische Eigenschaften steht oder ob sie brennbar ist. Ein bloßer Name hat bei Weitem nicht diese Aussagekraft.*

Für eine erste Übungseinheit schauen wir uns D-Glucose, gemeinhin als Traubenzucker bekannt, an. D-Glucose bildet zusammen mit D-Fructose unseren Haushaltszucker, der auch als Saccharose bezeichnet wird (altgriech. σάκχαρον *sákcharon*, „Zucker"). Beide gehören zu den Kohlenhydraten. Was verrät uns das? Um mit Goethes Faust zu sprechen: „Hier stock ich schon! Wer hilft mir weiter fort?"[15] – dem realen molekularen Aufbau der Glucose kommen wir so nicht näher. Nimmt man das Kohlenhydrat beim Wort, müsste es eine wässrige Lösung von Kohle bezeichnen, was es aber nicht ist.** Hydrat ist nämlich nichts anderes als die altgriechische Übersetzung (ὕδωρ *hýdōr*) von Wasser. Auch das Wort „D-Glucose" bringt uns nicht wirklich weiter. Aus dem Namen kann man gerade einmal ablesen, dass die damit bezeichnete chemische Verbindung süße Eigenschaften hat, vorausgesetzt man weiß, dass im Wortstamm die altgriechische Bezeichnung γλυκύς *glykýs* für „süß" steckt. Diese Eigenschaft können wir zwar nicht ohne weitere Kenntnisse aus der chemischen Formel ableiten, obwohl es mittlerweile auch darüber schon Theorien gibt, welchen räumlichen Aufbau eine Verbindung haben muss, damit unsere Zunge sie als süß vermeldet.[16] Aber wir können anhand der Formel sofort sagen, dass die Verbindung gut in Wasser löslich sein muss. Die H–O-Symbole (meist in der Formel zu „HO" verkürzt), die sogenannten Hydroxygruppen, verweisen auf eine große Ähnlichkeit mit dem Wassermolekül, H–O–H (Summenformel: H_2O). Nach dem in der Chemie geltenden Grundsatz: *Similia similibus solvuntur* (lat. „Ähnliches löst Ähnliches") können wir folgerichtig davon ausgehen, dass sich D-Glucose in Wasser auflöst.***

---

* Leider ist in der modernen Biochemie, die historisch aus der organischen Chemie hervorgegangen ist, die Tendenz zu beobachten, dass chemische Formeln durch kryptische Abkürzungen ersetzt werden. Diese meist schlecht aussprechbaren Kürzel lassen sich nicht nur schlechter merken als Trivialnamen, sondern der Informationsgehalt chemischer Formeln bleibt weithin unerkannt. Die Aufforderung *„back to the roots"* scheint angebracht.

** Die Bezeichnung Kohlenhydrate geht auf die allgemeine Summenformel $C_n(H_2O)_m$ vieler (aber beileibe nicht aller) Zucker zurück. Sie wurde von Carl Schmitt 1844 geprägt (C. Schmitt, Ueber Pflanzenschleim und Bassorin, *Annalen der Chemie und Pharmacie* 1844, 51, 29–62) und stammt noch aus einer Epoche, wo verschiedene Arten der Bindung zwischen Atomen noch keine Rolle spielten.

Nun werden Sie sicher sofort einwenden: „Dazu brauche ich keine chemische Formel, das weiß ich aus eigener Erfahrung, wenn ich beispielsweise ein Stück Würfelzucker im Tee auflöse." Was die Erfahrung aber nicht hergibt, ist der Aufbau des Moleküls, also die Anordnung der Hydroxygruppen an einer langen Kette, die nachzählbar in der Glucose aus sechs Kohlenstoffatomen besteht. Die Kohlenstoffatome bauen das Rückgrat dieser Verbindung auf, indem sie über chemische Bindungen fest miteinander verknüpft sind. Wir können weiterhin erkennen, dass von den sechs Kohlenstoffen fünf mit jeweils einer Hydroxygruppe verbunden sind.

D-Glucose   Wasser

Oftmals wird die Glucose auch mit ihrer Summenformel $C_6H_{12}O_6$ beschrieben. Diese verkürzte Darstellung ist zweifelsohne einfacher zu merken, verschweigt uns jedoch wichtige Informationen: In der Strukturformel der D-Glucose zeigt nur eine einzige Hydroxygruppe nach links, die restlichen sind auf der rechten Seite. Offensichtlich könnte es auch anders sein. Und damit haben wir schon ein wichtiges Differenzierungsmerkmal kennengelernt, wie sich D-Glucose von allen anderen wasserlöslichen Zuckern mit sechs Kohlenstoffatomen, etwa der D-Allose, unterscheidet.[17]

$C_6H_{12}O_6$
Summenformel

D-Glucose   D-Allose

D-Allose ist ein Zucker, bei dem in der Strukturformel alle Hydroxygruppen auf der gleichen, hier rechten Seite stehen. Aus dieser Anordnung leitet sich auch der Name Allose ab. Dieser Zucker ist sehr selten und wurde bisher nur im afrikanischen Zuckerbusch (*Protea rubropilosa*) und in der Frischwasseralge *Ochromas malhamensis*

*** Hydroxygruppen erhöhen die Wasserlöslichkeit, vorausgesetzt, sie sind nicht mit sich selbst beschäftigt, wie ich später am Beispiel von Cellulose und Bilirubin noch zeigen werde.

nachgewiesen. Die im Schulunterricht oftmals zitierte „Feuerwehr"-Merkregel für die Anordnung der Hydroxygruppen „ta-tü-ta-ta" in der D-Glucose muss also etwas zu bedeuten haben. Es scheint so, als ob Pflanzen gar keine andere Wahl haben, als während der Fotosynthese mithilfe des Sonnenlichtes D-Glucose herzustellen. D-Allose mit keiner aus der Reihe tanzenden Hydroxygruppe ist irgendwie keine echte Alternative zur Glucose und nur ein Thema für Spezialisten im Pflanzenreich. Ich werde später noch genauer auf die Ursachen hierfür eingehen. Unser Fazit an dieser Stelle lautet: Das für eine gesunde Ernährung so immens wichtige „Zuckerproblem" ist konkret gesagt ein Glucoseproblem und kein Alloseproblem.

Wir sind bei eingehender Betrachtung der chemischen Formel sogar bei etwas Übung in der Lage vorauszusagen, wie viel Energie man aus Zucker gewinnen kann. Wie man das macht, werde ich in einem der nächsten Kapitel erzählen. Übrigens befindet sich an der Spitze der Formel der Glucose ein C=O-Symbol. Das ähnelt schon ein wenig der Zusammensetzung O=C=O, also CO_2, chemischer Name Kohlendioxid (oft auch als Kohlenstoffdioxid bezeichnet), und Sie können sich jetzt schon merken, dass der Weg von dieser H–C=O-Gruppierung bis zum Kohlendioxid nur noch weniger Schritte bedarf.

Im Unterschied zur Glucose sehen wir der chemischen Formel des Capsaicins auf den ersten Blick an, dass die zugehörige Verbindung mit großer Sicherheit nicht wasserlöslich ist. Capsaicin ist der scharf machende Inhaltsstoff aller Paprikasorten. Die Formel ähnelt mehr der in der Abbildung darunter stehenden Formel eines Fettes. Deshalb kann man den brennenden Geschmack von Chilischoten auf der Zunge nicht mit Wasser oder Bier bekämpfen. Fetthaltige Milch oder Joghurt sind hingegen besser geeignet, um den Mund wieder auf Normaltemperatur herunterzukühlen.

Capsaicin

Fett

β-Carotin

Ein ähnliches Löslichkeitsverhalten wie Capsaicin zeigt β-Carotin. Die Verbindung gibt Karotten die typische orangegelbe Färbung und ist die Vorstufe des lebenswichtigen Vitamin A. Die lange Kette im β-Carotin mit den zahlreichen C=C-Doppelbindungen sollte sich hervorragend mit denen des Fettes arrangieren. Tatsächlich lässt sich der wertvolle Inhaltsstoff sehr gut mit Butter oder Pflanzenölen aus Mohrrüben extrahieren.

Chemische Formeln erinnern somit stark an die Aussagekraft von Schriften, von denen der Karlsruher Philosoph Peter Sloterdijk behauptet, dass „wer Schriften lesen kann, [...] das Vermögen [trainiert], aus der Fülle des Unähnlichen Ähnlichkeiten herauszulesen".[18] Ein kleiner Gesundheitstipp aus der Sicht des Chemikers, der vielen Rohkostverfechtern möglicherweise nicht schmecken wird: Isst man Mohrrüben roh und nur grob zerkleinert, werden höchstens 3 % β-Carotin aufgenommen.[19] Zerkleinert (passiert) man hingegen die Möhren und bereitet sie mit heißem Fett zu, profitiert der Körper mit bis zu 48 %.

Nun fällt unser Blick auf die chemische Formel des bereits in der Einleitung erwähnten Vitamins C. Die Verbindung enthält vier Hydroxygruppen, daher ist sie auch gut wasserlöslich.

Vitamin C

Die Bezeichnung Vitamin stammt von dem polnischen Chemiker Casimir Funk, der ihn 1912 prägte. Er hatte sich vor allem mit der Mangelerkrankung Beri-Beri beschäftigt, einer Krankheit, die Menschen und Hühner befällt, die sich vorwiegend von geschältem Reis ernähren. Er konnte die fehlende Verbindung, das Thiamin, aus abgetrennten Reishüllen isolieren. Tatsächlich handelt es dabei um ein richtiges Amin.* Dieser Begriff verbreitete sich von da an auch auf andere lebenswichtige Stoffe, ohne dass diese ebenfalls zu den Aminen gehören. Womit wir wieder beim Vitamin C sind. Schaut man sich die chemische Formel an, fällt sofort auf, dass es nicht ein einziges Stickstoffatom, charakterisiert durch das Atomsymbol N, enthält. Das wäre die Mindestvoraussetzung, um die Geschichte mit dem Amin weiter zu verfolgen. Offenbar führt uns der Name völlig in die Irre und wir könnten die Verbindung auch wPdidZv nennen, also eine Abkürzung für „weißes Pulver, das in der Zitrone vorkommt".

Dieses Dilemma ist auch vielen Chemikern im letzten Jahrhundert aufgefallen. Damit war die Namensgebung mittels Trivialnamen an ihr Ende gekommen. Trivial (lat. *trivialis*, „gewöhnlich") ist an dieser Stelle nicht abwertend gemeint, sondern soll auf die Umstände der Namensgebung hinweisen. Heutzutage bekommen nur noch jene Verbindungen Trivialnamen, die Naturstoffchemiker zum ersten Mal aus biogenen Quellen isolieren. Hin

---

*   Der Begriff Amin leitet sich vom Ammoniak (lat. *sal ammoniacum*, „ammonisches Salz") her, wobei die verkürzte Form „Am-" mit der Nachsilbe „in" kombiniert wurde.

und wieder verewigt sich auch ein Chemiker mit seinem Namen in einem von ihm entwickelten Reagenz oder einer neuen Reaktion. Mehr steckt nicht dahinter.

Die meisten Trivialnamen, die bis in die Gegenwart in Gebrauch sind, wurden von Pflanzen oder Tieren abgeleitet, in denen die zugehörigen chemischen Verbindungen zum ersten Mal aufgefunden wurden. So verweist die Salicylsäure, deren Kurzform auch im Suffix (lat. „Nachsilbe") der Kopfschmerztablette Ace<u>sal</u>® auftaucht, auf die lateinische Bezeichnung der Silberweide (*Salix alba*). Linol- und Linolensäure gehören zu jenen als besonders gesund gepriesenen, mehrfach ungesättigten Fettsäuren, die zuerst in der Leinpflanze (hochdeutsch: „*Linnen*") nachgewiesen wurden. Ihre Namen leiten sich vom lateinischen *linum* für Lein (Flachs) und *oleum* für Öl ab. Auch viele Produkte spezieller Organe oder Zellbestandteile verraten mit dem Namen ihre Herkunft. Nucleinsäuren kommen erkennbar im Zellkern (lat. *nucleus*) vor. Das Stresshormon Adrenalin (lat. *ad*, „an", und *ren*, „Niere") wird im Nebennierenmark gebildet und von dort ins Blut ausgeschüttet.

Der Fantasie bei der Namensgebung war in den fröhlich anarchistischen Zeiten der Alchemisten und ersten Chemikergenerationen keine Grenzen gesetzt. Um zumindest den chemischen Substanzcharakter zu kennzeichnen, wurden die Herkunftsbezeichnungen mit den Endungen „in" oder „ol", in seltenen Fällen auch mit „il", versehen. Ein typisches Beispiel ist das Coffein. Es wurde zuerst in *Coffea arabica*, dem Kaffeestrauch, nachgewiesen, kommt aber nicht nur im Kaffee, sondern auch in grünem und schwarzem Tee vor. Toluol (auch Toluen genannt), ein Lösungsmittel, das heutzutage in großen Mengen aus Erdöl herausdestilliert wird, wurde im Tolubalsam (*Balsamum tolutanum*) des Balsambaumes (*Myroxylon balsamum var. balsamum*) entdeckt. Wie bereits erwähnt, verleiht Carotin den Karotten (*Daucus carota*) die typische orange-gelbe Farbe. Auch Entdecker oder besondere Stoffeigenschaften wurden in den Trivialnamen verewigt. Namensgeber für das Nicotin war ein französischer Diplomat am portugiesischen Hof, Jean Nicot de Villemain, der die Tabakpflanze im späten 16. Jahrhundert nach Frankreich brachte. Für das Chinin stand die schöne Gattin des Vizekönigs in Lima und Peru, Gräfin von Chinchón Pate, die der Legende nach im 17. Jahrhundert mittels Chinarinde (*Cinchona*) ihre Malariaanfälle kurierte. In der darauffolgenden Zeit gehörte Chininpulver bei vielen Reiseschriftstellern – besonders zu erwähnen ist in diesem Zusammenhang der Tropenreisende Jack London – zur Grundausrüstung in die Reiseapotheke.[20] Heutzutage ist Chinin nur noch in einer Limonade der Firma Schweppes und einiger anderer Brausehersteller zu finden.

Heroin erhielt 1896 seinen Namen bei der auch heute noch sehr bekannten Pharmafirma Bayer aufgrund der heroischen Eigenschaften, die es denjenigen verlieh, die es einnahmen. Es ist ein Umwandlungsprodukt des Morphins, das seinen Namen dem griechischen Gott der Träume (Morpheus) verdankt. Cholesterol (altgriech. χολή *cholé*, „Galle", und στερεός *stereós*, „fest") wurde im späten Mittelalter fälschlicherweise als Auslöser von cholerischen Anfällen angesehen. Pyrrol färbt einen mit Salzsäure befeuchteten Fichtenspan „feuer"-rot (altgriech. πῦρ *pýr*).

Durch die emsige Tätigkeit organischer Chemiker, die Ende des 19. Jahrhunderts begannen, die Grundstrukturen dieser Naturstoffe synthesechemisch abzuwandeln, wurde immer deutlicher, dass die Trivialnomenklatur nur begrenzt ausbaubar und anschlussfähig ist.

Zunächst gelang es noch, Änderungen der chemischen Struktur in die Trivialnamen in Form von vor- oder nachgestellten Bezeichnungen (Präfixe und Suffixe) zu integrieren. Ein Beispiel ist die Acetylsalicylsäure, die durch eine chemische Reaktion namens Acetylierung aus der Salicylsäure hergestellt wird. Die Anwendung des Naturstoffes Salicylsäure als schmerzstillendes und fiebersenkendes Mittel führt in vielen Fällen zu akuten Problemen im Magen-Darm-Trakt. Durch die synthesechemische Modifikation werden diese Nebenwirkungen gemindert. In Form der Acetylsalicylsäure hat es die Substanz in fast jede Hausapotheke als das bereits oben erwähnte Acesal®, auch als Aspirin® bekannt, geschafft.

Salicylsäure
Naturstoff

Acetylsalicylsäure
synthesechemisch modifizierter Naturstoff

Die synthesechemische Modifikation kann auch am Ende des Namens hervorgehoben werden wie im Ameisensäureethylester, der aus der Ameisensäure hergestellt werden kann und der den typischen Geruch von Arrak oder Rum aufweist.

$$\text{H–COOH} \xrightarrow[\text{(Ethanol)}]{+ C_2H_5OH} \text{H–COOC}_2\text{H}_5$$

Ameisensäure
Naturstoff

Ameisensäureethylester
synthesechemisch modifizierter Naturstoff

Dieses Prinzip der Namensgebung ist vergleichbar mit der biologischen Taxonomie von Pflanzen und Tieren, bei der dem Gattungsnamen die Zugehörigkeit zur Spezies einfach angehängt wird.* Damit holte die Chemie das nach, was Carl von Linné mit seiner *Systema naturae* für die Pflanzen- und Tierwelt schon Mitte des 18. Jahrhunderts vorschlug: eine einheitliche und ausbaufähige Benennung. Diese zeitliche Verzögerung in der Chemie scheint entschuldbar angesichts der für das menschliche Auge nicht sichtbaren Atome und Moleküle. Erst die modernen Analysemethoden des 20. Jahrhunderts erlaubten den Blick in diese spannende und folgenreiche Mikrowelt.

Zunehmend wurden von der Synthesechemie auch völlig neue Strukturen ohne Vorbild in der belebten Natur hergestellt, die ebenfalls eine unverwechselbare Bezeichnung erhalten mussten. Gleichzeitig kollidierten einige alte Namen mit neuen Bezeichnungen, die für Klassifikationen von chemischen Verbindungen vorgesehen waren. Ein typisches Beispiel ist Glycerin, das nicht nur ein wesentlicher Bestandteil aller pflanzlichen und tierischen Fette, sondern auch der meisten Hautcremes ist. Die Endung „in" verweist nach neuer Lesart auf die Zugehörigkeit zur Verbindungsklasse der Alkine. Diese funktionelle Gruppe, charakterisiert durch eine Dreifachbindung zwischen benachbarten Kohlenstoffatomen, kommt fatalerweise überhaupt nicht in dieser Verbindung vor. Stattdessen finden wir nur die schon erwähnten Hydroxygruppen, die auf die Klasse der Alkohole verweisen. Deswegen sollte die Verbindung besser mit dem Trivialnamen Glycerol bezeichnet werden.**

Glycerin
besser: Glycerol

Benzol
besser: Benzen

Vergleichbares gilt für das Cholesterin. Auch diese Verbindung, die im Rahmen einer gesunden Ernährung über die Chemie hinaus breiteste Beachtung erlangt hat, gehört zur Gruppe der Alkohole, und der Name Cholesterol ist passender. Das Benzol, das aus Erdöl isoliert werden kann, besitzt wiederum überhaupt keine einzige Hydroxygruppe. Deshalb

---

* Ein Beispiel sind die verschiedenen Gattungen aus der Familie der Sperlinge (Passer), bei denen es unter anderem den Haussperling (*P. domesticus*), den Feldsperling (P. montanus) und den Weidensperling (*P. hispaniolensis*) gibt.

** Wie in der Glucose steckt auch im Glycerol die altgriechische Bezeichnung für γλυκύς *glykýs*, „süß", was auf diese Eigenschaft verweist.

ist die Bezeichnung Benzen, die einstmals auch die Überleitung zum Auto-„Benzin" semantisch herstellte, realitätsbezogener, da die Endung „en" auf C=C-Doppelbindungen hinweist.

Um mit diesen Unstimmigkeiten aufzuräumen, nahm sich die Dachorganisation der Chemiker weltweit, IUPAC (*International Union for Pure and Applied Chemistry*, gegründet 1919), der Herkulesaufgabe an, eine breit anwendbare und stimmige Nomenklatur zu kreieren. Darin spielen Herkunft oder Eigenschaften einer Verbindung keine Rolle mehr, was wie bei allen Ordnungssystemen leider auf Kosten der Poesie geht.

In der neuen Taxonomie werden chemische Verbindungen in Grundstrukturen aufgeteilt, die in der organischen Chemie auf dem Kohlenstoffrückgrat basieren. Modifikationen an diesem Gerüst werden separat und damit eindeutig benannt. Das IUPAC-System ist mittlerweile mit so vielen Daten gefüttert und logisch strukturiert, dass einschlägige Computerprogramme den Namen einer jeden chemischen Formel – und sei er noch so lang – innerhalb von Sekundenbruchteilen ausspucken können (im Kapitel 5 findet sich ein besonders eindrucksvolles Beispiel mit dem Palytoxin). Diese Programme weisen sogar auf Fehler hin, was den Chemiker veranlasst, noch einmal über seine chemische Formel nachzudenken. Die IUPAC-Namen sind meist nicht einfach zu lesen, aber sie sind mit kleineren Abweichungen in den einzelnen Landessprachen weltweit einheitlich. Wir finden sie neben vielen Trivialnamen hin und wieder auf Inhaltsangaben von Medikamenten, Wasch- und Reinigungsmitteln. Kleiner Nebeneffekt: Da auch in der modernen Chemie Englisch zur *lingua franca* geworden ist, werden auch alte Trivialnamen leicht modifiziert. Aus dem Äther wurde der Ether, Äthanol schreibt man heute auch im Deutschen Ethanol. Wo früher K war, ist nun C, zum Beispiel Coffein (früher Koffein), Calcium (früher Kalzium) oder Glucose (früher Glukose). Auch das deutsche Z in der Zitronensäure mutierte zum C. Die anglisierte Schreibweise der Citronensäure hat gleich noch den biochemischen Mechanismus „infiziert", an dessen Beginn sie steht, den Citronensäurecyclus (früher Zitronensäurezyklus), der mittlerweile oft auch in der deutschsprachigen Fachliteratur mit drei „c" geschrieben wird. An diesen Vorgaben habe ich mich in diesem Buch orientiert.

Selbstverständlich können wir mit der IUPAC-Nomenklatur auch sämtliche chemischen Bestandteile des Menschen oder die seiner Nahrung ordnungsgemäß benennen. Die Anwendung auf D-Glucose führt zu dem Namen (2*R*,3*S*,4*R*,5*R*)-2,3,4,5,6-Pentahydroxyhexanal. Den kann auch ein Chemiker nur im nüchternen Zustand aussprechen.

Der IUPAC-Name ist aber eindeutig und unser automatisches Zeichenprogramm generiert daraus die zugehörige Strukturformel. Da auch modernen Chemikern nur wenig Zeit zur Verfügung steht, haben sie im Verlauf der letzten 50 Jahre in der Formel zunächst die Kohlenstoffatome und zuletzt auch noch jene Wasserstoffatome, die mit Kohlenstoff-

D-Glucose = (2*R*,3*S*,4*R*,5*R*)-2,3,4,5,6-Pentahydroxyhexanal

atomen verbunden sind, weggelassen. Trotzdem ist weiterhin festgelegt, dass Glucose aus sechs Kohlenstoffatomen besteht und dass dort, wo die Kohlenstoffatome keine Bindungen – das sind in der Formel die Striche zwischen den Atomsymbolen – zu einem Sauerstoffatom oder einem anderen Kohlenstoffatom aufweisen, Wasserstoffatome hingehören. Die abgespeckte Form unserer chemischen Formel lässt sich nun noch besser mit dem bereits oben erwähnten Strichmännchen vergleichen. Alles Wichtige ist vorhanden. Nimmt man einige wenige Zusatzinformationen aus dem Periodensystem der Elemente (PSE) hinzu, wird aus einem Cartoon eine Quelle mannigfaltiger Informationen. Dabei ist zu bedenken, dass eine chemische Formel immer singuläre Strukturen beschreibt – im Gegensatz zur mathematischen Formel, sozusagen ihrer sehr entfernten „Großtante", die maximale Abstraktion anstrebt. Die Warnung des Philosophen Friedrich Wilhelm Hegel, „Abstraktionen in der Wirklichkeit geltend machen, heißt Wirklichkeit zerstören"[21], kann eine chemische Formel gelassen an sich abperlen lassen. Sie ist der Realität schon sehr nahe.

Noch komplizierter wird es, wenn wir die IUPAC-Nomenklatur auf Vitamin C anwenden. Nach ihr lautet der exakte Name für Vitamin C (*R*)-5-((*S*)-1,2-Dihydroxyethyl)-3,4-dihydroxyfuran-2(5H)-on. Den werden Sie wahrscheinlich noch nie gehört haben.[22] Wir vergessen ihn auch schnell wieder, erinnern uns aber an ein Zitat, das dem chinesischen Philosophen Konfuzius, der vor ungefähr 2500 Jahren lebte, zugesprochen wird: „Wenn die Begriffe sich verwirren, ist die Welt in Unordnung."[23] Oder um es noch drastischer mit dem französischen Schriftsteller Albert Camus zu sagen: „Wer die Dinge beim falschen Namen nennt, trägt zum Unglück in der Welt bei."[24] Um dem vorzubeugen, haben wir unsere chemischen Formeln. Diese sind unbestechlich und egalitär. Sie lassen sich auch durch eine unterschiedliche Herkunft der betrachteten Verbindung nicht beeinflussen.

Wir wollen diesen Sachverhalt am Vitamin C genauer betrachten. Um nicht die oben angerichtete Verwirrung zu vergrößern, behalten wir die irreführende Bezeichnung Vitamin C bei (nach dem Wahlspruch vieler Verwaltungssysteme: Wenn schon falsch, dann einheitlich falsch). Wir wissen aber um das damit assoziierte Problem. Nachstehend finden Sie die Formel von Vitamin C aus verschiedener Provenienz, einschließlich der von vielen Zeitgenossen als minderwertig angesehenen synthesechemischen Abkunft. Nehmen wir an, die Formel **A** beschreibt Vitamin C aus Äpfeln und Formel **B** soll das Produkt aus Zitronen sein. Verbindung **C** soll von einer Chemiefirma hergestellt worden sein.

Diese Zuordnung ist, wie Sie nach einem Vergleich der drei (identischen) Formeln zugeben müssen, vollkommen willkürlich. Sie könnte auch anders sein und das vermeintlich natürlich entstandene Vitamin C könnte gleichermaßen durch die Struktur **C** repräsentiert werden. Die identischen Formeln beweisen, dass es sich um die gleiche chemische Verbindung handelt. Der häufig vorgebrachte Einwand, dass Vitamin C aus Früchten gesünder sei als das aus der Manufaktur, können wir als Menschen mit chemischer Bildung nicht gelten lassen. Frei nach der Schriftstellerin Gertrude Stein müssen wir konstatieren: „Vitamin C ist Vitamin C ist Vitamin C."[25] Wenn es (in seiner nicht synthetischen Form) mit Verbindungen vergesellschaftet ist, die (zum Beispiel) in Zitronen oder Äpfeln vorkommen, dann ist es kein reines Vitamin C mehr, sondern „verunreinigt" mit diesen Verbindungen, unabhängig davon, ob Letztere gesund sind oder nicht. Die gesundheitsfördernde Wirksamkeit der Vitamin C-„Satelliten" im Obst müsste zunächst separat und dann in Kombination mit Vitamin C nachgewiesen werden. Leider wird bei solcherart Beweisen die Kraft der rationalen Argumente immer stärker verdünnt und wir verlieren irgendwann einmal den naturwissenschaftlichen Boden unter den Füßen. Wer auf die „reine Kraft" von Vitamin C schwört, ist mit dem amtlich geprüften und damit hochreinen Syntheseprodukt in Pillen- oder Pulverform aus der Drogerie am besten bedient.*

Chemische Formeln beschreiben nicht nur reale Sachverhalte, sondern disziplinieren das Denken und setzen Schlusspunkte in ausufernden Disputen. Gleichzeitig geben sie

---

* Komplexe Mixturen von „natürlichen" Verbindungen in Parfümen und Hautcremes bereiten seit einiger Zeit den Allergologen Kopfschmerzen. Brisante Verbindungen sind dabei Eugenol, Isoeugenol, Limonen und Linalool. Die beiden Letzteren kommen hauptsächlich im Rosenöl vor, das eine Mischung aus ungefähr 350 Verbindungen darstellt. Die Komposition von allergievermeidenden Verbindungen scheint der einzige Ausweg und wird von nationalen und internationalen Regulierungsbehörden ins Auge gefasst (C. Walther, B. Huber, L. Neumann, H. Raddatz, *Nachrichten aus der Chemie* 2015, 63, 533–538).

Orientierungshilfen. Der Soziologe Niklas Luhmann hat derlei mentalen Entlastungs-
operationen, zu denen unbedingt auch die chemische Formelsprache gezählt werden
sollte, auf die prägnante Kurzform „Reduktion von Komplexität" gebracht.[26]

Eine chemische Formel ist nicht wie die menschliche Erinnerung Veränderungen auf
der Zeitachse unterworfen, sondern sie verrät uns auch historische Zusammenhänge,
auf die niemand sonst kommen würde. Nachstehend ist zweimal die Formel von Adenosinmonophosphat (AMP) abgebildet.

Adenosinmonophosphat
aus Viren-RNA

Adenosinmonophosphat
aus der Energieerzeugung

Das linke AMP soll aus einer Viren-RNA (RNA ist die Abkürzung für engl. *ribonucleic
acid*, deutsch „Ribonucleinsäure") stammen. Die zugehörige chemische Substanz könnte
somit theoretisch schon mehrere Milliarden Jahre alt sein. Das war der Zeitpunkt, als
die ersten Viren und Phagen als Pioniere des Lebens begannen, die Erde zu bevölkern.
Ihre RNA enthielt damals wie auch heute noch das gleiche AMP. Die zweite Formel soll
AMP charakterisieren, das aus der Reaktion mit Adenosintriphosphat (ATP) stammt.
Letztere ist die Verbindung, aus der Sie und ich, aber auch eine Kuh auf der Weide, die
Energie zum Leben beziehen. Ich komme später in aller Ausführlichkeit darauf zurück.
Da beide Formeln identisch sind, müssen die beiden zugehörigen Verbindungen auch
gleich sein. Wir tragen somit einen großen Teil Evolutionsgeschichte mit uns herum.
Bemerkenswerterweise braucht man für die Erkennung dieser Gemeinsamkeiten keine
Fantasie und keine langen, nur in Ausnahmefällen kompletten Abstammungsreihen,
wie sie die Evolutionsbiologie für den Beweis von verwandtschaftlichen Beziehungen
zwischen und innerhalb der Organismen sucht.[27]

Tatsächlich machen sich Evolutionsbiologen die chemische Integrität über einen großen Zeitraum zunutze, wenn sie das Alter und die Verwandtschaft von Fossilien mittels
eines genetischen Tests bestimmen wollen. Der nachfolgende, wahllos ausgeschnittene
Abschnitt aus einer Desoxyribonucleinsäure (DNA) ist dafür ein Beispiel.

Der Abschnitt könnte aus der DNA eines Mammuts stammen.* Das Aufbauprinzip und die beteiligten Bausteine sind identisch zur DNA eines Elefanten oder zu der einer Mücke. Nur die Reihenfolge der molekularen Bausteine ist verschieden. Mit diesen Vergleichen können wir chemische und biologische Verwandtschaftsverhältnisse feststellen. Auch Kriminologen sind in der Lage, anhand von übereinstimmenden Mustern in der DNA Täter zu überführen,

----bedeutet Fortsetzung des Riesenmoleküls

DNA (Ausschnitt)

und Juristen können Kinder anonymen Vätern zuordnen.

Erst kürzlich machten Wissenschaftler aus Göttingen eine aufsehenerregende Entdeckung. Bei der Untersuchung einer fossilen Rotalge aus dem erdgeschichtlichen Jura (vor ca. 200–145 Millionen Jahren) isolierten sie einen ungewöhnlichen rosaroten Farbstoff.[28] Die Strukturaufklärung erwies, dass es sich um eine äußerst seltene Borverbindung handelte. Gleichzeitig wurde die völlig unerwartete Ähnlichkeit zur Struktur eines Antibiotikums (Clostrubin A) sichtbar, das erst vor Kurzem entdeckt worden war. Irgendwie hat dieser Solitär am Rande der Galaxien biogener Verbindungen die Zeit überdauert. Die chemische Formel brachte es an den Tag.

Es gibt keine anderen Symbole auf der Erde, die wie chemische Formeln einen so gleichbleibenden Informationsgehalt über eine fast unendliche Zeit konservieren und transportieren könnten.** Dagegen erscheinen die ältesten Zeugnisse der menschlichen

---

* Da sich auch die DNA langsam zersetzt, schätzen Paläontologen wie der renommierte Leipziger Max-Planck-Forscher Svante Pääbo, dass die Altersbestimmung im besten Fall (Objekt wurde im Permafrost tiefgekühlt) nicht weiter als eine Million Jahre zurückgehen kann (E. Kolbert, *Das 6. Sterben. Wie der Mensch Naturgeschichte schreibt*, Suhrkamp, 2016, S. 246).

** Es ist daher ein echtes Versäumnis, dass sich auf den Datenplatten, die den interstellaren Raumsonden Voyager 1 und Voyager 2 (1977) mitgegeben wurden, keine chemischen Formeln befinden, obwohl auf Bildern und Audiodaten eine Reihe von Symbolen verzeichnet ist, die als Botschaften an Außerirdische gedacht sind.

Schriftsprache wie die Gesetzesstele mit dem Codex des Hammurapi in Stein aus dem 18. Jahrhundert v. Chr. nur wie Blitzlichter aus der kurzen Evolution der menschlichen Kultur.

Offensichtlich ist die Chemie nicht nur eine Naturwissenschaft, sondern man kann sie ruhigen Gewissens auch zu den Geschichtswissenschaften zählen. Sie ermöglicht eine objektive Rückschau, die nicht den subjektiven Interpretationsversuchungen ihrer Protagonisten unterliegt und die in dieser Form in Zukunft noch an Bedeutung hinzugewinnen sollte.

Chemische Formeln verraten uns auch Ähnlichkeiten, die wir vielleicht schon immer ahnten, aber nie benennen konnten. Testosteron ist das wichtigste männliche Sexualhormon, verantwortlich für das Wachstum der Körperbehaarung und der Barthaare. Es besitzt eine anabole Wirkung, was bedeutet, dass der Muskelaufbau gefördert wird. Diese Eigenschaft wird verbotenerweise auch zu Dopingzwecken eingesetzt. „Entkernt" man die Formel des Testosterons, lässt nur noch die äußere Hülle stehen und modifiziert das Ergebnis noch geringfügig, gelangen wir zum Muscon. Muscon ist mit einem Anteil von bis zu 2 % der wichtigste Duftstoff von Moschus, einem Sekret, das früher aus einer Drüse des männlichen Moschustieres gewonnen wurde. Der Geruchsstoff wird heutzutage synthesechemisch hergestellt, und – wen wundert es – spielt eine wichtige Rolle in der Zubereitung von maskulinen Parfümen, denen er, so eine Werbung, „einen warm-ledrigen, erotisierenden Duft verleiht. Sinnlichkeit und Verführung in einem!"[29]

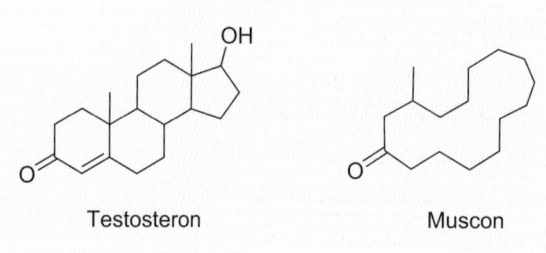

Testosteron   Muscon

Auch wenn die moderne Formelsprache scheinbar völlig die Poesie aus der Chemie vertrieben hat, erinnern viele gängige Ausdrücke an die lange und großartige Tradition dieser Naturwissenschaft. Insbesondere Klassifizierungen wie Alkohole,* Mercaptane (lat. *mercurium captans*, „Quecksilber fangend") oder Bezeichnungen von Mischungen

---

* Es gibt verschiedene Interpretationen für die Entstehung des Wortes „Alkohol" in der Literatur: Einige vermuten die Sprachwurzel im persischen Wort für Blume (gol). Ein altes Verfahren zur Extraktion von Duftstoffen aus Blumen wird als *golâbgiri* („Rosenwasser destillieren") bezeichnet. Bei der Einwanderung in die arabische Sprache wurde das g durch k ersetzt, da es im arabischen Alphabet den Buchstaben g nicht gibt, und der arabische Artikel „al" vorangestellt. Eine andere Interpretation verlagert die Entstehung des Wortes in den spanisch-arabischen Raum, wo es ein feines, trockenes Pulver aus Antimonpulver (الكحل, *al-kuhl*) mit Ethanol vermischt zum Schminken der Augen bezeichnet.

chemischer Verbindungen wie etwa Petroleum (eine Kombination aus altgriech. πέτρα *pétra*, „Fels", und lat. *oleum*, „Öl") haben sich erhalten und rufen die Erinnerung an Zeiten wach, als die Naturwissenschaften noch überschaubar waren und zur Bildung der ersten Chemikergenerationen Kenntnisse auf dem Gebiet der klassischen Philologie und Kunstgeschichte gehörten.[30]

1.2 Chemische Formeln und räumliche Perspektive

Die uns umgebende Welt ist zweifellos nicht platt, sondern dreidimensional. Dies haben schon die großen Maler der Renaissance als Mangel in den Bildern ihrer Vorgänger erkannt. Erste perspektivische Ansätze sind bereits in den Malereien der Grotte von Chauvet (Frankreich) zu finden, die vor ca. 17 000 Jahren v. Chr. entstanden sind. Filippo Brunelleschi gilt aufgrund seiner im Jahr 1410 perspektivisch gemalten Tafel der Piazza della Signoria, dem zentralen Platz in Florenz (Italien), als der „Erfinder" der Perspektive.[31] Er und seine Malerkollegen versuchten in ihren zweidimensionalen Bildern einen Raumeindruck zu generieren, indem sie Gegenstände im Hintergrund verkleinerten. Damit war die Perspektivmalerei erfunden, die ihren Höhepunkt ab dem 14. und 15. Jahrhundert in den *Trompe-l'œil*-Fresken fand und bis heute für die virtuelle Raumerweiterung auch im Architekturbereich eingesetzt wird.

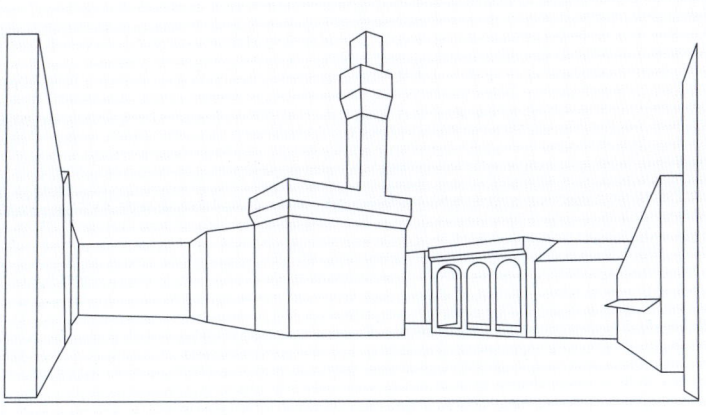

Bisonjagd, Grotte von Chauvet
(Frankreich) (17 000 v. Chr.)

„Perspektivische Ansicht der Piazza della Signoria", Filippo Brunelleschi
(Anfang 15. Jahrhundert) (Rekonstruktion nach Carlo Ragghianti)[xiv]

Die räumlichen Eigenschaften von Verbindungen müssen selbstverständlich auch in der Symbolsprache der Chemie berücksichtigt werden, was sicher weniger künstlerisch, dafür aber eindeutig ist. Schauen wir uns der besseren Anschauung halber anstelle der etwas komplizierten Formel der D-Glucose das einfachste organische Molekül an: das Methan. Die Summenformel dafür ist CH_4. Die Zusammensetzung eines Methanmoleküls aus jeweils einem Kohlenstoffatom und vier Wasserstoffatomen ist immer gleich, gleichgültig ob es auf der Erde oder auf dem Mars vorkommt. Das ergibt sich aus den Bindungseigenschaften der beteiligten Atomsorten. Aus der Summenformel kann man noch keine Schlüsse über die Anordnung der beteiligten fünf Atome im Raum ziehen. Fest steht, dass das Kohlenstoffatom sich im Zentrum befindet und von vier Wasserstoffatomen, die selbstverständlich völlig identische Eigenschaften haben, umgeben ist. Da Atome aus dem positiv geladenen Atomkern und den darum befindlichen negativ geladenen Elektronen bestehen, ergibt sich folgerichtig, dass sich Atome gegenseitig aus dem Weg gehen; negative Ladungen stoßen sich ab. Bezogen auf die H-Atome bedeutet dies, dass sie sich auf die größtmögliche Distanz zueinander positionieren. Dabei entwickelt sich zwangsläufig keine ebene Struktur, sondern die geometrische Figur eines Tetraeders. An den Ecken des Tetraeders sitzen die vier Wasserstoffatome. In einem gleichmäßigen Tetraeder nehmen alle Winkel den Wert 109,5° an, was man leicht nachmessen kann.[32] Die geometrischen Relationen sieht man in einer alternativen Darstellung, in der die Atome als Kugeln und die Bindungen in Form von dicken Strichen dargestellt werden, besonders gut. Leider braucht man für diese realistische Darstellung Kugeln und Verbindungsdrähte, d. h. ein sperriges Modell, das nicht in die Hosentasche passt. Alternativ kann man auch einen Computer mit einem dreidimensionalen Zeichenprogramm verwenden. Aber auch das wollen wir möglichst vermeiden. Die chemische Symbolsprache nimmt darauf Rücksicht. Sie verwendet schwarze Keile, um anzudeuten, dass die sich an den Enden befindenden H-Atome nach vorn zeigen. Ein unterbrochener, sich verjüngender Keil versetzt das zugehörige H-Atom hinter die Zeichenebene.[33] Das H-Atom, das nach oben weist und mit einem normalen Bindungsstrich an das C-Atom geknüpft

Verschiedene Darstellungen des Methans

ist, befindet sich genau in der Zeichenebene. Lassen wir zum Schluss sämtliche H-Atom-symbole weg, kommt der Tetraeder besonders gut zur Geltung.

Diese geometrische Form gilt übrigens für alle C-Atom, die von vier anderen Atomen umgeben werden, unabhängig davon, ob es sich dabei um weitere C-Atome oder H-Atome handelt. Wir kommen bei der Diskussion von Kohlenstoffketten und -ringen darauf zurück. Der Tetraeder des Methans ist eine wunderschön regelmäßige und damit harmonische Struktur, begrenzt von lauter zueinander kongruenten regelmäßigen Dreiecken. Solche Strukturen werden zu Ehren eines der größten griechischen Philosophen auch als platonische Körper bezeichnet.

Der Kohlenstoff im Methan ist eingebettet in vier Wasserstoffatome, die ihn vor Angriffen von außen bestens schützen. Das betrifft auch den Schutz vor Wasser, von dem Methan manchmal in größeren Wassertiefen umhüllt wird und mit dem es Einschluss-verbindungen, die Clathrate, bildet. Kein Wunder, dass Methan auch als Hauptbestandteil des Erdgases Millionen von Jahren in der Erde schlummern konnte, ohne eine Veränderung zu erfahren.

1.3 Reaktionsgleichungen beschreiben den Verkehr auf molekularer Ebene

Chemische Formeln beschreiben nicht nur Istzustände, sondern es ist möglich, aus ihnen potenzielle Veränderungsmöglichkeiten, hervorgerufen durch andere chemische Verbindungen, vorherzusagen. Da diese Veränderungen meist als Antwort (Re-Aktion) auf die Anwesenheit einer oder mehrerer anderer Verbindungen eintreten,[34] hat der Begriff der chemischen *Reaktion* eine zentrale Bedeutung in der Chemie erlangt. Entstanden ist der Begriff aus dem spätlateinischen Verb *reagere* („zurücktreiben, entgegenwirken") bzw. aus dem daraus resultierenden Nomen *reactio* („Rückwirkung", „Gegenwirkung"). Er wurde erstmals Ende des 18. Jahrhunderts im Bereich der Naturbeschreibung verwendet.[35, 36] Im 19. Jahrhundert verbreitete er sich auch in anderen Sachgebieten wie dem Humanismus.[37] Bei konsequenter Anwendung dieser semantischen Analyse auf die Chemie wird deutlich, dass keine chemische Verbindung von selbst oder sogar willentlich in Aktion tritt, sondern dass Veränderungen in der Struktur immer ein Anstoß von außen vorausgehen muss. Um diese Strukturveränderungen sichtbar zu machen, werden die chemischen Formelsymbole in Reaktionsgleichungen miteinander kombiniert. Diese Reaktionsgleichungen sind gleichzusetzen mit dem eminent wichtigen Begriff der Synthese, der bereits in den vorhergegangenen Kapiteln mehrere Male aufgetaucht ist. Als Synthese (altgriech. σύνθεσις *sýnthesis*, „Zusammensetzung", „Zusammenfassung", „Verknüpfung") bezeichnet man die Vereinigung von zwei oder mehr Bestandteilen zu einer neuen Einheit, im Falle der Chemie zu einem Produkt (lat. *producere*, „etwas hervorbringen").*

Wie viele Atome bzw. Moleküle an solch einer Reaktion teilnehmen, kann man nicht direkt zählen. Dazu sind die Untersuchungsobjekte viel zu klein und deren Anzahl viel zu groß. Um diesem Dilemma zu entgehen, wurde als physikalische Einheit der Stoffmenge das „Mol" eingeführt. Aus physikalischen Gesetzmäßigkeiten des Atombaus und des Periodensystems lässt sich herleiten, dass 1 Mol ungefähr $6,022 \times 10^{23}$ Atome, Moleküle, Elektronen oder andere Elementarteilchen enthält.[38] Damit sich 1 Mol Methan bildet, müssen 1 Mol Kohlenstoffatome mit 4 Mol Wasserstoffatomen miteinander reagieren. Da ein einzelnes Kohlenstoffatom ungefähr 12-mal so viel wiegt wie ein Wasserstoffatom ($1,67 \times 10^{-24}$ g), bedeutet das: 4 g Wasserstoff vereinigen sich mit 12 g Kohlenstoff zu 1 Mol Methan, was insgesamt 16 g Methan ergibt. Natürlich können auch kleinere oder größere Mengen miteinander reagieren, aber das Verhältnis muss in jedem Fall gewahrt werden. Diese Schlussfolgerung ist nicht nur immens wichtig für die Zusammensetzung von chemischen Verbindungen (Summenformeln), sondern findet auch strikte Anwendung in Reaktionsgleichungen.

Anhand von Reaktionsgleichungen kann man sofort erkennen, ob und was auf molekularer Ebene passiert. Ein einziger Pfeil zeigt an, wie beim Schild „Einbahnstraße", in welche Richtung die chemische Transformation abläuft.

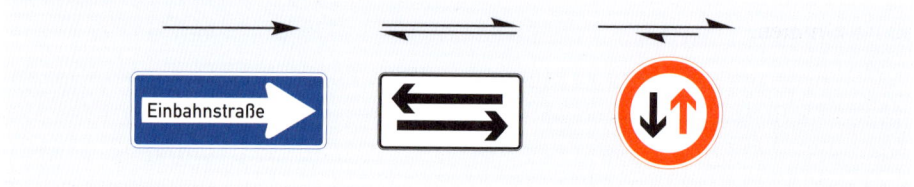

Alternativ gibt es Situationen, in denen die Reaktionen in beide Richtungen ablaufen, wobei beide Richtungen gleichrangig oder eine begünstigt sein können. Diese Situation wird durch zwei gleich lange, entgegengerichtete Pfeile verdeutlicht. Der längere Pfeil im dritten Beispiel indiziert, in welche Richtung die Reaktion hauptsächlich abläuft. Nicht nur verkehrstechnisch, sondern auch chemisch gesehen sind solche Gleichgewichtsreaktionen weniger übersichtlich und anspruchsvoller zu interpretieren.

---

* Damit ist der Begriff der Synthese ein Synonym für den Begriff der Chemie selbst, der auf eine Operation der Alchemisten mit der altgriechische Bezeichnung χυμεία *chymeia*, das bedeutet „Metalle zusammenschmelzen", zurückgeführt werden kann.

Wie Sie im nachstehenden Cartoon sehen können, ist ein Strichmännchen, dem ein Hut aufgesetzt wurde, sofort als Hutträger zu erkennen. Ein neues Detail auf einer inhaltsreichen Fotografie ist hingegen nur schwer, möglicherweise überhaupt nicht, auf den ersten Blick zu benennen. Auch hieran zeigen sich erneut die Vorteile der chemischen Symbolsprache: Sie reduziert auf das Wesentliche. In der danebenstehenden chemischen Reaktionsgleichung wurde eindeutig der obere Teil in der Formel der Glucose verändert, es sind zwei H-Atom hinzukommen. Alles andere ist gleich geblieben.

Wir können obendrein die Atome auf der linken und der rechten Seite der Reaktionsgleichung nachzählen, keines ist unter den Tisch gefallen. Die Reaktion stellt eine Hydrierung (die Addition von Wasserstoff an andere chemische Elemente oder Verbindungen) dar, eine Transformation, der wir in diesem Buch noch oft begegnen werden.

Werfen wir nun einen Blick auf die folgende Reaktionsgleichung. Etwas daran kann nicht stimmen.

$$H_2O \xrightarrow{\text{?}} CH_3\text{-}CH_2\text{-}OH$$

Wasser   Ethanol

Auf der rechten Seite der Gleichung tauchen Atomsymbole auf, die auf der linken Seite entweder gar nicht (C) oder nicht in der entsprechenden Anzahl (H) existieren. Wasser besteht aus zwei H-Atomen und einem O-Atom. Hingegen baut sich Ethanol aus sechs H-Atomen, zwei C-Atomen und einem O-Atom auf. Es könnte sich bei dieser Reaktionsgleichung um eine beliebte Lässigkeit unter Chemikern handeln, die auf diese Weise nur auf die wichtigsten Komponenten der Reaktion hinweisen wollen. Auch ich werde hin und wieder dieses Verfahren in diesem Buch anwenden, um besonders komplexe Sachverhalte zu vereinfachen. Das ist hier aber nicht der Fall. Diese „Gleichung" und die dahinter stehende Reaktion wollen ernst genommen werden. Die „chemische Reaktion" kommt in einer berühmten Szene der Weltkultur vor. Von ihr wird im Neuen Testament der Bibel berichtet, wo auf der Hochzeit zu Kana Jesus Wasser in Wein, also Ethanol, verwandelt (Johannes 2, 1–11). Das Szenario wurde von Paolo Veronese, einem der bedeutendsten Maler der Spätrenaissance, ins Bild gesetzt.

„Die Hochzeit zu Kana" (Ausschnitt),
Paolo Veronese (1563), Louvre, Paris

Ohne Zweifel ist das Gemälde ein Meisterwerk. Bereits im dargestellten Bildausschnitt sind unzählige Details in schwelgender Farbenpracht abgebildet. Vor allem der Diener im Vordergrund des Bildes, der den roten Wein in eine kleinere Karaffe umfüllt, ist von zentraler Bedeutung für die Aussage der Erzählung. Das ändert aber nichts daran, dass die Prämisse aus chemischer Sicht nicht richtig ist. Aus Wasser kann auf diese Weise niemals Ethanol werden.

Diese biblische Geschichte gibt uns die Gelegenheit, über die Begriffe „Natur" und „natürlich" nachzudenken. Beiden kommt im allgemeinen Sprachgebrauch eine sehr nachdrückliche Bedeutung zu. Wenn wir beispielsweise Gewissheiten und Unhinterfragbares verkünden wollen, verstärken wir im Deutschen gern die Aussage mit dem Adjektiv „natürlich", ohne dass tatsächlich eine Verbindung zur Natur hergestellt werden soll (Das ist „natürlich" richtig!). Aus Sicht der Chemie bedenklich ist, dass mit den beiden Begriffen „Natur" und „natürlich" in der Alltagssprache sehr oft die Abgrenzung biogener („natürlicher") Systeme von den synthesechemischen („unnatürlichen, widernatürlichen") gemeint ist.* Diese Argumentation ist nicht konsequent. Mehr noch, sie ist falsch. Chemische Reaktionsgleichungen beschreiben chemische Abläufe, unabhängig davon, ob sie biogenen Ursprungs sind oder menschengemacht. Sie gehören damit zur real existierenden Natur und lassen sich durch Naturgesetze beschreiben. Sie sind „natürlich", genauso wie das Fallgesetz oder das Gravitationsgesetz der Physik. Deshalb gehört die gesamte Chemie und nicht nur die Biochemie zu den Wissenschaften von der Natur, die man seit Mitte des 19. Jahrhunderts unter der Sammelbezeichnung Naturwissenschaften zusammenfasst. Die Erzählung aus der Bibel mit dem Wasser und dem Wein hingegen hat ein Wunder zum Inhalt und ist damit der Kategorie des Über-Natürlichen zuzuordnen.

Alle Versuche, diese beiden Sphären miteinander zu vereinen, sind offenbar schon mithilfe einer simplen chemischen Reaktionsgleichung zum Scheitern verurteilt. Schon bei Hegel lässt sich nachlesen: Religion ist eine „auch rational kaum kontrollierbare Neigung zum Phantastischen, [...] [sich] eine ganz andere Wirklichkeit als die hier und jetzt

---

* Dieser Einteilung liegt die Unterscheidung zwischen Natur und Kultur zugrunde. Unter Natur wird in diesem Kontext die vom Menschen unberührte Umwelt verstanden. Tatsächlich gibt es auf der ganzen Erde kaum noch Gebiete, die nicht in direkter oder indirekter Weise von Menschen beeinflusst wurden. Auch sogenannte Renaturierungsanstrengungen sind letztendlich auf das Wirken des Menschen zurückzuführen und damit eine konservierende Kulturleistung. Geeigneter erscheint daher der Begriff der „Landschaft" oder auch der der „Umwelt" (vgl. z. B. H. Küster, *Die Entdeckung der Landschaft*. Einführung in eine neue Wissenschaft, C. H. Beck, 2012).

gegebene vorzustellen."[39]* Aber auch Mythen und Religionen sind nicht im luftleeren Raum entstanden.[40] Mit den ihnen zugrunde liegenden Erzählungen, Geboten und Verboten spiegeln sie die Lebensrealität von Menschen in ihrer Umwelt zu einer bestimmten Zeit wider und lassen somit Rückschlüsse zu, wie sich Menschen kognitiven Zugang zu Erscheinungen der unbelebten und belebten Natur und damit auch über sich selbst zu verschaffen suchten. Mittlerweile gibt es zahlreiche Versuche, die Entstehung von Religionen in einen evolutionsbiologischen Rahmen einzubetten,[41] auch für mich ein Anlass, in diesem Buch hin und wieder auf theologische Begründungen zu verweisen.

Ungeachtet dieser lobenswerten Anstrengungen zur friedlichen Koexistenz von Theologie und Wissenschaften führt die Stringenz der Naturwissenschaften oft zu Unbehagen bei den Menschen. Bereits von Goethe wurde dieses Gefühl auf den Punkt gebracht: „Die Natur versteht gar keinen Spaß, sie ist immer wahr, immer ernst, immer strenge, sie hat immer recht, und die Fehler und Irrtümer sind immer des Menschen."[42]

---

*   Um das nicht immer konfliktfreie Verhältnis zwischen Religion und Wissenschaften zu glätten, hat der prominente Evolutionsbiologe Stephen Gould Ende des letzten Jahrhunderts den Begriff der *nonoverlapping magisteria* (NOMA), zu Deutsch „sich nicht überschneidende Lehrgebiete" eingeführt (S. J. Gould, Nonoverlapping Magisteria, *Natural History* 1997, 106, 16–22). Eine gleichlautende, aber etwas poetischere Beschreibung lieferte der Soziologe Georg Simmel mit der Aussage, dass sich die beiden „prinzipiell so wenig kreuzen [können,] wie Töne und Farben" (http://gutenberg.spiegel.de/buch/die-religion-7/1 [abgerufen am 06.11.2016]).

2 Auf der Suche nach den Elementen des Lebens

2.1 Am Anfang stand der Kohlenstoff

Im Buch Genesis der Bibel wird in Kapitel 2.7 die Erschaffung des ersten Menschen, Adam (hebräisch *ādām*, „Mensch"), durch Gott erzählt: „Da formte Gott, der Herr, den Menschen aus Erde vom Ackerboden (hebräisch *ădāmāh*, „Ackerboden") und blies in seine Nase den Lebensatem. So wurde der Mensch zu einem lebendigen Wesen."* Ganz ähnlich wird die Erschaffung des Menschen im Koran, dem heiligen Buch des Islam, beschrieben: „Und Wir haben den Menschen aus einer Trockenmasse, aus einem gestaltbaren schwar-

„Die Erschaffung Adams", Michelangelo Buonarroti (1508–1512), Sixtinische Kapelle, Vatikan

---

* Der Menschen töpfernde Prometheus ist ebenfalls eine zentrale Figur der griechischen Mythen bis hin zu Goethes gleichnamigem Gedicht (H. Blumenberg, *Arbeit am Mythos,* suhrkamp taschenbuch wissenschaft, 2006, S. 329-503). Auch der Golem aus der jüdischen Literatur und Mystik des frühen Mittelalters ist eine menschenähnliche Figur aus Lehm und steht in dieser Tradition.

zen Schlamm erschaffen" (Sure 15.26). Im wahrsten Sinne berührend wurde diese Urszene durch Michelangelo Buonaroti in der Sixtinischen Kapelle im Vatikan gemalt. Gott erweckt die Lehmfigur des Adam mit dem ausgestreckten Zeigefinger zum Leben.*

Lehm war immer schon wichtig für den Menschen als Ackerboden für den Anbau von Früchten und Gemüse. Darüber hinaus konnte man aus Lehm Häuser bauen. Deshalb war es nur folgerichtig, ihn als Baumaterial für lebende Wesen vorzuschlagen.

Versuchen wir zunächst der Frage nachzugehen: Was ist Lehm? Lehm ist eine Mischung aus kleinen Sandkörnern, verschiedenen Sedimenten und Ton. Aus chemischer Sicht betrachtet, kommen die Elemente Silicium, Aluminium und Kohlenstoff in Form ihrer Oxide (Silicate, Kaolinit) oder als Carbonate besonders häufig vor, chemische Verbindungen, mit denen wir überhaupt nicht die Vorstellung von Leben verbinden. Es sind anorganische Verbindungen. Das *Alpha privativum* „a-" (lat. „beraubendes Alpha", auch als *alpha negativum* bezeichnet),** das der a(n)organischen Chemie den Vornamen (Präfix) gegeben hat, bezeichnet in der Wortbildungslehre der griechischen Sprache die Abwesenheit oder Umkehrung des Bezeichneten. Letztendlich wird mit dieser Vorsilbe das zugrunde liegende Wort verneint. Die Leben spendende Kraft hingegen, die der organischen Chemie innewohnt, wurde in der Vergangenheit als *vis vitalis* bezeichnet. Die Überzeugung, dass es eine nur durch göttliche Kraft überwindbare Grenze zwischen der anorganischen und der organischen Welt gibt, hat sich noch weit bis in das 19. Jahrhundert hinein in den gerade aufkeimenden Naturwissenschaften gehalten und findet sich bis heute in der Bezeichnung der beiden grundlegenden Spielarten der Molekülchemie. Deshalb war es eine kleine Sensation, als der Chemiker August Anton Wöhler im Jahr 1828 durch einfaches Erhitzen des anorganischen Stoffes Ammoniumcyanat den organischen Stoff Harnstoff herstellen konnte.

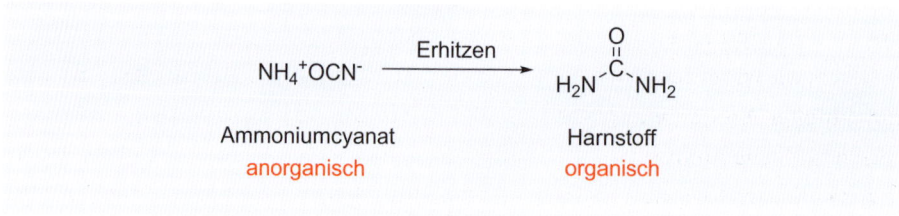

---

*   Auf die Reversibilität der Beseelung hat Peter Sloterdijk hingewiesen, in dem er an einen metaphorischen Ausdruck für das Sterben in der französischen Sprache „rendre l'âme" (zu Deutsch: „die Seele zurückgeben") erinnerte (P. Sloterdijk, *Nach Gott*, Suhrkamp 2017, S. 11).

**   Man findet das *Alpha privativum* auch im Asyl (ἄ-συλος *a-sylos*, „nicht beraubt", „sicher"), im Asphalt (ἄ-σφαλτος *a-sphaltos*, „nicht bestürzend", „fest") oder in Atheist (ἄ-θεος *a-theos*, „ohne Gott").

Seine Begeisterung über diese Entdeckung hat er in einem Brief an seinen schwedischen Kollegen Jöns Jakob Berzelius beschrieben: „[…] denn ich kann, so zu sagen, mein chemisches Wasser nicht halten und muss Ihnen sagen, dass ich Harnstoff machen kann, ohne dazu Nieren oder überhaupt ein Tier, sey es Mensch oder Hund, nöthig zu haben […]"[43] Das war die Geburtsstunde der modernen organischen Chemie. Mittlerweile weiß man, dass die Grenze zwischen anorganischer und organischer Chemie ständig überschritten wird. Denken Sie nur an die Umwandlung von Kohlendioxid in Zucker in den grünen Pflanzen während der Fotosynthese und die Rückreaktion bei der Atmung oder an in Wasser gelöstes anorganisches Chlorid, Bromid, Jodid, Phosphat, Sulfat, Ammonium oder Nitrat, das laufend in organische Verbindungen eingebaut wird.

Selbst der größte Chemie-Muffel weiß: Die organische Chemie baut auf dem Kohlenstoff auf. Kohlenstoff findet sich auf der Erde vor allem in Form von Kalk, Kohle oder, im seltensten und damit begehrtesten Fall, als Diamant. Kohlenstoff kommt unter allen Elementen auf der Erde bei Weitem nicht am häufigsten vor, und trotzdem kann kein einziges Lebewesen ohne den Kohlenstoff existieren, weder in der Gegenwart noch vor ca. 3,8 Milliarden Jahren, als sich zum ersten Mal Leben auf diesem Planeten regte. Dieser Kohlenstoff muss ein Tausendsassa sein, wenn er sich gegenüber den anderen stabilen (nicht radioaktiven) Elementen im Periodensystem, und das sind genau noch 80 weitere, durchsetzen konnte. Der italienische Schriftsteller und Chemiker Primo Levi widmet dem Kohlenstoff in seiner berühmten Erzählung *Das periodische System* ein eigenes Kapitel: „So hat also jedes Element jedem etwas (und jedem etwas anderes) zu sagen, wie die Täler und Strände, wo man in der Jugend geweilt hat: Eine Ausnahme bildet vielleicht der Kohlenstoff, weil er jedem alles zu sagen hat […]"*[44] Um die Ausnahmestellung des Kohlenstoffs zu verstehen, müssen wir uns den besonderen Eigenschaften dieses Elements, insbesondere in seinen Verbindungen, zuwenden und uns gleichzeitig klarmachen, was Leben auf molekularer Ebene bedeutet.

Leben, wie wir es kennen, basiert auf unterschiedlich großen Molekülen mit Hunderten, mitunter Abertausenden von Atomen. Es kommen viele gleichartige, jedoch auch unterschiedliche Atomsorten vor, in jedem Fall die schon erwähnten Elemente Kohlenstoff und Wasserstoff. Sauerstoff und Stickstoff sind ebenfalls noch sehr häufig vertreten.

---

*   In dem 1975 publizierten Buch mit dem Originaltitel *Il sistema periodica* werden 21 Elemente in jeweils separaten Kapiteln vorgestellt. Das Buch wurde 2006 bei einer Befragung des *Imperial College* in London zum „best science book ever" gekürt (J. Soentgen, *Atome und Bücher. Primo Levis Erzählung Kohlenstoff im Periodischen System und Hermann Römpps Lebensgeschichte eines Kohlenstoffatoms* http://www.sachbuchforschung.uni-mainz.de/wp-content/uploads/Arbeitsblaetter_Sachbuchforschung_21_Soentgen_Atome_und_Buecher.pdf; abgerufen am 06.11.2016).

Calcium, Phosphor, Kalium, Schwefel und Natrium sind mengenmäßig bereits sehr eingeschränkt, was für einige Spurenelemente wie Magnesium, Eisen, Zink, Cobalt, Chlor oder Jod erst recht zutrifft. Hin und wieder finden sich bei einigen Spezialisten im Pflanzen- oder Tierreich Selen, Bor oder sogar das als Gift berüchtigte Arsen.

Im nachstehend abgebildeten Periodensystem der Elemente (PSE), das vom Helmholtz-Zentrum in Dresden im Jahre 2015 veröffentlicht wurde, sind jene Elemente grün markiert, die Leben konstituieren.[45]

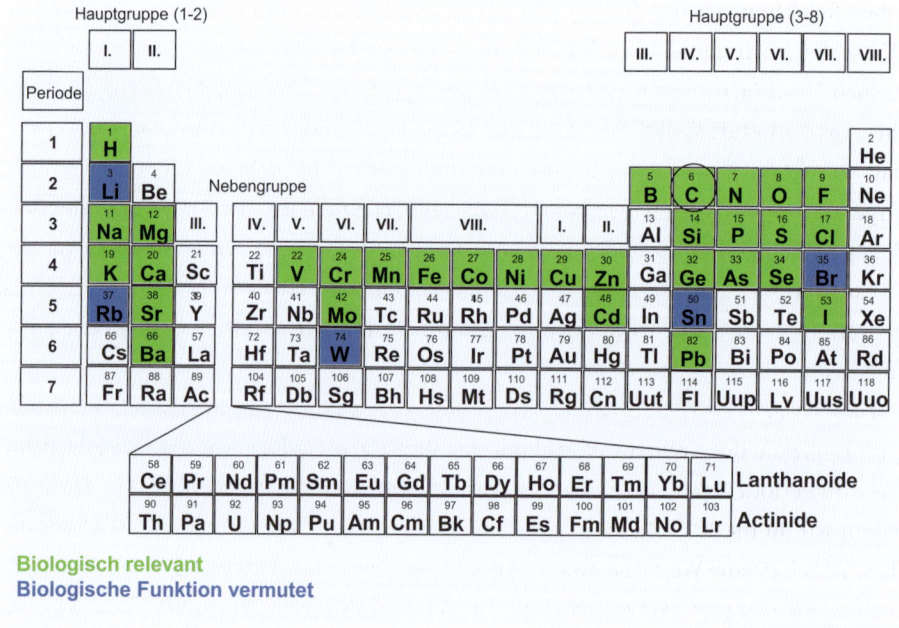

Was sofort ins Auge fällt, ist, dass die Chemie des Lebens nur einen kleinen Teil der verfügbaren Elemente nutzt. Schwere Elemente, wie sie beispielsweise die großen Gruppen der Lanthanoide oder Actinide bilden, sind nicht einmal mit einer Nebenrolle vertreten. Bei einigen, hier blau markierten Elementen ist man sich noch nicht sicher, ob sie überhaupt eine Bedeutung haben. Entweder sind die bisher gefundenen Konzentrationen zu gering oder es ist noch nicht geklärt, auf welche Weise sie in den Stoffwechsel des Organismus eingreifen, in dem sie detektiert wurden.

Aus dieser kleinen Auswahl von etwas mehr als zwei Dutzend Elementen bauen sich jene Moleküle auf, mit denen sich die Biochemie beschäftigt. Man nennt sie vielfach auch Naturstoffe, obwohl darin der meist etwas zu sorglos benutzte Begriff der Natur vorkommt. Bei den Naturstoffen handelt es sich um kleine, mittelgroße, aber auch sehr große

Moleküle. Typische Beispiele für große Konstruktionen sind die Nucleinsäuren, die Träger der Erbinformation, die Proteine, die sowohl Haare, Federn und Fischschuppen als auch Enzyme bilden, und die Polysaccharide, die entweder als Gerüstbausteine, zum Beispiel in der Cellulose als Teil der Baumrinde, oder als Energiespeicher in Form der Stärke, wie sie beispielsweise in der Kartoffel oder im Weizenmehl vorkommt, dienen. Solche Supermoleküle und ihre einfacher gebauten Vorläufer sind im Verlauf einer Milliarden Jahre andauernden Evolution zunächst gegenüber ganz verschiedenen und später gegenüber sehr ähnlichen Molekülen selektiert worden. Einen derartig großen kombinatorischen Reichtum, aus der die Evolution über die Zeit mit ihrer *Trial-and-Error*-Methode (Versuch-und-Irrtum-Methode) die geeignetsten ausgewählt hat, erhält man nicht mit kleinen Molekülen, die nur eine Handvoll Atome enthalten. Pass- und Anschlussfähigkeit für weiterführende Reaktionen sind die Hauptkriterien in diesem Spiel. Dieser Sachverhalt kommt auch im Begriff der organischen Chemie zum Ausdruck. Den Begriff des Organs (altgriech. ὄργανον *órganon*, „Werkzeug") kennen wir aus der Medizin oder aus dem gesellschaftlichen Bereich (Justiz- oder Verwaltungsorgane). Organe oder Organelle, wie aus der Biologie bekannt, sind meist sehr komplizierte Gebilde, in denen irgendetwas geordnet abläuft, somit etwas organisiert wird. Die komplizierteste Form von Organisation heißt Leben.

Ehe wir zu diesen komplexen Zusammenhängen kommen, müssen wir verstehen, warum gerade der Kohlenstoff und nur der Kohlenstoff Leben ermöglicht. Kohlenstoff steht im Periodensystem der Elemente ganz weit oben und dort annähernd in der Mitte. Wenn wir an dieser Stelle den Lyriker Paul Valéry paraphrasieren: „Die Welt hat nur durch das Extreme Wert und durch das Mittelmaß Bestand",[*] muss der Kohlenstoff konsequenterweise zum Mittelmaß gerechnet werden. Zu den Extremisten, die das Leben interessant machen, insbesondere zum Sauerstoff, kommen wir etwas später.

Wie Sie schon am Beispiel des Methans gesehen haben, kann der Kohlenstoff vier Bindungen zum Wasserstoff ausbilden. Diese Bindungen werden mit dem Attribut kovalent näher charakterisiert. „*Valentia*" hieß eine Provinz im Römischen Reich und kommt somit aus dem Lateinischen. Es bedeutet Stärke. Die Vorsilbe „ko" findet sich zum Beispiel auch in dem Begriff Ko-Operation, was bedeutet, dass eine Operation gemeinsam durchgeführt wird. Bei einer ko-valenten Bindung wird der Zusammenhalt durch beide Partner bewirkt. Keines der beteiligten Atome versucht, das bindende Elektronenpaar für sich zu beanspruchen. Die dahinsteckende physikalische Kraft wird mit Elektro-

---

[*] Im Original: „*Le monde ne vaut que par les extrêmes et ne dure que par les moyens*" (P. Valéry, *Cahier B* 1910, Collection Blanche, Gallimard, 2006).

negativität bezeichnet.[46] Elemente mit einer hohen Elektronegativität – sie befinden sich im Periodensystem rechts oben neben dem Kohlenstoff – können in einer Bindung im Extremfall das bindende Elektronenpaar vollständig zu sich heranziehen. Daraus entstehen in der Folge negativ und positiv geladene Ionen, wie wir sie in Salzen, beispielsweise im Natriumchlorid (Kochsalz), antreffen. Von Letzterem ist bekannt, dass es im festen Zustand sehr geordnet ist, sich hingegen in Wasser löst und dann positive Natriumionen und negative Chloridionen völlig getrennte Wege gehen. Nun stellen wir uns Leben auf der Grundlage solcher Individualisten vor, die schon beim Eintauchen in Wasser ihren Zusammenhalt aufgeben. Das geht nun überhaupt nicht! Zum Leben gehören kleine, mittlere und lange Ketten und Ringe, die als stabiles Rückgrat für Millionen von Variationen herhalten müssen. Diese Beständigkeit weisen offensichtlich nur Bindungen zwischen Kohlenstoffatomen auf. Viele dieser Kohlenstoffatome sind mit Wasserstoffatomen verbunden. Darüber hinaus sind Bindungen zu Atomen anderer Elemente möglich und ausreichend fest.

Der Kohlenstoff kann maximal vier kovalente Bindungen zu anderen Atomen eingehen. Dazu ist er in der Lage, weil er über vier Valenzelektronen verfügt, ein Fakt, der ihn als Element der IV. Hauptgruppe im Periodensystem auszeichnet. Auch im Begriff des Valenzelektrons steckt wieder das semantische und chemische Potenzial, die schon erwähnte kovalente Bindung auszubilden. Jedes dieser Valenzelektronen kann mit dem Valenzelektron eines anderen Partners eine Bindung ausbilden, bei der sich zwei Elektronen zusammentun. Dazu sind selbstverständlich auch andere Elemente mit Ausnahme der Edelgase aus der VIII. Hauptgruppe des PSE in der Lage – jene sind so „unnahbar", dass sie für die Lebensdiskussion hier keine Rolle spielen.

Eine große Gruppe von Kohlenwasserstoffen (das sind Verbindungen, die nur aus Kohlenstoff und Wasserstoff bestehen) werden mit dem IUPAC-Namen auch als Alkane bezeichnet und können mit der allgemeinen Formel C_nH_{2n+2} charakterisiert werden.* Sie sind aufgrund der annähernd gleichen Elektronegativität der beiden beteiligten Elemente C und H sehr reaktionsträge. Das kommt in dem Trivialnamen „Paraffine" (lat. *parum affinis*, „wenig zugetan", „wenig reaktionsfähig") zum Ausdruck. Diese passive Grundeinstellung zusammen mit den komfortablen Lagerbedingungen sind auch die Ursache dafür, dass Paraffine Millionen von Jahren in der Erde als Teil des Erdöls zubringen konnten, ohne sich nach einer Reifeperiode zu Beginn, die vor allem in der Abspaltung von

---

* Solche allgemeinen Summenformeln, die ganze Klassen von Verbindungen zusammenfassen, gibt es nur sehr wenige in der Naturstoffchemie, was wiederum ein Hinweis auf die große Mannigfaltigkeit von Kohlenstoffverbindungen mit höheren Molekularmassen ist.

Sauerstoff und Wasser bestand, noch stark zu verändern.* Allen Verbindungen des Erdöls ist ihre hohe Stabilität gemein. Erst wenn man sie ans Tageslicht bringt und mit Sauerstoff verbrennt, entstehen Wärme und Licht.**

Die dominante Rolle des Kohlenstoffs in der belebten Natur beweist, dass dieses Element prädestiniert ist, um als Grundlage für die Chemie des Lebens zu dienen. Ist diese Eigenschaft auch anderen Elementen gegeben? Um herauszufinden, *warum* jemand etwas kann, ist es geraten, zunächst zu schauen, *was* jemand kann. Anschließend vergleichen wir diese Fähigkeiten mit denen anderer Elemente. Um das Verfahren abzukürzen, konzentriere ich mich hierbei auf die nächsten Nachbarn des Kohlenstoffs (das sind Stickstoff, Phosphor, Silicium und Bor) mit dem Wissen, dass die wesentlich schwereren Elemente im Periodensystem sehr selten auf der Erde vorkommen und zudem nur in der Lage sind, eine Handvoll stabile chemische Verbindungen aufzubauen. Diesen Part überlassen wir der Synthesechemie, die im chemischen Laboratorium ganz andere Möglichkeiten hat, als sie die belebte Natur vorgibt. In jeden Fall wollen wir auch die Gretchenfrage allen Lebens auf unserer Erde stellen: Wie hältst du es mit dem Wasser und mit dem Sauerstoff?

2.2 Nur der Kohlenstoff kann es

Wie bereits beschrieben, ist Methan (CH_4) ein perfekt gebautes Molekül. Der Kohlenstoff befindet sich im Zentrum, geborgen in einer Umgebung von vier Wasserstoffatomen. Es gibt auch keinen Streit um das jeweils bindende Elektronenpaar, da die Elektronegativitäten von Kohlenstoff und Wasserstoff ähnlich sind. Solch ein Molekül kann eigentlich nichts aus der Ruhe bringen. Außer einem Radikal! Der Begriff kommt aus dem lateinischen *radix* und bedeutet „Wurzel" oder „Ursprung". Tatsächlich fängt mit dem Auftreten von Radikalen das Leben erst an. Radikale, insbesondere im politischen Leben, haben meist die unangenehme Eigenschaft, den strukturierten Alltag saturierter Zeitgenossen in Unruhe zu versetzen. Die Rolle des Extremisten kommt im Leben dem auf der Erde am meisten verbreiteten Radikal, dem Sauerstoffmolekül (O_2), zu. Die alternative Bezeichnung für Sauerstoff, Oxygenium (altgriech. ὀξύς *oxýs*, „scharf", „spitz", „sauer"; γεννάν *gennan*, „erzeugen, hervorbringen"), weist bereits auf diese ag-

---

* Erdöl ist ein komplexes Gemisch von manchmal mehreren Tausend chemischen Verbindungen, die durch langsame Zersetzung von Algen bei Temperaturen zwischen 60 °C und 170 °C und hohen Drücken in einer Tiefe von 2000–4000 m entstanden sind.

** Diese Eigenschaft war schon den alten Griechen bekannt, die es unter dem auch heute noch geläufigen Namen Naphtha als „griechisches Feuer" einsetzten, um entweder selbst Licht in ihre Häuser zu bringen oder dem Feind einzuheizen.

gressive Ausnahmerolle hin. Sauerstoff ist mit 21 % in der heutigen Erdatmosphäre vorhanden und damit auch mengenmäßig in der Lage, Unrast in das abgeklärte Dasein von Methan und anderen Kohlenwasserstoffen zu bringen. Generell zeichnen sich chemische Radikale durch ein einzelnes Elektron aus, das nicht durch Paarung mit einem zweiten Elektron ruhiggestellt ist. Oftmals werden in den Ernährungswissenschaften Radikale mit dem Attribut „frei" versehen, um ihre Gefährlichkeit noch semantisch zu verstärken. Tatsächlich gibt es „Gefängnisse" für bestimmte Sauerstoffradikale in Form von Mitochondrien und Chloroplasten, was eine biologisch grundierte Form ist, um die Radikalwirkung einzugrenzen. Wir kommen im Kapitel 13 darauf zurück.

Wenn ich in dem vorhergehenden Abschnitt die große Realitätsnähe von chemischen Formeln gerühmt habe, muss ich an dieser Stelle eine Einschränkung vornehmen. Unsere gezeichneten Formeln bewegen sich selbstverständlich nicht, alle Atomsymbole bleiben an ihrem Platz. Das Gleiche gilt auch für Modelle aus Plastikkugeln und Verbindungsstücken aus Draht, die Atome und Bindungen symbolisieren sollen. In der physikalischen Realität sieht es anders aus: Die Atome sind in ständiger Bewegung. Ein an Kohlenstoff gebundenes H-Atom ändert kontinuierlich seine Lage in Bezug auf seinen Bindungspartner. Beispielsweise verändert sich unablässig der Abstand zwischen C und H. Gleichzeitig schwingt das H-Atom nach oben und unten oder zur Seite, ohne dass die Bindung zum Kohlenstoff gespalten wird. Die Situation ist vergleichbar mit einer Schale „Götterspeise", die angestoßen wurde, nur mit dem Unterschied, dass sich unsere Atome unablässig und ohne Ende bewegen. Diese Bewegungen sind temperaturabhängig.[47]

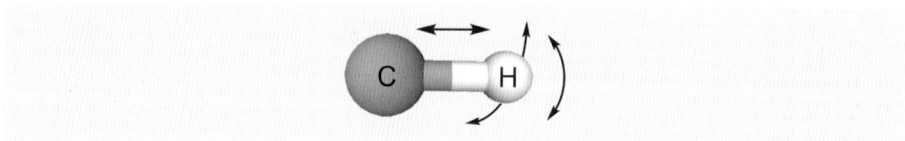

Durch Zufuhr von Energie in Form von Wärme oder Strahlung kann die Bindung zwischen C und H sogar gespalten werden. Im Fall des Methans verlässt dann ein H-Atom kurzzeitig die Einflusssphäre des Muttermoleküls. Es entsteht ein Methylradikal (die roten Punkte symbolisieren jeweils ein einzelnes ungepaartes Elektron), was keine Konsequenzen hat, da das H-Atom sofort wieder eingefangen wird.

Zwei Methylradikale können auch miteinander reagieren; das Produkt dieser Kupplung ist Ethan. Die Probleme gehen erst los, wenn Sauerstoff zugegen ist. Das Sauerstoffradikal (O_2) nutzt die offene Flanke des Methylradikals und bricht wie ein Wolf in die Schafherde ein. Zunächst entsteht ein Peroxidradikal. Dieses attackiert ein weiteres Me-

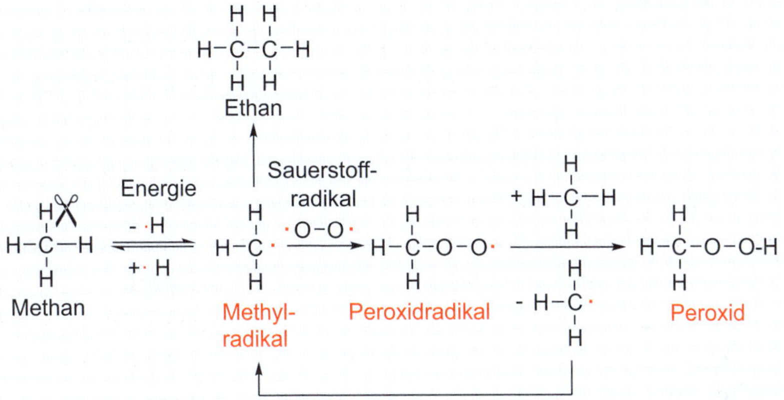

$$
\begin{array}{c}
\text{H}\quad\text{H}\\
\text{H}-\overset{|}{\text{C}}-\overset{|}{\text{C}}-\text{H}\\
\text{H}\quad\text{H}\\
\textbf{Ethan}
\end{array}
$$

Methan $\overset{\text{Energie}}{\underset{+\cdot\text{H}}{\overset{-\cdot\text{H}}{\rightleftharpoons}}}$ Methylradikal $\xrightarrow{\text{Sauerstoffradikal}\;\cdot\text{O-O}\cdot}$ Peroxidradikal $\xrightarrow{+\,\text{H}-\text{C}...}$ Peroxid

H–C–H (Methan) → H–C· (Methylradikal) → H–C–O–O· (Peroxidradikal) → H–C–O–O–H (Peroxid)

thanmolekül und holt sich von diesem ein Wasserstoffatom, wobei neben einem Methylradikal ein Peroxid gebildet wird. Damit könnte die ganze Aufregung eigentlich zur Ruhe kommen, wenn sich nicht im Peroxid die beiden benachbarten Sauerstoffatome mit ihren insgesamt vier freien Elektronenpaaren gehörig auf die Nerven gehen würden. Solche freien Elektronenpaare, oftmals dargestellt durch zwei gegenläufige Pfeile, umgeben von einer ovalen Hülle, haben eine spezielle Eigenschaft, die wir später auch noch bei Ketten aus Stickstoffatomen sehen werden: Sie stoßen sich ab; die O–O-Bindung wird in der Mitte gespalten, und es entstehen zwei weitere Radikale, unter ihnen das Hydroxylradikal.

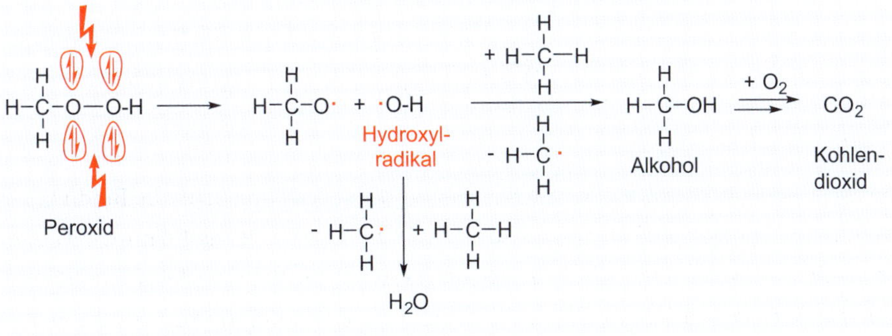

Peroxid (H–C–O–O–H) → H–C–O· + ·O–H (Hydroxylradikal) → H–C–OH (Alkohol) $\xrightarrow{+\,O_2}$ CO_2 (Kohlendioxid)

→ H_2O

Ist dies erst einmal passiert, wird eine Kettenreaktion losgetreten, wobei weitere Methanmoleküle attackiert werden. Diese Reaktionen kommen erst zu einem Ende, wenn zwei Radikale sich verbinden. Bei diesem Prozess bilden sich daher letztendlich nicht nur ein Alkohol und Wasser, sondern zwischenzeitlich auch höchst gefährliche Peroxid-

und Sauerstoffradikale (wie beispielsweise das Hydroxylradikal), mit denen wir es in späteren Kapiteln noch zu tun bekommen werden. Noch radikaler läuft der Vorgang im Motor eines Autos ab. Hier hält man sich nicht mit irgendwelchen Zwischenstufen auf. Der Sauerstoff verrichtet hier ganze Arbeit und oxidiert sämtliche C–H-Bindungen. Der Prozess hört erst beim CO_2 auf.

Eine vergleichbare Kettenreaktion finden wir bei der Reaktion von H_2 mit O_2, wobei am Ende Wasser entsteht.

$$H_2 \xrightarrow{\text{Start-energie}} H\cdot + \cdot H$$

$$\left.\begin{array}{l} H\cdot + O_2 \longrightarrow \cdot OH + \cdot O\cdot \\ \cdot O\cdot + H_2 \longrightarrow \cdot OH + \cdot H \\ \cdot OH + H_2 \longrightarrow H_2O + \cdot H \end{array}\right\} \text{Knallgas-reaktion}$$

Auch dieser Prozess läuft in mehreren Stufen ab. Die Reaktionsfolge, in der ebenfalls Radikale die treibende Kraft darstellen, ist als Knallgasreaktion bekannt, ein Name, der nicht nur auf die freigesetzte Energie, sondern auch auf das dazugehörige Geräusch verweist.

Zum Glück ist molekularer, gasförmiger Sauerstoff nicht ganz so aggressiv wie soeben etwas überspitzt beschrieben. Viele Reaktionen finden unter den jetzigen Bedingungen auf der Erde gar nicht oder nur langsam statt. Die Kettenreaktion startet nicht von selbst, dazu braucht es einen Anschub, in der Chemie als Aktivierungsenergie bekannt. Das kann beispielsweise ein brennendes Streichholz sein. Man kennt das verheerende Ergebnis, wenn es in die Nähe eines undichten Gasbehälters mit Methangas kommt. Der fliegt dann in die Luft, begleitet von einer Stichflamme und einem Knall. Dosierter erfolgt die Reaktion beim Kochen mit Stadtgas, wo die Gaszufuhr gedrosselt und damit die Kettenreaktion immer wieder abgebremst wird, ehe sie sich aufschaukelt. Egal wo, wie laut und wie schnell Methan verbrennt – am Ende kommen immer Kohlendioxid und Wasser heraus.

Wesentlich moderater läuft die Reaktion von Methan mit Sauerstoff in Gegenwart von Katalysatoren ab.* Das chinesische Schriftzeichen für Katalysator (Cui-Hua, phonetische Aussprache „tsoo mei") kann man auch als „Heiratsvermittler" interpretie-

---

* Der Begriff Katalysator geht auf J. J. Berzelius zurück, der ihn 1835 auf das altgriechische Substantiv καταλύειν *katálysis,* das bedeutet in der deutschen Übersetzung „Auflösung", „Zerstörung" oder „Losbinden", zurückführte.

ren,*[48] womit angedeutet wird, dass das Handwerk dieser Verbindungen im Zusammenbringen von Atomen und Molekülen besteht. Heiratsvermittler heiraten in den seltensten Fällen ihre Kunden und so halten es auch Katalysatoren. Sie verabschieden sich nach getaner Vermittlung und suchen sich neue Klienten. Dieses Verhalten kommt auch in einer weiteren Übersetzung zum Ausdruck, dem „Scheidungsanwalt". Enzyme sind besonders effektive, aber auch sehr große Katalysatoren, deshalb widme ich ihnen ein eigenes Kapitel (Kapitel 10) in diesem Buch. Enzyme operieren in biologischen Zellen in Wasser bei Temperaturen bis ungefähr 40°C oder darunter. Dabei können sie nicht nur die Oxidation des Methans so lenken, dass keine Flammen aus den Organismen herausschlagen, was an die sagenhaften Drachen der Mythen erinnern würde, sondern Methan wird auch nicht umgehend in Kohlendioxid verwandelt. Zunächst wird nur eine C–H-Bindung oxidiert, dann die nächste und so weiter, bis keine mehr übrig ist. Oxidation bedeutet formal betrachtet nichts anderes als Einschub eines Sauerstoffatoms in eine C–H-Bindung, auch wenn Sie soeben erfahren haben, dass dahinter komplizierte Radikalreaktionen stecken. Da Sie nun den detaillierten Reaktionsmechanismus bereits kennengelernt haben, werde ich zur Vereinfachung im Weiteren „½ O_2" schreiben, obwohl wir wissen, dass es halbe Sauerstoffmoleküle in diesem Zusammenhang nicht gibt.

Aus Methan ist auf diese Weise Methanol geworden.** Methanol ist giftig und – Warnung! – nicht als „Alkoholersatz" zu gebrauchen. Das soll uns aber hier noch nicht interessieren. Wichtiger ist, dass durch die Oxidation die ursprüngliche platonische Harmonie des Methanmoleküls gestört wurde. Ein H-Atom am Kohlenstoff wurde durch ein O-Atom ersetzt. Wenn ich nun die ergänzende Information aus dem Periodensystem ins Spiel bringe, dass Sauerstoff eine wesentlich größere Elektronegativität als Wasserstoff und damit auch als Kohlenstoff besitzt, kann man sich leicht vorstellen, welche Auswirkungen das hat: Es ist wie bei einem vierbeinigen Stuhl, bei dem mit der Säge ein Bein gekürzt wurde. Die Folge ist, dass der Stuhl kippelt.

Auf die atomare Ebene bezogen bedeutet das: Der Sauerstoff zieht das bindende Elektronenpaar zu sich herüber. Das lässt den Kohlenstoff an Elektronen „verarmen", und

---

*   Es muss angemerkt werden, dass dies keiner wörtlichen Übersetzung entspricht. Die ersten beiden Zeichen 触 bedeuten auch „Kontakt". Die gebräuchlichere Übersetzung von „Katalysator" in der chinesischen Literatur ist 催化剂.

**   Methanol kann durch Destillation aus Holz hergestellt werden. Die beiden französischen Chemiker Jean Baptiste Dumas und Eugène Péligot erkannten Mitte des 19. Jahrhunderts, dass dieser Holzgeist dem Weingeist (Ethanol) sehr ähnlich ist. Daraus ergab sich das Kompositum μέθυ méthy („Wein") + ὕλη hŷlē („Holzstück") = *methylen*, was in der Folge die Grundform für die Begriffe Methan, Methanol und Methylgruppe wurde.

Methan   Methanol

er wird nun leicht zum Opfer durch andere Reagenzien, zum Beispiel durch ein weiteres Sauerstoffradikal. Im Ergebnis der zweiten Oxidation ist der Kohlenstoff mit zwei Hydroxygruppen verbunden. Die Verbindung wird allgemein als Hydrat bezeichnet.

Methanol   Hydrat   Methanal (Formaldehyd)

Nach der Erlenmeyer-Regel, benannt nach Richard August Carl Emil Erlenmeyer (1825–1909), dem Erfinder des gleichnamigen Glaskolbens, sind zwei Hydroxygruppen an einem kleinen Atom wie Kohlenstoff nicht günstig: Sie beanspruchen zu viel Platz. Das Molekül behilft sich aus dieser Notsituation, indem es Wasser (H_2O), eine besonders stabile Verbindung, abspaltet. Es entsteht Methanal, auch Formaldehyd genannt, eine Verbindung, die man in Form der wässrigen Lösung als Formalin zum Konservieren von toten Fröschen und Schlangen einsetzen kann. Diese Verwendung ist an dieser Stelle von nachgeordnetem Interesse, da wir ja an der Entstehung von Leben und nicht am Aufbewahren von einstmals Gelebtem interessiert sind. Was bedeutsamer für unsere Diskussion ist: Am Kohlenstoffatom im Methanal befinden sich nur noch drei andere Atome, zwei H-Atome und ein O-Atom. Wenn wir davon ausgehen, dass sich auch diese Atome möglichst aus dem Weg gehen, folgt, dass das neue Molekül im Unterschied zum Methan kein Tetraeder, sondern platt wie eine ausgewachsene Flunder ist. Die Halbräume ober- und unterhalb des Moleküls sind nicht mehr abgeschirmt und dem Angriff von aggressiven Reagenzien ist Tür und Tor geöffnet. Diese Carbonylgruppe ist deswegen die Unruhe in Person und wahrscheinlich die wichtigste „Innovation" der Chemie des Lebens. Ich komme im Kapitel 5 wieder darauf zurück.

Wir haben nun schon etwas Routine bei Oxidationsreaktionen und stellen fest, dass noch zwei weitere oxidierbare C–H-Bindungen im Formaldehyd übrig geblieben sind. Wir schieben nun sukzessive weitere Sauerstoffatome zwischen C und H ein. Zunächst entsteht die Methansäure, besser bekannt unter ihrem Trivialnamen Ameisensäure.

Methanal → Methansäure (Ameisensäure) → Kohlensäure → Kohlendioxid

Diese Verbindung wurde zuerst von dem preußischen Apotheker und Zuckerrübenzüchter Andreas Sigismund Marggraf beschrieben, der zu ihrer Gewinnung Ameisen destillierte, eine besonders brutale Methode, die anscheinend im 17. Jahrhundert noch keinen aufgeregt hat. Bei der Ameisensäure wollen wir nicht weiter verweilen und folgen damit den Überlegungen von Ulrich, der Zentralfigur in Robert Musils Roman *Der Mann ohne Eigenschaften*: „Denn was fängt man am Jüngsten Tag, wenn die menschlichen Werke gewogen werden, mit drei Abhandlungen über die Ameisensäure an."[49] Auch wenn wir an dieser Stelle nicht wissen, ob die Ameisensäure während des Jüngsten Gerichtes nicht doch eine überragende Rolle spielen wird – wir müssen weiter und schauen uns den Rest des Oxidationsgeschehens an.

Beim Einschub von Sauerstoff in die letzte übrig gebliebene C–H-Bindung überschreiten wir die mittlerweile sehr brüchig gewordene Theoriegrenze zwischen organischer und anorganischer Chemie. Es entsteht Kohlensäure, eine äußerst schwache und damit gesundheitlich ungefährliche Säure. Sie kennen das aus der alltäglichen Erfahrung mit diversen Kaltgetränken, die mit gasförmigen CO_2 angereichert wurden, um deren Haltbarkeit zu verlängern. Da, wie oben erläutert, nach der Erlenmeyer-Regel zwei Hydroxygruppen an einem Kohlenstoffatom ungünstig sind, zerlegt sich die Kohlensäure und es entsteht neben Wasser das Gas Kohlendioxid – auch das eine Alltagserfahrung beim Öffnen von Mineralwasserflaschen.

Da Blut in einem relativ abgeschlossenen System zirkuliert, wird es nach dem Genuss von Methanol aufgrund des Kohlendioxids immer saurer und es kommt zur gefürchteten Übersäuerung. Gleichzeitig tragen auch die Vorstufen Formaldehyd und Ameisensäure zur Giftigkeit von Methanol bei, was bis zur Blindheit oder sogar zum Tod führen kann.* Aus diesem Grund ist von dem Genuss von Methanol nachdrücklich abzuraten.

Fassen wir die Befunde kurz zusammen: Bei der sukzessiven Oxidation von C–H-Bindungen im Methan entstehen neue organische Verbindungen und am Ende die anorganische Verbindung Kohlendioxid. Auch Kohlendioxid ist wie Methan zu Beginn der Abfolge von Oxidationsreaktionen eine stabile Verbindung.

Oxidation bedeutet nicht nur Aufnahme von Sauerstoff, sondern auch Abgabe von Elektronen. Als ἤλεκτρον *élektron* wurde von den alten Griechen eine Legierung aus Gold und Silber bezeichnet. Das sich davon ableitende lateinischen Wort *electrum* heißt direkt übersetzt „Bernstein" und wurde später auch für die Bezeichnung von Silbergeld verwendet. Es war also schon immer etwas Wertvolles, etwas, das man nur ungern hergibt. Wie viele Elektronen jeweils ein Atom in einer chemischen Verbindung während einer Reaktion abgibt, kann man nicht direkt beobachten. Glücklicherweise gibt es eine einfach zu berechnende und zuverlässige Interpretationshilfe in Form der Oxidationszahlen (auch als Oxidationsstufen bezeichnet), die reale Übergänge von Elektronen symbolisieren. Für unsere Diskussion an dieser Stelle reicht es aus, wenn wir die Oxidationszahlen ermitteln, indem wir in organischen Verbindungen dem Wasserstoff die Oxidationszahl +1 und dem Sauerstoff die Oxidationszahl –2 zuweisen. Der beteiligte Kohlenstoff erhält am Ende eine Zahl, die in der Summe zur Neutralität der Gesamt- oder Teilstruktur führt.

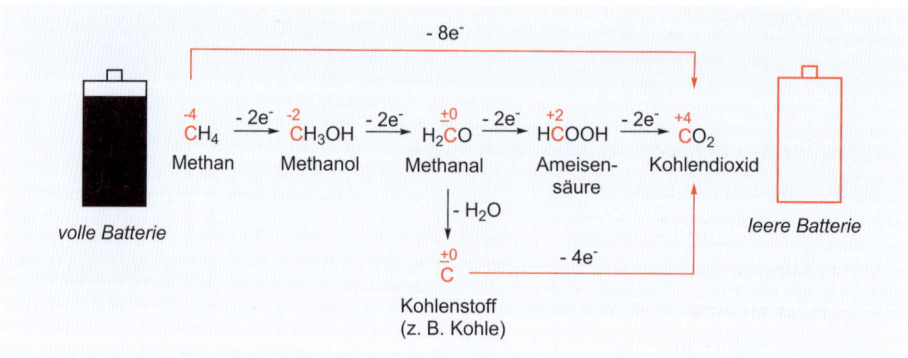

Wir sehen anhand der Änderungen der Oxidationszahlen, dass bei jedem Einschub von Sauerstoff in eine C–H-Bindung gleichzeitig zwei Elektronen pro Kohlenstoffatom ab-

---

* Die Azidose kann man bekämpfen, indem man „richtigen" Alkohol, nämlich Ethanol, zu sich nimmt und damit die Enzyme, die Methanol zu diesem Giftcocktail abbauen, anderweitig beschäftigt.

gegeben werden. Auf dem Weg vom Methan zum Kohlendioxid sind insgesamt acht Elektronen frei geworden. Auf 1 Mol Methan bezogen (das sind ca. 16 g), entspricht das 8 Mol Elektronen oder in Zahlen ausgedrückt: achtmal $6,022 \times 10^{23}$ Elektronen. Mit diesen Elektronen kann man entweder ein Auto fahren lassen, eine Waschmaschine betreiben oder – Leben ermöglichen. Das Problem ist: Am Ende hat der Kohlenstoff im Kohlendioxid seine höchste Oxidationszahl +4 erreicht. Weiter kann er nicht oxidiert werden, gleichzeitig kann er von selbst nicht wieder zurück auf eine niedrigere Oxidationszahl. Er ist somit im doppelten Sinn für das Leben gestorben. Nur wenige sind auserwählt, ihn wieder zum Leben zu erwecken.

Stark vereinfacht kann man formulieren: Leben spielt sich zwischen den beiden Polen Methan und Kohlendioxid ab, die sich zueinander wie eine volle zu einer entleerten Batterie verhalten. Damit das Leben mit dem Kohlendioxid an diesem Punkt nicht sein Ende gefunden hat, muss der Akku wieder aufgeladen werden.

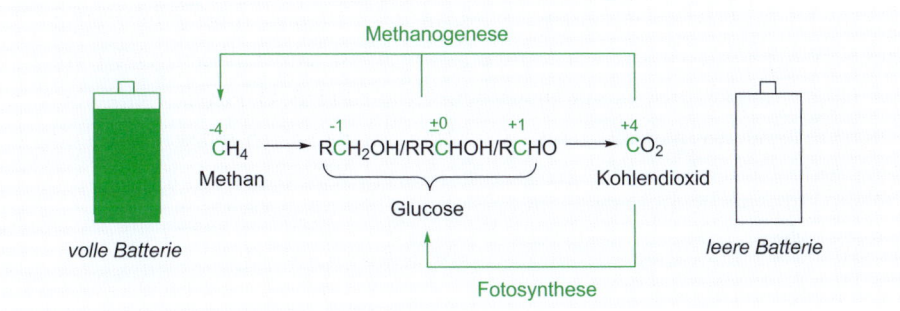

Tatsächlich sind Archaeen (auch Archaebakterien genannt, die aber nicht mit Bakterien verwandt sind), in der Lage, mittels Methanogenese (altgriech. γένεσις *génesis*, „Quelle“, „Entstehung“) aus Kohlendioxid und organischem Abfall Methan aufzubauen.[50] Das heißt, sie können den Kohlenstoff mit Elektronen, sprich Energie, betanken und ihm damit wieder zu einer niedrigeren Oxidationszahl verhelfen. Dieser Prozess, der auch unter sehr widrigen Bedingungen (hohe oder niedrige Temperaturen, Umgebung mit hohen Säure- und Salzgehalten) ablaufen kann, spielte wahrscheinlich zu Beginn des Lebens vor Milliarden Jahren auf der noch unwirtlichen Erde eine zentrale Rolle und trägt heute im Pansen von Rindern in beträchtlichem Maße zum Treibhauseffekt auf der Erde bei. Verstärkt wird dieser Effekt noch durch den Nassanbau von Reis in Asien. Methan ist ein ungefähr 25-mal stärkeres Treibhausgas als Kohlendioxid. Daher muss seine aktuelle Konzentration sorgfältig beobachtet werden.

Die Methanogenese wird heutzutage mit hohem ökologischem Gewinn in Biogasanlagen zur Erzeugung von Heizgas verwendet. Das chemische Wissen um diesen nachhaltigen Prozess hätte wahrscheinlich einige Opernbesucher von ihren Buhrufen abgehalten, die der Regisseur Sebastian Baumgarten bei den Bayreuther Festspielen nach der Premiere von Richard Wagners *Tannhäuser* im Jahr 2011 aushalten musste.[51] Er hatte kurzerhand die Handlung von der Wartburg in eine Biogasanlage verlagert, einer der ganz wenigen Fälle, in dem das große Musiktheater Anleihen bei der Chemie genommen hat.

„Tannhäuser", Richard Wagner, Szenenfoto © Bayreuth 2011,
Inszenierung: Sebastian Baumgarten; Foto © Enrico Nawrath

Auch Cyanobakterien und grüne Pflanzen sind mithilfe von Sonnenlicht in der Lage, den Kohlenstoff-„akku" wieder aufzuladen. Bei der Fotosynthese entsteht Glucose, die Kohlenstoffatome in den drei Oxidationszahlen -1, ± 0 und $+1$ und damit größer als -4 wie im Methan enthält. Trotzdem ist dieser Weg, bei dem die chemische Batterie nur zum Teil geladen wird, in der belebten Natur am meisten verbreitet. Glucose ist aufgrund seiner typischen molekularen Struktur wesentlich variabler verwendbar als Methan.

Übrigens erhalten auch Elemente die Oxidationszahl ± 0 (die Schreibweise „$\pm$" verhindert mögliche Verwechslungen mit dem Buchstaben O und hat hier nur abgrenzende Bedeutung). Der Kohlenstoff trägt somit nicht nur im Methanal, sondern auch im elementaren Kohlenstoff C, zum Beispiel in der Stein- oder Braunkohle, die Oxidationszahl ± 0. Dies sollten Kraftwerksplaner bei der Entscheidung berücksichtigen, ob ein Gaskraftwerk oder ein Kohlekraftwerk gebaut werden sollte; im Vergleich zum Erdgas kann man aus Kohle nur die Hälfte der Energie in Form von Elektronen gewinnen. Wir werden später noch sehen, dass auch der Abbau von Kohlenhydraten und Fetten in lebenden Organismen ähnlichen energetischen Gesichtspunkten unterliegt.

Wir haben bisher einige interessante Eigenschaften des Kohlenstoffs festgestellt. Reichen diese aber aus, um daraus seine einzigartige Position in der Chemie des Lebens zu begründen?

Eine wichtige Eigenschaft fehlt noch: Dabei geht es um das Problem der Stabilität großer Moleküle, die für die chemische Evolution erforderlich ist. In allen oben gezeichneten Formeln können wir sämtliche H-Atome durch C-Atome ersetzen. Diese Kohlenstoffatome lassen sich wiederum mit anderen C-Atomen verknüpfen. Auf diese Weise entstehen strapazierfähige, lineare oder verzweigte Kettenmoleküle: Das ist die wichtigste Bedingung, um große Moleküle und damit Abertausende von Variationsmöglichkeiten zu kreieren.

Die Kohlenstoffketten sind sehr robust, was erstaunen mag, da eine C–C-Bindung weniger stabil ist als eine C–H-Bindung.* Schauen wir uns jedoch eine beliebig lange Kette an, so fällt auf, dass die Wasserstoffatome eine schützende Hülle um die zentrale Kohlenstoffkette bilden. Ein angreifendes Reagenz wie der Sauerstoff hat es somit ziemlich schwer, bis in das Innere dieses Gebildes vorzudringen.[52]

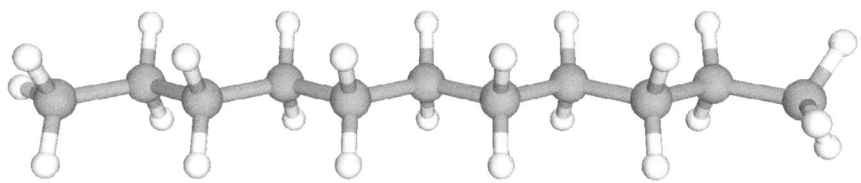

Aus diesem Grund werden lange Kohlenstoffketten, wie sie beispielsweise in gesättigten Fetten anzutreffen sind, im Rahmen der biochemischen Fettsäureoxidation nicht irgendwo in der Mitte, sondern immer dort attackiert, wo die C–C-Bindung durch sogenannte funktionelle Gruppen geschwächt wird. Mit ihnen werden wir uns im Kapitel 5 noch eingehender beschäftigen.** Die Eigenschaft des Kohlenstoffs, lange, stabile Ketten zu bilden, ist somit auch eine der wichtigsten Voraussetzungen für die Chemie des Le-

---

* Die Bindungsenergien zum Vergleich: C–C = 348 kJ/mol und C–H = 413 kJ/mol.

** Bei Ersatz der H-Atome gegen Fluoratome wird die Verbindung fast völlig resistent gegen den Angriff von Sauerstoff und anderen aggressiven Reagenzien. Diese Eigenschaft macht man sich beim Teflon zunutze, wo Polymere der allgemeinen Formel CF_3–$[CF_2]_n$–CF_3 auf die Oberfläche von Pfannen und Töpfen aufgebracht werden. Die kompakte Hülle aus Fluoratomen verhindert das Anbrennen des Steaks oder des Spiegeleies. Gleichzeitig schützt die starke C–F-Bindung davor, dass die Teflonbeschichtung zerstört wird.

bens. Angefangen vom Methan mit nur einem Kohlenstoffatom bis hin zum Naturkautschuk, in dem bis zu 150 000 Kohlenstoffatome miteinander verknüpft sein können, bietet der Kohlenstoff in der belebten Natur für jeden Verwendungszweck etwas.* Ich werde Ihnen gleich beweisen, dass andere Elemente des Periodensystems nicht nur an dieser Hürde scheitern.

Die Variationsmöglichkeiten potenzieren sich durch Einbau von Heteroatomen, also Elementen, die nicht C oder H sind. Auch wenn dabei, wie bereits erwähnt, nicht annähernd das ganze Periodensystem Verwendung findet, reicht es aus, um eine für das menschliche Vorstellungsvermögen kaum fassbare Anzahl von Verbindungen zu generieren. Der pharmazeutische Chemiker Wayne C. Guida hat mit seinen Kollegen die Anzahl von Verbindungen berechnet, die gegen Wasser und Sauerstoff stabil sind und die man theoretisch erhalten kann, wenn nur die Elemente C, H, N, O, P, S, F, Cl und Br miteinander kombiniert werden und die Molekülmasse auf 500 Dalton (Dalton = Gramm/Mol) begrenzt wird: 10^{62} bis 10^{63}.[53] Das entspricht einer 1 mit 62 bzw. 63 Nullen dahinter! Eine unvorstellbare Zahl von Variationsmöglichkeiten. Wohlgemerkt, dabei wurden noch keine Makromoleküle, auch Polymere genannt, mit Molmassen größer als 500 Gramm/Mol berücksichtigt, die einen Großteil des organischen Lebens ausmachen. Die Naturstoffe, von denen sicher bisher noch nicht alle entdeckt und beschrieben worden sind, bilden dabei nur eine kleine Gruppe. Das ist die Grundlage für die in diesem Buch wiederholt vorgebrachte Evolutionsthese: Die Chemie bietet an und die Biologie wählt aus.

Berücksichtigt man, dass in dem umfangreichsten Sammelwerk der Chemie weltweit, den *Chemical Abstracts*, im Jahr 2015 „nur" 100 Millionen (10^8) Verbindungen aufgelistet waren (das sind somit Verbindungen, die bisher von der Chemie untersucht worden

---

* Die moderne Polymerchemie übertrifft selbst diese Riesenzahl noch um ein Vielfaches, was die enorme Stabilität von Kohlenstoffketten zeigt. Ein typisches Beispiel sind spezielle Polyethylenkunststoffe, wo mittlere Kettenlängen mit bis zu 400 000 CH2-Einheiten erreicht werden.

sind), erhält man eine Vorstellung über das enorme Variationspotenzial von Kohlenstoff-verbindungen.

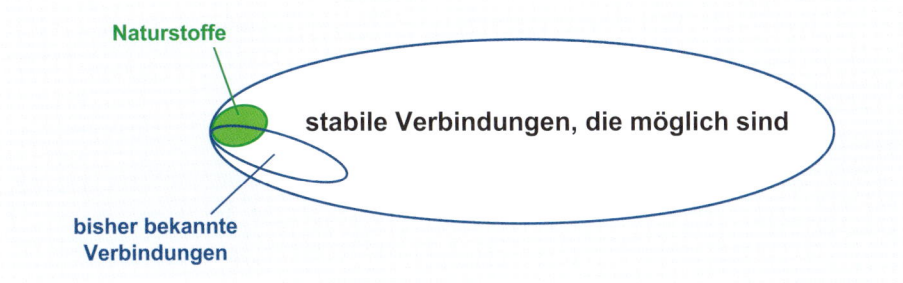

Jede dieser 100 Millionen Verbindungen kann mittels der IUPAC-Regeln individuell benannt werden, was einer Zunahme von Wörtern seit 1986 um 80 Millionen entspricht.[54] Zum Vergleich: Die Gesamtgröße des „restlichen" deutschen Wortschatzes wird auf 300 000 bis 500 000 Wörter geschätzt, ein wahrhaft kulturbildender Beitrag der Chemie. Gleichzeitig wird damit der schöpferische Charakter der organischen Synthesechemie deutlich, vor dem sogar der Sprachvirtuose Johann Wolfgang von Goethe mit einem Repertoire von ungefähr 90 000 Wörtern kapitulieren müsste.[55]

Die belebte Natur – und damit die Biochemie – kommt mit weitaus weniger Verbindungen (Naturstoffen) aus, wobei spekulativ bleiben muss, wie viele Verbindungen im Laufe der chemischen und biologischen Evolution wegen mangelnder Pass- und Anschlussfähigkeit auf der Strecke geblieben sind.

Nachdem wir uns so intensiv mit dem Kohlenstoff beschäftigt haben, wollen wir nachfolgend untersuchen, ob es andere Elemente gibt, die Leben in ähnlicher Weise oder sogar noch besser organisieren können. Als Kandidaten sollen Stickstoff, Phosphor, Silicium und Bor, das sind die nächsten Verwandten im Periodensystem, vor die Jury unserer Chemiekommission zitiert werden.

2.3 Probleme mit dem freien Elektronenpaar – Stickstoff

Wie wäre es mit Stickstoff (engl. *nitrogen*), obwohl sein deutscher Name nicht gerade verheißungsvoll im Zusammenhang mit Leben klingt? Stickstoff ist dem Kohlenstoff im Periodensystem direkt benachbart. Im Unterschied zum Kohlenstoff verfügt Stickstoff entsprechend zu seiner Stellung in der V. Hauptgruppe über fünf Valenzelektronen. Fünf sind immer besser als vier, sollte man annehmen, vor allem, wenn es um das Erzeugen von möglichst vielen Variationen geht. Hier allerdings stimmt diese Faustregel nicht.

Stickstoff ist mit einem Anteil von ungefähr 78 % an der Erdatmosphäre eines der häufigsten Elemente auf der Erde. Mit jedem Atemzug nehmen wir nicht nur Sauerstoff, sondern auch große Mengen Stickstoff zu uns. Das bemerken wir gleichwohl nicht, weil das Stickstoffmolekül N_2 weder vom Menschen noch von einem Tier noch von irgendeiner Pflanze verwertet werden kann. Das Stickstoffmolekül ist äußerst robust, das bedeutet, es ist sehr reaktionsträge.* Die beiden N-Atome werden nicht nur durch eine oder zwei, sondern gleich durch drei Bindungen zusammengeklammert. Um diese Bindungen zu knacken, müssen 945 Kilojoule pro Mol (kJ/mol) investiert werden.

$|N\equiv N|$ 945 kJ/mol	$H-C\equiv C-H$ 811 kJ/mol
Stickstoffmolekül	Ethin

H–N̄–N̄–H 159 kJ/mol	H₂C–C H₂ 345 kJ/mol
Hydrazin	Ethan

Eine vergleichbare C–C-Dreifachbindung wie im Ethin, das zur Klasse der Alkine gehört, ist mit 811 kJ/mol hingegen schwächer und lässt sich darüber hinaus auch wesentlich besser durch chemische Reagenzien attackieren. Daher gibt es nur sehr wenige Alkine in der Natur, die auf das Grundprinzip Veränderungsfähigkeit setzt, aber jede Menge molekularen Stickstoff. Beim Vergleich der Energien der Einfachbindungen sind die Verhältnisse umgekehrt: Die N–N-Bindung im Hydrazin zerfällt sehr rasch, während die C–C-Bindung im Ethan mehr als doppelt so stabil ist. Das hat Folgen.

Die stabile N–N-Dreifachbindung zu lösen, sind ausschließlich hoch spezialisierte Mikroorganismen (Bakterien und Archaeen) in der Lage. In der Vergangenheit wurde jeglicher Stickstoff, der in lebenden Systemen Verwendung fand, vorher von diesen Einzellern in eine für andere Organismen verwertbare Form, beispielsweise in Nitrate (NO_3^-), Ammonium (NH_4^+) oder direkt in Aminosäuren, umgewandelt. Besonders aktive Einzeller zum Knacken von Stickstoffdreifachbindungen sind Knöllchenbakterien, die jedes Jahr weltweit bis zu $1{,}7 \times 10^8$, das sind 170 Millionen Tonnen, Ammoniak produzieren.[56] Diese Einzeller können in Gemeinschaft (Symbiose) mit Pflanzen wie etwa Erbsen oder Bohnen leben. Landwirte profitieren davon, indem sie Lupinen anbauen und damit den Gehalt an nutzbarem Stickstoff im großen Stil im Ackerboden erhöhen. Eine andere Bak-

---

* Deshalb wird Stickstoff in chemischen Laboratorien oft als Schutzgas für Experimente mit sauerstoffempfindlichen Verbindungen eingesetzt.

teriengattung, die unter der Bezeichnung *Actinomyces* (zu Deutsch „Strahlenpilze") zusammengefasst werden, vollbringt wahre Pionierleistungen bei der Besiedlung von Ödland oder Sanddünen, indem sie verwertbaren Stickstoffdünger für Erle, Sanddorn und Ölweide bereitstellt, sodass diese nach dieser Vorbehandlung ihre Pionierfunktion erfüllen können.

Seit ungefähr hundert Jahren ist auch der Mensch zur Umwandlung von molekularem Stickstoff in der Lage, indem er unter sehr extremen Bedingungen (Drücke von 250–350 bar und Temperaturen bis zu 550 °C) Stickstoff mit Wasserstoff zu Ammoniak reagieren lässt. Diese Methode nennt sich nach ihren Erfindern Haber-Bosch-Verfahren und hat die landwirtschaftliche Düngung und gleichzeitig leider auch die Herstellung von Sprengstoffen revolutioniert, ist aber für die moderaten Bedingungen, unter denen Leben auf unserer Erde abläuft, nicht zu gebrauchen.* Ammoniak ist darüber hinaus ein übel riechendes und giftiges Gas und wird deshalb für den Gebrauch als Dünger oder Sprengstoff mit Salpetersäure in das Salz Ammoniumnitrat umgewandelt.

Nehmen wir trotzdem einmal an, dass neben speziellen Mikroorganismen auch Pflanzen und vielleicht auch Tiere die Fähigkeit erlangt hätten, Luftstickstoff selbst zu aktivieren und in leicht weiterverarbeitbare Stickstoffverbindungen zu verwandeln. Vergleichbares kennen wir von den Mitochondrien, den biologischen Kraftwerken der Zellen, die vor Urzeiten von anderen Einzellern geschluckt wurden, um das aufkommende Problem erhöhter Sauerstoffkonzentrationen in der Atmosphäre möglichst nutzbringend zu lösen. Leider würden mit dem Stickstoff nun die Herausforderungen erst richtig losgehen.

Wie bereits erwähnt, steht der Stickstoff in der V. Hauptgruppe des Periodensystems und verfügt über fünf Valenzelektronen, somit eines mehr als der direkte Nachbar Kohlenstoff. Das Stickstoffatom kann allerdings nicht alle fünf Valenzelektronen zur Ausbildung von fünf kovalenten Bindungen zu anderen Partnern nutzen. Eine einfache Erklärung dafür ist: Es ist nicht genügend Platz vorhanden; fünf Atome, und seien sie noch so klein, passen nicht um das kleine Stickstoffatom herum. Trotzdem sind die fünf Valenzelektronen nun einmal da und können nicht einfach wegdiskutiert werden. Der Stickstoff behilft sich, indem zwei Valenzelektronen sozusagen als Reserve einbehalten werden. Da auch ungebundene Elektronenpaare Platz brauchen, ist das NH_3-Molekül nicht eben, sondern räumlich vergleichbar aufgebaut wie der Tetraeder des Methans.

————————————

*   Immerhin sind bisher „etwa 40 Prozent des in Proteinen oder DNA verbauten Stickstoffs in unseren Körpern […] schon einmal durch die Röhren einer Haber-Bosch-Anlage gewandert" (*N. Stickstoff – ein Element schreibt Weltgeschichte*, G. Ertl, J. Soentgen [Hrsg.], oekom verlag, 2015).

Ammoniak   Methan

Dieses übrig gebliebene „freie" Elektronenpaar (im Englischen *lone pair*, „einsames" Elektronenpaar, genannt) hat eine spezielle Eigenschaft:[57] Es kann positiv geladene Wasserstoffionen, kurz gesagt Protonen (altgriech. τὸ πρῶτον *to prōton*, „das Erste"), aus seiner Umgebung einfangen. Besteht diese Umgebung aus Wassermolekülen, bleiben bei dieser Einfangreaktion Hydroxidionen zurück.

Ammonium-   Hydroxid-   Methan
kation   ion
            (basisch)

Im Ergebnis wird das Milieu basisch. Das stickstoffhaltige Produkt sieht bezüglich der Geometrie genauso aus wie das Methan. Da der Stickstoff im Ammoniumion nur noch vier Valenzelektronen besitzt, erhält er eine positive Ladung. Es entsteht somit ein Kation. Im Begriff des Kations (altgriech. κατά *katá*, „herab") steckt auch die altgriechische Bezeichnung ἰόν *ión*, was mit „gehend" oder „wandernd" übersetzt werden kann. Wir kennen dieses mobile Verhalten vom Natriumchlorid, dem Kochsalz, das sich beim Lösen in Wasser in positive Natriumionen (Kationen) und negative Chloridionen (Anionen) aufspaltet.* Die Ionen sind in Wasser sehr bewegungsfreudige Teilchen und damit *a priori* sehr promiskuitive Gesellen. Sie suchen sich ständig neue Gegenionen und sind damit für den Aufbau von stabilen Beziehungen nicht zu gebrauchen.

Die Reaktion mit Wasser ist auch die Ursache dafür, warum die meisten Amine, ebenso wie Ammoniak, als Basen bezeichnet werden.[58] Obwohl das Wort Base (altgriech. βάσις *básis*) in der griechischen Sprache unter anderem Grundlage oder Fundament bedeutet, sind basische Verbindungen für die Chemie des Lebens kontraproduktiv, da sie ständig

---

* Kationen wandern zur Anode, die negativ geladen ist (d. h. auf einem Zahlenstrahl < 0), woraus sich die Vorsilbe „Kat" = hinab ergibt. Hingegen wandern Anionen zur Kathode, die positiv geladen ist (d. h. auf einem Zahlenstrahl > 0), woraus sich die Vorsilbe „An" = ableiten lässt.

mit dem am häufigsten vorkommenden Milieu auf Erden, dem Wasser, im Clinch liegen. Zarte Anfänge von Leben auf Stickstoffbasis würden zunächst lokal die Umwelt verpesten, doch schon bald hoffnungslos an der riesigen Menge Wasser auf der Erde scheitern.

Angenommen, wir könnten in einem Gedankenexperiment das Basenproblem in den Griff bekommen, indem wir das Leben in ein anderes Milieu als Wasser verlegen, zum Beispiel in Ammoniak. Es gibt Hinweise, dass die Planeten Neptun oder Jupiter von einer Atmosphäre eingehüllt sind, die unter anderem auch Ammoniak enthält. Von anderen Himmelskörpern außerhalb unseres Sonnensystems, darunter Satelliten von Planeten, Asteroiden oder Kometen, wird vermutet, dass es auf ihnen Ammoniakkristalle oder ganze Ammoniakseen gibt.[59] Dieser Umstand würde Leben auf N-Basis eventuell ermöglichen.

Wir haben bei dieser Hypothese zu berücksichtigen, dass Ammoniak nur bei Drücken über 7 bar bei Raumtemperatur flüssig ist. Unter dem auf Meereshöhe vorherrschenden Atmosphärendruck von 1 bar ist Ammoniak bei Temperaturen über –33 °C gasförmig. Da sich entsprechend der van't Hoffschen Regel die Geschwindigkeit einer Reaktion bei Zunahme um 10 K verdoppelt bis vervierfacht, würden Reaktionen des Lebens in flüssigem Ammoniak im Vergleich zum Wasser nur sehr langsam ablaufen. 3,8 Milliarden Jahre Evolution auf der Erde hätten wohl kaum ausgereicht, um bei diesem Tempo komplexe Strukturen zu generieren. Schon mit Kohlenstoff als Basis des Lebens bezweifeln einige Wissenschaftler, dass ungefähr 400 Millionen Jahre – das ist die Spanne zwischen der Entstehung unserer Erde und dem erstmaligen Auftreten der ersten primitiven Organismen – ausgereicht hätten, um Leben hervorzubringen. Die Einwanderung von organischen Verbindungen mittels Meteoriten würde vieles einfacher erklären. Aus diesem Grund wird so emsig im Weltall nach Lebensspuren gesucht und Hinweise auf „Leben spendendes" Wasser werden in den Medien immer wieder als Sensation vermeldet. Das spricht natürlich nicht gegen den Kohlenstoff, umso mehr gegen den Stickstoff und den Ammoniak, deren Anwartschaft auf die zentrale Rolle im Leben zumindest auf der Erde damit buchstäblich ins Wasser fällt.

Es kommt noch ein weiteres Problem hinzu: Wir haben bereits festgestellt, dass die Dreifachbindung zwischen zwei Stickstoffatomen sehr stark ist. Es wurde auch schon angemerkt, dass im Unterschied dazu eine einzelne Bindung zwischen zwei Stickstoffatomen wesentlich schwächer ist als jene zwischen zwei Kohlenstoffatomen. Die einzige einigermaßen stabile Verbindung in dieser Hinsicht ist Hydrazin. Die Bindung zwischen den beiden Stickstoffatomen ist höchst labil. Verantwortlich dafür sind die beiden freien Elektronenpaare, die sich gegenseitig abstoßen. Auf dieses Phänomen hatte ich schon bei den Peroxiden hingewiesen, die daraus ihre Radikaleigenschaften beziehen. Da sich im Hydrazin nur zwei dieser Elektronenpaare gegenüberstehen, ist der Effekt nicht ganz so dramatisch, reicht aber aus, um reines Hydrazin, das nur im Labor herstellbar ist, als hochexplosiven Raketentreibstoff zu verwenden.

Eine Verbindung mit drei Stickstoffatomen, das Triazan, ist aus dem gleichen Grund bereits instabil und zerfällt unmittelbar nach der Synthese. Die Struktur des Tetrazans konnte bisher nur berechnet werden und existiert somit nur in der Theorie.[60] Wir können konstatieren, dass dort, wo Stickstoffketten bereits aufhören müssen, Kohlenstoffketten noch lange kein Problem haben, weiter zu wachsen.

Leben auf der Basis von Stickstoff könnte nicht annähernd zu dieser Komplexität gelangen wie auf der Basis von Kohlenstoff. Jedem Versuch, eine längere Stickstoffkette aufzubauen, wird umgehend durch deren Zerbrechen ein Ende gesetzt.

Das letzte Problem macht der Stickstoffhypothese nun wirklich den Garaus. Alle drei N–H-Bindungen im Ammoniak können oxidiert werden.

Die Formel des Produktes kommt Ihnen vielleicht zunächst etwas spanisch vor. Spalten wir jedoch gemäß der Erlenmeyer-Regel einmal H_2O aus dieser instabilen Verbindung ab, tritt uns die salpetrige Säure (Summenformel: HNO_2), eine stärkere Säure als die Essigsäure, entgegen. Im finalen Oxidationsschritt, in dem auch das freie Elektronenpaar mit Sauerstoff reagiert, entsteht am Ende Salpetersäure (Summenformel: HNO_3), eine noch stärkere Säure.

Aus dem ursprünglichen Basenproblem ist durch die Wirkung von Sauerstoff ein massives Säureproblem geworden. Wir erinnern uns, im Gegensatz zum Ammoniak ist das unpolare Methan weder in Wasser löslich noch reagiert es mit Wasser. Natürlich lässt sich nach vorangegangener Aktivierung auch im Methan in alle C–H-Bindungen Sauerstoff einschieben. Nach Abspaltung von Wasser entsteht daraus die (schwach saure) Kohlensäure. Letztere zerfällt in Kohlendioxid und Wasser. Wasser stellt unter neutralen Bedingungen kein Problem dar. Kohlendioxid kann, wenn es in Maßen auftritt, nur wenig den pH-Wert des Wassers beeinflussen.* Aufgrund des niedrigen Siedepunktes entweicht Kohlendioxid schnell in die Atmosphäre.

Wir müssen resümierend feststellen, dass der Stickstoff keine Alternative zum Kohlenstoff darstellt, wenn sich auf dessen Basis Leben aufbauen soll. Trotzdem ist er unverzichtbar in Kooperation mit dem Kohlenstoff, wie ich später noch zeigen werde.

Wie sieht es mit dem Phosphor aus?

2.4 Zu viel Appetit auf Sauerstoff – Phosphor

Der Phosphor steht in der V. Hauptgruppe des Periodensystems und damit direkt unter dem Stickstoff.** Das Phosphan mit der Summenformel PH_3 ist im Vergleich zum NH_3 weniger basisch, eine Eigenschaft, die für Leben im Wasser ein Evolutionsvorteil sein sollte. Leider führt uns das Phosphan im wahrsten Sinn des Wortes in die Irre. Es ist zusammen mit Methan die Ursache der Irrlichter, die hin und wieder in der Dunkelheit über Grabstätten, Torfmooren und Sümpfen zu beobachten sind. Für die „Winterreise" von Franz Schubert textete Wilhelm Müller: „In die tiefsten Felsengründe lockte mich ein Irrlicht hin: Wie ich einen Ausgang finde/Liegt nicht schwer mir in dem Sinn."[61] Die chemische Erklärung für dieses leuchtende Phänomen liegt in der enormen Affinität des Phosphans zum Sauerstoff.*** Phosphan kann sich nur unter sauerstofffreien oder,

---

* Mehr noch: Systeme, bestehend aus annähernd gleichen Mengen Hydrogencarbonat (HCO_3^-) und Kohlendioxid (CO_2), puffern biotische Systeme, zum Beispiel Blut, gegen Säuren und Basen ab; die Eigenschaften des Milieus bleiben damit weitgehend konstant. Die Pufferwirkung gilt nur in dem Maße, in dem nicht die modernen Industriegesellschaften durch exzessive Verbrennung von fossilen Kohlenstoffressourcen die CO_2-Konzentration in der Atmosphäre erhöhen. Durch das Lösen von überschüssigem Kohlendioxid in den Weltmeeren wird langsam deren pH-Wert erniedrigt, was beispielsweise Lebewesen mit Kalkskeletten wie Korallen in höchste Bedrängnis bringt.

** Innerhalb der Hauptgruppen des Periodensystems ändern sich die chemischen Eigenschaften der Elemente und ihrer Verbindungen nur allmählich, aus diesem Grund lassen sich deren Reaktivitäten miteinander vergleichen.

*** Dies kommt auch in der Namensgebung des Phosphors (altgriech. φῶςφόρος phōsphóros, „lichttragend") zum Ausdruck, was vom Leuchten des weißen Phosphors bei der Reaktion mit Sauerstoff herrührt.

anders gesagt, anaeroben (altgriech. ἀήρ *āér*, „Luft" mit *Alpha privativum*) Bedingungen aus organischen Zersetzungsprodukten bilden. Entweicht PH_3 in die Luft, verschwindet dessen knoblauchartiger Geruch schnell; es wird innerhalb kürzester Zeit vollständig oxidiert. In größeren Konzentrationen entzündet sich PH_3 spontan. Phosphor selbst und möglicherweise auch PH_3 gehörten zusammen mit Eisen und Schwefelwasserstoff zu den wichtigsten Sauerstoffsammlern in der Frühzeit unserer Erde. Der erste molekulare Sauerstoff, der von Cyanobakterien in die Uratmosphäre entlassen wurde, akkumulierte sich zunächst in Form mächtiger Phosphat-, Eisenoxid- und Sulfatlagerstätten, so lange, bis keine oxidierbaren Verbindungen mehr vorhanden waren. Erst danach stieg der Sauerstoffanteil in der Erdatmosphäre allmählich an, und höheres Leben, wie wir es heute kennen, konnte entstehen.*

Chemiker, die im Labor mit PH_3 arbeiten, müssen sorgfältig darauf achten, Sauerstoff fernzuhalten, damit nicht nacheinander sämtliche P–H-Bindungen oxidiert werden.

Am Ende reagiert auch noch das freie Elektronenpaar am Phosphor, wie schon bei der Oxidation der salpetrigen Säure zur Salpetersäure beschrieben, und die stabile Phosphorsäure (Summenformel: H_3PO_4) entsteht.[62]

Selbst die Zwischenverbindungen mit geringerem Sauerstoffanteil kommen mit wenigen Ausnahmen in der belebten Natur nicht vor. Während der Totaloxidation verliert der Phosphor quasi alle Energie, ein Zurück zum PH_3 ist unter den derzeitigen Bedingungen auf der Erde mit dem massiven Sauerstoffüberangebot nicht möglich. Damit scheidet auch der Phosphor aufgrund mangelnder Flexibilität im Rennen um das zentrale Element des Lebens aus.

---

* Wahrscheinlich gab es davor erste Anfänge von „primitivem" Leben, wobei der Sauerstoff keine Rolle spielte.

Möglicherweise stören Sie sich an den vielen Hydroxygruppen, die sich im Laufe der vier Oxidationsschritte um den Phosphor herum versammelt haben, weil Sie die Erlenmeyer-Regel außer Kraft gesetzt sehen. Aber keine Sorge, da das zentrale Phosphoratom wesentlich größer ist als die Atome von Kohlenstoff oder Stickstoff, gilt diese Regel nicht mehr. Selbst drei Hydroxygruppen stellen kein Problem für das große Phosphoratom im Zentrum dar. Alle drei Hydroxygruppen können beispielsweise mit Hydroxygruppen anderer Verbindungen reagieren und bilden dann einen wichtigen Bestandteil der Polynucleinsäuren RNA und DNA. Die Suspendierung der Erlenmeyer-Regel ist auch die Voraussetzung, dass sich zwei Phosphorsäuremoleküle unter Wasserabspaltung zu einem Anhydrid (altgriech. ἄνυδρος *ánhydros*, „wasserarm") vereinigen.

Pyrophosphorsäure

Im Unterschied zur Kohlensäure wird Wasser nicht innerhalb des Moleküls (was dort zu CO_2 führt) eliminiert, was man als intramolekular (lat. *intra*, „innerhalb") bezeichnet, sondern zwei Phosphorsäuremoleküle reagieren über die molekularen Grenzen hinweg in einer intermolekularen (lat. *inter*, „zwischen") Reaktion. Ursprünglich wurde die Wasserabspaltung aus zwei Phosphatmolekülen durch Erhitzen durchgeführt, woran eine andere Bezeichnung für das Anhydrid, Pyrophosphorsäure (altgriech. πῦρ *pûr*, „Feuer"), erinnert. Die Pyrophosphorsäure ist sehr energiereich. In Form ihres Magnesiumsalzes und in Kombination mit Zuckermolekülen gehört sie zu den wichtigsten Energiespendern in Lebensprozessen in Form des Adenosintriphosphates (ATP). Auf dessen herausragende Rolle werde ich später noch gesondert (Kapitel 9) eingehen. Sie können sich aber schon an dieser Stelle merken, dass die Mitochondrien jedes Menschen pro Tag viele Kilogramm von dieser phosphorhaltigen Verbindung herstellen und für Lebensprozesse zur Verfügung stellen, was die wichtige Rolle des Phosphors als Teamplayer bei Lebensprozessen unterstreicht.

Es gibt nur sehr wenige Phosphorverbindungen in der belebten Natur, in denen der Phosphor direkt mit einem Kohlenstoffatom verknüpft ist. Zu diesen Ausnahmen gehört das Antibiotikum Fosfomycin.

Phosphonsäure

H—O—P—OH ⇌ O=P—OH

OH · OH · H · OH

Bakterien / Ersatz von H gegen einen organischen Rest / synthese-chemisch

Fosfomycin

Glyphosat

Zur Herstellung sind nur Bakterien der Gattung *Streptomyces* in der Lage. Voraussetzung für die Synthese ist die Wanderung eines Protons innerhalb der Phosphonsäure von einer der drei Hydroxygruppen zum Phosphoratom.* Wie die beiden ungleich langen Reaktionspfeile anzeigen, ist die Form mit der P–H-Bindung stabiler als die mit der P–OH-Gruppe. Sie ist eine vorübergehende „Ruheform" auf dem oben beschriebenen Weg zur Phosphorsäure. Wird dieses H-Atom durch einen Kohlenstoffrest ersetzt, unterbleibt die Weiteroxidation und es entsteht z. B. das Fosfomycin. Fosfomycin stellt eine Singularität der Phosphorchemie in lebenden Organismen dar und ist ein wirksames Mittel gegen schwere bakterielle Infektionen. Die herbizide Wirkung einer anderen, synthesechemisch hergestellten Phosphonsäure, dem Glyphosat (Handelsname „Roundup"), wird mittlerweile weltweit genutzt und hat derzeit eine heftige Diskussion in der Europäischen Union über die Vorteile für Agrarbetriebe und Nebenwirkungen auf Insekten und Menschen ausgelöst.

2.5 Eingeklemmt zwischen Sand und künstlicher Intelligenz – Silicium

Silicium ist Bestandteil von Lehm und Ton und damit, wie bereits erwähnt, aus Sicht einiger Weltreligionen ein geeignetes Material, um die Basis für Leben zu konstruieren. Immer wieder griffen auch Naturforscher diese Hypothese auf und versuchten, die Genesis-Erzählung aus dem ersten Buch des jüdischen Tanach und der christlichen Bibel

---

* Diese Wanderung wird als Tautomerie bezeichnet. Eine genauere Beschreibung dieser Reaktion wird im Rahmen von Kohlenstoffverbindungen im Kapitel 6 gegeben.

auf wissenschaftliche Grundlagen zu stellen.[63] Schon 1891 spekulierte der deutsche Astrophysiker Julius Scheiner über Leben auf der Grundlage von Siliciumdioxid (SiO_2), indem er auf die Formelähnlichkeit mit dem Kohlendioxid (CO_2) hinwies.[64] Diese Idee wurde von dem irischen Chemiker James Emerson Reynolds um die vorletzte Jahrhundertwende aufgenommen, der auf die besondere Hitzestabilität von Siliciumverbindungen aufmerksam machte und daraus auf Leben unter extremen Temperaturen schloss.[65] Diese Vorstellungen wurden von H. G. Wells, dem Verfasser des berühmten Science-Fiction-Romans „Die Zeitmaschine", weiterentwickelt, der 1894 daraus eine romantische, aber stark überhitzte Vision von Menschen aus Silicium und Aluminium („*silicon-aluminium men*") ableitete, die „[...] *wandering through an atmosphere of gaseous sulphur [...] by the shores of a sea of liquid iron some thousand degrees or so above the temperature of a blast furnace*".*[66] 30 Jahre später wird einer der Begründer der Populationsgenetik, John Burdon Sanderson Haldane, Leben tief in das heiße Innere der Erde verlagern, wo Organismen auf der Basis von geschmolzenen Silicaten ihre Energie aus der Oxidation von Eisen entnehmen.** Bis heute zieht die Vorstellung von siliciumbasiertem Leben seine Spur durch die fantastische Literatur.[67] Nicht zuletzt wird in der *Star-Trek*-Episode „*The Devil in the Dark*" durch Captain Kirk und Spock ein Lebewesen auf Siliciumbasis, die Horta, entdeckt.[68] Mister Spock findet heraus, dass alle 50 000 Jahre die Hortas aussterben bis auf eine, die über die Eier der nächsten Generation wacht. Natürlich ist auch die wieder aus Silicium.

Neben diesen fantastischen Spekulationen verbindet sich mit Silicium seit Kurzem ein völlig neuer Aspekt: Ein Teil der elektronischen Welt basiert auf diesem Element. Halbleiter auf Siliciumbasis ermöglichen wahrscheinlich schon in naher Zukunft künstliche Intelligenz. In Kalifornien gibt es das *Silicon Valley* und im Feuilleton der *Frankfurter Allgemeinen Zeitung* (FAZ) wurde von 2011–2015 eine Kolumne mit dem Titel „Silicon Demokratie" veröffentlicht. Schon deshalb ist Silicium ein ernst zu nehmender Kandidat beim Wettbewerb um das zentrale Element des Lebens.

Was sagt die Chemie als Naturwissenschaft dazu? In der Erdhülle ist Silicium, auf den

---

* Deutsche Übersetzung: „Silicium-Aluminium-Menschen, [...] die am Ufer eines Meeres, das aus flüssigem Eisen besteht, bei einigen Tausend Grad, das ist so heiß wie die Temperatur eines Hochofens, durch eine Atmosphäre von gasförmigem Schwefel wandern [...]."

** Der Chemiker und Molekularbiologe Alexander Graham Cairns-Smith hat in dem erstmals 1985 erschienenen Buch *Biologische Botschaften. Eine Detektivgeschichte der Evolution* (Fischer Taschenbuch, 1990) eine Theorie aufgestellt, in der die Selbstreplikation von löslichen Tonmineralien den Übergang von anorganischen Materialen zu organischem Leben ermöglicht. Diese Theorie, die nicht unumstritten ist, versucht, einen realen Hintergrund in die Genesis-Erzählung hineinzuinterpretieren.

Massenanteil bezogen, nach Sauerstoff das zweithäufigste Element. Silicium steht sogar in der IV. Hauptgruppe des Periodensystems, direkt unter dem Kohlenstoff, was eine verwandtschaftliche Beziehung nahelegt. Es gibt eine Verbindung mit der Formel SiH_4, das Silan, das dem Methan CH_4 zumindest von der Summenformel her sehr ähnlich ist.

Das erste Problem: Silicium weist metallische Eigenschaften auf. Dies wäre nicht weiter schlimm bei der Frage nach der Grundlage für die Chemie des Lebens, denn einen dauerhaften und schützenden Metallpanzer hatten sich schon die „alten Rittersleut" zugelegt. In *Der Zauberer von Oz* des Schriftstellers Lymann Frank Baum wird die kleine Dorothy von einem Blechmann begleitet, der sich nichts sehnlicher wünscht als ein menschliches Herz, was er am Ende auch bekommt. Auch standhafte Zinnsoldaten soll es geben, wie im Märchen von Hans Christian Andersen überliefert ist.

Lebende Organismen aus Metall gibt es nur im Märchen oder in Hollywoodfilmen. Denn wenn ein Element metallische Eigenschaften besitzt, bedeutet das automatisch, dass es nur eine geringe Elektronegativität aufweist und damit beim Gezerre um die beiden Bindungselektronen mit vielen anderen Partnern ins Hintertreffen gerät. In einer Si–H-Bindung ist bereits der Wasserstoff das dominante, weil elektronegativere Element. Schon wenige Hydroxidionen (OH^-) in leicht basischem Wasser reichen aus, diese Wasserstoffatome auszutauschen; es entsteht die Kieselsäure, H_4SiO_4.

Kieselsäure lässt sich alternativ durch Einschub von Sauerstoff in alle vier Si–H-Bindungen herstellen. Bei beiden Reaktionen entsteht als zweites Produkt molekularer Wasserstoff (H_2). Entweder würde dieser Wasserstoff aufgrund seiner Flüchtigkeit aus der Erdatmosphäre hinaus in das Weltall entweichen oder mit Sauerstoff und in Anwesenheit eines katalytischen Zünders unmittelbar weiter zu Wasser im Rahmen der Knallgasreaktion reagieren. Keine guten Aussichten für eine friedliche Welt.

Wenn wir das Silicium hinsichtlich seines Potenzials zum Kettenwachstum befragen, bekommen wir im Unterschied zum Stickstoff eine etwas optimistischere Antwort. Silicium ist durchaus zum Aufbau von längeren Ketten geeignet. Derzeit sind Polysilane (griech. πολύ *polý*, „viel") mit bis zu 15 Siliciumatomen[69] hintereinander in einer geraden

Reihe oder auch verzweigt bekannt. Insbesondere der etwas unorthodoxe Anorganiker Peter Plichta konnte zeigen, dass die höheren Silane stabil und nicht mehr selbstentzündlich sind. Im Unterschied zu Kohlenstoffketten verbrennen die Siliciumketten mit Luftstickstoff bei Temperaturen über 1400 °C. Daher ist eine Anwendung als alternativer Treibstoff seit Längerem im Gespräch ("Benzin aus Sand").[70] Ungeachtet dessen sind die Laborverfahren zu ihrer Herstellung nicht kompatibel mit jenen Bedingungen, die wir auf der Erde finden.

Das ändert sich umgehend, wenn zwischen die einzelnen Siliciumatome Sauerstoff insertiert wird. Um dieses Verhalten zu verstehen, müssen wir zur Struktur der Kieselsäure zurückkehren. Ebenso wie der im Periodensystem benachbarte Phosphor ist das zentrale Siliciumatom groß genug für vier benachbarte Hydroxygruppen. Die Erlenmeyer-Regel gilt in diesen unteren Regionen des Periodensystems nicht mehr. Trotzdem wird Wasser abgespalten. Vergleichbar zu zwei Phosphorsäuremolekülen (wie in Kapitel 2.4 diskutiert) – und damit erneut im Unterschied zur Kohlensäure – wird Wasser intermolekular abgespalten und es bildet sich die Dikieselsäure. Wiederholt sich dieser Vorgang viele Male mit weiteren Kieselsäuremolekülen, verarmt das Produkt immer mehr an Wasserstoff und es entstehen Polykieselsäuren unterschiedlicher Kettenlänge. Am Ende des gesamten Entwässerungsprozesses steht eine wasserstofffreie Verbindung mit der allgemeinen Verbindung $(SiO_2)_n$. Nun ist diese Verbindung zwar ein beliebtes Baumaterial, aber nicht die Grundlage für die Konstruktion lebender Organismen, sondern für Häuser und Brücken: Es ist Sand, womit auch die Bedeutung des Begriffes Silicium, abgeleitet vom lateinischen Wort *„silex"* für „harter Stein" oder „Fels", einen Sinn ergibt.

Gleichwohl trifft man Silicium relativ häufig in lebenden Organismen an, jedoch ausschließlich in Form von Kieselsäuren oder Quarz. Das heißt, diese Siliciumverbindungen unterliegen im Gegensatz zu den organischen Verbindungen des Kohlenstoffs keinen biochemischen Umwandlungsprozessen. Trotzdem erfüllen sie wichtige biologische Aufgaben: Kieselalgen (Diatomeen) verdanken ihren Namen der schützenden Zellhülle aus Silicaten, den Salzen der Polykieselsäuren. Aufgrund ihrer starken Verbreitung und ihrer enormen fotosynthetischen Aktivität haben diese Algen nicht nur einen Anteil von ungefähr 25 % an der weltweiten CO_2-Fixierung, sondern sind auch die Hauptakteure im globalen Silicatkreislauf.[71] Diese Algen, von denen ungefähr 100 000 Arten bekannt sind, verbrauchen jährlich knapp sieben Gigatonnen Silicium (1 Gigatonne = 1 000 000 000 Tonnen) in Form seiner Sauerstoffverbindungen.[72] Auch in höheren Pflanzen wie Weizen oder Reis kommen solche Siliciumverbindungen vor.* Die Getreidearten lagern Sandkörner, die kleine spitze Kanten und scharfe Ecken aufweisen, in den Ähren als Fraßschutz ein.[73] In Bambusstämmen verstärkt $(SiO_2)_n$ – vergleichbar zum Lignin (siehe weiter unten) – die stabilisierende Wirkung von Cellulose und ermöglicht deren Riesenwuchs.

Verbindungen des Siliciums, die neben Silicium-Sauerstoff- auch Silicium-Kohlenstoff-Bindungen aufweisen, werden als Silicone bezeichnet. Sie finden als synthetische Klebemittel vielfältige Verwendung. Polysilicone werden darüber hinaus als Brustimplantate verwendet. In dieser Form dienen sie vor allem einigen Frauen, um eine subjektiv motivierte Veränderung natürlich gewachsener Formen herbeizuführen. Letztendlich sind sie Erfindungen der modernen Synthesechemie und keine Basis für Leben auf der Erde.

Seit einiger Zeit hat auch die pharmazeutische Chemie das Silicium für sich entdeckt. Ersetzt man in bekannten Wirkstoffen wie im Terfenadin, ein Mittel gegen Allergien, an einer Position ein Kohlenstoff- gegen ein Siliciumatom, erhält man neue Verbindungen, die sich in der medizinischen Anwendung annähernd ebenso verhalten wie die Ursprungsverbindung. Ihr Vorteil: Sie sind nicht durch herkömmliche Patente geschützt.[74]

Zu beachten ist, dass im Sila-Terfenadin keine gefährdete Si–H-Bindung vorkommt.

---

* Auf diesem Weg nimmt auch der Mensch Silicate mit der Nahrung auf, wobei aber nicht mehr als 4 % vom Körper resorbiert werden, der größte Teil wird mit dem Urin ausgeschieden. Eine Wirkung wurde bisher für den Menschen noch nicht nachgewiesen, weshalb auch die Bezeichnung Ultraspurenelement (lat. *ultra*, „jenseits") geprägt wurde.

Terfenadin ⟹ Sila-Terfenadin

Somit stellt die Reaktion mit Wasser kein Problem dar und bei der Einnahme einer Tablette mit diesem Wirkstoff kommt es zu keinen lebensgefährlichen Explosionen.

Wir können zusammenfassend feststellen, dass Siliciumverbindungen nicht geeignet sind, um mit Kohlenstoffverbindungen in der Chemie des Lebens zu konkurrieren. Auch reinem Silicium, das vielfach als Elementhalbleiter in der Computertechnik eingesetzt wird, kann man diese Eigenschaft nicht zusprechen. Der gewünschte elektronische Effekt kommt über Fehlstellen im Halbleiter zustande, die eine Elektronenwanderung durch das Material ermöglichen. Die Siliciumstruktur wird bei diesen Vorgängen nicht verändert. Einen Computer kann man getrost abschalten, in den (trockenen) Keller stellen und erst nach Jahren wieder einschalten. Höhere biologische Organismen würden eine solche Prozedur nicht überstehen (eine Ausnahme bilden die Viren, bei denen man noch nicht ganz sicher ist, ob sie wirklich zu den Lebewesen gezählt werden sollten, da sie keinen eigenen Stoffwechsel haben). Das Prinzip des Lebens beruht auf kontinuierlicher Veränderung und einer nur zeitweiligen Differenzierung in Funktions-, Informations- und Energiemoleküle. Die Unterscheidung zwischen Hardware und Software ist organischem Leben fremd. Für biologische Organismen gilt uneingeschränkt ein Leitgedanke der Systemtheorie: „Entweder das System operiert oder: Es ist nichts",[75] wie wir in Kapitel 17 noch detaillierter feststellen werden.

2.6 Es wird immer metallischer – Bor

Die Chemie der Wasserstoff-Bor-Verbindungen (Borane) und der verwandten Carboborane (Kohlenstoff-Bor-Verbindungen) ist eines der wichtigsten Gebiete in der synthetischen anorganischen Chemie und damit, Sie ahnen es schon, nur von untergeordneter Bedeutung für die Chemie des Lebens. Bor ist ein relativ seltenes Element. Es kommt in der Erdkruste nur zu ungefähr 10 ppm* vor, was schon ein beträchtliches

_____

*   ppm = *parts per million* = Teile von einer Million: 10^{-6}.

Manko darstellt, wenn es darum geht, daraus viele und große Moleküle zu montieren. Dagegen ist uns seine Fähigkeit, kovalente Bindungen aufzubauen, aus der Chemie des Kohlenstoffs vertraut.

Die einfachste, zum Methan analoge Borverbindung müsste die Formel BH_3 haben. Da Bor als Element der III. Hauptgruppe des Periodensystems nur über drei Valenzelektronen verfügt, „leiden", wie Chemiker oftmals mit übergroßer Empathie für ihr Untersuchungsobjekt sagen, Verbindungen mit nur drei kovalenten Bindungen an einem permanenten Elektronenmangel.[76] Wissenschaftlich objektiver ist der Begriff der Elektronenlücke. Solche Elektronenlücken werden durch andere Partner unverzüglich aufgefüllt. Im Fall des Borans ist der Lückenfüller ein H-Atom eines zweiten BH_3-Moleküls. Dadurch wird auch eines der H-Atome des ersten Borans veranlasst, seinerseits eine Brücke zu schlagen, sodass am Ende eine Doppelbrücke entsteht, die vergleichbar zur Tauberbrücke in dem historischen Städtchen Rothenburg ob der Tauber in Mittelfranken ist. Somit stellt nicht BH_3, sondern das Diboran (B_2H_6) die einfachste stabile Borwasserstoffverbindung dar.

Nach diesem Konstruktionsprinzip entstehen auch höhere Borane wie etwa B_5H_{11} oder B_6H_{12}. Wie alle Elemente links vom Kohlenstoff im Periodensystem ist auch das Bor elektropositiver als der Wasserstoff, deshalb wird im Englischen auch der Name *trihydridoboron* für (das nur sehr schwierig herzustellende) BH_3 verwendet, worin die Bezeichnung Hydrid für ein negativ geladenes Wasserstoffion (H^-) steckt. Mit den Protonen (H^+) des Wassers reagiert Diboran zu Borsäure (H_3BO_3) und Wasserstoff. Wie wir weiter oben schon festgestellt haben, ist H_2 eine essenzielle Komponente der gefürchteten Knallgasreaktion.

Noch explosiver verläuft die direkte Reaktion von Diboran B_2H_6 mit Sauerstoff. Es entsteht unverzüglich Boroxid (B_2O_3). Dies ist die am stärksten energiefreisetzende Reaktion, die bisher bekannt geworden ist. Dieser Effekt rief natürlich das Interesse der Militärs auf den Plan, die ein hohes Potenzial als Raketentreibstoff vermuteten. Nach einigen Jahren wurde die militärische Grundlagenforschung eingestellt, weil die beteiligten Stoffe instabil, geruchsintensiv und giftig sind. Das ist auch ein Grund für mich, dieses Thema im Rahmen der Suche nach dem Element des Lebens zu den Akten zu legen, nicht ohne darauf hinzuweisen, dass es einige wenige Borsäureester in lebende Organismen, speziell Pflanzen und Meeresbewohner, geschafft haben.[77] Sie kommen dort in geringen Konzentrationen von 50 bis 120 ppm vor. Die antibiotischen und antiviralen Eigenschaften von Boromycin (anti-HIV)[78] und Aplasmomycin (Antimalariamittel),[79] die durch Streptomyceten-Arten produziert werden, weisen auf die ökologische und damit abschreckende Bedeutung in diesen Organismen hin.*

2.7 Ein Wort zum Sauerstoff

Wenn man einem Element in der Chemie des Lebens eine janusköpfige Haltung zusprechen sollte, dann verdient der Sauerstoff diese Zuschreibung. Janus (lat. *Ianus*) war der römische Gott des Anfangs und des Endes und genau diese Rolle hat der Sauerstoff auf der Erde übernommen. Sie haben bereits gesehen, wie durch Einschub von Sauerstoff in eine C–H-Bindung die ursprüngliche Symmetrie und die elektronischen Eigenschaften des Methans verändert werden. Wenn alle C–H-Bindungen auf diese Art reagiert haben, enden wir letztendlich beim Kohlendioxid, einer äußerst stabilen anorganischen Verbindung. Bei diesen Oxidationsprozessen entsteht sehr viel Energie. Das wäre aber am Ende auch der vorläufige Abschluss aller Lebensprozesse auf der Erde, wenn es nicht die grünen Pflanzen gäbe.

Wie Ihnen sicher bekannt ist, entsteht Sauerstoff durch die Fotosynthese. Grüne Pflanzen sind in der Lage, aus Kohlendioxid und Wasser mithilfe des Sonnenlichtes nicht nur Glucose, sondern gleichzeitig auch Sauerstoff zu erzeugen. Für uns, die wir Sauerstoff „wie die Luft zum Atmen" brauchen, ist dieser Prozess eine Selbstverständlichkeit.

$$6\ CO_2 + 6\ H_2O \xrightarrow{\text{Sonnenlicht}} C_6H_{12}O_6 + 6\ O_2$$

---

* Auch tierische Organismen nehmen hin und wieder Borverbindungen mit der Nahrung auf. In höheren Konzentrationen können sie toxisch wirken. Eine ökomomische Bedeutung erlangte ein Produkt aus den Salzen der Borsäure (Borax) und Wasserstoffperoxid, Perborat, das seit 1907 zahllosen Hausfrauen und -männern bei der Bereitung „blütenweißer" Wäsche assistiert. Es handelt sich um ein Erzeugnis der Firma Henkel unter dem Handelsnamen Persil, ein Kunstwort aus den beiden chemischen Grundstoffen Perborat und Silicat.

Die Brisanz dieser simplen chemischen Gleichung ergibt sich aus dem Fakt, dass nicht alle Lebewesen Sauerstoff vertragen.*[80] Erste primitive Einzeller in der Uratmosphäre der Erde waren auf diesen aggressiven Neuankömmling nicht vorbereitet. Sie bezogen ihre Energie nicht aus der Verbrennung von Kohlenstoffverbindungen, sondern aus anderen Prozessen. Sie waren noch echte Anaerobier. Mit dem Aufkommen der ersten Cyanobakterien (früher auch Blaualgen genannt), die Sauerstoff in die Umwelt abgaben, wurden diese primitiven Organismen in die Defensive gedrängt. Wer sich nicht schnell genug anpassen konnte, ging zugrunde. Nur wenige haben in sauerstofffreien Nischen überlebt oder sich auf eine duale Lebensweise umgestellt. Wir finden sie und ihre Nachfahren heute noch in Vulkanen und in der Tiefsee. Auch der Mensch trägt im Darm die Zeugnisse dieser ersten gewaltigen Umweltkatastrophe mit sich herum.** Unsere Darmbakterien sind fakultative Anaerobier, das bedeutet, sie können sowohl in Gegenwart als auch in Abwesenheit von Sauerstoff überleben.

*„If you can't beat them, join them"**** war die Maxime der etwas cleveren Einzeller in der Uratmosphäre. Sie haben sich kurzerhand die Sauerstoffproduzenten einverleibt und von deren Kohlenhydratprodukten gelebt. Aus den urzeitlichen Sauerstoffproduzenten sind die Chloroplasten (altgriech. χλωρός *chlōrós*, „hellgrün", und altgriech. πλαστός *plastós*, „gebildet") hervorgegangen, die in den heutigen grünen Pflanzen Kohlendioxid und Wasser im großen Stil wieder zu Glucose und Sauerstoff konvertieren. Mit der Zuckerproduktion legen sie die derzeitige Basis für die Energieerzeugung für das Leben auf der Erde. Andere Einzeller (wahrscheinlich Bakterien) haben eine andere Strategie gewählt: Sie sind eine Symbiose mit jenen harten Typen von Einzellern (möglicherweise Archaeen) eingegangen, denen Sauerstoff nichts ausmachte. Wir treffen ihre Nachfolger heute in Form von Mitochondrien in den Zellen an, wo sie nicht nur die Energieerzeugung der Wirtszelle organisieren, sondern gleichzeitig die Sauerstoffkonzentration auf ein Niveau herunterregulieren, das für die Wirtszelle erträglich ist. Dass

───────────────

*   Mit dem Verbrauch von Kohlendioxid für den Aufbau von Kohlenhydraten durch die grünen Pflanzen wird meist ein positiver Effekt auf das Klima assoziiert: Auf diese Weise wird die Treibhauswirkung des Kohlendioxids verringert und ein Temperaturanstieg verhindert. Es muss jedoch angemerkt werden, dass auf der anderen Seite ein erhöhter Verbrauch an Kohlendioxid sogar eine Abkühlung zur Folge haben kann. Möglicherweise wurde dieser Effekt durch die ersten Moose erzeugt, die das Land besiedelten. Dies könnte eine Ursache für die Vereisung von großen Landmassen vor 444 Millionen Jahren am Ende des Ordoviziums sein. Das erste große Massenaussterben unter Tieren und Pflanzen war die Folge.

**   Mittlerweile sind einige Autoren der Meinung, dass solch ein „oxygen holocaust" (Lynn Margulis) möglicherweise nicht stattgefunden hat, sondern dass sich nur die Vielfalt der Organismen vergrößerte (N. Lane, *Der Funke des Lebens: Energie und Evolution*, Theiss 2017, S. 60).

***   Deutsche Übertragung: „Wenn du sie nicht schlagen kannst, verbünde dich mit ihnen."

beide Strategien mit erheblichen Risiken verbunden sind, werden Sie in Kapitel 13 sehen, wenn wir die Schutzmaßnahmen biologischer Systeme gegenüber austretenden (freien) Sauerstoffradikalen analysieren.

Die Oxidation von Kohlenstoffverbindungen führt am Ende letztendlich immer zum Kohlendioxid. Auf dem Weg dorthin entfaltet sich jedoch die ganze Pracht und Vielfalt des Lebens. Die Reaktion mit Sauerstoff ist nicht nur ein Mittel zur Generierung von Diversität und zur Energiegewinnung, sondern auch Grundlage für den Aufbau hochkomplexer Strukturen. Einer der eindrucksvollsten Beweise findet sich in Form der Cellulose. Ohne schon an dieser Stelle auf Details dieses Riesenmoleküls einzugehen, möchte ich Sie auf die enorme Anzahl von Sauerstoffatomen in der chemischen Formel aufmerksam machen. Lang gestreckte Celluloseketten, bestehend aus Hunderten bis Zehntausenden von Zuckermolekülen, haben sich aneinandergelagert und werden durch Wasserstoffbrücken (hier gestrichelt dargestellt) zusammengehalten. Cellulose bildet mit bis zu 50 % den Hauptbestandteil von pflanzlichen Zellwänden.

----bedeutet Fortsetzung des Riesenmoleküls

Cellulose (Ausschnitt)

Um daraus dauerhafte Stämme, Äste und Astverzweigungen zu schaffen, sind Lignine erforderlich, die die Cellulosematrix durchwirken. Bei ihnen handelt es sich um sehr große Moleküle, die ebenfalls einen hohen Sauerstoffanteil aufweisen.

Lignin (Ausschnitt)

----bedeutet Fortsetzung des Riesenmoleküls

Sie wirken als Stütz- und Füllmaterial für pflanzliche Gewebe, indem die Druckfestigkeit der Cellulosefasern erhöht wird. Die Evolution der landlebenden Pflanzen und vor allem der Bäume ist sehr eng mit der Biosynthese von Ligninen verbunden.* Die Gesamtproduktion der verschiedenen Lignine auf der Erde wird auf etwa 20 Milliarden Tonnen pro Jahr geschätzt. Deshalb werden wir uns in Kapitel 5 ausgiebig mit ihrer Synthese in Pflanzen beschäftigen.

Man könnte meinen: Je mehr Sauerstoff, desto besser. Tatsächlich war Sauerstoff in den ersten zwei Milliarden Jahren der Erdgeschichte nur in geringen Konzentrationen vorhanden, wie nachstehendes Diagramm illustriert.[81]

Ausschließlich primitive Einzeller lebten unter diesen Bedingungen. Höhere Organismen konnten sich auf dieser chemischen Basis nicht entwickeln. Erst nachdem die „Sauerstoffsammler" wie beispielsweise eine Reihe von Metallen (vor allem Eisen), Phosphor und Schwefelwasserstoff durch Oxidation verbraucht waren, reicherte sich Sauerstoff in der Atmosphäre an. Es kam zu dem bereits berichteten Massenaussterben sauerstoffsensibler Einzeller. Sie wurden von robusteren Arten verdrängt. Besonders hohe Sauerstoffkonzentrationen in der Vergangenheit ermöglichten die Evolution sehr großer Organis-

---

*   Mit dem Stahlbeton versucht die Bauindustrie diese Strukturen nachzuahmen.

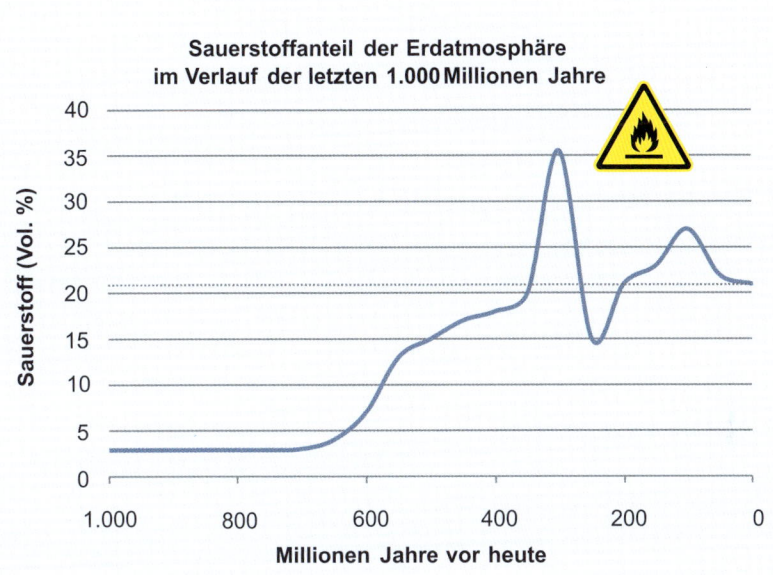

Sauerstoffanteil der Erdatmosphäre im Verlauf der letzten 1.000 Millionen Jahre

men. Sauerstoffpeaks in der Kreidezeit, weit über dem heutigen Niveau von 21 %,[*] begünstigten das Wachstum von Riesenmammutbäumen mit Höhen von über 100 m. Bei solch hohen Sauerstoffkonzentrationen fängt Papier bereits an zu brennen. Die Ursache für dessen geringe Feuerbeständigkeit liegt an der Entfernung des Lignins während der Papierherstellung. Lignin enthält nicht nur den feuerunterhaltenden Sauerstoff, sondern auch aromatische Ringe. In Kapitel 4 werde ich am Beispiel vom Benzen zeigen, dass Aromaten sehr stabil und somit ziemlich haltbar sind. Sie kommen sogar im Erdöl vor, das bekanntlich schon viele Millionen Jahre alt ist. Durch die Einlagerung von Aromaten wird die Voraussetzung geschaffen, dass Bäume auch sehr hohe Sauerstoffkonzentrationen in der Atmosphäre ohne Brandschaden überstehen.

Nicht nur Pflanzen profitieren von hohen Sauerstoffanteilen in der Atmosphäre. Riesenlibellen wie *Meganeura monyi* lebten vor etwa 300 Millionen Jahren. Da das diffusionsbasierte Tracheensystem von Libellen weniger effizient funktioniert als die Atmung

---

[*] Die sehr hohen Sauerstoffkonzentrationen in der Atmosphäre kamen beispielsweise durch Abspaltung von Sauerstoff aus Cellulose und Lignin zustande. Die kohlenstoffhaltigen Überreste wurden als Kohle im Erdreich abgelagert und haben dem Karbon, einer erdgeschichtlichen Epoche (358,9 Millionen bis 298,9 Millionen Jahre), den Namen gegeben. Andere Ursachen für die Entstehung von Kohle sind ein verändertes Verhältnis von Fotosynthese und Atmung durch die Zunahme von fotosynthetisierenden Algen (N. Lane, *Leben. Verblüffende Erfindungen der Evolution*, primus verlag, Wissenschaftliche Buchgesellschaft, Darmstadt 2013, S. 82–83).

von Wirbeltieren, werden sie unter den heutigen Bedingungen auf der Erde nicht groß. Die Flügelspannweite der Tiere beträgt in der Regel zwischen 20 und 110 mm. Ein Sauerstoffanteil von über 30 % in der Atmosphäre brachte Libellen mit einer Flügelspannweite von bis zu 700 mm hervor.[82] Damit gehören sie zu den größten Insekten, die je gelebt haben.

Auch Collagen, wichtiger Bestandteil des Bindegewebes in tierischen Knochen, Zähnen, Sehnen und Bändern, erlangt durch eine zusätzliche Sauerstofffunktion in der Aminosäure L-Prolin, die damit zum Hydroxyprolin konvertiert, seine Festigkeit.*

L-Prolin   L-Hydroxyprolin

Natives Collagen schmilzt bei 39 °C, während Collagen ohne die Extra-Hydroxygruppe schon bei 24 °C seine stabilisierenden Eigenschaften verliert. Menschen ohne Hydroxyprolin entwickeln das Ehlers-Danlos-Syndrom (EDS), wobei der Zusammenhalt und die Elastizität des Collagens verloren gegangen sind. Die Erbkrankheit äußert sich durch eine ungewöhnlich starke Dehnbarkeit der Haut und überbewegliche Gelenke.

Der wohl berühmteste EDS-Patient der Geschichte war der Geigenvirtuose und Komponist Niccolò Paganini (1782–1840). Aufgrund seiner für das damalige Publikum unerklärlichen Virtuosität auf der Geige wurde er zum „Teufelsgeiger" stilisiert. Dabei fehlte ihm wahrscheinlich nur die notwendige Dosis an Sauerstoffatomen in den Fingern.

2.8 Was folgt daraus?

Wie wir durch einige Überlegungen unter Beihilfe weniger Gesetzmäßigkeiten des Periodensystems bewiesen haben, ist unter allen Elementen nur der Kohlenstoff geeignet, als Basis für Leben zu dienen. Damit wird die Kurzdefinition der Darwinschen Evolutionstheorie „survival of the fittest" zunächst auf dem Niveau der Elemente und anschließend auf der Ebene der kohlenstoffbasierten Moleküle erfüllt. Evolution bedeutet, dass sich eine erfolgreiche Spezies durch besonders viele Nachkommen und somit aufgrund

---

* Ein besonders hoher Gehalt an Hydroxyprolin war auch die Voraussetzung, dass einige Saurierarten so groß werden konnten.

überlegener Anpassung an die Umweltbedingungen auszeichnet.* Nur Kohlenstoffverbindungen weisen eine fast unbegrenzte Variationsfähigkeit auf, die durch das Zusammenspiel mit Sauerstoff und Wasser potenziert wird. Gleichzeitig konstituieren Sauerstoff und Wasser die Rahmenbedingungen, man könnte sagen: die ökologische Nische, an die sich die Chemie des Lebens angepasst hat.

Nur der Kohlenstoff ist in der Lage, zusammen mit dem ihn stets begleitenden Wasserstoff die Grundstrukturen hervorzubringen, die benötigt wurden und bis heute erforderlich sind, um den kombinatorischen Reichtum an komplexen, variationsfähigen Strukturen zu generieren. Dies kann er nicht allein, dazu ist die Vergesellschaftung mit anderen Elementen erforderlich, die aufgrund ihrer unterschiedlichen Elektronegativitäten „Unwuchten" und damit Dynamik in die Struktur von langlebigen Kohlenstoff-Wasserstoff-Verbindungen bringen. An erster Stelle ist dabei der Sauerstoff zu nennen. Kaum mehr als zwei Dutzend weitere Elemente sind notwendig, um Leben zu erzeugen, vielfach reichen auch weniger aus. Das schließt den chemischen Aufbau des Menschen ein. Die relative atomare Zusammensetzung eines Durchschnittsmenschen kann mit der *Sterner-Elser human molecular formula* aus dem Jahr 2000 beschrieben werden.[83, 84]

Was bedeutet, dass zum Beispiel auf ein einziges Cobaltatom, das eine zentrale Funktion im Vitamin B_{12} innehat, 375 000 000 Wasserstoffatome bzw. 85 700 000 Kohlenstoffatome kommen. Da keine Edelmetalle in der Formel auftauchen, ist der reine Materialwert eines Menschen relativ niedrig zu veranschlagen. Der Kabarettist Georg Kreisler hat eine diesbezügliche Frage bereits im Jahr 1956 an das Institut für gerichtliche Medizin der Universität Wien gestellt und die Antwort als Ausgangspunkt für sein Lied *Vierzig Schilling* genommen, was nach heutigem Kurs ungefähr 40 € entspricht.

----

*   Oftmals wird im gesellschaftspolitischen Diskurs diese Bedingung auch als *survival of the strongest* interpretiert und findet im „Sozialdarwinismus" ihren Ausdruck. Diese Interpretation weist auf ein völliges Unverständnis von biologischen Gesetzmäßigkeiten hin und wurde von Charles Darwin auch nicht in diesem Sinne genutzt. Das Missverständnis entsteht bereits auf semantischer Ebene, wenn „fit" aus der Sprache der Fitness-Center und Gesundheitsapologeten mit „stark" oder „gesund" übersetzt wird. *Survival of the fittest* im evolutionsbiologischen Sinn bedeutet die bestmögliche Anpassung an aktuelle Umweltbedingungen mit dem Ergebnis einer erfolgreichen Reproduktion. Selbstverständlich können sich Individuen oder auch ganze Arten aufgrund überlegener physischer Kräfte oder besserer Gesundheit durchsetzen, das ist jedoch nicht notwendigerweise eine Voraussetzung. Ein anschauliches Beispiel, das diese weitverbreitete Annahme widerlegt, ist die Verkleinerung der Maschen von Fischnetzen, mit dem Ziel, Jungfische zu schonen. Bei diesem Verfahren haben aber nicht nur junge, sondern auch kleine erwachsene Fische die Möglichkeit, durch die Maschen zu schlüpfen. Wenn sie sich anschließend fortpflanzen, stellen sie tatsächlich die Fittesten im Konkurrenzkampf dar. Im Ergebnis kann es zu einem Schrumpfen der Durchschnittsgröße in der gesamten Population kommen (F. W. Allendorf, J. J. Hard, Human-induced evolution caused by unnatural selection through harvest of wild animals, *Proceedings of the National Academy of Sciences of the United States of America* 2009, 106, 9987–9994).

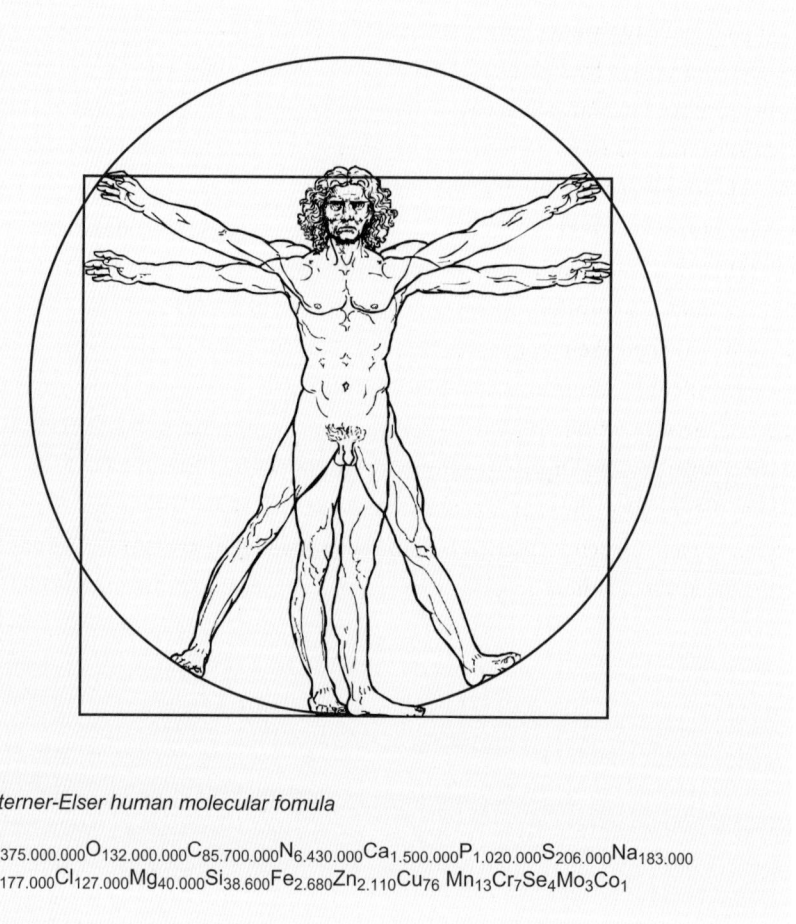

Sterner-Elser human molecular fomula

$H_{375.000.000}O_{132.000.000}C_{85.700.000}N_{6.430.000}Ca_{1.500.000}P_{1.020.000}S_{206.000}Na_{183.000}$
$K_{177.000}Cl_{127.000}Mg_{40.000}Si_{38.600}Fe_{2.680}Zn_{2.110}Cu_{76}\ Mn_{13}Cr_7Se_4Mo_3Co_1$

Auf einen anderen Aspekt hat Albert Einstein 1933 in einem Brief an seinen Sohn Eduard hingewiesen: „Die Menschen sind wie das Meer, manchmal glatt und freundlich, manchmal stürmisch und tückisch – aber eben in der Hauptsache nur Wasser."[85] Wir können diesen Ausspruch des berühmten Physikers noch weiter präzisieren: Der Wasseranteil des Menschen liegt in Abhängigkeit von Alter und Geschlecht zwischen 57 und 75 %.[86] Der ist immerhin niedriger als der einer Qualle (99 %) oder der einer grünen Gurke (96 %). Trotzdem ist allen drei Lebensformen gemeinsam, dass sie aus jenen Atomen aufgebaut sind, die vor ungefähr 13,7 Milliarden Jahren während des Urknalls (Wasserstoff) und aus explodierenden Supernovae (das betrifft alle anderen Elemente) entstanden sind.[87] Alles ist in letzter Konsequenz nur kondensierter Sonnenstaub.

Ehe Ihnen das alles möglicherweise viel zu rational daherkommt und Sie anfangen, in der akademischen Kälte zu frieren, suchen wir schnell Trost bei dem Astrophysiker

Leonard Hofstadter aus der populären US-amerikanischen Comedyserie *The Big Bang Theory*, der diesen Sachverhalt in dem Ehegelübde an seine zukünftige Braut wesentlich romantischer zum Ausdruck gebracht hat: „*Penny, we are made of particles that have existed since the moment the universe began. I like to think those atoms traveled 14 billion years through time and space to create us so we could be together and make each other whole.*"*
Auch wenn einzelne Atome in der Chemie des Lebens keine Rolle spielen – die kleinsten Einheiten sind niedermolekulare Moleküle wie Wasser (H_2O), Sauerstoff (O_2), Kohlendioxid (CO_2), Schwefelwasserstoff (H_2S), Ammoniak (NH_3) oder Stickstoffmonoxid (NO) –, währt kein Leben ewig, was mit der relativen Instabilität von energiereichen Kohlenstoffverbindungen zusammenhängt. Irgendwann überwiegt die destruktive Seite des Sauerstoffs gegenüber seinen konstruktiven Beiträgen, wie wir in Kapitel 10 schlussfolgern müssen: Der Organismus stirbt. Darin spiegelt sich eine philosophische Weisheit wider, die „Archie" Bunker so formulierte: „*You don't own it, you rent it.*"**[88] Eine konsequente naturwissenschaftliche Bildung vermag offensichtlich nicht nur die Welt logisch zu strukturieren, sondern sie verleiht in letzter Instanz auch kosmische Gelassenheit.

---

*   Deutsche Übersetzung: „Penny, wir sind aus Teilchen aufgebaut, die seit dem Moment, in dem das Universum begann, Bestand haben. Ich gehe davon aus, dass diese Atome 14 Milliarden Jahre durch Zeit und Raum gereist sind, nur um uns zu erschaffen, damit wir zusammenkommen und daraus ein einiges Ganzes entsteht."

**   Deutsche Übersetzung: „Es gehört uns nicht, wir haben es nur geborgt."

3 Man ist, was man isst

Wir können getrost die berühmte These des Philosophen Ludwig Feuerbach „Der Mensch ist, was er isst"[89] auch auf alle anderen lebenden Organismen erweitern. Kein Organismus ist eine Insel mit einer dicken, undurchdringlichen Mauer ringsumher, sondern er steht unablässig mit seiner Umgebung in Kontakt, aus der er chemische Verbindungen aufnimmt. Diese werden im Inneren des Lebewesens in andere umgewandelt. Gleichzeitig werden chemische Verbindungen in die Umwelt abgegeben. Erst durch diese Wechselwirkungen wird der Organismus zum Organismus oder, präziser gesagt, zum sich selbst konstituierenden lebenden System.[90] Die Frage, ob es sich dabei um ein Umwelt/Organismus- oder doch eher um ein Organismus/Umwelt-Problem handelt, lässt sich nicht immer eindeutig beantworten. Trotzdem ist festzustellen, dass die aus der Umwelt bezogenen chemischen Verbindungen für den Aufbau und die Funktion des Organismus bestimmend sind.

3.1 Die Qualle und die Strukturierung des Chaos

Jeder Organismus nimmt mit Luft, Wasser und Nahrung Verwertbares, aber auch viel Unbrauchbares auf. Ein besonders extremes Beispiel sind Quallen, die nicht nur zu ungefähr 99 % aus Wasser bestehen, sondern auch kontinuierlich von ihrem Lebenselixier durchspült werden. Da es sich nicht um destilliertes, somit hochreines Wasser handelt, enthält es eine Vielzahl von chemischen Verbindungen in unterschiedlichsten Konzentrationen. Man könnte daher schlussfolgern, dass unsere Qualle zu 99 % aus Umwelt und nur zu 1 % aus dem Organismus Qualle besteht. Trotzdem sind wir in der Lage, der Qualle eine Individualität zuzuordnen, die bereits dadurch zum Ausdruck kommt, dass wir ihr einen Namen geben konnten. Das erinnert an die Unterscheidungslogik des britischen Mathematikers und Psychologen Georg Spencer-Brown, bei der „etwas nur etwas sein kann, wenn es sich von dem unterscheidet, was es nicht ist".[91] Mehr noch, wir sind sogar in der Lage, in der hyalinen Qualle verschiedene Strukturen (Organe) zu unterscheiden, die auf eine unterschiedliche chemische Zusammensetzung verweisen. Die Qualle stellt somit kein Chaos wie ihre Umgebung dar, sondern ist über ihre gesamte Lebenszeit eine klar umrissene, gut organisierte Entität mit messbarer räumlicher Ausdehnung, definierter innerer Struktur und eigener Biochemie. Aus dem chemischen Aufbau folgen biologische Eigenschaften und vielfältige Beziehungen zur Umwelt. Einige wenige chemische Verbindungen, die, in Wasser gelöst, aufgrund des Konzentrationsgefälles die Qualle im wahrsten Sinn des Wortes penetrieren, sind für die Existenz der Qualle essenziell, die meisten sind nutzlos. Einige können sogar gefährlich für die Struktur sein, indem sie in über lange Zeiträume evolvierte chemische Stoffkreisläufe eingreifen. Im Allgemeinen werden Verbindungen, die nichts im Organismus zu suchen haben, entweder sofort ausgeschieden oder durch chemische Reaktionen entgiftet. Von vielen anthropogen erzeugten Giftstoffen soll an dieser Stelle gar nicht die Rede sein.

Nicht nur bei der Qualle, sondern auch bei allen anderen Organismen werden neu hinzukommende chemische Verbindungen aus der Außenwelt bei Passfähigkeit in körpereigene Stoffkreisläufe eingeschleust und mithilfe von Enzymen verarbeitet. Man bezeichnet solche Verbindungen als Nährstoffe. Sie dienen dem Strukturaufbau und -erhalt oder der Energieerzeugung. Die Menge der erforderlichen Nährstoffe und ihr Verhältnis zueinander sind von vielen Faktoren abhängig, dazu gehören Spezieszugehörigkeit, Alter, Geschlecht, Gesundheitszustand, Ernährungsgewohnheiten etc. Die Ernährungswissenschaft hat in diesem Zusammenhang die Unterscheidung zwischen Makro- und Mikronährstoffen eingeführt.[92] Zu den Makronährstoffen, die von großen organischen Verbindungen gebildet werden, zählen Kohlenhydrate, Fette und Aminosäuren bzw. die sie aufbauenden Proteine, umgangssprachlich Eiweiße genannt. Mikronährstoffe sind beispielsweise beim Menschen jene Vitamine, die der Organismus nicht selbst herstellen kann, sowie Jod und die Salze von Kupfer, Eisen, Zink, Calcium und Magnesium. Wir werden uns im Rahmen der Ernährung mit den organischen Verbindungen noch ausgiebig beschäftigen. Biochemiker schätzen, dass ungefähr 100 000 Verbindungen in etwa 1000 chemischen Reaktionen erforderlich sind, um den menschlichen Körper aufzubauen und zu erhalten.[93] Das hört sich nicht besonders viel an, wenn man die große Anzahl von organischen Verbindungen in Betracht zieht, die theoretisch möglich ist (siehe Kapitel 2). Zum Glück beschreitet organisches Leben hin und wieder ähnliche oder sogar identische Auf- und Abbauwege und basiert vielfach auf den gleichen Grundstrukturen. Dies vereinfacht nicht nur das Studium der Biochemie, sondern auch die Art und Weise der Ernährung. Deshalb kann das Verdauungssystem eines Mitteleuropäers, das ursprünglich nicht auf Bananen aus Afrika, Kiwis aus Neuseeland oder Kartoffeln aus Amerika vorbereitet wurde, mit deren Inhaltsstoffen etwas anfangen und wird nicht vergiftet. Hin und wieder auftretende Allergien sind jedoch ein deutliches Zeichen, dass durchaus Differenzen in den Stoffwechselmechanismen existieren können.

3.2 Wanderungen durch das Periodensystem

Anorganische Verbindungen, die aus der Umgebung aufgenommen werden, können zeitweilig an verschiedenen Orten des Organismus deponiert werden. Entweder sie erfüllen bereits in dieser Form eine bestimmte biologische Funktion oder sie werden sogar in die Chemie der Kohlenstoffverbindungen integriert.

Eine duale Verwendung kommt beispielsweise dem Calciumcarbonat ($CaCO_3$) zu, das gemeinhin auch als Kalk bezeichnet wird. Kalk ist weitestgehend in Wasser unlöslich, eine Eigenschaft, die beim Bau von Häusern ausgenutzt wird und die verhindert, dass die neuen Bauten beim ersten Regen weggespült werden. In der Natur liegt Calciumcarbonat in Form des Minerals Aragonit daher ungelöst auf dem Meeresboden. Aragonit wird erst durch die Reaktion mit Kohlensäure löslich oder, konkreter gesagt, mit „Kohlendioxid, das in Wasser gelöst ist".* Kohlendioxid konvertiert in Kombination mit Wasser das schwer lösliche Calciumcarbonat in Calciumhydrogencarbonat ($Ca(HCO_3)_2$). Es bildet sich ein chemisches Gleichgewicht heraus, bestehend auf der linken Seite aus Calciumcarbonat, Kohlendioxid und Wasser und auf der rechten Seite aus Calciumhydrogencarbonat. Calciumhydrogencarbonat ist in Wasser ungefähr hundertmal löslicher als Aragonit; nur durch diesen Lösungsprozess wird es für die Chemie des Lebens verwendbar. Durchströmt das gelöste $Ca(HCO_3)_2$ einen Organismus, der zur Fotosynthese fähig ist, verschiebt sich das nachstehende Gleichgewicht auf die linke Seite und aus dem gebildeten Kohlendioxid und Wasser entstehen Glucose ($C_6H_{12}O_6$) und Sauerstoff. Es bleibt das schwer lösliche Calciumcarbonat zurück, das auf diese Weise eine Depotfunktion erfüllt.

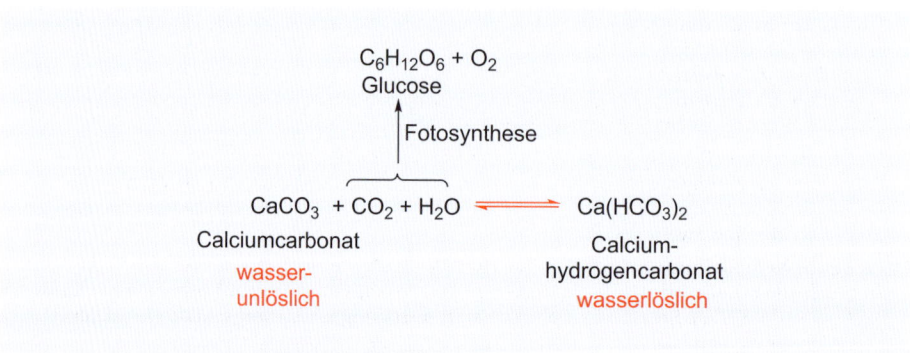

Diese beiden miteinander verbundenen Reaktionen haben mit großer Wahrscheinlichkeit bereits am Anfang der biologischen Evolution in den Urozeanen stattgefunden. Wir finden sie bis in die Gegenwart hinein in Korallen, die auf diese Weise riesige Korallenbänke aufbauen.** Besonders bekannt ist das *Great Barrier Reef* vor der Nordostküste Australiens. Korallen selbst sind nicht zur Fotosynthese fähig, dazu nutzen sie eine Symbiose mit bestimmten Algen, den Zooxanthellen. Letztere wandeln Kohlendioxid aus dem Carbonat-Hydrogencarbonat-Gleichgewicht in Glucose um. Das verbleibende $CaCO_3$ wird durch die Korallen ausgeschieden und bildet ein Kalkgerüst, das die Koralle schützt und gleichzeitig auf dem Meeresboden verankert. Durch die Fotosynthese wird parallel dazu die Konzentration an $Ca(HCO_3)_2$ in und um die Koralle herum auf einem niedrigen Niveau gehalten.

Ändern sich die chemischen Eigenschaften der Umgebung, kann das schwerwiegende Auswirkungen auf den Organismus haben. Derzeit droht Korallen vor allem Gefahr durch die anthropogen verursachte zunehmende Versauerung der Meere.[94] Dieser im Umfeld des Organismus ablaufende Vorgang führt zur Konversion von $CaCO_3$ in $Ca(HCO_3)_2$ und damit zum Auflösen der Kalkskelette. Clevere Großemittenten von CO_2 wie Autoverkehr, Schwerindustrie und Kohlekraftwerksbetreiber könnten an dieser Stelle frohlocken und darauf hinweisen, dass überschüssiges $Ca(HCO_3)_2$ durch die Fotosynthese in Zucker umgewandelt wird und somit ein durchaus wünschenswerter Zuwachs an Biomasse daraus resultiert. Mit dieser Argumentation hat man leider die Rechnung ohne den Wirt, sprich die Zooxanthellen, gemacht. Neben Glucose entsteht bei der Fotosynthese auch Sauerstoff. In Kapitel 13 werde ich zeigen, dass ein Überschuss an Sauerstoff zum Bruch der symbiotischen Beziehung zwischen Algen und Koralle führt, was eine Schutzmaßnahme der Koralle darstellt, um nicht selbst oxidiert zu werden. Solche Prozesse können zum Tod einzelner Individuen oder zum Aussterben ganzer Populationen führen.***

---

*   Kohlensäure ist äußerst instabil und liegt in Wasser im Gleichgewicht mit CO2 und H2O nur mit einem Anteil von 1 % vor. Deshalb ist der häufig gebrauchte Ausdruck „Getränk mit Kohlensäure" nicht exakt. Siehe z. B. C. Tautermann, R. T. Kroemer, I. Kohl, A. Hallbrucker, E. Mayer, K. R. Liedl, Zur überraschenden kinetischen Stabilität von Kohlensäure (H_2CO_3), *Angewandte Chemie* 2000, 112, 920–922; On the Surprising Kinetic Stability of Carbonic Acid (H_2CO_3), *Angewandte Chemie International Edition* 2000, 39, 891–894.

**   Auch alle grünen Pflanzen nehmen CO_2 über die Spaltöffnungen in ihren Blättern auf. Beim Lösen des gasförmigen CO_2 in Wasser entsteht ebenfalls lösliches Hydrogencarbonat (HCO_3^-). Erst nach dieser „Vorbehandlung" kann Kohlendioxid durch die Chloroplasten in den Pflanzenzellen chemisch verwertet werden.

*** Bei einer Verdopplung der Emission von Kohlendioxid, wie sie derzeit zu befürchten ist, könnten sich alle Korallenriffe in den nächsten 50 Jahren langsam auflösen. J. Silverman, B. Lazar, L. Cao, K. Caldeira, J. Erez, Coral reefs may start dissolving when atmospheric CO_2 doubles, *Geophysical Research Letters* 2009, 36, L05606; DOI: 10.1029/2008GL036282.

Ein besonders „zupackendes" Beispiel für den Zufluss von anorganischen Verbindungen in lebende Organismen und damit die Vorbedingung für eine biologische Anwendung stellen Zähne dar. Unser Zahnschmelz besteht bis zu 95 % aus Hydroxylapatit, einem kristallinen anorganischen Material, dessen Hauptanteile Calcium und Phosphat bilden.*

Auch Mischungen zwischen anorganischen und organischen Verbindungen sind bekannt. So enthält das unter dem Zahnschmelz liegende Zahnbein (Dentin) neben Hydroxylapatit und Wasser noch Proteine, was Zähne als lebende und somit veränderbare Gebilde charakterisiert. Die Ablagerung von anorganischen an bioorganischen Verbindungen, bevorzugt auf einer Matrix von Proteinen, wird als Biomineralisation bezeichnet und ist aus evolutionschemischer Sicht ein uralter Prozess, der bis in die Anfänge des ersten Lebens auf der Erde vor ungefähr 3,8 bis 2,5 Milliarden Jahren zurückreicht.[95]

Knochen stellen ebenfalls eng verzahnte Aggregate aus anorganischen und organischen Materialien dar. Deren Stoffwechselwege können nicht nur zwischen Spezies verschieden, sondern auch geschlechtsabhängig sein. Eine Hirschkuh investiert ihre Kalk- und Phosphatressourcen nicht nur in die eigenen Knochen, sondern beliefert damit gleichzeitig den wachsenden Embryo. Der männliche Hirsch, der die gleiche Nahrung zu sich nimmt wie das Weibchen, behält alles für sich. Er wird deshalb auch wesentlich größer als seine Partnerin. Nicht verbrauchte Überschüsse werden in das Geweih verbracht und dienen aus evolutionsbiologischer Sicht der Zurschaustellung der sexuellen Fitness während der Brunft.

Phosphat wird im menschlichen Körper nicht nur zum Aufbau von Knochen und Zähnen verwendet, sondern ist ein essenzieller Bestandteil vom ATP, des wichtigsten Energiespeichers in allen lebenden Organismen. Darüber hinaus bildet Phosphat das chemische Rückgrat für den Aufbau von RNA und DNA, den Informationsmolekülen in der lebenden Zelle. Bei Letzteren handelt es sich um echte organische Verbindungen, in denen Phosphatreste kovalent gebunden sind, und wir werden ihnen im Kapitel 16, das der Genetik gewidmet ist, wiederbegegnen.

Unterschiedliche Angebote an Phosphaten haben nicht nur auf einzelne Organismen oder Spezies Auswirkungen, sondern beeinflussen den Charakter kompletter Vegetationsgebiete. Große Tiere können durch ihre Wanderungsbewegungen zur Verbreitung von solchen anorganischen Verbindungen beitragen. Beispielsweise verteilen Wale, die bis in große Wassertiefen zur Nahrungsaufnahme hinabtauchen, über ihre Ausschei-

---

* Die exakte molekulare Zusammensetzung des Materials ist $Ca_5(PO_4)_3OH$. Es ist die härteste Substanz im menschlichen Körper.

** Auf diese Weise werden auch große Mengen an gelöstem Eisen im Meer umverteilt.

dungsprodukte Phosphate in horizontale und vertikale Richtungen im Ozean.** Eine Arbeitsgruppe um den Evolutionsbiologen Christopher E. Doughty schätzt, dass sich aufgrund der Dezimierung der Wale im 19. und 20. Jahrhundert die Menge an transportiertem Phosphat von 340 000 Tonnen pro Jahr auf 75 000 Tonnen reduziert hat.[96] Auch das mittlerweile ausgestorbene Wollhaarmammut (*Mammuthus primigenius*) soll mit seinen Ausscheidungsprodukten bis zum Ende des Pleistozäns (vor ungefähr 10 000 Jahren v. Chr.) aus Sibirien eine fruchtbare Landschaft gemacht haben.

Die große Sensibilität der Regenwälder im Amazonasgebiet Südamerikas gegenüber Abholzung und deren geringe Regenerationsfähigkeit wird mit dem begrenzten und störungsanfälligen Antransport von Phosphat erklärt.[97] Die anorganische Verbindung hat, ehe es diese einzigartigen Wälder düngt, schon eine sehr lange Reise hinter sich. Phosphat wird aus Nordwestafrika zusammen mit dem Wüstensand über den Atlantik geweht: eine sehr riskante Transportform mit begrenzter Kapazität. An dieser Begrenzung leiden die robusteren afrikanischen Wälder nicht, die sich in größerer Nähe zur Sahara befinden. Demzufolge weisen sie auch ein völlig anderes Spektrum an Flora und Fauna auf.

Auch Fluor, Chlor, Brom und Jod (IUPAC-Name: Iod; Formelsymbol: „I") , die man eher in den Labors der Synthesechemiker vermutet, spielen eine Rolle in der Chemie des Lebens. Diejenigen unter Ihnen, die sich noch an die Grundlagen der Schulchemie erinnern können, wissen: Das ist ein Großteil der VII. Hauptgruppe des Periodensystems, der die Halogene („Salzbildner"; altgriech. ἄλς *háls*, „Salz", γεννάν *gennan*, „erzeugen, hervorbringen") enthält. Halogenverbindungen in Meeresalgen sind eine typische Folge ihres speziellen Biotops (altgriech. βίος *bíos*, „Leben", und τόπος *tópos*, „Ort"), das man in diesem Zusammenhang treffender als Chemotop bezeichnen sollte. Algen wachsen und leben oft in Lebensräumen, zum Beispiel Ozeanen, mit hohen Konzentrationen an gelösten anorganischen Salzen wie Chloriden, Bromiden oder Jodiden. Es ist daher nicht verwunderlich, dass man in Rotalgen und Meeresschnecken eine große Vielzahl und Variationsbreite von organischen Chlor- und Bromverbindungen antrifft.[98] Auch das toxische und möglicherweise krebserregende Chloroform, das in früheren Zeiten zur Narkose eingesetzt wurde, wird von marinen Organismen ausgeschieden.[99]

Rotalge Meeresschnecke Chloroform

Selbst synthesechemisch hergestellte Verbindungen werden als Nahrungsquelle akzeptiert. Ein besonders spektakuläres Beispiel ist das toxische Pentachlorphenol, das aufgrund seiner funghiziden Wirkung in der jüngeren Vergangenheit als Holzschutzmittel eingesetzt wurde und mittlerweile in vielen Ländern verboten ist. Eine Reihe von Mikroben wie *Sphingobium chlorophenolicum*, das bereits im systematischen Artnamen seine seltsamen Verzehrgewohnheiten anzeigt, sind in der Lage, Pentachlorphenol von allen fünf Chloratomen zu befreien und den verbleibenden organischen Rest des Moleküls für die eigene Ernährung zu nutzen.[100] Am Ende bleibt von dem ursprünglichen Gift nur das wasserlösliche Chlorid (Cl⁻), Kohlendioxid und Wasser übrig.

Organische Fluorverbindungen kommen nur selten in der lebenden Natur vor. Das liegt daran, dass im Allgemeinen der Gehalt an gelöstem Fluorid im Grund- und Seewasser weitaus niedriger ist als der an anorganischen Chloriden oder Bromiden. Ein Fluoratom ist nur geringfügig größer als ein Wasserstoffatom und könnte daher, rein räumlich gesehen, problemlos dessen Platz einnehmen. Aber als dasjenige Element mit der größten Elektronegativität im Periodensystem geht es sogleich eine Reihe von starken polaren Wechselwirkungen mit vielen anderen Atomen ein. Gleichzeitig sind die Bindungskräfte zwischen Kohlenstoff und Fluor stärker als die zwischen Kohlenstoff und Wasserstoff, was verhindert, dass organische Fluorverbindungen schnell abgebaut werden.* Trotzdem kann bei länger andauernden, erhöhten Fluoridkonzentrationen in der Umwelt auch Fluor Zugang in organische Stoffkreisläufe erhalten. Beispielsweise produziert das Giftblatt (*Dichapetalum cymosum*), ein Strauch, der in Südafrika vorkommt, die Fluoressigsäure. Diese organische Säure ist extrem giftig, weil sie die fluorfreie Essigsäure am Eingang des Citronensäurecyclus verdrängt.

----

* Diese Eigenschaft führt auch dazu, dass Fluorkohlenwasserstoffe (FKWs), die als Kältemittel Verwendung finden und die zur Klimaerwärmung beitragen, relativ lange in der Atmosphäre verweilen, ohne abgebaut zu werden.

F COOH

Fluoressigsäure
Giftblatt

Das Giftblatt gehört zu den gefährlichsten Weidegiften in Südafrika und hat parallel auch das Interesse von Geheimdiensten für sinistere Anwendungen gefunden. Während die meisten Säugetiere schon bei einer Fluoressigsäurekonzentration von 1 mg/kg Körpergewicht sterben, haben sich einige Känguruarten in Westaustralien an Leguminosen angepasst, die ebenfalls dieses Gift produzieren, ein spektakuläres Beispiel einer erfolgreichen Coevolution zwischen höheren Tieren und Pflanzengiften. Interessanterweise hat das Östliche Graue Riesenkänguru (*Macropus giganteus*) seine Fähigkeit zur Entgiftung noch nicht verloren, obwohl es mittlerweile in Gebieten auf dem australischen Kontinent lebt, wo diese Pflanzen nicht mehr vorkommen.[101]

Auch der moderne Mensch wird mittlerweile mit Fluorid konfrontiert: Schon seit einigen Jahrzehnten wird zur Kariesprophylaxe Zahnpasten Natrium- oder Ammoniumfluorid zugesetzt. Dem gleichen Zweck soll die Anreicherung von Trinkwasser mit Fluorid dienen. Fluorid dringt in den Zahnschmelz ein und wandelt den bereits sehr harten Hydroxylapatit in den noch robusteren Fluorapatit um, der zudem noch besonders säureresistent ist.[102] Daneben wird auch raues Calciumfluorid gebildet, das die Wanderung der Fluoridionen bis in eine Schichttiefe von 100 Nanometer ermöglicht. Die Fluorierung härtet nicht nur die Zahnoberfläche, sondern hat gleichzeitig auch eine abschreckende Wirkung auf kariesverursachende Bakterien wie *Streptococcus mutans*. Nachteilige Wirkungen auf den Menschen sind bisher nicht bekannt. Wie viele Generationen sich mit fluoridhaltiger Zahnpasta die Zähne putzen müssen, damit Fluor in den biochemischen Stoffkreislauf des Kohlenstoffs integriert wird, ist aufgrund der extrem kurzen „Versuchsdauer" bisher nicht absehbar. Wir müssen die Beantwortung dieser Fragen auf einige Tausend Jahre später verschieben, vorausgesetzt, alle Menschen putzen sich weiterhin fleißig die Zähne.

Eine organische Jodverbindung, die Jodgorgosäure, findet sich in Medusen (Quallen). Diese Verbindung ist ein naher Verwandter des menschlichen Schilddrüsenhormons Thyroxin (altgriech. θυρεοειδής *thyreoeides*, „schildartig"). Beide entstehen durch Reaktion der Aminosäure Tyrosin mit Jodid.

Es fällt sofort ins Auge, dass die Verbindung aus der Qualle nur zwei Jodatome besitzt, während unser Schilddrüsenhormon sogar vier davon enthält. Man sollte vermuten, dass der Zugang zu Jodidquellen für ein Wasserlebewesen einfacher ist als für das Landsäugetier Mensch. Tatsächlich ist für viele Säuger, darunter den Menschen, die kontinuier-

Iodgorgosäure
Meduse

Thyroxin
Mensch

liche Versorgung mit Jod ein Problem. Diese umweltchemisch verursachte Mangelsituation wird durch eine biologische „Innovation" wettgemacht: Die Bevorratung mit dem seltenen Jod übernimmt die Schilddrüse. Bei Jodmangel vergrößert sich diese „Speisekammer" und wirkt somit dem ausbleibenden Nachschub durch Vergrößerung der Lagerkapazität entgegen. Ungeachtet dessen galten früher große Teile Mitteleuropas, insbesondere Bergregionen in Deutschland, der Schweiz und Österreich, als Jodmangelgebiete.* Das ist nicht verwunderlich, denn die Hauptquelle für Jod als Bestandteil der menschlichen Ernährung sind Seefische, präziser gesagt, Salzwasserfische. Nur die Letzteren enthalten das lebensnotwendige Jod in nennenswerten Mengen. Hingegen weisen Süßwasserfische einen wesentlich geringeren Gehalt an Jod auf, was auf ihr Biotop zurückgeführt werden kann: Die niedrige Konzentration von Jodid im Süßwasser gegenüber der im Salzwasser kann mit der mangelnden Wasserbewegung erklärt werden, die zur Akkumulation im Bodensediment führt.[103]

Selbst in der Gegenwart ist ungefähr noch ein Drittel der Weltbevölkerung von Jodmangel betroffen. Jod gehört zu den *„brain sensitive"* (für das Gehirn wichtigen) Nährstoffen (wie auch Eisen und spezielle ω^3-Fettsäuren),[104] die nicht nur in der Embryonalphase eine entscheidende Rolle spielen, sondern auch während der Evolution die sehr spezielle Architektur des menschlichen Gehirns von *Homo sapiens* beeinflussten.[105] Möglicherweise litten jene kleinwüchsigen Menschen, die vor ungefähr 95 000 bis 17 000 Jahren auf der indonesischen Insel Flores lebten, ebenfalls unter einem lebenslangen Jodmangel. Die anthropologische Forschung hat ihnen sogar eine eigene Gattungsbezeichnung, *Homo floresiensis*, zugeteilt.[106] Die von den Archäologen liebevoll Hobbits**

---

*   Noch heute erinnert das sogenannte Kropfband bayerischer und österreichischer Frauentrachten, das eng anliegend um den Hals getragen wird, an den vormaligen Jodmangel. Dieses schmückende Band sollte ursprünglich die Vergrößerung der Schilddrüse oder die Narben nach einer Kropfoperation verdecken.

**   Die Bezeichnung Hobbit geht auf sympathische kleine Menschen von ungefähr 1 m Körpergröße mit großen, behaarten Füßen zurück, die in Büchern des Engländers John R. R. Tolkien (*Der Herr der Ringe*, *Der Hobbit*) eine tragende Rolle spielen und denen der Regisseur Peter Jackson mit zwei gleichnamigen Filmtrilogien ein Denkmal gesetzt hat.

genannten Menschen wiesen die typischen Symptome einer Hypothyreose auf. Diese Hypothese ist mittlerweile umstritten, möglicherweise handelte es sich tatsächlich um eine eigenständige Menschenart.

In den modernen Industriegesellschaften werden Unterfunktionen der Schilddrüse medikamentös behandelt. Oftmals hilft den Patienten bereits ein Kuraufenthalt in Meeresnähe mit erhöhten Jodkonzentrationen in der Seeluft. Die Schilddrüse kann bis zu drei Monate von einer einmal aufgenommenen Dosis von 10 mg zehren. Die moderne Nahrungsgüterindustrie hat sich auf diesen Sachverhalt eingerichtet und reichert das kommerzielle Kochsalz (NaCl) mit Jodid an. Dies ist ein schönes Beispiel dafür, wie über die Kultur des Menschen eine durch die natürliche Umgebung bedingte chemische Mangelsituation, die auch durch biologische Maßnahmen („Speisekammerfunktion" der Schilddrüse) nicht vollständig kompensiert werden kann, ausgeglichen wird. Die kulturelle Evolution folgt der chemischen und der biologischen Evolution auf dem Fuße.

Das letzte Element in der Reihe der Halogene, Astat, kommt nicht in lebenden Organismen vor, worauf seine altgriechische Stammform ἄστατος *ástatos*, „unbeständig, wacklig", schon hindeutet. Der Austausch der anderen Halogene in organischen Verbindungen geht hingegen aufgrund chemischer Verwandtschaften und ähnlicher biochemischer Prozesse relativ problemlos vonstatten, vorausgesetzt, der Konzentrationsdruck aus der Umwelt ist hoch genug.

Vergleichbare Relationen wie in der VII. Hauptgruppe des Periodensystems finden sich in der VI. Hauptgruppe. Ein anschauliches Beispiel stellen die chemischen Verwandten des L-Serins dar, wobei die *periodischen* Eigenschaften des wichtigsten chemischen Ordnungssystems besonders eindrücklich hervortreten.

L-Serin   L-Cystein   L-Selenocystein

L-Serin ist eine sogenannte Aminosäure (siehe Kapitel 6.2) und gehört zu den wichtigsten Verbindungen des Lebens, da die Verbindung ein Baustein vieler Proteine darstellt. Der Sauerstoff in der Hydroxygruppe des Serins steht nicht nur ganz oben in der VI. Hauptgruppe, sondern gehört, wie im Kapitel über den Sauerstoff bereits erwähnt, zu den am häufigsten vorkommenden Elementen auf der Erde. Schwefel, der PSE-Bewohner darunter, ist auch nicht gerade selten. Bezüglich seines Vorkommens in der Lithosphäre, dem Gesteinsmantel der Erde, belegt er Platz 15. Daher ist es nicht verwunderlich, dass ein Ersatz von Sauerstoff gegen Schwefel im Serin möglich ist. Das resultierende L-Cystein gehört ebenfalls zu den Aminosäuren und baut Proteinketten mit auf. Obwohl es auf den ersten Blick kaum einen Unterschied macht, ob O-H oder S-H am Ende der Aminosäurekette sitzt, sind die Folgen dieses Austausches erheblich. Wir hatten bereits gesehen, dass die Abstoßung der freien Elektronenpaare in Peroxiden zur Radikalbildung führt. Hingegen sind S–S-Bindungen, auch Disulfidbrücken genannt, viel stabiler, da sich beide Schwefelatome aufgrund eines größeren Atomradius, und damit auch die Elektronenpaare, weniger nahe kommen.*

$$R-O-O-R \qquad R-S—S-R \xrightarrow{H_2} R-SH + HS-R$$

Disulfidbrücken werden daher regelmäßig für Stabilisierungsmaßnahmen in Proteinen verwendet wie etwa in Vogelfedern, Tierfellen und Menschenhaaren oder auch in Enzymen.[107] Erst durch Hydrierung, das heißt durch die Reaktion mit Wasserstoff, werden sie gespalten.

Ein Schritt weiter nach unten in der VI. Hauptgruppe führt uns zum L-Selenocystein.[108] Diese Verbindung kann von Bakterien, Archaeen und Eukaryoten synthetisiert werden. Selen kann in Bezug auf das Vorkommen auf der Erde den Mietern in den oberen Stockwerken der VI. Hauptgruppe, Sauerstoff und Schwefel, nicht das Wasser reichen und ist daher nur mit einer Nebenrolle in der Chemie des Lebens vertreten. Ungeachtet dessen spielt es als Spurenelement eine wichtige Rolle für das Funktionieren von speziellen Säugetierenzymen.[109] Die Grenze zwischen Leben und Tod ist gleichwohl recht schmal, insbesondere wenn das Selen den Schwefel in seinen organischen Verbindungen verdrängt. In größeren Konzentrationen sind Selenverbindungen hochtoxisch, was vor allem Schafe, die Pflanzen mit hohen Selenkonzentrationen fressen, erheblich auf den Magen schlägt. Auch Menschen sollen schon unter den Todesopfern von Selenvergiftungen gewesen sein.[110] Im Spätstadium der Krankheit fallen den Patienten die Haare aus und die Haut

---

* Das ist auch die Ursache, warum Schwefelketten aus acht S-Atomen (S_8) so stabil sind und in der Natur vorkommen. Hingegen existiert das vergleichbare O_8 nur bei niedrigen Temperaturen unter Laborbedingungen.

ist mit weißen Ausschlägen bedeckt. Diese Symptome einer Selenose fielen im allerletzten Moment auch Dr. House in der gleichnamigen US-Fernsehserie auf, der daraufhin drehbuchgemäß mit einer geeigneten Therapie dem mysteriösen CIA-Agenten „John" das Leben rettete. Der Agent hatte zu viele Paranüsse gegessen, die ungewöhnlich hohe Dosen an Selen enthalten (1,9 mg/100 g).

Warum jedoch können bestimmte Pflanzen eine wesentlich höhere Selenkonzentration als Tiere verkraften? Offenbar haben sie im Laufe der Evolution die Fähigkeit entwickelt, für SO_4^{2-} (Sulfat) und SeO_4^{2-} (Selenat) zwei separate Synthese- und Verwendungswege zu etablieren. Zu diesen Selektionskünstlern gehören zum Beispiel einige Leguminosenarten wie der Tragant (*Astragalus*) aus der Unterfamilie der artenreichen Schmetterlingsblütler.[111] Diese Pflanzen leben bereits sehr lange in Gebieten mit geringen Niederschlagsmengen, die nicht ausreichend sind, um Selen aus den oberen Bodenschichten auszuwaschen. Daher ist Selen schon immer auf ihrer „Speisekarte" und die Pflanzen haben sich angepasst. So viel Zeit hatten Weidetiere oder Menschen nicht. Der Austausch von Schwefel gegen Selen im Cystein in Abhängigkeit von der Konzentration in der Umwelt zeigt sehr anschaulich, wie chemische Evolution entlang des Periodensystems der Elemente abläuft.

Tellur leitet sich zwar aus der lateinischen Bezeichnung *tellus* für „Erde" ab, ist ungeachtet dessen aber so selten wie Gold und hatte deswegen nie eine Chance, eine Rolle in der Chemie des Lebens zu spielen. Polonium ist radioaktiv und kann deshalb an dieser Stelle getrost vernachlässigt werden.

Nachdem wir beim Übergang von der VII. zur VI. Hauptgruppe nur noch drei Elemente gefunden haben, die in Verbindungen des Lebens miteinander austauschbar sind, ist es keine große Überraschung, dass wir in der V. Hauptgruppe noch einmal die Anzahl der potenziellen Kandidaten reduzieren müssen. Die Ursache dafür findet sich in der hohen Affinität der schwereren Elemente zu Sauerstoff. Tatsächlich sind organische Aminoverbindungen fast die einzigen, die ein Element der V. Hauptgruppe, den Stickstoff, in niedriger Oxidationsstufe enthalten.[112] α-Aminoessigsäure, besser unter ihrem anderen Trivialnamen Glycin bekannt, ist die einfachste Aminosäure und beim Aufbau fast aller Proteine beteiligt.*

Vergleichbare Verbindungen mit einer PH_2-Gruppe wie die α-Phosphinoessigsäure würden augenblicklich mit Luftsauerstoff oxidiert, was ich schon bei der Diskussion von Phosphorverbindungen wie dem Phosphan (PH_3) angemerkt habe. Deshalb brauchen

————————————————

* Glycin verfügt über eine basische Aminogruppe und eine saure Carbonsäuregruppe, die sich neutralisieren. Auf diesen Sachverhalt wird detaillierter in Kapitel 6.2 eingegangen.

COOH — NH₂ — α-Amino-essigsäure — luftstabil

COOH — PH₂ — α-Phosphino-essigsäure

COOH — AsH₂ — α-Arsino-essigsäure

COO⁻ — H₃C-As⁺-CH₃ / H₃C — Arsenobetain — luftstabil

werden sofort an der Luft oxidiert

wir uns gar nicht erst auf die Suche zu begeben; sie ist nur unter speziellen Bedingungen im Labor herstellbar.

Erstaunlicherweise haben es einige Hundert organische Arsenverbindungen geschafft, in den illustren Kreis der Stoffe biogenen Ursprungs vorzudringen. Arsenverbindungen kommen in einigen Meeresbewohnern und Pilzen vor. Man sollte eigentlich erwarten, dass sie noch schneller mit Sauerstoff reagieren als die verwandten Phosphorverbindungen. Drei Methyl(CH_3)gruppen und Salzbildung* verhindern jedoch beispielsweise im Arsenobetain, dass das Arsen zu den stark toxischen Arsenoxiden oxidiert wird, die in einigen Kriminalromanen die handlungsleitende Leiche liefern.** Nach Verzehr von Arsenobetain-haltigem Fisch zeigte es sich, dass die Verbindung vom Menschen rasch ohne Vergiftungserscheinungen über den Urin ausgeschieden wird; offensichtlich ist sie ein unbeachteter Fremdling im Rahmen unserer Biochemie.

Wenn wir in der V. Hauptgruppe bis in den Erzkeller hinabsteigen, erwarten uns nur noch Metalle wie Antimon und Bismut. Sie haben es bisher nicht geschafft, aktiv in die Organisation des Lebens einzugreifen.

Generell spielen relativ wenige Metalle eine Rolle bei der Organisation der Chemie des Lebens. Dazu gehören an vorderster Stelle Natrium, Magnesium, Calcium, Kalium, Eisen, Cobalt, Mangan, Molybdän und Zink in Form ihrer positiv geladenen Ionen (Kationen). Man könnte sich schon etwas beleidigt fragen, warum die belebte Natur ausgerechnet nur unedle Metalle für die Konstruktion von solch subtilen Gebilden wie Pflanzen, Tieren, aber auch Menschen heranzieht. Haben wir denn nichts Besseres verdient? Materialien aus Gold oder Silber wären sicher angemessener. Das funktioniert jedoch nicht, wie schon der sagenhafte König Midas leidvoll erfahren musste, der sich in

---

* Durch die Bildung eines Kations (Arsen bekommt daher eine positive Ladung) ist auch das freie Elektronenpaar am Arsen nicht mehr für den Angriff von Sauerstoff zugänglich.

** Noch bis Mitte des 19. Jahrhunderts war Arsenoxid (Arsenik) das am häufigsten eingesetzte Gift. Die stimulierende Wirkung geringer Dosen Arsenik wurde durch die sogenannten Arsenikesser ausgenutzt. Pferdehändler erreichten mit Arsenik, dass ältere und schwächere Pferde vorübergehend ein glänzendes Fell bekamen („Rosstäuscher").

der griechischen Mythologie von Dionysos wünschte, dass alles, was er berührt, zu Gold würde. Midas wäre schnell verhungert, wenn ihn der Gott nicht von seinem verhängnisvollen Wunsch befreit hätte: Gold ist in der Chemie des Lebens wertlos.*

Der ökonomische Wert von Gold und anderen Edelmetallen ist auf deren Seltenheit zurückzuführen, was eine typische Sicht des modernen Menschen darstellt. Seltenheit ist allerdings ein gravierender Nachteil im Evolutionsgeschehen, wo unzählige Varianten von Verbindungen über große Zeiträume unaufhörlich auf ihre chemische und biologische Eignung getestet und bei fehlender Passfähigkeit oder fortgesetzter Knappheit aussortiert werden. Ubiquität und ausreichende Konzentrationen sind entscheidende Voraussetzungen, dass ein Element als Kandidat überhaupt bis zum ersten Vorsingen kommt. Ein Edelmetall wie Iridium mit einem Anteil in der kontinentalen Erdkruste von nur 1 ppb** und einem Vorkommen, das exklusiv auf jene Sedimentschicht beschränkt ist, die aus geologischer Sicht die Kreidezeit vom Tertiär trennt („Iridium-Anomalie"), würde nicht einmal in die Vorauswahl des evolutionären Chemiewettbewerbs kommen.

Eine weitere Voraussetzung ist die abgestimmte Reaktionsfreudigkeit gegenüber Wasser und Sauerstoff unter den Bedingungen auf unserer Erde. Die typische Reaktion von unedlen Metallen mit Sauerstoff ist deren Oxidation zu Metalloxiden. Viele dieser Metalloxide finden sich in Erzen und Mineralien, woran die allgemeine Bezeichnung für Elemente der VI. Hauptgruppe als Chalcogene (Chalcogene sind wörtlich übersetzt „Erzbildner"; altgriech. χαλκός *chalkós* „Kupfer, Bronze", und γεννάν *gennan*, „erzeugen, hervorbringen") erinnert.

Metalloxide sind oftmals schwer löslich. Noch brisanter: Mit Wasser reagieren sie zu basischen Hydroxiden. Ebenso wie Säuren sind Hydroxide nicht gern in lebenden Zellen mit einem Vorzugs-pH-Wert von 7 gesehen. Diese Basen wirken in Kombination mit Wasser als Katalysatoren für die Zerstörung von Stoffwechselintermediaten und Zellbestandteilen (siehe Kapitel 10). Dafür, dass sie gar nicht erst diese lebensbedrohliche Haltung einnehmen, sorgen organische Verbindungen, die mit ausgewählten Metallionen Chelatkomplexe bilden. Wie die altgriechische Übersetzung χηλή *chēlé* für „Kralle" oder „Krebsschere" andeutet, umfassen diese Verbindungen das Metallion und stabilisieren

---

* Was nicht bedeutet, dass Gold und andere Edelmetalle nicht auch in pharmazeutischen Wirkstoffen eingesetzt werden können. Für diese Anwendung mussten sie aber vorher synthesechemisch modifiziert werden (S. Medici, M. Peana, V. M. Nurchi, J. I. Lachowicz, G. Crisponi, M. A. Zoroddu, Nobel metals in medicine: Latest advances, *Coordination Chemistry Review* 2015, 284, 329–350).

** Das aus dem Englischen stammende ppb, „parts per billion", entspricht im Deutschen „Teile pro Milliarde".

es gegenüber dem Angriff von Wasser. Der rote Blutfarbstoff Hämoglobin mit einem zentralen Eisenion oder das Chlorophyll mit einem Magnesiumion, das Pflanzen und unreife Früchte grün färbt, sind die bekanntesten Beispiele.

Als eines der wenigen Halbmetalle (das sind Elemente, die sowohl metallische als auch nichtmetallische Eigenschaften aufweisen) hat es das Kupfer geschafft, im Symphonieorchester des Lebens mitzuspielen. Es verhält sich dabei wie ein Triangelspieler. Sein Einsatz ist nur selten und auf wenige Stücke beschränkt, aber dann aufgrund seines durchdringenden Klanges besonders eindringlich. Penetrantes Triangelgeklingel geht sensiblen Zeitgenossen auf den Wecker. Ebenso wie der/die/das Triangel in der deutschen Sprache mit allen drei Genera eingeleitet werden kann, ist der Effekt von Kupfer vielfältig und durchaus widersprüchlich. Viele Mikroorganismen reagieren allergisch auf das Halbmetall, was Hygieneexperten in Krankenhäusern darüber nachsinnen lässt, ob Kupferklinken an den Türen die Infektionsgefahr verringern könnten. Bei höheren Organismen sind hingegen sehr kleine Mengen an Kupfer wesentlicher Bestandteil von einigen Enzymen und damit ein essenzielles, das heißt ein lebensnotwendiges Spurenelement. In Weichtieren und Gliederfüßern dient Kupfer als Sauerstofftransporter und färbt deren Blut blau. Die Pauken und Trompeten des Orchesters des Lebens wie Zink, Eisen oder Molybdän sind in der Lage, bei großem Überangebot, Kupfer zu verdrängen.

Selbstverständlich können auch sehr edle Metalle, die nicht in die biochemischen Mechanismen integriert werden, als vorübergehende „Gäste" in Organismen, vor allem in Pflanzen, ihr Quartier aufschlagen, wenn sie mit Wasser aus dem Boden aufgesaugt werden. Gold in der Bienenweide (*Phacelia sericea*) oder in Eukalyptusblättern und Silber im Wollknöterich (*Eriogonum ovalifolium*) lassen die Herzen von Geologen und Hobbyschatzsuchern höher schlagen, da auf diese Weise die Nähe dieser Edelmetalle im Boden angezeigt wird.[113] Uran im Tragant (*Astragalus*) weist auf erhöhte Urankonzentrationen hin. Im Allgemeinen sind diese Metalle aber zu vornehm, sprich: zu „edel", um am wilden Gewusel in einem Organismus, das vielfach aus reversiblen Oxidationen besteht, teilzunehmen.

3.3 Änderung der Rahmenbedingungen

Änderungen in der chemischen Zusammensetzung von Atmosphäre, Lithosphäre oder Hydrosphäre haben stets Folgen auf die Chemie des Lebens. Ein Beispiel hatte ich schon im Zusammenhang mit dem Sauerstoff gegeben, dessen Konzentration im Laufe der Erdentwicklung von 0 % bis auf über 30 % mit großen Schwankungen anstieg und gegenwärtig bei 21 % liegt. Das unvermittelte und massenhafte Auftreten eines solchen einzelnen Elementes hat dann immer auch dramatische Auswirkungen auf Mikroorganismen, Pflanzen und Tiere.

Ein solches Drama verbirgt sich möglicherweise hinter dem plötzlichen Auftreten großer Mengen des Metalls Nickel, die in der Vergangenheit aufgrund vulkanischer Aktivitäten an die Erdoberfläche gelangten und sich in der zugehörigen geologischen Erdschicht nachweisen lassen. Eine Forschungsgruppe um den Geophysiker Daniel Rothmann vom *Massachusetts Institute of Technology* in Cambridge kam jüngst zu der Schlussfolgerung, dass sich vor rund 252 Millionen Jahren beim Übergang vom Perm zum Trias Einzeller der Gattung *Methanosarcina* explosionsartig vermehrt haben müssen.[114] Diese Bakterien sind für die Methanogenese verantwortlich, die sie mit der Hilfe von Nickelhaltigen Enzymen katalysieren.[115] Methan ist ein sehr starkes Treibhausgas. Dieser extrem erhöhte Methanausstoß und die damit einhergehende Erwärmung des Klimas um bis zu 10 Grad[116] könnte zusammen mit der Verknappung von Sauerstoff im Wasser eine Ursache dafür gewesen sein, dass in dieser erdgeschichtlichen Epoche fast 95 % aller Meeresbewohner und 75 % der an Land lebenden Arten von der Erde verschwanden.[117]

Für den Organismus unbrauchbare Verbindungen werden nach Möglichkeit unverzüglich wieder ausgeschieden. Gifte, also chemische Verbindungen, die störend in etablierte Stoffwechselreaktionen eingreifen, bringen den sensiblen Gesamtzustand des Organismus in Bedrängnis. Werden sie nicht umgehend entsorgt, bringen sie ihn im schlimmsten Fall um. Auch körpereigene Stoffwechselendprodukte bedrohen den Organismus. Ein besonders dramatisches Beispiel für solch ein gefährliches Erzeugnis ist der Ammoniak, auf den ich im Kapitel 7.2 gesondert eingehen werde. Im Allgemeinen werden beim Menschen stickstoffhaltige Abfallprodukte über den Stuhl und den Harn ausgeschieden. Auch die Haut des Menschen erfüllt in diesem Zusammenhang eine wichtige Funktion.

Bei länger anhaltender Exposition und in evolutionär ausreichend langen Zeiträumen können andererseits chemische Fremdlinge in die eigene Körperchemie integriert werden und unter Umständen zur Abwehr von Fressfeinden dienen oder andere vorteilhafte Eigenschaften für den Organismus entwickeln. Vielfach wird dann von biologischer Anpassung gesprochen, was aber *a priori* eine Anpassung auf chemischem Niveau darstellt.

Kurzlebige Einzeller mit hohen genetischen Mutationsraten sind in der Lage, sich innerhalb kurzer Zeit an neue chemische Umweltbedingungen und damit veränderte Nahrungsangebote zu adaptieren. Wahre Verwandlungskünstler sind beispielsweise viele pathogene Bakterien, die selbst um Antibiotika als Nährstoffe keinen Bogen machen, obwohl diese ursprünglich von anderen Bakterien und später von der medizinischen Forschung für deren Vernichtung konzipiert wurden. Fast nichts kann den Appetit dieser

Einzeller stoppen. Die überragenden Fähigkeiten des Bakteriums *Alcanivorax borkumensis* als Allesfresser, der selbst Schweröl verdauen kann, wurden erst vor Kurzem bekannt.[118] Daher besteht eine Hoffnung von Umweltschützern darin, dass auch der Plastikmüll, der seit einigen Jahrzehnten großflächig auf der Erde, vor allem in den Meeren verteilt wird, durch solche nahrungsflexiblen Mikroorganismen abgebaut wird. Erst im Jahr 2016 wurde von einer japanischen Forschergruppe ein Bakterium entdeckt, das Polyethylenterephthalat (PET), das ist das Material unzähliger Getränkeflaschen, verwerten kann.[119] Bemerkenswerterweise ist damit auf Bakterienniveau die chemische bzw. biochemische Evolution immer noch schneller als die kulturelle Evolution, die u. a. Antibiotika und Materialien auf Plastikbasis hervorgebracht hat. Läuft die eigene biologische Evolution des Menschen mittlerweile seiner kulturellen Evolution um Zehntausende Jahre hinterher, ist bei niederen Organismen dieser Wettlauf über Artgrenzen hinweg noch lange nicht entschieden.

Die Konvertierung von körperfremden Stoffen in körpereigene erfordert stets die aktive Mithilfe von Enzymen. Die Struktur von Enzymen ist in den Polynucleinsäuren DNA und RNA verschlüsselt, was bedeutet, dass die Wirkung von körperfremden Stoffen bis auf diese körpereigenen Strukturen, die bei höheren Organismen chemisch und biologisch stark abgeschirmt sind, durchschlagen kann. Wir werden uns im Kapitel über Genetik unter dem Stichwort Epigenetik diesen Auswirkungen in vertiefter Form zuwenden. Insbesondere Mikronährstoffe wirken in diesem Zusammenhang als chemischer „Motor der Evolution", indem sie neue chemische Reaktionskanäle eröffnen, die stets auch biologische Auswirkungen haben.

Höhere und damit komplexere Lebensformen brauchen wesentlich längere Anpassungszeiten an veränderte Nahrungsangebote als beispielsweise Bakterien oder Pilze. Solch ein Anpassungsprozess kann viele Generationen in Anspruch nehmen. Ändert sich die Umgebung und damit die Nahrungszusammensetzung zu rasant, hilft nur noch Auswandern, bevor das große Sterben einsetzt. Besonders Nahrungsspezialisten geraten dann schnell auf die Rote Liste der aussterbenden Arten. Ein aktuelles und öffentlichkeitswirksames Beispiel ist der Große Panda (*Ailuropoda melanoleuca*), der sich fast ausschließlich von Bambus ernährt und dessen Verdauungssystem sich an diese besondere pflanzliche Ernährungsweise angepasst hat. Leider wird dessen Lebensraum durch großflächige Rodungen seines angestammten Habitats immer kleiner.

Bei den Makronährstoffen Proteine, Kohlenhydrate oder Fette wird ein Mangel sowohl bei Tieren als auch bei Menschen durch das Hungergefühl angezeigt. Bei Mikronährstoffen ist das anders: Das Defizit ist nicht spürbar und die Symptome können sich erst nach Monaten oder Jahren manifestieren. Das bereits geschilderte Problem des Menschen, eine ausreichende Jodmenge aufzunehmen, ist dafür ein Paradebeispiel. Mittlerweile kann die moderne Medizin die Ursachen aufgrund von Konzentrationsmessungen im Wesentlichen benennen und Gegenmaßnahmen vorschlagen. In früheren Zeiten war das nicht möglich. Auch Tiere und Pflanzen haben diesen diagnostischen Vorteil einer hausärztlichen Untersuchung nicht, sie können sich einer „ausgewogenen" Ernährung nur im Blindflug nähern. Oftmals wird die Versorgung mit Mikronährstoffen über die Versorgung mit Makronährstoffen reguliert, das heißt bei Mangel an Mikronährstoffen sucht der Organismus dieses Defizit durch erhöhte Aufnahme von Makronährstoffen zu kompensieren.* Der exzessive Konsum von Makronährstoffen, beispielsweise von Fetten oder Kohlenhydraten, kann in der Folge zu unerwünschten gesundheitlichen Nebenwirkungen führen, ohne dass die dahinterliegende chemische Ursache erkannt wird.

Mangelernährung hat nicht nur Auswirkungen auf die Gesundheit, sondern auch auf die Fortpflanzung. Das kann nicht nur einzelne Individuen betreffen, auch eine ganze Spezies kann in der Konsequenz aus einem Biotop oder auch ganz von der Erde verschwinden. Eine Arbeitsgruppe aus Biogeologen und Evolutionsbiologen stellte jüngst die Hypothese auf, dass der Höhlenbär (*Ursus spalaeus*) infolge des verminderten Pflanzenangebotes während der letzten Eiszeit vor ungefähr 25 000 Jahren ausgestorben ist. Dieser Bärenart wurde seine unflexible vegane Ernährung zum Verhängnis.[120] Im Unterschied dazu hat sein nächster und wesentlich kleinerer Verwandter, der Braunbär, als Allesfresser überlebt.

Möglicherweise ist auch einer der engsten Verwandten des Menschen, der Neandertaler (*Homo neanderthalensis*), nicht mehr aus seiner komfortablen Nahrungsnische mit einem Überschuss an fleischlichen Proteinen herausgekommen.[121] Die Ursache für sein Verschwinden könnte in dem dramatischen Rückgang der von ihm bejagten Groß- und Weidetiere vor ungefähr 50 000 Jahren liegen. Die Adaption an Knollen und Wurzeln, die man anhand abnehmender Dicke des Zahnschmelzes im Neandertalergebiss geschlussfolgert hat, ging wahrscheinlich nicht schnell genug.[122] Evolutionsgenetiker und Anthropologen vertraten erst kürzlich die These, dass männliche Neandertaler am Ende genetisch bedingt unfruchtbar gewesen sein können.[123] Im Unterschied zu dieser menschlichen Spezies mit großen Muskeln und vergrößertem Gehirn setzte sich daher am Ende

---

* Dies könnte erklären, warum in der verblichenen DDR, in der das Angebot und die Vielseitigkeit an Nahrungsmitteln wesentlich kleiner war als in der BRD, von der Bevölkerung mehligkochende gegenüber festkochenden Kartoffeln bevorzugt wurden. Diese Vorliebe hat sich bis in die Gegenwart erhalten, sodass noch immer in Ostdeutschland mehligkochende Kartoffeln, die einen größeren Stärkegehalt und damit höheren Nährwert haben, stärker nachgefragt sind als in den alten Bundesländern (DIE ZEIT vom 08.12.2016.)

der kleinere und körperlich unterlegene *Homo sapiens* mit seiner Mischkost durch. Auch das ist ein Beispiel für *survival of the fittest*.

Die Änderung des Nahrungsangebotes hatte aber auch Auswirkungen auf die Evolution von *Homo sapiens*. Derzeit werden 49 chemische Verbindungen gelistet, die für uns unverzichtbar sind. Analysen von Pflanzeninhaltsstoffen, die an der Wiege der Menschheit auf dem afrikanischen Kontinent vorgenommen wurden, ergaben, dass deren Konzentration und Zusammensetzung in keiner Weise mehr den Erfordernissen des modernen Menschen gerecht werden. Aus diesem Grund würden Zeitreisende, deren Abenteuer H. G. Wells im Jahre 1895 in seinem Roman *Die Zeitmaschine* beschrieben hat, immer auch mit ernährungstechnischen Herausforderungen konfrontiert werden.

4 Theoretisches Intermezzo, in dem lange Ketten und Ringe im Mittelpunkt stehen

4.1 Dehydrierung versus Dehydratisierung – ein warnendes Beispiel für Begriffshygiene

Nachfolgend möchte ich Sie mit einigen Besonderheiten von Kohlenstoffverbindungen bekannt machen, deren Kenntnis für die nachfolgenden Kapitel wichtig ist. Einige theoretische Gesichtspunkte müssen dabei zur Sprache kommen, doch sollen sie in leicht nachvollziehbarer und anwendungsorientierter Art dargestellt werden.

Fangen wir zunächst bei den Oxidationszahlen von Kohlenstoffatomen in einfachen organischen Verbindungen an. Wenn wir die Oxidationszahlen der beiden Kohlenstoffe im Ethan und Ethen miteinander vergleichen, erkennen wir mühelos, dass durch die Abgabe von H_2 gleichzeitig auch die Oxidationszahlen größer geworden sind.

Mit anderen Worten: Oxidation ist nicht nur gleichzusetzen mit der Aufnahme von Sauerstoff oder der Abgabe von Elektronen, sondern kann auch Dehydrierung bedeuten. Den erzeugten Wasserstoff könnte man zum Beispiel für die Knallgasreaktion verwenden und damit sehr, sehr viel Energie erzeugen. Tatsächlich wird in den Mitochondrien, den Kraftwerken der Zelle, der Wasserstoff beispielsweise aus Fetten genutzt, um Lebensprozesse zu ermöglichen. Dabei wird der molekulare Wasserstoff noch vor seiner Entstehung in Elektronen und Protonen aufgespalten und jedes Elementarteilchen geht seine eigenen Wege. Die Elektronen werden auf molekularen Sauerstoff übertragen. Sauerstoff wird auf diese Weise reduziert und bildet zusammen mit Protonen Wasser. Zuvor treiben jedoch die Protonen, die aus dem Alkan gewonnen wurden, die Synthese des wichtigsten Energiespeichers in lebenden Zellen, des ATPs an. Wir werden uns an anderer Stelle noch intensiver mit diesem Prozess beschäftigen.

Dehydrierung ist strikt von Dehydratisierung zu unterscheiden. Letzteres bedeutet die Abspaltung oder Abgabe von Wasser. Das Gegenteil von Dehydrierung ist Hydrierung, das bedeutet die Aufnahme von Wasserstoff. Im Gegensatz dazu bezeichnet Hydratisierung die Aufnahme von Wasser und ist somit die umgekehrte Reaktion zur Dehydratisierung.

Wenn Mediziner und Sportjournalisten ziemlich flott von Dehydrierung daherreden, meinen sie eigentlich immer Dehydratisierung und damit einen pathologischen Wasserverlust.* Sollten Sportler tatsächlich dehydrieren, könnte es in deren Umgebung aufgrund des sich entwickelnden Wasserstoffs ziemlich gefährlich werden.

Auf der anderen Seite ist die Dehydrierung von Alkanen in biologischen Systemen an

_____

* Selbst am Princeton-Plainsboro Teaching Hospital, dem fiktiven Lehrkrankenhaus, an dem der berühmte Dr. House in der gleichnamigen Fernsehserie praktiziert, „dehydrieren" hin und wieder auch einige Patienten. Das passiert bemerkenswerterweise nur nach der deutschen Synchronisation. In der englischen Version wird korrekterweise „Dehydration" und nicht „Dehydrogenation" verwendet, ein Indiz dafür, dass in den meisten US-amerikanischen TV-Serien chemisch sehr gewissenhaft argumentiert wird.

der Tagesordnung und daher nichts, worum wir uns Sorgen machen müssten. Mächtige Kaskaden von hintereinandergeschalteten Enzymen sind in der Lage, C–H-Bindungen in Fetten und anderen gesättigten Strukturen nach vorausgegangener Aktivierung zu spalten.[124] Der entstehende Wasserstoff wird allerdings nicht frei und löst mit Sauerstoff auch keine Knallgasreaktion aus: Durch die bereits erwähnte Aufspaltung der Wasserstoffatome in Protonen und Elektronen und die allmähliche Übertragung der Elektronen auf Sauerstoff wird dieser Prozess so portioniert, dass weder Außenstehende noch wir selbst etwas von dieser eigentlich sehr gefährlichen Reaktion mitbekommen.*

Die missbräuchliche Verwendung des Begriffes Dehydrierung im Alltagsdeutsch ist nicht nur ein erneuter Fall für feingeistige Sprachhygieniker, sondern hat immense Bedeutung für die Zukunft der gesamten Menschheit. Wenn es beispielsweise großtechnisch gelänge, Wasser zu dehydrieren, entständen dabei große Mengen an Wasserstoff und Sauerstoff. Beide Gase könnte man wieder in der Knallgasreaktion für die Gewinnung von Energie einsetzen. Die Knallgasreaktion ist somit nichts anderes als die Hydrierung von Sauerstoff.

$$H_2O \;\underset{\text{Knallgasreaktion}}{\overset{\text{Dehydrierung}}{\rightleftharpoons}}\; H_2 + 1/2\,O_2$$

Die Wasserspaltung ist der Traum nicht nur von Chemikern, sondern auch von Umweltschützern: saubere Energie aus einer nahezu unendlichen Ressource. Nobelpreise für Chemie und Frieden wären der ultimative Lohn. Trotz zahlreicher hoffnungsvoller akademischer Anstrengungen auf diesem Gebiet ist die effiziente Wasserspaltung bis heute auf biologische Spezialisten beschränkt. Diese brauchen dazu die Hilfe des Sonnenlichtes: Es sind die grünen Pflanzen.

In Anbetracht der wahrscheinlich größten Herausforderung zum ökologisch nachhaltigen Weiterleben der Menschheit ist die semantische Verwechslung von Dehydratisierung und Dehydrierung kein Kavaliersdelikt, sondern Hinweis auf mangelndes Verständnis in grundlegenden Energie- und Überlebensfragen, und wir sollten uns vor dieser Verwechslung hüten.

---

* Auch die Hydrierung von Kohlendioxid oder organischen Verbindungen mit Wasserstoff im Rahmen der Methanogenese kommt ohne die Verwendung von molekularem Wasserstoff aus. Organische Moleküle binden den Wasserstoff in chemischer Form und geben ihn in einer sich anschließenden Reaktion an den Wasserstoffakzeptor ab, wobei nichts knallt oder brennt. Am Ende entsteht dabei Methan.

4.2 Lange Ketten und die Frage: Warum sind Pflanzenöle flüssig?

Auf der Basis von Methan allein kann man kein Leben aufbauen, auch wenn das Energieproblem durch einfaches Verbrennen gelöst werden kann. Wir bezeichnen auch keinen Ofen als Lebewesen, obwohl er Wärme abgibt. Zu Leben gehört unendlich viel mehr. Schon die Enzyme, die die Methanogenese in Einzellern bewerkstelligen, sind äußerst kompliziert aufgebaute Strukturen aus vielen unterschiedlichen Aminosäuren. Ehe wir zu diesen in Kapitel 6.2 kommen, wollen wir uns anschauen, was passiert, wenn wir aus Methan, wie mit gleichen Dominobausteinen, lange Ketten aufbauen. Durch diese Operation gelangen wir zu den Verwandten des Methans, die in der Chemie als Homologe (altgriech. ὁμός *homós*, „gleich", und λόγος *lógos*, „Sinn") bezeichnet werden und die in unserem Fall zusammen den Stammbaum der gesättigten Kohlenwasserstoffe bilden. Am Anfang unserer Überlegungen wollen wir zwei Methanmoleküle miteinander verbinden.

Da am Kohlenstoff maximal nur vier Atome Platz haben, müssen für diese Operation zwei Wasserstoffatome die Bühne verlassen. Diese Reaktion nennt man Dehydrierung (auf die ordnungsgemäße Verwendung des Begriffes habe ich bereits im vorangehenden Kapitel hingewiesen). Das Produkt der C–C-Verknüpfung heißt Ethan, ebenfalls ein Gas. Geometrisch gesehen hat sich für jedes einzelne C-Atom nicht viel geändert. Es ist weiterhin von vier Atomen umgeben, die sich möglichst aus dem Wege gehen. Somit ist der ursprüngliche Tetraeder um jedes der beiden Kohlenstoffatome erhalten geblieben.

Stellen Sie sich bitte weiterhin vor, dass wir vier Methaneinheiten unter Abspaltung von drei Molekülen Wasserstoff miteinander verknüpfen. Als Produkt entsteht das Butan, ein Kohlenwasserstoff mit vier Kohlenstoffatomen.

Auch Butan bevorzugt die energetisch günstigste Anordnung, wo sich die Wasserstoffatome, aber mehr noch die großen CH_3-Gruppen möglichst aus dem Weg gehen. Der maximale Abstand zwischen den beiden Methylgruppen an den Kettenenden ist dann gewährleistet, wenn sie in einem Winkel von 180° zueinander stehen. Besonders deutlich wird diese Anordnung, wenn wir das Molekül entlang der mittleren C–C-Achse entweder von der Seite oder von vorn betrachten.[125] Lassen wir, wie in Kapitel 1 beschrieben, alle Atomsymbole weg, bleibt eine Zickzacklinie übrig. Man könnte meinen, die Ecken in der Zeichnung sind notwendig, um die Anzahl der Kohlenstoffatome in der Formel zu erkennen. Das ist natürlich auch notwendig, denn in einer geraden, durchgezogenen Linie würde diese Information verloren gehen. Was aber für die Realitätsnähe dieser Darstellung spricht, ist, dass die beiden äußeren CH_3-Gruppen sich tatsächlich auch im realen Molekül bevorzugt in einem Winkel von 180° zueinander befinden. Womit wieder die chemische Formelschreibweise eine ziemlich realistische Vorstellung von der energetisch günstigsten Anordnung der Atome und Atomgruppen im Raum widerspiegelt.

Butan wird heutzutage vor allem als Brenngas in Feuerzeugen verwendet. Mit zunehmender Kettenlänge in Richtung des Kohlenwasserstoffes Octan (altgriech. ὀκτώ *októ*, „acht") mit der Summenformel C_8H_{18} werden die Kohlenwasserstoffe flüssig, was jeder weiß, der schon einmal in ein Auto Benzin eingefüllt hat. Kraftfahrzeugbenzin besteht vorzugsweise aus Kohlenwasserstoffen mit acht bis zehn Kohlenstoffatomen. Normalbenzin besteht aus etwas kürzeren Ketten und hat damit weniger Kohlenstoffatome als Dieselkraftstoffe. Bei Ketten mit über zwölf Kohlenstoffatomen wird das Ganze immer zäher und am Ende sogar fest. Bei Raumtemperatur feste Kohlenwasserstoffe mit besonders langen Ketten, die aus dem Erdöl gewonnen werden, finden als Asphalt Verwendung im Straßenbau.*

Die letzte Feststellung stellt uns vor die grundlegende Frage: Wann wird eine chemische Verbindung fest? An der Masse der Atome allein kann es nicht liegen, sonst würden die Schwergewichte der Edelgase, wie Xenon oder Radon, nicht als Gase, sondern als „Edelfestkörper" bezeichnet werden müssen. Im Zusammenhang mit den hier diskutierten Kohlenwasserstoffen kann man diese Frage mit dem Wirken von anziehenden Kräften zwischen den einzelnen Ketten beantworten. Solche Van-der-Waals-Wechselwirkungen, benannt nach dem niederländischen Physiker Johannes Diderik van der Waals (1837–1923),[126] sind überall dort wirksam, wo andere attraktive Kräfte, etwa zwischen geladenen

---

* Durch Destillation werden in der Petrochemie die einzelnen Fraktionen von Kohlenwasserstoffen des Erdöls nach abgegrenzten Siedepunktsbereichen voneinander getrennt.

Teilchen (Ionen), nicht möglich sind. Van-der-Waals-Wechselwirkungen entstehen durch spontane Ladungsverschiebungen in benachbarten unpolaren Teilchen und sind nur schwach. Trotzdem sind sie hinreichend für Geckos oder Fliegen, um mit ihrer Hilfe an einer senkrechten Wand emporlaufen zu können. Mittels dieser attraktiven Kräfte können sie sich sogar kopfunter an einer Zimmerdecke festhalten.[127] Es scheint aber zweifelhaft, ob sie ausreichend stark sind, dass ein ausgewachsener Mensch es ihnen gleichtun könnte. Dieser Zweifel hat daher eine kontroverse Diskussion unter Anhängern der Comic-Verfilmung *Spider-Man* ausgelöst, der ebenfalls Van-der-Waals-Kräfte für seine Kletterkünste einsetzen soll.[128]

Je länger die Kohlenwasserstoffkette ist, desto mehr Van-der-Waals-Kräfte sind wirksam. Am besten funktioniert das, wenn sich Zickzackketten aneinanderschmiegen: Es entsteht ein geordnetes System.

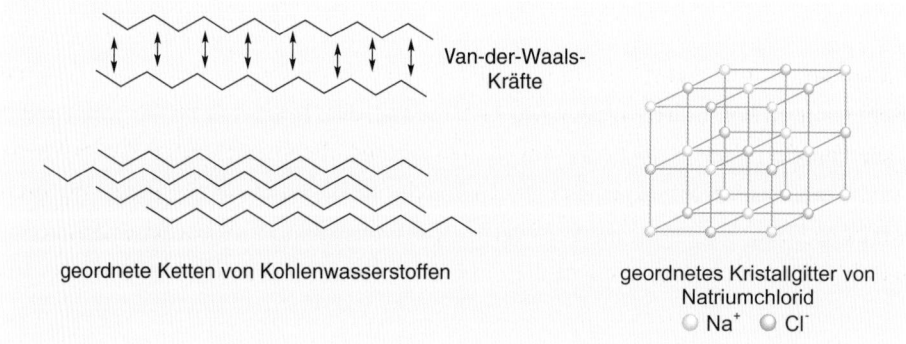

Van-der-Waals-Kräfte

geordnete Ketten von Kohlenwasserstoffen

geordnetes Kristallgitter von Natriumchlorid
○ Na⁺ ○ Cl⁻

Das Gegenteil von Ordnung ist Unordnung. Unordnung erinnert fatal an den Zustand auf vielen Schreibtischen von Naturwissenschaftlern. Der deutsche Physiker Rudolf Clausius hat Mitte des 19. Jahrhunderts dafür den Begriff der Entropie (Kunstwort aus altgriech. ἐντροπία *entropía*, von ἐν *en*, „an" oder „in", und τροπή *tropé*, „Wendung") erfunden. Ohne auf den physikochemischen Hintergrund im Detail einzugehen, wollen wir uns nur merken: Je kleiner die Entropie ist, desto größer ist die Chance, dass Kristalle entstehen. Kristalle kennen wir zum Beispiel vom Kochsalz, dem Natriumchlorid, wo Natrium- und Chloridionen ein höchst geordnetes Kristallgitter bilden. Ähnlich verhält es sich mit langen Kohlenwasserstoffketten, wenn sie geordnet miteinander wechselwirken: Das Ganze wird fest. Schon geringfügige Störungen innerhalb der Ketten führen dazu, dass die ursprünglich feste Substanz flüssig wird.

Lange Ketten bilden die Grundlage von pflanzlichen und tierischen Ölen oder auch Naturgummi. Sie unterscheiden sich lediglich in der Länge und in den funktionellen Gruppen, mit denen wir uns in Kapitel 5 beschäftigen wollen. An dieser Stelle wollen wir uns nur für Störungen im regulären Zickzackmuster einer Kette interessieren. Eine typische Störung ist der Einbau einer C=C-Doppelbindung, meist in der Mitte oder in der Nähe des Kettenendes. Die C=C-Doppelbindung verhindert die Drehbarkeit um die C–C-Achse, sodass die Lage der Kettenfortsätze im Raum festgelegt ist. Dabei gibt es zwei Möglichkeiten: Entweder die Kettenfortsätze befinden sich auf der entgegengesetzten oder auf der gleichen Seite der Doppelbindung. Die erstgenannte Situation wird mit der Abkürzung *trans* (lat. *trāns*, „auf der anderen Seite"), die zweite mit *cis* (lat. *cis*, „auf dieser Seite") gekennzeichnet.[129] An die Bezeichnung „*trans*" erinnert der Begriff der Transfette, der im Rahmen einer ungesunden Ernährung eine zentrale Rolle spielt.

trans   *cis*

Lassen Sie uns nun diese Betrachtungen auf die Wechselwirkung zwischen zwei längeren Ketten anwenden. Es lässt sich unschwer erkennen, dass bei zwei *trans*-Molekülen sehr viele Van-der-Waals-Kräfte wirksam werden können; die ursprüngliche Zickzackkette wird kaum gestört. Hingegen sind in der *cis*-Verbindung diese anziehenden Wechselwirkungen erheblich erschwert, teilweise sogar unmöglich, da die Kettenenden in unterschiedliche Richtungen weisen.

trans

cis

Bezogen auf Fettsäuren, die ebenfalls aus langen Ketten aufgebaut sind, bedeutet dies, dass jene Fettsäuren, die *trans*-Doppelbindungen enthalten, fest sind. Hingegen sind die mit einer *cis*-Doppelbindung – das betrifft die meisten Pflanzenöle – flüssig. Letztere enthalten oft nicht nur eine einzige *cis*-Doppelbindung wie die am häufigsten vorkommende Öl-säure, sondern mehrere wie etwa Linolsäure oder Linolensäure. Durch den Einbau weite-rer *cis*-Doppelbindungen werden die Chancen eines geordneten Aneinanderlagerns von langen Ketten noch weiter gemindert. Durch Reaktion mit Wasserstoff, das bedeutet die Hydrierung der Doppelbindungen in Pflanzenölen, kann man diese Störungen im Mitei-nander der Ketten beseitigen. Es entstehen vorzugsweise gesättigte Fettsäuren.* Gleich-zeitig werden die noch verbleibenden *cis*- in *trans*-Doppelbindungen umgewandelt.

Den dazugehörigen technischen Prozess nennt man folgerichtig „Fetthärtung". Er ist die Grundlage der Herstellung von Margarine aus Pflanzenölen: Was vorher flüssig war, ist nun fest. Man kann das Produkt auf das Frühstücksbrötchen auftragen, ohne dass es durch- oder danebentropft. Ein Messer löst den Löffel als Werkzeug bei Tisch ab. Eine kleine Änderung im molekularen Bereich wirkt sich bis hin zur Kulturebene aus, eine Konsequenz, der wir noch öfter in diesem Buch begegnen werden.

Das *cis*/*trans*-Problem spielt auch bei den beiden Naturgummiarten Kautschuk und Guttapercha eine Rolle.[130]

---

*   Das ist der umgekehrte Weg im Vergleich zu dem, der in Pflanzen beschritten wird. Dort wer-den zunächst gesättigte Fettsäuren hergestellt und erst durch Dehydrierung entstehen ungesät-tigte Fettsäuren.

Kautschuk ist das veredelte Produkt der Latexmilch, die aus dem Parakautschukbaum (*Hevea brasiliensis*) gewonnen wird. Als Guttapercha wird der eingetrocknete Milchsaft des im malaiischen Raum heimischen Guttaperchabaumes (*Palaquium gutta*) bezeichnet. Guttapercha ist bei Raumtemperatur hart und wird erst bei etwa 50 °C elastisch und knetbar. Man kann die Temperaturabhängigkeit des Guttaperchas nutzen, um Metallleiter, zum Beispiel aus Kupfer, bei höheren Temperaturen mit diesem Material zu ummanteln. Erst beim Abkühlen wird das Ganze fest und formstabil. Dank dieser Eigenschaft konnten die ersten Überseetelefonkabel isoliert werden, die zwischen Europa und Amerika im letzten Drittel des 19. Jahrhunderts verlegt wurden.

Kautschuk hingegen ist bei allen Temperaturen verformbar. Die einzelnen Ketten im Kautschuk weisen ausschließlich *cis*-Doppelbindungen auf. Das Material ist sehr elastisch – die typische Eigenschaft von Gummi eben. Da die Ketten sehr lang sind, kommt ein weiteres Phänomen hinzu: Die am Butan diagnostizierte 180°-Position der beiden großen Gruppen zueinander verliert sich durch das Verknäueln der langen Ketten. Damit schlägt Unordnung Ordnung, oder physikochemisch ausgedrückt: Die Entropie konterkariert die energiegünstige 180°-Anordnung.

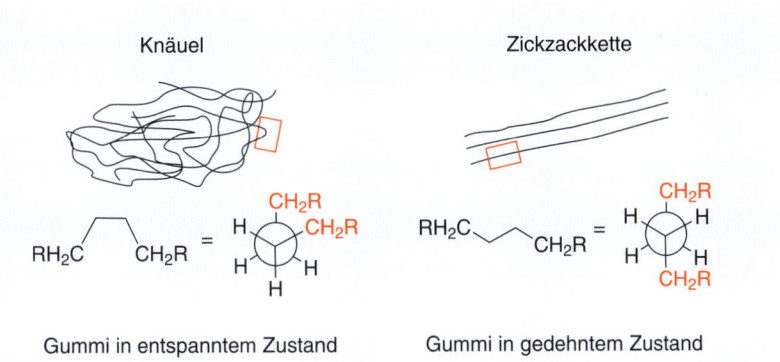

Zieht man einen Gummi und damit folglich die Molekülkette auseinander, wird zwar die energiegünstigere Zickzackanordnung in einigen Abschnitten der Kette hergestellt, aber die Unordnung des Gesamtsystems nimmt ab. Der Gummi muss sich sozusagen „entscheiden" zwischen Unordnung im großen Stil oder Energiegewinn auf unterer Ebene. In diesem Fall siegt wie so oft auf Schreibtischen und in Kinderzimmern die Unordnung. Makroskopisch macht sich dieser Vorgang durch Erwärmung des Gummis beim Auseinanderziehen bemerkbar.[131] Gedehnter Naturkautschuk kann in dieser geordneten Form sogar kristallin werden.

Da einzelne Kautschukketten aufgrund der *cis*-Anordnung der zahlreichen C=C-Doppelbindungen kaum Haftung zu anderen Ketten haben, wird nach Entspannung des Gummis stets ein neuer verknäulter Zustand eingenommen. Dies ist vergleichbar mit einem Wollknäuel, das man entwirrt hat und anschließend wieder auf einen Haufen wirft. Es entsteht sicher nicht wieder genau das ursprüngliche Chaos, sondern ein anderes. Deshalb gab es lange Zeit für Kautschuk aufgrund mangelnder Formbeständigkeit keine Verwendung. Erst die Entdeckung von Charles Goodyear Mitte des 19. Jahrhunderts, dass der Zusatz von Schwefelpulver zu einer dauerhaften Form führt, ermöglichte zahllose Anwendungen. Die Strukturen werden nach dieser chemischen Behandlung durch Schwefelbrücken zusammengehalten, die in der nachfolgenden Grafik als schwarze Punkte dargestellt sind. Da Vulkanausbrüche immer mit Schwefelausdünstungen verbunden sind, wird das Verfahren auch als Vulkanisation bezeichnet und führt auf Vulcanus zurück, den Gott des Feuers aus der römischen Mythologie.

vulkanisierter Gummi
in entspanntem Zustand

vulkanisierter Gummi
in gedehntem Zustand

Findige Bastler nach Goodyear, in erster Linie der schottische Tierarzt John Boyd Dunlop, montierten das formbeständige und elastische Material auf Fahrradräder, womit eine der wichtigsten Grundlagen für den späteren Automobilbau gelegt wurde. Mittlerweile wird Naturkautschuk im großen Umfang durch Synthesekautschuk ersetzt, ein enormer zivilisatorischer Fortschritt, wenn man daran erinnert, dass zwischen 1888 und 1908 ungefähr zehn Millionen Kongolesen während der Kautschukernte für den damaligen belgischen König Leopold II. den Tod fanden. Die berüchtigten „Kongogräuel", die mit Geiselhaft, Händeabhacken und Vergewaltigungen einhergingen, hat Joseph Conrad 1899 in dem Roman *Herz der Finsternis* beschrieben. Sie wurden später durch Francis Ford Coppola im Kriegsdrama *Apocalypse Now* in das Umfeld des Vietnamkrieges verlagert. Bei beiden spielt die Frage nach der Entstehung des Bösen im Menschen eine wesentliche Rolle und der Zivilisationsgewinn durch die moderne Synthesechemie sollte an dieser Stelle besonders hervorgehoben werden.[132]

Als zivilisatorischen Fortschritt, der erst durch die industrielle Synthesechemie ermöglicht wurde, muss man unbedingt auch den nunmehr fast vollständigen Stopp des Walfanges würdigen. Noch bis in die 1930er-Jahre hinein wurden weltweit Hunderttausende von Walen getötet, um den steigenden Bedarf an Öl zu decken. Insbesondere auf das Walrat, eine ölige Flüssigkeit aus dem Kopf des Pottwals, hatten es die Walfänger abgesehen, über deren Leben Herman Melville in seinem Roman *Moby Dick* erzählt hat. Walrat besteht aus Wachsen und Fettsäureestern, beides chemische Verbindungen auf der Basis von langen Kohlenstoffketten.* Bei Temperaturen von über 30 °C ist Walrat klar, eine Temperaturabsenkung um wenige Grad führt zur Trübung und letztendlich zur Verfestigung.[133]** Das Öl kann im Unterschied zum Walspeck (Blubber) ohne weitere Reinigung zur Herstellung von feinen Kerzen, Schmiermitteln und Kosmetika verwendet werden und war deshalb in der Vergangenheit höchst begehrt. Durch Hydrierung von Walrat wurde die erste Margarine hergestellt.[134] Mittlerweile muss kein einziger Wal mehr sein Leben dafür lassen, Margarine ist heutzutage ein synthesechemisch veredeltes pflanzliches Produkt.

4.3 Noch mehr fettige Angelegenheiten

Fette, die nach dem altgriechischen Wort für tierisches Fett, λίπος *lípos*, auch als Lipide bezeichnet werden, haben vielfältige Funktionen in der Chemie des Lebens. Lipophil (altgriech. φίλος *phílos*, „freundlich") sind nicht vorrangig Menschen, die besonders gern fettige Speisen zu sich nehmen, sondern unpolare chemische Verbindungen, die sich in den unpolaren Fetten lösen. Fette sind nicht nur die effektivsten Energiequellen, wie ich in Kapitel 11 beweisen werde, sondern sie halten auch warm, wenn sie unter der Haut von Säugetieren und Vögeln gespeichert werden. Die Einteilung von pflanzlichen und tierischen Fetten spielt eine zentrale Rolle bei Theorien über gesunde Ernährung, wobei in modernen Gesellschaften dem Verzehr von pflanzlichen Fetten der Vorrang eingeräumt wird. Der Verzicht auf tierische Fette nimmt bei manchen Zeitgenossen fast pseudoreligiöse Formen an, was uns hier nicht weiter interessieren soll, da wir mehr an der Molekülchemie interessiert sind.

Der Prototyp aller Pflanzenöle ist die Ölsäure, eine Verbindung mit 18 Kohlenstoffatomen. Viele Fette von Wiederkäuern hingegen, zum Beispiel die in der Kuhmilch, leiten

---

* Wachse sind Ester aus langkettigen Fettsäuren und Alkoholen wie dem gesättigten Cetylalkohol ($C_{16}H_{33}OH$) und dem einfach ungesättigten Oleylalkohol ($C_{18}H_{35}OH$).

** Einer interessanten Hypothese aus den 1980er-Jahren zufolge soll die Dichteerhöhung bei niedrigen Temperaturen Pottwalen dazu verhelfen, in große und kalte Wassertiefen bis zu 3000 m nahezu senkrecht abzutauchen, um dort Riesentintenfische zu jagen. Durch die Jagdaktivitäten erhöht sich die Temperatur im Kopf des Wals und der Walrat wird wieder flüssig. In der Folge steigt der Wal wieder zur Oberfläche auf. Mittlerweile ordnet man dem Walrat auch eine Ortungsfunktion zu (P. J. O. Miller, M. P. Johnson, P. L. Tyack, E. A. Terray, Swimming gaits, passive drag and buoyancy of diving sperm whales, *The Journal of Experimental Biology* 2004, 207, 1953–1967).

sich von der Elaidinsäure ab, was in der griechischen Übersetzung dasselbe bedeutet (altgriech. ἔλαιον *élaion*, „[Oliven-]Öl"). Auch die atomare Zusammensetzung (Summenformel!) beider Verbindungen ist gleich. Man könnte somit schlussfolgern, dass es sich auch um die gleiche chemische Verbindung handelt, was wiederum das leidige Problem mit den Trivialnamen heraufbeschwört. Tatsächlich gibt es aber einen entscheidenden Unterschied, der erst in den chemischen Strukturformeln zum Ausdruck kommt. Die Differenz besteht in der Anordnung der Ketten an der zentralen Doppelbindung. Bei der Ölsäure ist das *cis*, bei der Elaidinsäure *trans*. Mehrere Ketten der Elaidinsäure können sich besser aneinanderschmiegen als die der Ölsäure und werden daher, wie bereits beschrieben, schneller fest.

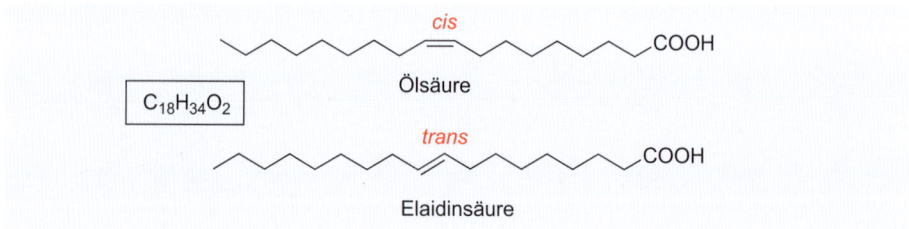

Weitere wichtige Fettsäuren sind Linol- und Linolensäure, weithin bekannt als ω-Fettsäuren. Omega (ω) ist der letzte Buchstabe im griechischen Alphabet. Sowohl im Alten als auch im Neuen Testament der Bibel wird die Unendlichkeit Gottes mit den beiden Buchstaben α und ω gekennzeichnet, was fälschlicherweise im Deutschen mit „A" und „O" übersetzt wird. In der Offenbarung des Johannes (Kap. 22,13) bezeichnet sich Jesus Christus als „das Alpha und das Omega, der Erste und der Letzte, der Anfang und das Ende". Aus diesem Grund finden sich beide Buchstaben immer zusammen mit dem Christussymbol auf vielen christlichen Mosaiken, Grabsteinen und über Kirchenpforten.

Christus-Symbol:
das Kreuz zwischen Alpha und Omega

Wie sind nun ausgerechnet die besonders gesunden Fettsäuren zu dieser etwas morbiden Benennung gelangt? Das ist ganz simpel der Bequemlichkeit von Chemikern zuzurechnen, die sich in Trivialnamen nicht mit dem mühseligen Abzählen von Kohlenstoffatomen aufhalten wollen. Man gibt einfach dem allerletzten Kohlenstoffatom einer langen Kette die Bezeichnung „ω" und zählt von diesem Atom numerisch zurück. Demnach sind Öl- und Elaidinsäure ω[9]-Fettsäuren. Linolsäure, mit einer Doppelbindung sechs Kohlenstoffatome vom Ende entfernt, gehört zu den ω[6]-Fettsäuren. Ist eine der Doppelbindungen in übernächster Nachbarschaft des Endes, wie bei der Linolensäure, handelt es sich um eine ω^3-Fettsäure.

Wenn wir die Schmelzpunkte von Fettsäuren mit gleicher Kettenlänge (C_{18}), jedoch unterschiedlicher Anzahl von Doppelbindungen vergleichen, erkennen wir, dass mit zunehmender Häufung der Schmelzpunkt niedriger wird.

	Schmelzpunkt
Stearinsäure	70 °C
Elaidinsäure (ω^9-Fettsäure)	44 – 51 °C
Ölsäure (ω^9-Fettsäure)	16 °C
Linolsäure (ω^6-Fettsäure)	-5 °C
Linolensäure (ω^3-Fettsäure)	-11 °C

Wie wir in Kapitel 4.2 festgestellt haben, reagiert der Schmelzpunkt sehr sensibel auf den Ordnungsgrad im Miteinander der Moleküle. Wie oftmals im wahren Leben, führt auch in der Chemie Unordnung zur Depression (lat. *deprimere*, „niederdrücken"). Der geordnete Idealzustand wird mit der Fettsäure ohne jegliche Doppelbindung, der Stearinsäure, erreicht. Deshalb ist Stearinsäure auch noch bei Zimmertemperatur fest, eine Eigenschaft, die man für die Herstellung von Wachskerzen nutzt. Eine einzige *trans*-Doppelbindung wie in der Elaidinsäure erniedrigt zwar den Schmelzpunkt um ungefähr 20 Grad, trotzdem ist die Verbindung ebenfalls noch fest. Hingegen ist die Ölsäure mit einer *cis*-Doppelbindung in Bezug auf den Schmelzpunkt bereits ein Grenzfall. Eine wachsende Anzahl von *cis*-Doppelbindungen verhindert zunehmend das geordnete Zusammenlagern von Ketten und damit die Wirkung von anziehenden Van-der-Waals-Kräfte. In der Folge sinkt der Schmelzpunkt unter 0 °C. Die meisten mehrfach ungesättigten Fettsäuren sind bei Zimmertemperatur flüssig. Sie müssen daher in einer (Öl-)Flasche aufbewahrt werden. Im Unterschied dazu kann man Butter und Margarine auf der Basis von gesättigten oder einfach ungesättigten *trans*-Fettsäuren in Papier einwickeln.

Fettsäuren werden mit einer zunehmenden Anzahl von *cis*-Doppelbindungen polarer und damit wasserlöslicher. Das hat Konsequenzen für ihre Verdauung im Körper. Fette, die wir mit der Nahrung aufnehmen, müssen im Dünndarm zunächst von ihrem Träger, dem Glycerol, getrennt werden, mit dem sie über Esterbrücken verbunden sind (sogenannte Triglyceride). Prinzipiell erfordert der Angriff von fettverarbeitenden Enzymen, die ihrer Arbeit am effektivsten in Wasser nachgehen, immer die Unterstützung von Löslichkeitsvermittlern, auch als Emulgatoren bezeichnet. Im menschlichen Organismus übernimmt diese Vermittlerfunktion das Cholesterol, genauer gesagt seine biogenetischen Folgeprodukte, die Gallensäuren. Sie setzen die Oberflächenspannung des Wassers herab. Eine typische Gallensäure ist beispielsweise die Cholsäure.

Cholesterol

mehrere Stufen

lipophiler Teil ist rot markiert

Cholsäure (eine Gallensäure)

Gallensäuren sind Verbindungen mit polaren (hydrophilen) als auch unpolaren (hydrophob; altgriech. φόβος *phóbos*, „Furcht") und damit fettliebenden (lipophilen) Teilstrukturen. Prinzipiell gilt: Je weniger Fette in der Nahrung sind, desto weniger Gallensäuren und damit Cholesterol muss für deren Vorbehandlung bereitgestellt werden.* Die Verdauung von Fetten mit vielen *cis*-Doppelbindungen (pflanzliche Öle!) erfordert weniger Cholesterol, da sie relativ polar sind. Im Umkehrschluss bedeutet das: Die wesentlich unpolareren „Transfette" und die völlig gesättigten Fette, inklusive Margarine, provozieren einen hohen Einsatz des Emulgators. Da möglicherweise eine erhöhte Choles-

_____

* Cholesterol wird nach getaner Arbeit mithilfe von Proteinen über die Blutbahn wieder an seinen Syntheseort (Leber) zurücktransportiert und zurückgebaut. Die Proteine für den Antransport (HDL = high density lipoprotein) unterscheiden sich von denen des Rücktransports in Bezug auf ihre Dichte (LDL = low density lipoprotein). Das kann dazu führen, dass Cholesterol unterwegs verloren geht und sich in den Blutgefäßen absetzt. Diese Ablagerungen können möglicherweise zu Herz-Kreislauf-Erkrankungen und im schlimmsten Fall, der Verstopfung von Herzkranzgefäßen, zum Herzinfarkt führen. Aufgrund dieses Zusammenhanges wird in manchen Gesundheitslehren zwischen dem „guten Cholesterol" (HDL) und dem „bösen Cholesterol" (LDL) unterschieden.

terolkonzentration im Blut die Gefahr von Gefäßverstopfungen und den damit verbundenen Herz-Kreislauf-Krankheiten erhöht, ergibt sich der gesundheitsbedrohende Zusammenhang zwischen fettreicher Nahrung und Cholesterolspiegel, der von vielen Ernährungsexperten betont wird. Es ist dabei zu berücksichtigen, dass auch ein kleiner Teil des Cholesterols mit der Nahrung aufgenommen wird; mehr als drei Viertel produziert der menschliche Organismus selbst und setzt es auch außerhalb der Fettverdauung zum Beispiel als Bestandteil von Membranen ein. Daher sind einfache Ursache-Wirkungs-Beziehungen mit erheblichen Unwägbarkeiten belastet, was bis in die Gegenwart hinein in der medizinischen Fachliteratur zu kontroversen Debatten führt. Mittlerweile sind auch andere chemische Risikoverursacher wie das L-Carnitin in den Fokus der Ernährungsexperten geraten und wir werden uns im Kapitel über Amine (Kapitel 6.3) dieser neuen Gefahr zuwenden.

Fettsäuren spielen eine zentrale Rolle bei der Energiegewinnung, beim Aufbau von Membranen und als Schutz- und Stützgewebe im Körper, wie ich in Kapitel 11 im Detail erläutern werde. Bei gleich warmen Organismen, deren Körpertemperatur stets ungefähr 37 °C beträgt, bereitet es kein Problem, ob *trans*- oder *cis*-Fettsäuren Anwendung finden. Dies trifft auf Säugetiere und Vögel zu. Hingegen ist die Gefahr in wechselwarmen Organismen groß, dass bei kälteren Außentemperaturen die Fettsäuren zäh und am Ende fest werden. Ein Frosch mit sehr vielen *trans*-Fettsäuren würde im winterlichen Teich möglicherweise in eine Kristallisationsphase eintreten, aus der ihn auch keine Prinzessin wieder herausküssen könnte. Auch Fische, die hin und wieder in sehr kaltem Wasser leben, enthalten zum größten Teil Fettsäuren mit mehreren *cis*-Doppelbindungen.* Die *cis*-Fettsäuren werden nicht vom Fisch selbst synthetisiert, sondern mit Mikroalgen in der Nahrung aufgenommen. Das ist die Ursache, warum Pflanzen und Fischfette im Unterschied zu denen anderer Nahrungsfette mehr *cis*- und mehrfach ungesättigte Fettsäuren enthalten und deren Verzehr für eine gesunde Lebensweise empfohlen wird.

Die große Bedeutung beispielsweise der Linolsäure für unsere Ernährung ergibt sich aus der Unfähigkeit des menschlichen Organismus, in der Ölsäure eine weitere Doppelbindung jenseits des Kohlenstoffatoms 9 in Richtung des ω-Endes einzufügen.** Solche mehrfach ungesättigten Verbindungen sind für den Aufbau von physiologisch wichtigen Strukturen u. a. im Gehirn verantwortlich. Ein weiteres Beispiel betrifft die Stoffklasse

---

*   Das Zähwerden der Fettsäuren wird zusätzlich durch spezielle Anti-Freezing(Frostschutz)-Proteine verhindert. Dadurch kommt es zu einer Schmelzpunkterniedrigung. Der Effekt ist vergleichbar mit dem Ausbringen von Kochsalz auf überfrorenen Straßen. Im Ergebnis wird die Gefriertemperatur des Wassers, die bei 0 °C liegt, abgesenkt und das Eis schmilzt.

**   Die dafür notwendigen Enzyme heißen Desaturasen (lat. *de*, „weg", *sature*, „sättigen").

ω ⌐⌐⌐⌐ 6 7 ⌐⌐⌐⌐ COOH

Linolsäure

- 2 H$_2$ | + 2 (CH$_2$)-Einheiten

ω ⌐⌐⌐⌐ 6 ⌐⌐⌐⌐ COOH

Arachidonsäure

+ O$_2$ | COX (Cyclooxygenase)

COOH

ÖH

PGH$_2$ (ein Prostaglandin)

der Prostaglandine, die auch im Menschen aus der Arachidonsäure, einer anderen ω^6-Fettsäure, synthetisiert werden.

Der Name der Arachidonsäure leitet sich aus dem Lateinischen von *arachis* („Erdnuss") ab. Pikanterweise kommt diese vierfach ungesättigte Säure mit 20 Kohlenstoffatomen weder in der Erdnuss noch in anderen Pflanzen vor, ein erneuter Beweis für die oftmals irreführenden Bezeichnungen im Fundus der Trivialnamen.* Arachidonsäure entsteht durch enzymatische Kettenverlängerung von Linolsäure um zwei CH$_2$-Einheiten.

Die Arachidonsäure ist der Ausgangspunkt für die Synthese von Prostaglandinen, indem der mittlere Teil der langen Kette zu einem 5-Ring „zusammengebunden" wird. Diese Reaktion ist ebenfalls eine Oxidation mit molekularem Sauerstoff. Nur mittels Katalyse durch Enzyme, den Cyclooxygenasen (abgekürzt COX), verläuft sie in einer sehr selektiven Weise, und das Molekül wird nicht vollständig oxidiert.

Prostaglandine wurden zum ersten Mal aus menschlichem Sperma isoliert (englisch *prostate gland*, „Prostata-Drüse"), worauf ihre Namensgebung beruhte.[135] Später stellte man fest, dass sie auch in vielen anderen Gewebsarten vorkommen; für die Namensgebung kam diese Erkenntnis leider zu spät. Prostaglandine haben vielfältige Aufgaben im Organismus. Einige sind maßgeblich an Entzündungsprozessen beteiligt wie das im Schema gezeigte Prostaglandin-H$_2$ (PGH$_2$), andere regulieren die Körpertemperatur oder verstärken die Blutgerinnung. Ohne die Wirkung von Prostaglandinen läuft keine Geburt ordnungsgemäß ab.

Besonders eindrücklich ist die Beteiligung von Prostaglandinen bei der Wahrnehmung von Schmerzen. Um diese Empfindung auszuschalten, wird durch pharmazeutische Wirkstoffe ihre Synthese verhindert, indem man die Arbeit der Cyclooxygenasen sabotiert. Somit wird zwar nicht die Ursache des Schmerzes beseitigt, aber ein Zustand der

---

* Nur die vollständig gesättigte Fettsäure, die Arachinsäure, kommt in der Erdnuss vor und kann daraus isoliert werden.

vorübergehenden Schmerzfreiheit hergestellt, der für den Körper oft ausreicht, um eigene Heilungskräfte zu aktivieren. Seit über 100 Jahren ist für diesen Zweck das bereits erwähnte Standardmedikament Aspirin®* oder Acesal® im Handel.[136]

Aspirin hilft nicht nur gegen Schmerzen und Rheuma, sondern senkt auch das Fieber. Obwohl das Produkt nicht nebenwirkungsfrei ist, gibt es wohl kein anderes Medikament, das auf eine solch langjährige und erfolgreiche Tradition zurückschauen kann. Die Firma Bayer AG, die es zum ersten Mal vor mehr als 100 Jahren auf den Markt gebracht hat, erwirtschaftet bis heute noch einen erheblichen Anteil ihres Umsatzes mit Aspirin, woraus sich als erwünschte Nebenwirkung auch der andauernde sportliche Erfolg einer bekannten Fußballmannschaft in der 1. Bundesliga, Bayer 04 Leverkusen, ableiten lässt.

Acetylsalicylsäure
(Acesal®, Aspirin®)

Bei unserer bisherigen Betrachtung der Fette haben wir uns ausschließlich mit den langen unpolaren Ketten beschäftigt. Ein komplettes Fett enthält darüber hinaus auch noch eine funktionelle Gruppe. Funktionelle Gruppen stellen die wichtigste Grundlage der organischen Chemie dar und wir werden uns mit ihnen im Kapitel 5 intensiv beschäftigen. Eine typische funktionelle Gruppe ist ein Carbonsäureester. Ein solcher Ester verknüpft beispielsweise in pflanzlichen und tierischen Fetten jeweils drei Fettsäuren mit Glycerol, was dem Ganzen das Aussehen eines dreizinkigen Kammes verleiht. Der Verbindungstyp wird auch als Triglycerid bezeichnet. Die Carbonsäureestergruppe hat nicht nur eine Scharnierfunktion, sondern ist auch die Ursache dafür, dass dieser Teil des Moleküls polarer ist als der Rest. Somit besteht ein typisches Fett aus einem unpolaren und einem polaren Abschnitt. Um nicht immer die langen Ketten zeichnen zu müssen, hat man sich in

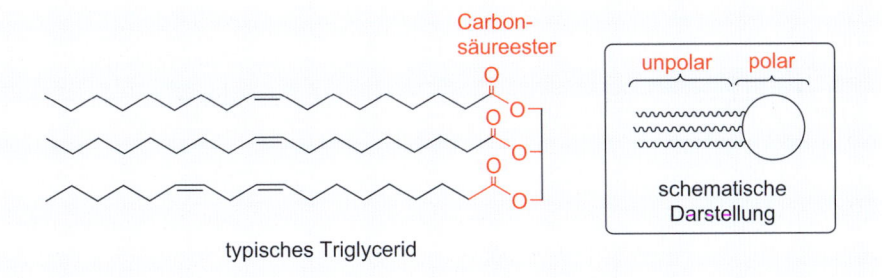

typisches Triglycerid

---

der organischen Chemie auf eine verkürzte schematische Darstellung geeinigt, bei der der polare Teil als Kreis und die langen Ketten als Wellenlinien gezeichnet werden.

Allgemein bekannt ist, dass in Gemischen mit Wasser Fette auf der Oberfläche schwimmen. Diese Eigenschaft nutzen beispielsweise Fische, die über keine Schwimmblase verfügen, um nicht kontinuierlich gegen das Absinken auf den Meeresboden arbeiten zu müssen. Erst kürzlich fanden Meeresbiologen heraus, dass der berühmt-berüchtigte Weiße Hai (*Carcharodon carcharias*) zu Beginn seiner bis zu mehreren Tausend Kilometer langen Reise, die er zur Fortpflanzung unternimmt, bis zu einem Viertel des Körpergewichtes aus Fetten besteht.[137] Diese Fette nimmt er mit seiner Beute auf, die vorzugsweise aus Seehunden besteht. Der Großteil der Fette wird in der Haileber gespeichert, die dann bis zu 90 % Fettsäuren enthalten kann. Das Fett wird während der Wanderschaft zur Energieerzeugung verbraucht. Somit wird der Fisch immer leichter. Aber gleichzeitig verringert sich der Auftrieb zum Ende seiner Wanderung. Im Ergebnis muss der Hai immer mehr gegen das Absinken ankämpfen, was eine ausreichende Fettversorgung zu Beginn der Reise erfordert. Sollten sich die Nahrungsgrundlagen des Weißen Haies durch die Reduktion der Seehundbestände in Küstennähe verändern, könnte das negative Auswirkungen auf das Fortpflanzungsverhalten dieser bereits heute schon seltenen Haiart haben.

Glycerolfettsäureester haben die Eigenschaft, in Wasser geordnete Strukturen aufzubauen. Im einfachsten Fall bildet sich auf der Wasseroberfläche eine Fettschicht, in der die polaren Kopfgruppen in das (polare) Wasser hineinragen und die unpolaren Reste zur Luftseite herausschauen (Abbildung a).

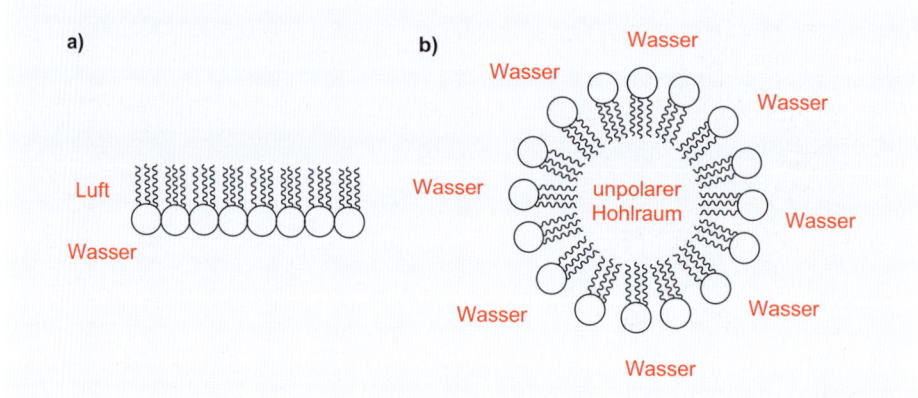

Bei höheren Fettkonzentrationen entstehen in Wasser kugelförmige Aggregate, die sich um einen unpolaren Hohlraum herum gruppieren (Abbildung b). Diese Eigenschaft hat in früheren Zeiten Generationen von Kindern – der Autor war selbst betroffen – das Milchtrinken verleidet, denen die großen Fettpfropfen auf der Rohmilch überhaupt nicht behagten. Kundenorientierte Molkereien haben dieses Problem mittlerweile erkannt und Abhilfe geschaffen. Heutzutage wird die Milch vor dem Verkauf mit großer Geschwindigkeit durch eine Düse auf eine Wand geblasen, wobei die großen Fettaggregate zerstört werden und kleinere entstehen. Das Verfahren nennt man Homogenisieren und wird beispielsweise auf vielen Milchverpackungen der Firma Tetra Pak an prominenter Stelle erwähnt. Da sich bei der Verkleinerung der Fettklümpchen deren Oberfläche relativ zum Volumen vergrößert, haben Mikroorganismen eine größere Chance, die Milch anzugreifen und sie zu verderben.* Um zu verhindern, dass die Milch schnell sauer wird, wird sie 15 bis 30 Sekunden auf 72 bis 75 °C oder 4 Sekunden lang auf mindestens 85 °C erhitzt, wobei die pasteurisierte Milch entsteht. Dieses Verfahren wurde von dem französischen Chemiker Louis Pasteur entwickelt und auch nach ihm benannt.

Durch ausdauernde mechanische Behandlung, zum Beispiel Stampfen und Stoßen, was zu Urgroßmutters Zeiten noch in einem hölzernen Butterfass passierte, kann das unpolare Innere der kugelförmigen Fettaggregate nach außen „gekrempelt" werden. Damit wird die ehemals polare Außenhülle unpolar. Das umgebende Wasser wird daraufhin aus der Umgebung verdrängt. Zurückbleibendes Fett, in dem sich nur noch wenig Wasser befindet, konzentriert sich zur Butter auf. Der Großteil des Wassers steigt nach

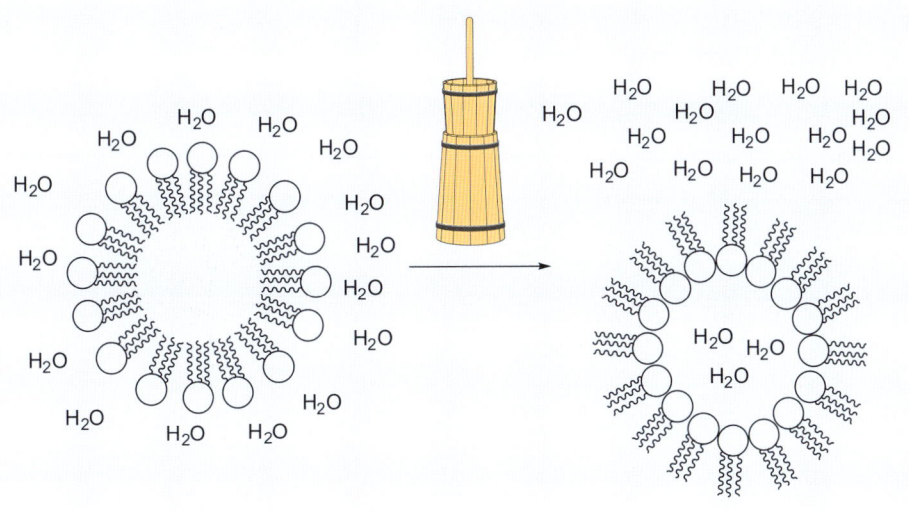

---

*   Durch das Homogenisieren wird der mittlere Durchmesser der Fettkügelchen von 10 μm bis 30 μm auf 1 μm bis 2 μm verkleinert.

oben und erfreut sich als fettarme Buttermilch bei gesundheitsbewussten Verbrauchern besonderer Beliebtheit.*

Wird in den Fetten eines der drei Sauerstoffatome im Glycerol mit Phosphat verknüpft, entstehen Phospholipide. Sie können unterschiedlich lange Kohlenwasserstoffketten, gesättigt oder auch mehrfach ungesättigt, enthalten. Aufgrund der Ladungen auf der rechten Seite des Moleküls ist der Unterschied in den Polaritäten im Molekül noch größer als bei den vorher beschriebenen Triglyceriden. Solche Verbindungen werden auch allgemein als Amphiphile (altgriech. ἀμφί *amphí*, „auf beiden Seiten", sowie φίλος *phílos*, „freundlich", „lieb") bezeichnet.

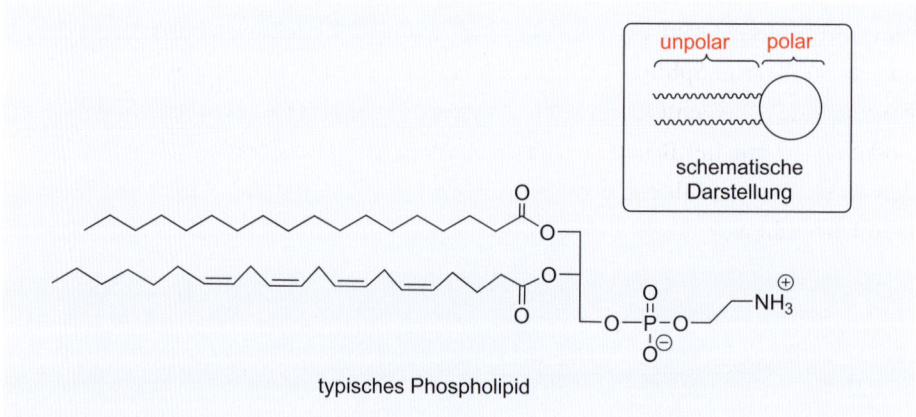

typisches Phospholipid

Auch das nachstehend abgebildete Sphingomyelin, das zur Verbindungsklasse der Sphingolipide gezählt wird, gehört zu den Phospholipiden. Im Unterschied zu den „klassischen" Fettsäuren auf der Grundlage des Glycerols basieren Sphingolipide auf einer durchgehenden Kette von Kohlenstoffatomen, was auf eine erhöhte chemische Robustheit des chemischen Rückgrates schließen lässt.

Sphingolipide sind ebenfalls Verbindungen mit einem polaren und einem unpolaren Abschnitt. Dieser Doppelnatur trägt auch der erste Teil des Begriffes Rechnung: Als Sphinxe (oder Sphingen) wurden in der griechischen und ägyptischen Mythologie

---

* Um „wasserfreie" Butter zu erhalten, kocht man die handelsübliche Butter auf und gießt sie in ein anderes Gefäß. Beim Abkühlen schwimmt das reine Butterfett obenauf und kann von der wässrigen Bodenlösung dekantiert werden. Bei dieser Behandlung werden auch die Proteine, die im Wasser zurückbleiben, entfernt. Die „geklärte" Butter erlaubt das Braten bei viel höheren Temperaturen. Da beim Erhitzen Proteine am schnellsten zersetzt und damit braun oder gar schwarz werden, kann man mit geklärter Butter beispielsweise ein makellos weißes Spiegelei herstellen (H. This-Benckhard, *Kulinarische Geheimnisse*, Springer, Berlin 1995). Im Handel ist das Produkt auch als Butterschmalz in fertiger Form erhältlich.

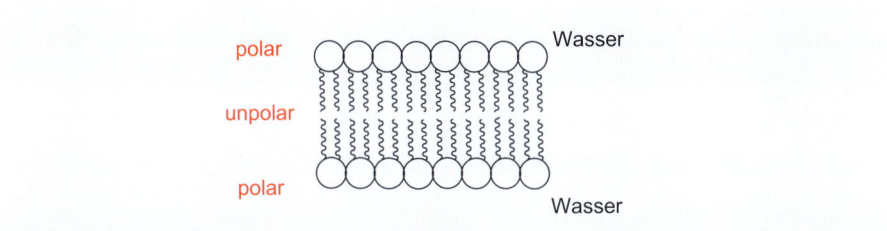

Sphingomyelin

Mischwesen bezeichnet, bei denen der Rumpf eines männlichen Löwen mit einem Menschenkopf gekrönt wird. Die berühmteste figürliche Darstellung ist die Große Sphinx von Gizeh. Sphingen wurden bei vielen Völkern des Altertums als Wächterfiguren genutzt. Wächterdienste leisten generell auch die meisten Phospholipide: Sie sind ein wesentlicher Bestandteil von kompliziert gebauten biologischen Trennwänden. Diese Amphiphile organisieren sich, wie von Zauberhand geleitet, in Wasser zu Doppelschichten.

In diesen Assoziaten stehen sich die unpolaren Alkanketten gegenüber und ziehen sich durch Van-der-Waals-Kräfte gegenseitig an. Die sehr polaren, meist geladenen Kopfgruppen tauchen in das Wasser ein. Die Doppelschichten, auch Membranen (lat. *membrana*, „Haut") genannt, strukturieren das ursprüngliche Chaos in der Natur, indem sie Räume schaffen, in denen biochemische Reaktionen ablaufen können. Ohne diese chemischen Grenzen wäre kein Leben möglich. Wie ich in Kapitel 15 noch zeigen werde, sind Membranen teilweise durchlässig. In Kooperation mit anderen Naturstoffen erfolgt eine fein abgestimmte Kontrolle, was in diese umhüllten Areale hineindarf und was nicht.

Wir können an dieser Stelle resümieren, dass Lipide an ganz verschiedenen Orten von lebenden Organismen eine überragende Rolle spielen. Das bezieht sich nicht nur auf Mikroorganismen und Pflanzen, sondern auch auf Tiere und schließt somit auch den Menschen ein.

Neben der Nutzung für die Energieerzeugung ist die Strukturbildungsfunktion von Lipiden besonders hervorzuheben, was für eine eigenständige Existenz von Zellen, Organellen und kompletten Organismen die wichtigste Voraussetzung darstellt. Diese molekularen Grenzen sind aufgrund ihrer Struktur sehr sensibel gegen die Oxidation durch Sauerstoffradikale, die vor allem C=C-Doppelbindungen im Visier haben. Dieser Gefahr werden wir uns in Kapitel 13.1 stellen.

Neben dem Sauerstoff haben viele Lipide noch einen weiteren gefährlichen Feind: Die polaren Fettsäureestergruppen werden (so wie fast alle Carbonsäureester) in Wasser durch Basen angegriffen und die Ester in der Folge in ihre Bestandteile zerlegt.

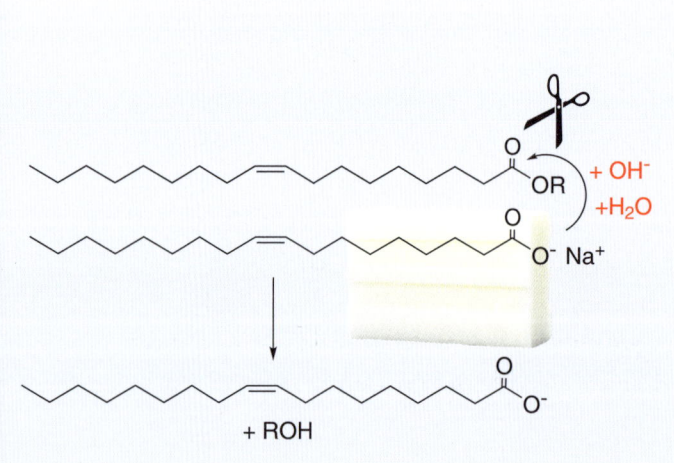

Diese Reaktion wird schon seit ungefähr 5000 Jahren zur Herstellung von Seifen verwendet und hat daher auch ihre Bezeichnung erlangt: Sie heißt Verseifung. Was aus Sicht des Menschen für Reinigungszwecke gut ist, kann auf Membranen in biologischen Systemen verheerend wirken. Da die Bildung dieser geordneten Aggregate von der Konzentration intakter Lipide abhängt, kann ihre kritische Bildungskonzentration unterschritten werden.

Wenn diese biologischen Grenzen zerstört werden, kollabiert das von ihnen geschützte System. Somit beruht die antibakterielle Wirkung von Seifen auf der Zerstörung von Bakterienmembranen. „Natürliche" Seifen (Kernseifen) sind meist schwach basische Natriumsalze von langkettigen Fettsäuren. Sie zwängen sich sozusagen als „falsche Freunde" zwischen die unpolaren Ketten der Membranen. Die Verseifung bewirkt der alkalische Carboxylatrest mittels katalytischer Hydroxidionen, woraus ein wahres Gemetzel unter den Bakterien resultiert. (Reinigungsbemühungen mit reinem Wasser ohne Seife führen somit zu keiner Desinfektionswirkung.) Längeres Waschen mit Seife greift auch den natürlichen Fettfilm der menschlichen Haut an. Für das einwandfreie Funktionieren von biologischen Membranen ist deshalb ein basischer pH-Wert kontraproduktiv. Dieser wird aber auch durch Ammoniak und organische Amine erzeugt. In Kapitel 10 werden wir sehen, wie lebende Organismen mit dieser permanenten Herausforderung umgehen.

4.4 Warum Sie überhaupt lesen können, was in diesem Buch steht

Wir haben schon bei der Behandlung von langen Ketten festgestellt, dass darin C=C-Doppelbindungen vorkommen können. Die zugehörigen Verbindungen werden in der IUPAC-Nomenklatur Alkene oder auch mit ihrem Trivialnamen Olefine* genannt. Im Gegensatz zu den Alkanen, die unter der Bezeichnung „gesättigte Verbindungen" zusammengefasst werden, sind Alkene ungesättigt, was auf einen gewissen Appetit oder chemisch interpretiert auf eine erhöhte Reaktivität schließen lässt. Die einfachste Verbindung ist das Ethen (Trivialname: Ethylen).

Im Vergleich zum Ethan hat Ethen zwei Wasserstoffatome verloren. Die verbleibenden beiden freien Elektronen in der Zwischenverbindung (mit zwei eckigen Klammern umrahmt) haben sich zu einer zweiten Bindung vereinigt, der π-Bindung, die in der chemischen Formeldarstellung über die C–C-Bindung gezeichnet wird.[138] Den Vorgang der Abspaltung von molekularem Wasserstoff (H_2) nennt man Dehydrierung. (Auf die sachgerechte Verwendung des Begriffes habe ich bereits mehrfach hingewiesen.) Den umgekehrten Vorgang, die Anlagerung von Wasserstoff an Olefine, bezeichnet man als Hydrierung. Diese Reaktion haben Sie schon bei der Herstellung von Margarine kennengelernt.

Wenn wir die Anzahl der Atome im Ethen an jeweils beiden Kohlenstoffatomen nachzählen, kommen wir auf drei. Drei sind weniger als vier (Tetraeder!), was Auswirkung auf die Geometrie des Gebildes haben muss. Die Struktur ist völlig flach; damit ist sie für angreifende Reagenzien besser zugänglich. Tatsächlich sind Olefine sehr reaktiv, auch daher verdienen sie das Attribut „ungesättigt". Aufgrund der Doppelbindung sind die beiden Kohlenstoffatome im Vergleich zum Ethan näher zusammengerückt.

Beim Vergleich der beiden Bindungsstärken (615 kJ/mol *versus* 345 kJ/mol) erkennt man weiterhin, dass in der Summe in solch einer Doppelbindung wesentlich mehr Ener-

---

* Der Begriff Olefin leitet sich möglicherweise aus dem Französischen für die Bezeichnung des Ethylens *gaz oléfiant* (ölbildendes Gas) ab und wird nunmehr für alle Alkene als Sammelbegriff und Trivialname angewendet.

gie steckt als in einer C–C-Einfachbindung. Das war zu erwarten. Es ist bemerkenswerterweise aber nicht das Doppelte. Für sich isoliert betrachtet, ist die π-Bindung also schwächer als die Einfachbindung. Letztere ist stärker, was eine sehr wichtige Konsequenz für die Chemie des Lebens hat: Die beiden Elektronen der π-Bindung können reagieren, ohne dass die ganze Kette auseinanderfliegt. Diese Eigenschaft wird an der Zwischenverbindung deutlich, die ein Diradikal darstellt, das aber weiterhin dank der „darunterliegenden" Einfachbindung noch zusammengehalten wird. Wir erinnern uns, dass die Wahl des Stickstoffs als Element des Lebens unter anderem an dieser Vorbedingung gescheitert war.

Wir hatten bei der Beantwortung der Frage, warum Fettsäuren fest oder flüssig sind, die Geometrie an der C=C-Doppelbindung verantwortlich gemacht. Entweder begünstigt oder stört diese Konstellation das geordnete Zusammenlagern von mehreren Ketten. Für deren Unterscheidung hatte ich die Bezeichnungen *cis* und *trans* ins Spiel gebracht. Die *cis*-Anordnung bedeutet, dass beide Kettenenden an der Doppelbindung auf der gleichen Seite sind, während *trans* die alternative Situation beschreibt. Bei der Betrachtung der Formeln wird ersichtlich, dass *cis* offensichtlich die energetisch ungünstige Anordnung darstellt, da sich hier die beiden großen Reste sehr nahekommen. Bei entsprechender Möglichkeit wird das System sofort in die *trans*-„Hängematte" hinüberwechseln.

cis   *trans*

Genau dieser Umklappmechanismus ist dafür verantwortlich, dass Sie das, was ich hier aufgeschrieben habe, überhaupt lesen können. Er findet im Auge, genauer: in den Stäbchen der Netzhaut statt. Dort findet sich das Retinal, besser bekannt als Vitamin A. Dieses Molekül hat mehrere Doppelbindungen.

Wir wollen an dieser Stelle großzügig über das Problem hinwegsehen, dass auch Vitamin A keinesfalls ein Amin ist; Sie kennen mittlerweile die Schwachstellen von Trivialnamen. Wichtiger ist, dass sich im menschlichen Auge Retinal mit einem Protein verknüpft und der sogenannte Sehpurpur entsteht. Tausende von Sehpurpurmolekülen sind auf der Netzhaut in Form von Scheiben angeordnet. Die alles entscheidende C=C-Doppelbindung ist *cis*-konfiguriert (*cis*-Retinal). Durch Bestrahlung mit Licht, das natürlich auch eine Art von Energie darstellt, wird diese Doppelbindung kurzzeitig gelöst und das System geht in die entspannte *trans*-Anordnung (*trans*-Retinal) über. Da sich die beiden großen Gruppen nicht mehr direkt gegenüberstehen, wird Energie frei. Sie geht in Form eines Nervenimpulses an das Gehirn, das aus Millionen solcher Signale ein Bild unserer Außenwelt konstruiert. Auch wenn es sehr viele solcher Sehpurpurmoleküle im menschlichen Auge gibt, wären schon nach kurzer Zeit alle von der *cis*- in die *trans*-Form hinübergepumpt. Dafür, dass immer wieder ausreichend Lichtsammler in der *cis*-Form vorhanden sind, sorgt ein Enzym, die Retinalisomerase. Wenn sie ihren Aufgaben nicht mehr hinterherkommt, sehen wir für einen kurzen Moment nichts mehr. Diese Situation ist bekannt, wenn wir aus einem dunklen Raum plötzlich ins Helle treten. Die Augen brauchen eine kurze Adaptationsphase.

Ich möchte noch festhalten, dass Retinal auch das halbe β-Carotin darstellt. Sie wissen schon, β-Carotin kommt in den Mohrrüben vor und soll gut für die Augen von Babys und Hasen sein. Ich werde in Kapitel 14 noch einmal darauf zurückkommen. Omas versuchen, ihren Enkeln Mohrrüben schmackhaft zu machen, indem sie darauf hinweisen, dass noch niemand einen Hasen mit Brille gesehen hat.* Tatsächlich kann ein Mangel an Vitamin A zur Nachtblindheit führen. Trotzdem sollte vor Vitamin-A-Exzessen gewarnt werden, denn ein Überschuss (Hypervitaminose) hat erhebliche Konsequenzen zur Folge. Die Betrachtung der chemischen Formel bringt uns auf die richtige Spur. Die Formel charakterisiert die Verbindung eindeutig als unpolar und fettähnlich. Überschüsse im Körper können daher nicht mit Wasser, das heißt mit dem Urin, ausgeschieden werden; sie sammeln sich in der Leber. Aus diesem Grund ist vor einer zu sorglosen Einnahme von Lebertran zu warnen, der noch vor einigen Jahrzehnten als furchtbar schmeckendes Allheilmittel Generationen von Kindern verabreicht wurde.

---

* Überschüssiges β-Carotin wird in der Haut gespeichert. Kleinstkinder, die längere Zeit mit Karottensaft und -brei gefüttert wurden, bekommen oftmals eine gelbliche Hautfarbe und sind als „Karottenbabys" bekannt.

Insbesondere die Leber von tierischen Polarbewohnern wie Eisbären, Robben, Polarfüchsen und Huskys enthält sehr viel Vitamin A. Bei den Arktisbewohnern, den Inuit, gibt es ein Tabu, das den Verzehr der Innereien dieser Tiere verbietet. Unerfahrene Polarforscher früherer Jahrhunderte, die sich arrogant über diese Volksweisheiten hinwegsetzten und ihre Jagdbeute oder sogar ihre Schlittenhunde aus Hunger buchstäblich mit Haut und Haaren aufaßen, büßten ihre Unwissenheit mit heftigem Kopfhautjucken, blutenden Mundwinkeln und schuppigen Lippen. Anfänge von Wahnsinn machten sich bei den Betroffenen breit. Die biochemische Ursache dieser schlimmen Auswirkungen liegt in dem Eindringen von überschüssigem Vitamin A in den Zellkern und damit in die DNA. In der Folge kommt es zu ungehemmtem Zellwachstum. Die im Überschuss produzierten Zellen wandern an die Oberfläche des Körpers und werden abgeschuppt. Erst nach einigen Tagen Abstinenz von Vitamin A klingen die unangenehmen Symptome wieder ab. Bereits an Überresten der Gattung *Homo erectus* wurde eine Vitamin-A-Hypervitaminose diagnostiziert, was auf die Ernährung dieser ersten Menschen mit der Leber von Fleischfressern hinweist.

Das Problem der Hypervitaminose tritt dem modernen Menschen wieder in einem neuen Gewand entgegen. Heutzutage enthalten viele Hautcremes Vitamin A und verwandte Verbindungen, die das Altern der Haut verzögern sollen. Offizielle Stellen für Gesundheitsvorsorge wie das Deutsche Bundesinstitut für Risikobewertung (BfR) mahnten deshalb jüngst zu einem sorgsamen Gebrauch von solchen Präparaten, um Lebererkrankungen und Schuppungen der Haut zu vermeiden.[139] Demnach sollte die Vitamin-A-Aufnahme eine Menge von 1,5–2,0 mg pro Tag nicht überschreiten.

4.5 Kohlenstoffringe und Wasserstoffatome am Äquator

Die Enden von langen Ketten können zu Ringen verknüpft werden. Um die Auswirkungen dieser Manipulation auf die Geometrie der Verbindungen zu verstehen, müssen wir uns einige Eigenschaften von zyklischen Verbindungen bewusst machen. Ohne uns in den Tiefen der theoretischen Chemie zu verlieren, wollen wir uns einfach vorstellen, dass diese Ringe aus Kohlenstofftetraedern unter Abspaltung von jeweils zwei Wasserstoffatomen aufgebaut werden. Das ändert nichts daran, dass jeder einzelne Kohlenstoff weiterhin einen Winkel zu den benachbarten Kohlenstoff- und Wasserstoffatomen von 109,5° bevorzugt. Die Ringform wird im Namen durch die Vorsilbe „cyclo" zum Ausdruck gebracht, was dann beispielsweise zu den Bezeichnungen Cyclopentan (5-Ring) oder Cyclohexan (6-Ring) führt.

In kleinen Ringen, die nur drei oder vier Kohlenstoffatome enthalten, ist die Mög-

lichkeit, dass jeder Kohlenstoff einen gleichförmigen Tetraeder einnimmt, nicht gegeben. Die C-C-C-Winkel sind deutlich kleiner als 109,5°.[140] Die Konstruktion solcher Ringe ähnelt dem Versuch, eine viel zu kleine Hose über dem Bauch zu schließen. Schon beim ersten Bücken platzt die Hose. In der Chemie des Lebens nehmen kleine Ringe meist die Rolle von Durchgangsstationen auf dem Weg zu offenkettigen, stabileren Gebilden ein und tragen damit zur Beschleunigung von biochemischen Prozessen bei.

Hingegen sind 5- und 6-Ringe sehr stabil, was, um bei der Hosenmetapher zu bleiben, für eine gute Passform spricht. Als reine Kohlenwasserstoffe erreichen sie bei entsprechender räumlicher Faltung den Idealwert des Tetraederwinkels, wobei der 6-Ring besonders entspannt ist, quasi das Produkt eines Maßschneiders. Die geometrische Form für den 5-Ring wird aus nachstehend ersichtlichen Gründen als Briefumschlag bezeichnet. Der 6-Ring ähnelt einem gemütlichen Designersessel und hat auch im Englischen eine Bezeichnung, die diese entspannte Form beschreibt: *chair*. Beide, Briefumschlag und Sessel, sind so stabil, dass sie am Dornröschenschlaf der offenkettigen Vettern und Cousinen im Erdöl teilnehmen konnten. Erst durch den Einbau von anderen Elementen, beispielsweise von Sauerstoff, werden sie zu Molekülen des Lebens. Als Basisstrukturen von Kohlenhydraten bilden sie dann Gerüstbausteine und Energielieferanten.

△ □ ⬠ ⬡

Brief-   Sessel
umschlag

Wenn Sie den Sessel des Cyclohexans in der nachfolgenden Abbildung etwas näher betrachten, fällt auf, dass es zwei unterschiedliche Arten gibt, Wasserstoffe an den Kohlenstoffatomen zu platzieren: entweder zur Seite hin oder nach oben oder unten gerichtet.

Die letztere Ausrichtung wird in bildlicher Anlehnung an eine vorgestellte Erdachse axial genannt. Im Unterschied dazu zeigen äquatoriale Wasserstoffatome in Richtung des gedachten Erdäquators. Axiale H-Atome kommen sich gegenseitig näher als äquatoriale, was zu Abstoßung führt. Im Cyclohexan müssen sechs H-Atome diese ungünstige Position einnehmen, da ihnen nichts anderes übrig bleibt;

axial

H_ax   H_ax
H_äq
H_äq   H_äq
     H_ax
H_ax
H_äq   H_äq
     H_äq
H_ax   H_ax

$H_{äq}$ = äquatorial
H_{ax} = axial

axial

äquatorial ⟵   ⟶ äquatorial

axial

Abstoßung zwischen
axialen H-Atomen

die sechs äquatorialen Plätze sind schon belegt. Durch Umklappen der Struktur können sie gegenseitig ihre Plätze tauschen, was natürlich am Gesamtergebnis nichts ändert. Auch dann stehen sich wieder sechs axiale H-Atome gegenüber.

Diese auf den ersten Blick ziemlich alltagsfernen Betrachtungen haben dramatische Auswirkungen, wenn nicht H, sondern andere Atome (und das betrifft alle anderen Elemente) die axiale oder die äquatoriale Position am 6-Ring einnehmen; kleiner Unterschied, große Wirkung. Die Wirkung ist so, als blase man ein Wasserstoffatom wie einen Luftballon auf. Die Friktionen werden mit den axialen Nachbarn erheblich größer, und es gilt die Regel: Große Atome bevorzugen die äquatoriale Ausrichtung. Dann gilt nicht mehr: 6-Ring gleich 6-Ring.

Eine besonders markante Ausnahme von der Regel findet sich in einer der beiden 6-Ringe der D-Glucose, die sie in der „Ruheform" bevorzugt. Im Vergleich zum Cyclohexan enthält dieser Ring ein Sauerstoffatom. Gleichzeitig wurden fünf Wasserstoffatome gegen große sauerstoffhaltige Gruppen ausgetauscht. Vorbildlich ist die „Alle-großen-Gruppen-sind-äquatorial"-Regel in einem speziellen Zucker, der β-D-Glucopyranose, erfüllt. Ausnahmslos alle von Wasserstoff verschiedenen Atome nehmen die äquatoriale Position ein. Daneben gibt es auch noch eine andere Daseinsform der D-Glucose, in der die Hydroxygruppe, die sich in direkter Nachbarschaft zum Ringsauerstoff befindet, axial ausgerichtet ist. Diese chemische Verbindung wird als α-D-Glucopyranose bezeichnet.

Dieser kleine Unterschied hat dramatischen Einfluss auf die Essgewohnheiten des Menschen und letztendlich auf die gesamte Zivilisationsgeschichte. Als Appetitanreger für die Ausführungen in Kapitel 5 soll an dieser Stelle nur angedeutet werden, dass sich die unverdauliche Cel-

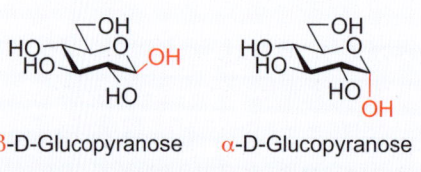

β-D-Glucopyranose   α-D-Glucopyranose

lulose und die wesentlich bekömmlichere Stärke lediglich in der Ausrichtung dieser einen Kohlenstoff-Sauerstoff-Bindung in einem 6-Ring-System unterscheiden.

Cellulose ist das Material, aus dem Holz aufgebaut ist. Holz findet bekanntlich keine Verwendung als Zutat in der Küche. Hingegen gehört die Stärke zu unseren Grundnahrungsmitteln.

$O_{äq}$ = Cellulose O_{ax} = Stärke

4.6 Die Grenzen der chemischen Formelsprache und der Tatbestand der Mesomerie

Wenn Alkene zu den *ungesättigten* Verbindungen gezählt werden, ist es verständlich, dass sie keine lange Lagerfähigkeit aufweisen, vor allem wenn wir das Haltbarkeitsdatum mit Millionen von Jahren ansetzen. In der Tat sind Alkene kein Bestandteil des Erdöls. Aufgrund der hohen Reaktivität – bildlich gesprochen aufgrund ihres gewaltigen Appetits – hätten sie die langen Jahre der Verweilzeit genutzt, um in *gesättigte* Verbindungen, sprich Alkane, überzugehen. Alkane, aber nicht Alkene, sind chemische Fossilien.

Bemerkenswerte Ausnahmen sind das Benzen (Benzol) und einige Verwandte, die wir überraschenderweise im Erdöl finden. Sie haben offenbar die lange Lagerung ohne jegliche Veränderung überdauert. Benzen müsste als 6-Ring mit drei Doppelbindungen eigentlich als Cyclohexa-1,3,5-trien, ein 6-Ring mit drei Doppelbindungen, die sich mit Einfachbindungen abwechseln, bezeichnet werden, wenn es in der Welt der chemischen Formeln völlig realitätsgetreu zugehen würde.

Benzen   a = b

Diese Realitätstreue habe ich im ersten Kapitel als besonderen Vorzug gegenüber den abstrahierenden mathematischen Formeln hervorgehoben. Doch jede Theorie gerät irgendwann einmal an Grenzen. Ich möchte an dieser Stelle den Philosophen Sir Karl Raimund Popper zur Unterstützung heranziehen, der zu bedenken gegeben hat, dass nicht die unermüdliche Verifikation einer Theorie, sondern deren Falsifikation die empirische Forschung vorantreibt.[141] Mit anderen Worten: Auf eine Hypothese geben wir versuchsweise eine Antwort und unterziehen diese anschließend einer eingehenden Prüfung. Wenn die Antwort nicht genügt, verwerfen wir sie und versuchen, sie durch eine bessere zu ersetzen. Das ist eine typische Trial-and-Error(Versuch-und-Irrtum)-Methode. Im Fall vom Benzen besteht die praktische Herausforderung in den Abständen zwischen den sechs Kohlenstoffatomen. C–C-Einfachbindungen sind üblicherweise länger als C=C-Doppelbindungen. Das kann man mithilfe der Kristallstrukturanalyse bis auf den milliardstel Meter nachmessen. Unser Dilemma besteht darin, dass im Benzen alle Bindungen zwischen den Kohlenstoffatomen gleich lang sind (a = b). Dieser Abstand liegt zwischen Doppel- und Einfachbindung. In der chemischen Formel kommt diese Tatsache nicht zum Ausdruck. Offensichtlich ist beim Verknüpfen von drei Ethenmolekülen zu einem Ring etwas Neues entstanden. Wie kann man diesen Sachverhalt, den Chemiker verdruckst auch als „Doppelbindungen mit partiellem Einfachbindungscharakter" bezeichnen, in einer chemischen Formel zum Ausdruck bringen? „Die Wahrheit liegt irgendwo da draußen", war meist der Schlusskommentar der US-amerikanischen Kultserie *Akte X*, ein Satz, der uns als Naturwissenschaftler nicht befriedigen kann. Ein naheliegender Kompromiss besteht darin, dass man zwei Formeln mit jeweils drei verschobenen Doppelbindungen zeichnet und im Hinterkopf behält, dass keine der beiden Formeln für sich allein die Realität beschreibt, frei nach Nietzsche: „Sie wollen etwas bedeuten, folglich darf man nicht genau wissen, was sie sind."[142] Die beiden unterschiedlichen Grenzformeln bezeichnet man auch als Resonanzformeln und den ganzen Sachverhalt als Mesomerie (altgriech. μέσος *mésos*, „mittlere"; μέρος *méros*, „Teil").* Wir merken uns: Je größer die Anzahl der Grenzformeln ist, desto stabiler ist die zugehörige reale chemische Verbindung. Benzen kann durch zwei Resonanzformeln beschrieben werden, was auf die erhöhte Stabilität verweist. Mesomerie wird durch einen Mesomeriepfeil zwischen den Resonanzformeln gekennzeichnet, der auf keinen Fall mit normalen Reaktionspfeilen verwechselt werden darf. Die zeichnerische Alternative besteht darin, dass man alle Doppelbindungen durch einen Kreis ersetzt.[143]

Übrigens riecht Benzen, obwohl es giftig ist, sehr aromatisch, was der ganzen Stoffklasse den Namen Aromaten gegeben hat.[144] Aromaten zeichnen sich, vereinfacht gesagt, durch Ringe aus, die 6, 10, 14 etc.

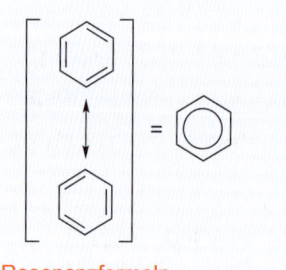

Resonanzformeln

---

* Meistens wird nur eine der Resonanzformeln geschrieben, obwohl mehrere den realen Gesamtzustand beschreiben. Ungeachtet dessen müssen die anderen Resonanzformeln stets bei der Analyse der Reaktivität berücksichtigt werden.

π-Elektronen in alternierenden (lat. *alternatim*, „abwechselnd") Doppelbindung-Einfachbindungs-Systemen enthalten.* Aromaten sind durch eine besonders hohe Robustheit gekennzeichnet. Benzen und die meisten anderen Aromaten sind unlöslich in Wasser. Ihre Stabilität ist so groß, dass viele von ihnen, wie bereits oben vermerkt, auch eine Lagerzeit von mehreren Millionen Jahren im Erdöl unverändert überstehen konnten.** Daneben finden sie sich in vielen Verbindungen der Chemie des Lebens wieder, wo sie labile Strukturen stabilisieren und sehr subtil die Eigenschaften von funktionellen Gruppen beeinflussen.

Eine Schutzwirkung findet sich beispielsweise im Lignin des Holzes, das Sie bereits bei der Behandlung des Sauerstoffs kurz kennengelernt haben. Da die aromatischen Ligninbestandteile kaum wasserlöslich sind, würden sie nach der Biosynthese ungenutzt in einer Ecke der Pflanzenzelle herumliegen, was die Evolution zu verhindern wusste. Eine biologische Funktion erlangen sie erst, nachdem sie an einen Träger gehängt wurden, der ihnen wasserlösliche Eigenschaften verleiht. Dieser Träger ist die Glucose (siehe Kapitel 5.2).

wasserlösliches
Transportvehikel

wasserunlöslicher
Lignin-Baustein

Durch den aktiven Wassertransport in der Pflanze, der – ausgelöst durch die Spaltöffnungen in den Blättern – wie in einem Fahrstuhl von unten nach oben verläuft, werden auch die Ligninbestandteile transportiert. Ligninsynthese und -transport folgen zeitlich

---

* Entsprechend der Hückel-Regel, benannt nach dem Quantenchemiker Erich Hückel (1896–1980), werden planare, cyclische Moleküle mit [4n+2] π-Elektronen (n = 0, 1, 2…), die alternierend angeordnet sind, als Aromaten bezeichnet. Demnach ist Benzen mit 6π-Elektronen ein Aromat, wenn man für n = 1 in die Formel einsetzt. Für größere Systeme wie das Benzo[a]pyren (siehe weiter unten) gilt sie nicht mehr.

** Das Gemisch aus langlebigen <u>A</u>romaten (Benzen, Toluen und den Xylenen) und <u>Al</u>iphaten, das als Kraftfahrzeugbenzin verwendet wird, hat den Sohn des Chemie-Nobelpreisträgers Wilhelm Ostwald, Walter, auf die Idee gebracht, einem Benzolproduzenten den Namen ARAL als Markenname vorzuschlagen, der auch heute noch werbewirksam in Gebrauch ist.

dem Pflanzenwachstum, was erklärt, warum frische Triebe nahezu ligninfrei und damit besonders sensibel sind. Lignin schützt Bäume gegenüber UV-Licht sowie vor mechanischen Beschädigungen. Die Aromaten verhindern nicht nur das Eindringen von Schädlingen, einschließlich Bakterien und Pilzen, sondern verderben auch Rehen und Hirschen den Appetit an schmackhafter Baumrinde.* Totes Holz, das fast zur Hälfte aus Lignin bestehen kann, bleibt noch über viele Jahre lang erhalten – schon ein kurzer Spaziergang durch einen „naturbelassenen" Wald zeigt überall die Auswirkung der Mesomerie von Aromaten.

Aromaten sind in ihrer geometrischen Struktur völlig eben. Man kann sie buchstäblich übereinanderstapeln. Materialien auf der Basis von vielen aromatischen Ringen zeichnen sich durch eine hohe Plastizität aus. Vergleichbar zu einer Hartgummiplatte brechen sie nicht einfach bei Druckbelastung, sondern lassen sich elastisch verbiegen. Auf molekularer Ebene lässt sich diese Eigenschaft durch anziehende Wechselwirkungen von aromatischen Ringen erklären. Aufgrund der (negativ geladenen) Elektronenwolke im Inneren des Aromaten (δ^-) und den positiv geladenen Randbereichen (δ^+) liegen die Aromaten nicht direkt übereinander, sondern sind zueinander etwas verschoben.[145]

Anziehung

Aufgrund dieser Eigenschaft können neben dem Lignin auch andere biologische Strukturen von der Anwesenheit der Aromaten profitieren. Die Federn von Vögeln sind aus Proteinen aufgebaut. Für die erhöhte Stabilität sorgen Farbstoffe wie die Melanine. Diese aromatischen Verbindungen tragen nicht nur zur Arterkennung bei und schützen vor Sauerstoffradikalen, sondern erhöhen auch die Robustheit der Flügel. „Wer als Seevogel im Flug mit starkem Wind zu kämpfen hat, braucht zumindest schwarze Flügelspitzen", fasste der Ornithologe Reichholf diesen Zusammenhang zwischen Chemie und Lebensweise zusammen.[146] Den experimentellen Beweis kann man bei einem Strandspaziergang am Meer antreten. Unabhängig davon, ob Lachmöwe, Silbermöwe oder Sturm-

---

* Spargel wird bei längerer Lagerung durch Zunahme von Ligninen faserig, was die Qualität dieses Gemüses entscheidend beeinflusst (J. Schäfer, M. Bunzel, Wenn der Spargel holzig wird, *Nachrichten aus der Chemie* 2016, 64, 847–850).

möwe – alle haben schwarze Ränder an den besonders belasteten Flügeln. Bei den noch größeren Heringsmöwen ist fast die ganze Flügeloberseite schwarz-grau gefärbt. Diese charakteristische Färbung ist die „Bordkarte zum Vielfliegerprogramm": Heringsmöwen gehören im Unterschied zu ihren Verwandten zu den Zugvögeln und daher können die Schwingen besonders andauernde Belastungen aushalten.

Melaninverstärkte Federn können sogar Gewehrkugeln standhalten, wie bereits der Weltumsegler James Cook im 18. Jahrhunderts bei der Jagd auf Pinguine feststellen musste.[147] Die Schrotkugeln prallten an den Vögeln ab. Unverstärkte Proteine bieten diesen Schutz nicht. Deshalb tragen moderne Polizisten und Soldaten in gefährlichen Einsätzen keine Seidenhemden oder Cashmerepullover, obwohl es sicher chic aussehen würde. Seide und Wolle, die Materialien dieser Kleidungsstücke, sind aus einfachen, nicht-aromatischen Proteinen aufgebaut und kaum geeignet, Kugeln abzuwehren. Die moderne Polymerchemie hat aus dieser Überlegung heraus das Kevlar entwickelt. Im Kevlar sind zwischen die Proteinteilstrukturen Benzenringe eingefügt. Sie verteilen durch ihre Elastizität die Energie einer ankommenden Kugel auf einer größeren Fläche und verleihen den Trägern einen stark verbesserten Schutz.*

Kevlar

Aromatische Ringe sind wie eine Familie von Elektronen, die fest zusammenhalten und gleichzeitig keine Fremden einlassen. Hängen wir an den Benzenring über eine Einfachbindung eine Doppelbindung an wie im Styren (meist als Styrol bezeichnet, was weniger korrekt ist, da es sich um keinen Alkohol handelt), werden ihre π-Elektronen von denen des Ringes nahezu ignoriert. Diese beiden π-Elektronen gehören nicht zum geschlossenen „Familienkreis" und können daher machen, was sie wollen. Der Appendix am Benzen verhält sich wie ein herkömmliches Olefin und addiert locker Wasser-

---

* Die elastische und damit schützende Wirkung vom Kevlar kommt neben den Benzenringen vor allem durch Wasserstoffbrücken zwischen den einzelnen Kevlarketten zustande, ebenso wie Sie es in Kapitel 6.3 bei nativen Proteinen kennenlernen werden.

stoff, nur um in den gesättigten Zustand überzugehen. Die Hydrierung des Aromaten erfordert hingegen viel drastischere Bedingungen.

Styren (Styrol)

Aber auch Aromatizität schützt nicht vor jeder chemischer Attacke. Das gefährdet dann nicht nur die eigene Stabilität, sondern bringt auch andere in Gefahr. Benzo[a]pyren[148] hat so viele Ringe und Doppelbindungen, dass man auf den ersten Blick von einer sehr stabilen Verbindung ausgehen müsste.

Benzo[a]pyren   krebserregend

Benzo[a]pyren entsteht beispielsweise beim sommerlichen Braten von Fleischprodukten auf einem überhitzten Gartengrill. Obwohl die Verbindung aromatische Eigenschaften hat, können einzelne Doppelbindungen durch Sauerstoff attackiert werden. Diese Reaktion läuft ausgerechnet in der Leber der Partygäste ab, die auf diese Weise auftragsgemäß nicht nur den konsumierten Alkohol, sondern auch die verkohlten Reste von Würsten und Steaks entgiften. Die Oxidationsprodukte des Benzo[a]pyrens finden fatalerweise gelegentlich den Weg in die Zell-DNA des modernen Steinzeitessers, wo sie die Wasserstoffbrücken aufbrechen und Unordnung anrichten, was Krebs auslösen kann.[149] Die Theorien von der Mesomerie und den aromatischen Systemen lehren uns, dass die π-Elektronen nicht mehr eindeutig in einer chemischen Formel lokalisierbar sind. Sie sind nicht nur dort, wo man sie hinzeichnet, sondern sie sind zusätzlich noch in den Nachbarbindungen engagiert. Mittels Mesomerie lassen sich unerwartete Eigenschaften begründen, wie das Beispiel Pyrrol illustriert. Pyrrol ist ein 5-Ring mit einem Stickstoffatom. Es handelt sich eindeutig um ein Amin, vor dessen Gefährlichkeit für das Leben in neutralem Wasser bereits in der Einleitung gewarnt wurde. Dieses Amin ist hingegen kaum noch gefährlich, sprich fast nicht mehr basisch. Durch die Einbeziehung des freien Elektronenpaares am Stickstoff, das die Ursache der Basizität von Aminen ist, in den aromatischen Ring ist es sozusagen mit anderen Dingen beschäftigt und kann nicht mehr mit den Protonen des Wassers liebäugeln.

Das ist auch gut so, denn dadurch ist Pyrrol als zentraler und langlebiger Baustein in vielen Naturstoffen, wie etwa im roten Blutfarbstoff Hämoglobin oder im Blattgrün Chlorophyll, nützlich. Diese Verbindungen bilden die Klasse der Porphyrine (altgriech. πορφύρα *porphýra*, „Purpurfisch", eigentlich „Purpurschnecke"). Die Grundstruktur dieser großen Moleküle basiert auf dem Porphinsystem.

Bei dem Porphinsystem handelt sich ebenfalls um einen Aromaten.* Wie ich im Zusammenhang mit der Entstehung von Farben in der belebten Natur noch detaillierter beweisen werde, treten große zusammenhängende π-Ladungswolken mit elektromagnetischer Strahlung in Wechselwirkung. Bei einer pathologisch ungesteuerten Biosynthese von Vorstufen des Häms können diese Verbindungen Sauerstoffradikale produzieren, die umgebende Zellen angreifen (oxidativer Stress). Diese chemische Ausgangssituation ist die Ursache für Porphyrien, womit eine Klasse von Krankheiten bezeichnet wird, bei der die betroffenen Patienten u. a. unter einer extrem schmerzhaften Empfindlichkeit

Porphin

der Haut gegenüber dem sichtbaren Licht mit einer Wellenlänge um 400 nm leiden. Entstellende Haut- und Gewebeschäden, vermehrte Gesichtsbehaarung und Zähne, die wie Reißzähne hervorspringen, können die Folgen für die betroffenen Patienten sein. Im späten Mittelalter wurden diese bedauernswerten Menschen zu Schauobjekten auf Jahrmärkten. Maler wie Lavinia Fontana haben sie abgebildet.[150]

Die kleine Tognina, die im Gemälde dargestellt ist, hatte die Krankheit von ihrem Vater Petrus Gonsalvus geerbt. Er gehörte zur Hofgesellschaft des französischen Königs Heinrich II., der versuchte, die betroffenen Menschen mit der damals noch un-

---

* Wenn wir alle π-Elektronen im Porphin zusammenzählen, kommen wir auf 30, was die Hückel-Regel (4n+2) π-Elektronen (mit n = 7) erfüllt.

„*Tognina*", Lavinia Fontana (1552–1614), Uffizien, Florenz

verstandenen Krankheit vor Übergriffen schützen.* Die Volkssage hat möglicherweise aus dieser Erbkrankheit die Mythen von Werwölfen und Vampiren abgeleitet, von denen die Horrorliteratur bis heute zehrt.[151] Auch das französische Volksmärchen *La belle et la bête* (*Die Schöne und das Biest*) hat damit letztlich seinen Ursprung in der Chemie, genauer gesagt in der Chemie von aromatischen Systemen.

Mesomerie ist auch ein wichtiges Charakteristikum von Carbonsäureamiden, *der* zentralen Bindungsart in Proteinen. Das freie Elektronenpaar am Stickstoff bildet in der rechten Mesomerieformel eine Doppelbindung mit dem benachbarten Kohlenstoff aus. Als Konsequenz erhält der Sauerstoff eine negative und der Stickstoff eine positive Ladung. Das wichtigste Ergebnis ist die „Entschärfung" des freien Elektronenpaares am Stickstoff.

Die Realitätsnähe dieser theoretischen Elektronenschieberei kann man in einem Experiment beweisen. Würden wir den pH-Wert eines Carbonsäureamides messen, könnten wir feststellen, dass es im Vergleich zum Ursprungsamin seine Basizität verloren hat. Nur unter dieser Voraussetzung sind Amine über längere Zeit in (neutralen) biotischen Systemen akzeptabel. Dies ist eine der wichtigsten Voraussetzungen für den Aufbau und die Speicherung von Proteinen in lebenden Organismen.

Auch im Harnstoff, dem finalen Abbauprodukt von stickstoffhaltigem Material in vielen Organismen, darunter auch im Menschen, ist die Basizität des Stickstoffs stark verringert. Die Spaltung der Carbonsäureamidbindung in Proteinen und die Freisetzung von Ammoniak aus den Aminosäuren führen zu einer gefährlichen Situation, die nach einer Lösung verlangt: Unverzüglich treten dann Enzyme auf den Plan, die die gefährliche anorganische Verbindung in eine ungefährlichere Daseinsform, beispielsweise Harnstoff, umwandeln.

Wenn wir diesen etwas theorielastigen Abschnitt resümieren, stellen wir fest: Der Gefahr, dass unsere gerühmten chemischen Formeln hin und wieder nicht ganz genau

---

* Die moderne Medizin bezeichnet diese sehr seltene Krankheit auch als Hypertrichose.

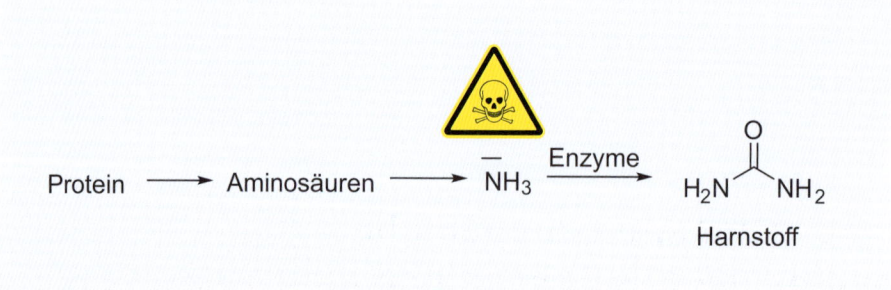

die Bindungsverhältnisse und damit die chemischen Eigenschaften der realen Verbindungen abbilden, konnte durch das Aufsatteln von zwei zusätzlichen Theorien, der Mesomerie und der Aromatizität, erfolgreich entgegengetreten werden. Die Anwendung dieser „Huckepacktheorien" erfordert vom Anwender zusätzliches Wissen, im vorliegenden Fall die Kenntnis über die maximale Anzahl von Valenzelektronen der Elemente, die sich jedoch leicht aus wenigen Gesetzmäßigkeiten des Periodensystems der Elemente ableiten lassen.

5 Funktionelle Gruppen als Bedingung des Lebens und als Totengräber des energiereichen Kohlenstoffs

In den vergangenen Kapiteln war oft von langen Haltbarkeiten die Rede. Wir haben festgestellt, dass Paraffine und Aromaten so reaktionsträge sind, dass sie als Hauptkomponenten von Erdöl Millionen von Jahren in der Erde zubringen konnten, ohne ihre Strukturen nach einem anfänglichen Reifungsprozess wesentlich zu verändern. Ketten aus Kohlenwasserstoffen sind für die Chemie des Lebens immens wichtig, diese Voraussetzung reicht allerdings nicht aus. Teile dieser Ketten müssen im wahrsten Sinn des Wortes zur Funktion gebracht werden. Funktion leitet sich aus dem Lateinischen her (lat. *functio*) und wird übersetzt mit „Tätigkeit" oder „Verrichtung", womit ein aktives Prinzip ins Spiel kommt. Aktivität im chemischen Sinn entwickeln funktionelle Gruppen. Funktionelle Gruppen bestehen aus einem oder mehreren Atomen. Sie kommen stets in der gleichen charakteristischen Zusammensetzung vor, sind selbst chemisch aktiv und verleihen der benachbarten Kohlenstoffkette Veränderungsfähigkeit. Funktionelle Gruppen enthalten immer auch noch andere Elemente als C und H. Es gibt in der organischen Chemie eine Vielzahl von funktionellen Gruppen, doch nur eine kleine Anzahl davon findet sich in der Chemie des Lebens wieder. Wichtigste Voraussetzung ist: Sie müssen unter den Bedingungen des Lebens wandelbar sein und gleichzeitig bestimmten Umweltbedingungen zumindest für eine gewisse Zeit standhalten. Dieser Rahmen wird durch die wässrige Umgebung und den kontinuierlichen Kontakt mit Luftsauerstoff gebildet. Deshalb sind viele funktionelle Gruppen, die im Syntheselabor unter Ausschluss von Wasser und Sauerstoff durchaus für lange Zeit stabil sind, nicht in der belebten Natur zu finden.

Alle funktionellen Gruppen in Naturstoffen lassen sich letztendlich auf die Oxidation von Kohlenwasserstoffen zurückführen, womit wir bei einem zentralen Thema der Chemie des Lebens angekommen sind. Schon bei der Kopplung von zwei Methanmolekülen zu Ethan haben wir gesehen, dass dazu H_2 abgespalten werden muss. Die Abspaltung von H_2 bedeutet nicht nur Dehydrierung, sondern auch Oxidation. Oxidation ist die Abgabe von Elektronen. Von Oxidation hatte ich auch gesprochen, wenn in eine C–H-Bindung Sauerstoff insertiert wurde. Wir haben das bereits an der Totaloxidation von Methan zu Kohlendioxid durchexerziert. Der Sauerstoff in den so entstandenen C–O-Bindungen kann durch andere Heteroatome ersetzt werden. In dieser Hinsicht sind Sauerstoff (O), Stickstoff (N), Schwefel (S) oder Halogene, die zum Aufbau von funktionellen Gruppen beitragen, Verwandte. Für das benachbarte Kohlenstoffatom sind sie anstrengende Verwandte. Namentlich die wichtigsten unter ihnen, Sauerstoff und Stickstoff, dominieren das bindende Elektronenpaar in der Bindung zum Kohlenstoff aufgrund ihrer höheren Elektronegativität. Die Einführung von funktionellen Gruppen hat zur Folge, dass nicht nur die vorher sehr robuste Kohlenstoffkette labiler wird, sondern dass schrittweise der ursprünglich elektronenreiche Kohlenstoff an Elektronen verarmt. Nach einer Reihe von Oxidationsprozessen hat er am Schluss alle vier Valenzelektronen an seine elektronegativeren Bindungspartner bildlich gesprochen „abgetreten" und wir gelangen zur Verbindung mit der höchstmöglichen Oxidationszahl des Kohlenstoffs: Die ist +4 und wird im Kohlendioxid (CO_2) erreicht.

Im Unterschied zur Direktoxidation von Methan oder anderen Kohlenwasserstoffen im Gaskraftwerk oder im Auto zu Kohlendioxid wird durch die Generierung von sehr unterschiedlichen funktionellen Gruppen die schnelle Totaloxidation ausgebremst. Durch den Aufbau einer immensen Anzahl von Zwischenverbindungen, die miteinander reagieren, sich gegenseitig bei der Umwandlung hemmen oder den Abbau anderer Verbindungen beschleunigen, entstehen hochkomplexe chemische Systeme, die auf der biologischen Ebene Leben konstituieren.

Man kann daher aus chemischer Sicht in allgemeinster Form einen Großteil allen Lebens als *entschleunigte Totaloxidation des energiereichen Kohlenstoffs* interpretieren. Nebenher wird außer Wasser eine Reihe von „Abfall"-verbindungen, vor allem auf der Basis von Stickstoff, Schwefel und Phosphor, produziert. Im Unterschied zum Kohlenstoff weisen diese Heteroelemente eine geringere Variationsbreite in den Oxidationsstufen auf.

Dies ist eine Kurzfassung von Leben aus Sicht des Chemikers. Diese Reduzierung auf chemische Verbindungen und Reaktionen mag in ihrer unterkühlten Rationalität manchen von Ihnen sicher ungeheuerlich vorkommen. Trotzdem müssen wir dieser grundlegenden Tatsache tapfer ins Auge schauen, ehe wir uns an die Diskussion verschiedener Formen des Lebens bis hin zum Menschen und seiner Kultur wagen können.

Viele dieser Prozesse, an denen funktionelle Gruppen beteiligt sind, stehen in biotischen Systemen miteinander in Beziehung. Sie ähneln dem Verkehrssystem eines hoch entwickelten Landes mit Eisenbahn-, Flug- und Straßenverkehr. Lokale Verkehrsunternehmen wie Straßenbahnen, Bergseilbahnen und Flussfähren übernehmen die Feinarbeit. Im Idealfall springt bei Ausfall oder Blockierung eines Verkehrsmittels sofort ein anderes ein. Solch ein kompliziertes Gebilde kann nicht zentral geleitet werden. Es handelt sich um selbst organisierende Multiparameterräume, die durch verschiedenste Erkennungs- und Selektionsmechanismen auf chemischem und biologischem Niveau gekennzeichnet sind. Sie verändern ständig ihre Struktur. Ihre Komplexität wollen wir im vorletzten Kapitel noch eingehender betrachten. Leben ist *work in progress* (zu Deutsch: „in Arbeit"). Arthur Schopenhauer hat diese „Wahlverwandtschaften der Stoffe als Fliehen und Suchen, Trennen und Vereinen" charakterisiert.[152] Man könnte für diese Prozesse auch in Anlehnung an Nietzsche aus seiner *Fröhlichen Wissenschaft* formulieren: „Wohin bewegen wir uns? Stürzen wir nicht fortwährend? Und rückwärts, seitwärts, vorwärts, nach allen Seiten? Gibt es noch ein Oben und Unten?"[153] Tatsächlich gibt es in der Chemie des Lebens ein Unten und das wird vom CO_2 gebildet. Übergangsweise kann im Zuge einer Hydrierung durchaus wieder die Oxidationszahl des Kohlenstoffs erniedrigt werden.

Insgesamt entstehen dabei faszinierende Strukturen, die ihren Wirtsorganismen typische Eigenschaften verleihen. Manche dieser chemischen Verbindungen kommen in fast allen Organismen (das betrifft viele Kohlenhydrate, Proteine und Fette) vor, andere

Palytoxin

sind Exoten. Ein besonders eindrucksvolles Beispiel ist das Palytoxin, eine Verbindung mit der Summenformel $C_{129}H_{223}N_3O_{54}$, die erstmals 1961 aus dem einzelligen Dinoflagellat *Ostreopsis siamensis* aus Plankton isoliert wurde.

Obwohl der Dinoflagellat, der im Golf von Siam (Thailand) vorkommt, sehr klein und das Molekül sehr groß ist, erkennt man nach etwas intensiverer Betrachtung der Formel ähnliche und identische Teilstrukturen. Einige Untereinheiten lassen die Verwandtschaft zu Kohlenhydraten und damit zu vergleichbaren biochemischen Synthesewegen erkennen. Trotzdem gehört Palytoxin nicht zu den in vielen Gesundheitsratgebern empfohlenen „komplexen Kohlenhydraten". Palytoxin zählt zu den giftigsten Naturstoffen, die jemals bekannt geworden sind, wovor schon der zweite Teil des Trivialnamens (-toxin) warnt. Mit dem Gift schützt sich das mikroskopisch kleine Wesen vor seinen Feinden.[154]*

Unabhängig davon wie kompliziert die Struktur ist, wie viele Intermediate, auf- und abbauende Reaktionen und Stoffwechselwege dazwischengeschaltet werden – ganz zum Schluss kommt immer CO_2 heraus. Wir könnten an dieser Stelle düster enden mit einem Zitat des Begründers der Psychoanalyse Siegmund Freud: „Wenn wir es als ausnahmslose Erfahrung annehmen dürfen, daß alles […] stirbt, ins Anorganische zurückkehrt, so können wir nur sagen: Das Ziel alles Lebens ist der Tod, und zurückgreifend: Das Leblose war früher da als das Lebende."[155]

Aber es gibt Hoffnung, vergleichbar mit der Haltung des Sängers Orpheus aus der griechischen Mythologie, der in das Totenreich hinabsteigt und seine verstorbene Eurydike ins Leben zurückholt. Denn im Unterschied zu einem Gaskraftwerk oder einem Auto ist Leben, speziell in Form der grünen Pflanzen, wieder in der Lage, aus CO_2 komplizierte energiereiche Kohlenstoffgerüste aufzubauen. Das ist die andere, konstruktive Seite des Lebens. Die erforderliche Energie kommt von der Sonne.

Wie funktionelle Gruppen Entschleunigung mittels zunehmender Komplexität ermöglichen, wollen wir uns nachfolgend an einigen ausgewählten Beispielen anschauen.

---

* Die Formeldarstellung erweist sich erneut als Vorteil gegenüber der korrekten Namensgebung mittels der IUPAC-Nomenklatur, die der Autor im vorliegenden Fall nur mithilfe eines Computerprogrammes bewältigen konnte: (2*S*,3*R*,5*R*,8*R*,9*S*,*R*)-10-((2*R*,3*R*,4*R*,5*S*,6*R*)-6-((1*S*,2*R*,3*S*,4*S*,5*R*,11*S*)-12-((3*S*,5*R*,7*R*)-5-((8*S*)-9-((2*R*,3*R*,4*R*,5*R*)-6-((2*S*,3*S*,6*S*,9*R*,10*R*,*E*)-10-((2*S*,4*R*,5*S*,6*R*)-6-((2*R*,3*R*)-4-((2*R*,3*S*,4*R*,5*R*,6*R*)-6-((2*S*,3*Z*,5*E*,8*R*,9*S*,10*R*,12*Z*,17*S*,18*R*,19*R*,20*R*)-21-((2*R*,3*R*,4*R*,5*S*,6*R*)-6-((3*R*,4*R*,*Z*)-5-((1*S*,3*R*,5*R*,7*R*)-7-(2-((2*R*,3*R*,5*S*)-5-(Aminomethyl)-3-hydroxytetrahydrofuran-2-yl)ethyl)-2,6-dioxabicyclo[3.2.1]octan-3-yl)-3,4-dihydroxypent-1-en-1-yl)-3,4,5-trihydroxytetrahydro-2H-pyran-2-yl)-2,8,9,10,17,18,19-heptahydroxy-20-methyl-14-methyleneheicosa-3,5,12-trien-1-yl)-3,4,5-trihydroxytetrahydro-2H-pyran-2-yl)-2,3-dihydroxybutyl)-4,5-dihydroxytetrahydro-2H-pyran-2-yl)-2,6,9,10-tetrahydroxy-3-methyldec-4-en-1-yl)-3,4,5-trihydroxytetrahydro-2H-pyran-2-yl)-8-hydroxynonyl)-1,3-dimethyl-6,8-dioxabicyclo[3.2.1]octan-7-yl)-1,2,3,4,5-pentahydroxy-11-methyldodecyl)-3,4,5-trihydroxytetrahydro-2H-pyran-2-yl)-2,5,8,9-tetrahydroxy-N-((*E*)-3-((3-hydroxypropyl)amino)-3-oxoprop-1-en-1-yl)-3,7-dimethyldec-6-enamid.

5.1 Funktionelle Gruppen mit Sauerstoff

Wir haben bereits bei der Oxidation von Methan (CH_4) verfolgt, wie Sauerstoff in alle vier C–H-Bindungen nacheinander eingeschoben wurde. Die gleiche Betrachtungsweise können wir auch auf eine CH_3-Gruppe anwenden, die am Ende einer Kohlenstoffkette hängt, und daraus eine funktionelle Gruppe nach der anderen generieren.

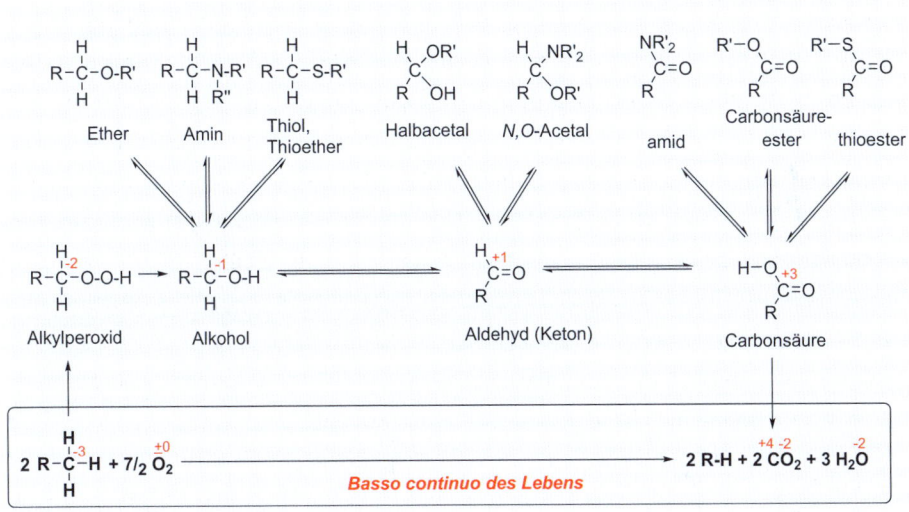

In der Chemie heißen die neu entstehenden Verbindungen auch Derivate (lat. *derivare*, „ableiten"), was nur wenig mit dem gleichlautenden Produkt aus der hochspekulativen und krisenanfälligen Finanzwirtschaft zu tun hat. Trotzdem können beide Derivate-Formen zu erheblichen Verwerfungen führen, denn auch Sauerstoffatome in C–O-Bindungen ähneln Vampiren; sie saugen aufgrund ihrer höheren Elektronegativität nach und nach die bindenden Elektronen vom Kohlenstoff zu sich herüber. Ganz zum Schluss entsteht Kohlendioxid. In Form des gebildeten Wassers macht sich der andere Teil des Sauerstoffs mit diesen Elektronen samt Wasserstoff gleich ganz aus dem Staub. In CO_2 und H_2O hat der Sauerstoff die höchstmögliche Oxidationszahl (das ist –2), was bedeutet, dass er ausgehend vom molekularen Sauerstoff mit der Oxidationszahl ±0 zwei Elektronen übernommen hat. Der Kohlenstoff in der CH_3-Gruppe geht mit der Oxidationszahl –3 in ein Rennen, in dem er nichts zu gewinnen hat. Die sauerstoffhaltigen Zwischenverbindungen mit zunehmend größer werdender Oxidationszahl heißen Alkylperoxid, Alkohol, Aldehyd bzw. Keton und Carbonsäure. Sie sind durch Peroxo-, Hydroxy-, Carbonyl- und Carboxylgruppe als funktionelle Gruppen charakterisiert. Diese funktionellen

Gruppen sind aufgrund ihrer Struktur besonders fragil, da sie auf dem direkten Weg Vorläufer vom CO_2 sind. Um Zeit für die Chemie des Lebens zu gewinnen, wird ihre Umwandlung „entschleunigt". Sie werden für diesen Zweck temporär vor Weiteroxidation geschützt, wobei neue funktionelle Gruppen (wie beispielsweise Ether, Amine, Thiole, Thioether, Halbacetale, *N,O*-Acetale, Carbonsäureamide, -ester, -thioester) entstehen. Letztere können immer wieder in ihre sauerstoffhaltigen Stammverbindungen zurückgeführt werden und unterliegen somit indirekt ebenfalls dem Abbau zu CO_2. Diese finale Reaktion begleitet die Chemie des Lebens wie ein Basso continuo* in der Orchestermusik und erinnert an die Vergänglichkeit des Lebens. In der obigen Abbildung sind beispielhaft einige dieser Derivate aufgezählt. Mit einigen werden wir uns in diesem Buch näher beschäftigen. Die zugehörigen funktionellen Gruppen bauen im wahrsten Sinne die Kathedralen des Lebens auf. Je weiter wir uns von den Basisstrukturen entfernen, desto seltener und ausgefallener können sie werden. Einige von ihnen sind nur auf wenige Organismen oder biochemische Stoffwechselwege beschränkt.** Ganz oben in der Hierarchie stehen jene funktionellen Gruppen, die stabile Heterocyclen, Makromoleküle und Polymere aufbauen. Sie kommen zusammen mit Aromaten zum Einsatz, wenn die Biologie nach besonders dauerhaften Strukturen verlangt.

Im Unterschied zum Kölner Dom, der nach langer Bauzeit (1248–1880) nun ein einigermaßen fertiges Gebäude darstellt, darf man sich einen Organismus als Gebilde vorstellen, bei dem kein Stein auf dem anderen bleibt, der aber ungeachtet dessen über eine bestimmte Lebensdauer äußerlich den Eindruck von Unveränderlichkeit abgibt. Mit Ausnahme der relativ stabilen Nucleinsäuren im besonders geschützten Zellkern werden alle anderen Bausteine kontinuierlich auf- und abgebaut.*** Das hat grundlegende Folgen auf den dazugehörigen biologischen Organismus. Ein erwachsener Mensch besteht aus 10^{14} oder, anders ausgedrückt, 100 Billionen Zellen, davon sterben in jeder Sekunde rund 50 Millionen Zellen ab und werden ersetzt.[156] Die siebente Staffel der US-amerikanischen TV-Serie *Grey's Anatomy* beginnt mit den Worten: „*Every cell in the human body regenerates on average every seven years. Like snakes, in our own way we shed our skin. Biologically we are brand new people. We may look the same, we probably do, the change isn't*

---

* In der Musik bezeichnet *basso continuo* (italienisch) einen fortlaufenden und ununterbrochenen Bass.

** Dazu gehören z. B. Nitro-, Phosphonsäure-, Carbamid- und Cyanogruppe. Auch die Halogene Fluor, Chlor, Brom und Jod finden sich nur vereinzelt in Kohlenstoffverbindungen der Chemie des Lebens.

*** Nucleinsäuren unterliegen ebenfalls Abbau- und Reparaturprozessen, die aber wesentlich weniger ausgeprägt ausfallen als die anderer Verbindungsklassen.

visible at least in most of us, but we are all changed completely forever."* ** Können wir unter diesen Umständen tatsächlich noch von gleichbleibender Identität von Organismen, speziell auch beim Menschen sprechen? Eigentlich nicht! Würden wir diese naturwissenschaftlich korrekte Schlussfolgerung konsequent auf unser Rechts-, insbesondere auf das Vertragssystem in hoch entwickelten Bürokratien anwenden, das auf zeitlich unveränderlichen Identitäten von Personen aufbaut, wären die Folgen verheerend. Aus diesem Grund ist es sicher ausnahmsweise vorteilhaft, dass diese beiden inkompatiblen Ordnungssysteme kaum miteinander in Kontakt kommen.

5.2 Die Hydroxygruppe am Beginn allen Lebens

Wie Sie schon in Kapitel 2.2 erfahren haben, wird durch Einschub von Sauerstoff in eine C–H-Bindung eine Hydroxygruppe (auch Hydroxylgruppe genannt) generiert. Der Name ist ein Kompositum aus hydr(o) und (o)xy. Eine Hydroxygruppe verändert dramatisch die Polarität des Moleküls. Eine der wichtigsten Eigenschaften ist die Ausbildung von Wasserstoffbrücken zu anderen Alkoholmolekülen. Wasserstoffbrücken sind Anziehungskräfte zwischen zwei elektronegativen Atomen, die über ein H-Atom vermittelt werden, sozusagen eine *ménage à trois* auf molekularem Niveau. Wasserstoffbrücken sind wesentlich schwächer als kovalente oder ionische Bindungen, und man zögert, sie als „richtige" Bindungen zu bezeichnen. Sie sind das Sowohl-als-auch der Bindungstheorie und schon deswegen vielseitig einsetzbar, vor allem wenn eine Struktur nicht zu fest gefügt werden soll. In diesem Sinn ähneln sie nicht der für die Ewigkeit gebauten steinernen *Pont Neuf* über die Seine in Paris, die nun schon über 400 Jahre existiert, sondern mehr den Pontonbrücken des Militärs, die nur für eine kurzzeitige Operation stabil sein müssen und jederzeit wieder abgebaut werden können.

Wasserstoffbrücken sind allerdings stärker als die schwachen Van-der-Waals-Wech-

---

* Deutsche Übersetzung: „Jede Zelle im menschlichen Körper erneuert sich im Durchschnitt alle sieben Jahre, in gewisser Weise häuten wir uns also wie eine Schlange. Rein wissenschaftlich gesehen sind wir alle sieben Jahre ganz neue Menschen". (http://www.tvfanatic.com/quotes/every-cell-in-the-human-body-regenerates-on-average-every-seven [abgerufen am 20.10.2016]).

** Diese Aussage ist ein Durchschnittswert, da das Lebensalter von Zellen unterschiedlicher Organe sehr stark variiert. Beispielsweise bildet das Herz eines jungen Erwachsenen pro Jahr maximal 1 % neue Zellen, während ein gesundes Seniorenherz höchstens 0,5 % der Zellen regeneriert (O. Bergmann, S. Zdunek, A. Felker, M. Salehpour, K. Alkass, S. Bernhard, S. L. Sjostrom, M. Szewczykowska, T. Jackowska, C. dos Remedios, T. Malm, M. Andrä, R. Jashari, J. R. Nyengaard, G. Possnert, S. Jovinge, H. Druid, J. Frisén, Dynamics of Cell Generation and Turnover in the Human Heart, *Cell* 2015, 161, 1566–1575).

selwirkungen. Deshalb ist es auch nicht überraschend, dass Ethanol erst bei 78 °C siedet, aber Ethan schon bei −89 °C.

Je mehr Wasserstoffbrücken zwischen einzelnen Molekülen existieren, desto höher ist der Siedepunkt der Verbindung. Das zum Ethanol vergleichsweise niedermolekulare Wasser siedet unter Normalbedingungen dank eines noch stärker verzweigten Netzwerkes an Wasserstoffbrücken bekanntlich erst bei 100 °C. Wir können daraus schlussfolgern, dass organische Verbindungen mit Hydroxygruppen und Wasser ähnliche Eigenschaften haben. Zum Beispiel sind Ethanol und Wasser unbegrenzt mischbar, auch das eine Folge von Wasserstoffbrücken. Diese Eigenschaft ermöglicht nicht nur die Herstellung des berühmten Grogs, der eine Mischung aus Rum, Honig und Wasser darstellt, sondern hat mannigfaltige praktische Konsequenzen für lebende Organismen.

Kohlenhydrate (Zucker) haben besonders viele Hydroxygruppen. Wir können beispielsweise in alle C–H-Bindungen des Hexans Sauerstoff einschieben. Dabei entsteht zum Beispiel die polare D-Glucose. Sowohl in der einfachen zweidimensionalen Formel als auch in der realitätsnäheren dreidimensionalen Zickzackschreibweise ist gut zu erkennen, dass zusammen mit der Aldehydgruppe ganz oben fünf Hydroxygruppen entstanden sind, die aus der zentralen Kohlenstoffkette heraus in alle Richtungen weisen.

Diese funktionellen Gruppen sind für die Wasserlöslichkeit von Glucose und allen anderen Einfachzuckern verantwortlich. Im Unterschied dazu sind die unpolaren Kohlenwasserstoffe nicht in Wasser, sondern in Ölen und Fetten löslich. Hydroxygruppen unterbinden Van-der-Waals-Wechselwirkungen zwischen den Ketten. Anstelle dieser schwachen intermolekularen Kräfte kommen nun die stärkeren Wasserstoffbrücken ins Spiel. Das macht sich unmittelbar beim Schmelzpunkt bemerkbar, der ebenfalls ein Maß für die zwischenmolekularen Kräfte darstellt. Während Hexan erst bei –95 °C fest wird, schmilzt Glucose etwa 250 Grad höher, nämlich bei 146 °C. Wasserstoffbrücken sind, vor allem wenn sie gehäuft auftreten, gewaltige Kräfte des Zusammenhaltes und gehören zu den wichtigsten „Innovationen" der Chemie, die auf diese Weise Leben ermöglichen.

Durch Kupplung mit Zuckern, oftmals mit Glucose, werden wasserunlösliche Verbindungen wasserlöslich und erfahren eine Veränderung ihrer originären physikalischen Eigenschaften. Abwehrstoffe in vielen Pflanzen haben meist einen sehr hohen Dampfdruck. Dies ist verständlich, da diese Verbindungen über die Luft sehr leicht die empfindlichen Stellen (Geruchsorgane oder Augen) ihrer tierischen Angreifer erreichen sollen. Daraus ergibt sich ein Dilemma: Schnell verdampfende Substanzen würden in der Pflanze kontinuierlich nachsynthetisiert werden, auch wenn keine Veranlassung für deren biologischen Gebrauch vorliegt. Um dieser Verschwendung von Syntheseleistung vorzubeugen, werden die leicht flüchtigen Verbindungen an Kohlenhydrate, also Zucker, über eine leicht spaltbare Bindung angekoppelt.[157] Kohlenhydrate haben aufgrund der Hydroxygruppen einen sehr niedrigen Dampfdruck, was man leicht experimentell überprüfen kann, indem man in eine Zuckerdose hineinriecht: Man riecht nichts. Für die Pflanze selbst haben die Kupplungsprodukte keine toxische Wirkung, da sie separat in den Vakuolen gespeichert werden. Wird die Pflanze von Fressfeinden befallen, kommt es zur Zerstörung der Zelle, einschließlich der Vakuole. Ein spezielles Enzym spaltet die Bindung zwischen polarem Zucker und unpolarem Wirkstoff. Das Gift wird freigesetzt und der Feind in die Flucht geschlagen.

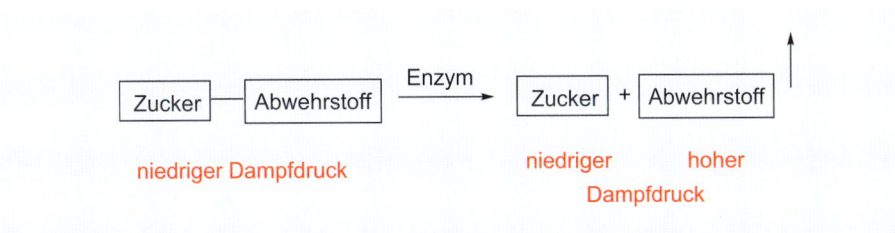

Hin und wieder hat die Pflanze Pech, wenn sie auf einen speziellen Angreifer stößt, der von den Abwehrstoffen nicht abgestoßen, sondern geradezu magisch angezogen wird. Ein anschauliches Beispiel liefert der Kohlweißling (*Pieris brassicae*), ein sehr graziler Schmetterling. Wie sein Name bereits erkennen lässt, ernährt er sich hauptsächlich von Kohl. Mit der Nahrung nimmt er gleichzeitig eine Reihe von Schwefelverbindungen, Isothiocyanate (auch als Senföle bezeichnet), auf, die an Zucker geknüpft sind und mit denen sich die Pflanze eigentlich schützt. Der Pflanze helfen diese Verbindungen in dieser Beziehung wenig, dafür umso mehr dem Falter. Durch die aufgenommenen Isothiocyanate wird er ungenießbar für Vögel. Dadurch braucht der Kohlweißling keine Tarnung und kann sich selbst am Tage sorglos im freien Feld aufhalten, was ihm die allgemeine Bezeichnung Tagfalter eingebracht hat.

Im Unterschied zum Spezialisten Kohlweißling sind Menschen viel weniger wählerisch beim Aufnehmen von Pflanzengiften, was mit unserer flexiblen Ernährungsweise und der Vorliebe für gutes Essen und Backen zu tun hat. Viele chemische Verbindungen, die wir als Gewürze schätzen, sind beispielsweise in Zwiebeln oder Schoten zunächst gut verpackt und an Glucose gebunden. Dazu zählt auch das Sinigrin, der charakteristische Wirkstoff von Senf, Meerrettich und dem japanischen Wasabi. Erst beim Reiben oder Zerquetschen der Knollen in der Küche werden die Ingredienzien freigesetzt und das Allylsenföl treibt uns die Tränen in die Augen.

Sinigrin — Enzym / - Glucose → $S=C=N-CH_2-CH=CH_2$ — Allylsenföl

Vergleichbares passiert mit dem Vanillin, das sein angenehmes Aroma frühestens beim Bearbeiten der Schote aus dem Vanillosid freigibt.

Vanillosid — Enzym / - Glucose → Vanillin

Um diesen Prozess zu umgehen, haben bereits die Pioniere der Aromaindustrie Wilhelm Haarmann und Karl Ludwig Reimer im späten 19. Jahrhundert das erste synthetische Vanillin zusammen mit einem Backbuch auf den Markt gebracht. Ihr Herstellungsverfahren scheint nicht nur die einfachere Methode zu sein, sondern hilft auch Nebenwirkungen zu vermeiden, die von der „Bio"-Vanille ausgehen können. Die Frucht der Gewürzvanille ist schwach giftig und kann hautreizend und allergen wirken. Die für die Vanilleallergie verantwortlichen Kontaktallergene sind bis heute nicht bekannt, werden aber wahrscheinlich nicht vom Vanillin verursacht.

Besonders leicht flüchtige Verbindungen wie der Cyanwasserstoff (HCN), besser als Blausäure bekannt, erfordern die Anbindung an zwei Glucosemoleküle. Die resultierende Verbindung heißt D-Amygdalin und kommt in den Kernen von vielen Obstarten wie etwa Aprikose, Pfirsich oder Kirsche vor.

D-Amygdalin   H-CN   Cyanwasserstoff

Reiner Cyanwasserstoff hat einen Siedepunkt von 26 °C und wäre aufgrund seiner hohen Toxizität nicht nur eine Gefahr für potenzielle Angreifer, sondern auch für die Pflanzen selbst. Aus diesem Grund ist die „Sicherungsverwahrung" mit zwei Zuckermolekülen angebracht. Ungeachtet dessen kann stets etwas von dem Gift entweichen, was die Atmung der Samen und somit deren vorzeitige Keimung hemmt.*

Die große Gefährlichkeit der Blausäure, von der schon 1–2 mg pro kg Körpermasse zum Tod führen können, hat sich auch unter den Menschen herumgesprochen. Ein Ritual, das bereits seit dem Mittelalter durchgeführt wird, bringt bis heute etwas Nervenkitzel in die friedliche Weihnachtszeit. Zu den Zutaten eines echten Dresdner Christstollens, der in Form und Farbe an das in saubere Windeln gewickelte neugeborene Jesus-Kind erinnern soll, gehören einige (wenige) Bittermandeln. Sie sollen dem Brauch

---

*   In der Maniokpflanze befindet sich eine vergleichbare Verbindung (Linamarin), die ebenfalls Cyanid freisetzt. Das passiert beispielsweise auch im menschlichen Darm. Deshalb sollte bei der Zubereitung das erste Kochwasser verworfen werden.

zufolge schon zu diesem Zeitpunkt auf den späteren Opfertod von Christus am Kreuz hinweisen.*

Die chemischen Beziehungen zwischen Angreifer und Abwehrmechanismus können in der Pflanze auch indirekt organisiert sein. Ein erstaunliches Wechselspiel, in dem die Salicylsäure im Zentrum steht, deckte eine Forschergruppe um die Leipziger Biologin Bettina Ohse erst jüngst auf.[158] Salicylsäure ist uns in seiner pharmazeutisch veredelten Form der Acetylsalicylsäure (Stichwort: Aspirin) als probates Mittel zur Bekämpfung von Schmerzen in diesem Buch bereits begegnet. Auch wachsende Bäume wie junge Buchen und Bergahorn produzieren Salicylsäure, wenn sie von Rehen angeknabbert werden. Die Salicylsäure initiiert eine kurze Reaktionskaskade über den Botenstoff Jasmonsäure, an deren Ende bittere Gerbstoffe (Gerbsäuren) stehen, die dem Wild den Appetit verleiden. Gleichzeitig werden Reparaturmechanismen auf der Basis von Wundheilungshormonen in der Pflanze zur Beseitigung des Schadens an Zweigen und Knospen in Gang gesetzt.

Von zentraler Bedeutung in der zitierten Forschungsarbeit ist der Befund, dass die Produktion von Salicylsäure durch den Speichel der Tiere angeregt wird. Das weist darauf hin, dass erst tierische Enzyme die pflanzliche Depotform der Salicylsäure, die höchstwahrscheinlich aus Zucker und Salicylsäure besteht,** spalten und die Abwehrreaktion provozieren. Fehlt während der Beschädigung des Baumes der Speichel, werden zwar ebenfalls Wundhormone produziert und die Schäden repariert, es wird jedoch keine Salicylsäure freigesetzt und somit werden auch keine Gerbsäuren produziert. Aufgrund dieses chemischen Mechanismus kann die Pflanze offenbar „differenzieren" zwischen Wildverbiss und Sturmschaden und eine energetisch abgewogene Antwort auf das Schadensereignis einleiten. Gleichzeitig wird verhindert, dass sich auf diese Art Rehe bei Kopfschmerzen in der Apotheke der Natur zu exzessiv bedienen.

Wir können feststellen, dass die anziehenden (Nahrung) und abstoßenden (Abwehr) Wechselwirkungen zwischen Baum und Reh über die Artengrenze hinweg über chemische Kommunikationen ablaufen, ohne dass die beteiligten Organismen den geringsten Schimmer davon haben, was da eigentlich passiert. Oftmals gestehen chemisch unbedarfte Naturfreunde den beteiligten Pflanzen und Tieren eine intentionale oder gar empathische Handlungsweise zu, der bei genauerer Inspektion „nur" ein etwas komplizierterer bioche-

---

* Cyanid kommt auch in Passionsblumen vor, was der Tiger-Passionsblumenfalter (*Heliconius hecale*) zum eigenen Schutz nutzt. Das Weibchen legt die Eier an den Blattunterseiten der Blumen ab. Die ausgeschlüpften Raupen ernähren sich von den Blättern und nehmen dabei gleichzeitig Cyanid, das weiterhin an Glucose gebunden ist, mit auf. Die Cyanidmenge ist ausreichend, um sogar den späteren Schmetterling vor Fressfeinden zu schützen.

** Der Autor dankt Stefan Meldau, einem an der Untersuchung beteiligten Wissenschaftler, für diesen Hinweis.

mischer Mechanismus zugrunde liegt. Eine naturwissenschaftliche Bildung kann solche Missverständnisse verhindern. Mittlerweile wurden auch in anderen Beziehungen zwischen Pflanzen und Tieren vergleichbare Wechselwirkungen nachgewiesen.[159]

In den vorangegangenen Beispielen ist die Spaltung der Bindung zwischen Zucker und dem Wirkstoff die Voraussetzung für den beobachteten Abwehreffekt. Es gibt aber auch andere Beispiele: Einige medizinisch wirksame Pflanzen binden ihre heilenden Inhaltsstoffe ebenfalls an wasserlösliche Zucker. Dazu zählen die herzwirksamen Verbindungen Digitoxin und Digoxin aus den Blättern des Roten Fingerhuts (*Digitalis purpurea*).

Digitoxin

Digoxin

Die gekuppelten Kohlenhydrate gehören zu einer seltenen Zuckerart und werden nicht von den Enzymen des Menschen erkannt und abgespalten. Die pharmakologische Wirkung wird deshalb auch durch den Kohlenhydratanteil mitverursacht. Die Anzahl der Hydroxygruppen, die man anhand der Formeln einfach abzählen kann, entscheidet über die medizinische Wirkung. Digitoxin hat fünf Hydroxygruppen und besitzt somit im Vergleich zum Digoxin eine weniger. Die Verbindung ist daher auch weniger polar und hat eine längere Verweilzeit im menschlichen Körper. Demzufolge ist ihre medizinische Wirkung größer, da sie nicht umgehend – in Wasser gelöst – mit dem Urin ausgeschwemmt wird.

Die Möglichkeit, durch Kupplung an Zucker unpolare Verbindungen in wasserlösliche zu überführen, dient in Pflanzen dazu, Bausteine in den wasserführenden Zellen des Phloems zu transportieren. Vergleichbar mit den Handwerkern mittelalterlicher Häuser und Kirchen, die Mauersteine noch einzeln nach oben schleppten, sorgt das wasserlösliche

Coniferin in wachsenden Bäumen dafür, dass die ursprünglich wasserunlöslichen Bausteine des Lignins in Stamm, Äste und Zweige gelangen. Am Einsatzort angekommen, wird der chemische Ziegel (hier der Coniferylalkohol) mit Hilfe von Enzymen in ein wachsendes dreidimensionales Ligninnetzwerk eingebaut. Der freigesetzte Zucker kann erneut Transportaufgaben wahrnehmen oder verlängert eine Cellulosekette. Alternativ kann er kurzerhand an Ort und Stelle zu CO_2 „verbrannt" werden und liefert Energie.

Ein ähnliches Transportprinzip wird von manchen Pflanzen als Abwehr gegen Schadstoffe, insbesondere Herbizide, eingesetzt. Die eingedrungenen unpolaren Fremdstoffe werden an Zucker gebunden und damit wasserlöslich und können umgehend mit Wasser wieder aus dem Organismus ausgeschleust werden. Die Ausscheidung von Rauschgiften oder Fitnessdrogen aus dem menschlichen Körper mit dem Urin erfolgt auch nach Anbindung an wasserlösliche Kohlenhydrate, wo sie dann von aufmerksamen Kriminalisten oder Doping-Kontrolleuren nachgewiesen werden können.

5.3 Die Carbonylgruppe als zentrale Schaltstelle in der Chemie des Lebens

Durch den Einschub von Sauerstoff in eine C–H-Bindung wird eine Hydroxygruppe gebildet. Sie ist für verschiedene Zwecke geeignet, etwa zur Ausbildung von Wasserstoffbrücken. Im Vergleich zu der nun zu behandelnden funktionellen Gruppe, der Carbonylgruppe, ist sie eine „lahme Ente".

Zunächst wollen wir uns anschauen, wie diese faszinierende funktionelle Gruppe entsteht. Eine Carbonylgruppe entsteht beispielsweise durch Abspaltung von zwei Wasserstoffatomen aus Alkoholen.

Wird H_2 aus einem primären (lat. *primarius*, „an erster Stelle stehend") Alkohol, das heißt am Anfang oder am Ende einer Kette, abgespalten, entsteht ein Aldehyd.

Befindet sich die reagierende Hydroxygruppe irgendwo im Inneren der Kette, spricht man von einem sekundären (lat. *secundarius*, „an zweiter Stelle stehend") Alkohol. Aus Letzterem wird ein Keton gebildet.* Es ist zu beachten, dass ein H-Atom von der Hydroxygruppe und das zweite vom benachbarten Kohlenstoff stammen. Fehlt das H-Atom am Kohlenstoff, wie in einem tertiären (lat. *tertiarius*, „an dritter Stelle stehend") Alkohol, kann die Reaktion nicht ablaufen, was im Rahmen des weiter unten diskutierten Citronensäurecyclus eine Rolle spielen wird.

Der Name Aldehyd ist eine Kurzform aus den beiden lateinischen Ausdrücken *alcoholus dehydrogenatus*, was völlig korrekt das Produkt eines Dehydrierungsvorganges beschreibt: „Alkohol, dem Wasserstoff entzogen wurde". Damit ist das Stichwort Dehydrierung und damit auch Oxidation schon gefallen. Mit der Oxidation einer C–H-Bindung zum Alkohol wurde der Abbau einer Kohlenwasserstoffkette initiiert, mit der Oxidation zur Carbonylgruppe nimmt das ganze Geschehen richtig Fahrt auf.

Die Besonderheiten der Carbonylgruppe wollen wir anhand der chemischen Formel in der nachstehenden Abbildung analysieren.

———————————

* Keton leitet seinen Namen von „Aketon", einem alten deutschen Wort für Aceton, her, das sicher die bekannteste Verbindung aus dieser Stoffklasse ist.

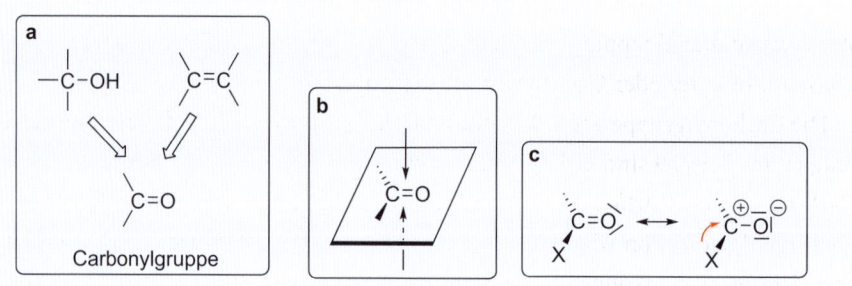

Eine Carbonylgruppe besteht wie eine Hydroxygruppe aus einem Sauerstoffatom, das an ein Kohlenstoffatom geknüpft ist. Damit liegt der gleiche Unterschied der Elektronegativitäten der Bindungspartner vor wie in einem Alkohol. Darüber hinaus ist der Sauerstoff mit einer Doppelbindung an den Kohlenstoff gebunden. Doppelbindungen haben Sie bei Olefinen bereits kennengelernt. Diese sind durch vier bindende Elektronen zwischen den beteiligten Atomen gekennzeichnet, wodurch sie zu dem Attribut „ungesättigt" gekommen sind. Kombinieren wir diese erhöhte Reaktivität mit der Differenz der Elektronegativitäten zwischen C und O, wird sofort klar, welche kraftvolle funktionelle Gruppe entstanden ist: Sie vereinigt in sich die reaktiven Eigenschaften von Hydroxygruppe und Olefin (Abbildung **a**). Gleichzeitig hat die Carbonylgruppe vom Olefin die planare Struktur geerbt, die ausreichend Platz für den Angriff verschiedenster Reagenzien sowohl von oben als auch von unten schafft (Abbildung **b**). Wir können zudem eine mesomere Grenzstruktur formulieren, worin dem Sauerstoff eine negative und dem Kohlenstoff eine positive Ladung zugeordnet wird (Abbildung **c**). Der positivierte Kohlenstoff versucht, bildlich gesprochen, dem Elektronenmangel entgegenzuwirken, indem er Elektronendichte aus der Nachbarschaft „X" abzieht (dargestellt durch den gebogenen roten Pfeil). Dieser Elektronensog führt dazu, dass ursprünglich feste Bindungen in nächster oder übernächster Nachbarschaft labil werden und sogar gespalten werden können.

Im Namen der Carbonylgruppe taucht „carbon" an prominenter Stelle auf. Das Wort leitet sich aus dem lateinischen *carbō* („Holzkohle"), latinisiert zu *Carboneum*, her.[*] Die Carbonylgruppe ist die einzige funktionelle Gruppe, die auch den Kohlenstoff im Namen trägt. Ihr kommt nicht nur semantisch eine Ausnahmeposition in der organischen Chemie zu. Sie ist quasi die Königin der funktionellen Gruppen, umgeben von einem Hof-

---

[*]   Die Bezeichnung Kohlenstoff kommt aus dem Urgermanischen kul-a-, kul-ō(n)- für „Kohle".

[**] Die allgemeine Bezeichnung „Ester" wurde 1850 von dem deutschen Chemiker Leopold Gmelin geprägt. Sie leitet sich wahrscheinlich vom „Essigäther" (historisch für Essigsäureethylester) ab und ist ein Komposit aus „Essig + Äther". Tatsächlich ist die betreffende fuktionelle Gruppe aus einer Carbonylgruppe und einer Ethergruppe zusammengesetzt. Es ist aber zu beachten, dass sich das zentrale Kohlenstoffatom durch eine Differenz von zwei Elektronen von dem eines Ethers unterscheidet; Ether sind Derivate von Alkoholen und nicht von Carbonsäuren.

staat verwandter Gruppen, wie die Carboxyl-, Carboxylat-, Carbonsäureester-,** Carbonsäurethioester oder Carbonsäureamidgruppe.

Die Carbonylgruppe verändert dramatisch die Eigenschaften der Nachbarschaft. Ein prägnantes Beispiel sind Carbonsäuren. Die namensgebende funktionelle Gruppe heißt Carboxy- oder Carboxylgruppe und ist eine Komposition aus <u>Carbo</u>nyl- und Hydr<u>oxy(l)</u>gruppe. Im Allgemeinen sind alleinstehende Hydroxygruppen keine aggressiven Säuren, was Alkohole zu angenehmen Zeitgenossen in der Zelle macht. Unter dem Einfluss der benachbarten Carbonylgruppe wird solch eine friedliche Hydroxygruppe hingegen buchstäblich richtiggehend sauer. Aus chemischer Sicht wird dann das bindende Elektronenpaar der kovalenten Bindung zwischen Sauerstoff und Wasserstoff in Richtung Sauerstoff gezogen, und der Wasserstoff verlässt daraufhin, sozusagen unter Protest über den Elektronendiebstahl, als Proton das chemische Ensemble. Das ist die Voraussetzung, dass man von einer Säure sprechen kann.

Die Elektronengier der Carbonylgruppe kennt kaum Grenzen und geht auch über die unmittelbare Nachbarschaft hinaus. In Vitamin C, das Sie in der Einleitung ebenfalls unter seinem anderen Trivialnamen, L-Ascorbinsäure, kennengelernt haben, bewirkt der Elektronensog der Carbonylgruppe über drei Bindungen hinweg die Abspaltung eines ziemlich entfernten Protons. Eigentlich verfügt die L-Ascorbinsäure nicht über eine typische Carbonsäuregruppe, doch dieser Effekt macht sie tatsächlich zu einer Säure, die sogar etwas saurer als Essigsäure ist.[160] In Organismen wird sie schnell mit einer Base (OH-), zum Beispiel einem Amin, zum entsprechenden Salz, dem Ascorbat, neutralisiert.

Vitamin C = L-Ascorbinsäure   Ascorbat

Benachbarte Kohlenstoffatome können gleichermaßen unter dem einnehmenden Wesen der Carbonylgruppe leiden. Dieser Fall wird besonders akut, wenn zwei Carbonylgruppen eine C–C-Bindung in die Zange nehmen. Dann ist der C–C-Bindungsbruch vorgezeichnet. Auf diese Weise kann eine Carbonylgruppe sogar die Spaltung der über-nächsten C–C-Bindung oder einer benachbarten C–H-Bindung veranlassen.

Solche Spaltungsreaktionen sind verantwortlich dafür, dass die in Kapitel 2 so gerühm-ten sehr stabilen Kohlenstoffketten zerlegt werden, was die Voraussetzung für diese che-mische Transformation in der Zelle ist. Aus der Glucose mit sechs Kohlenstoffatomen entstehen auf diese Weise sechs Äquivalente CO_2 oder aus einer Fettsäure mit 18 Koh-lenstoffatomen 18 Äquivalente CO_2 und nebenher eine Menge Energie, die Sie beispiels-weise nutzen können, um das nächste Kapitel dieses Buches in Angriff zu nehmen.

5.4 Die Carbonylgruppe in voller Aktion und die Frage, weshalb Fischfleisch weiß ist

Beim Auftauchen der Carbonylgruppe geht es sofort hoch her in biochemischen Pro-zessen. Vor allem Abbaureaktionen in der Nachbarschaft werden durch Aldehyd- und Ketogruppen in Gang gesetzt, die für die Energieerzeugung eine zentrale Bedeutung haben. Auch Aufbaureaktionen von Kohlenhydraten und Fetten sind unter dem Einfluss der Carbonylgruppe möglich. Die Carbonylgruppe selbst kann in andere funktionelle Gruppen transformiert werden, was für strukturbildende Maßnahmen der Chemie des Lebens essenziell ist.

Typische Aktionen der Carbonylgruppe finden wir auf allen wichtigen Abbauwegen von Nährstoffen in lebenden Organismen. Da wäre als Erstes die Glycolyse zu nennen. Das altgriechische Wort γλυκύς *glykýs*, das mit „süß" oder „süßlich" übersetzt wird, haben Sie schon im Zusammenhang mit der Glucose kennengelernt. Der zweite Teil des Wortes, λύσις *lýsis*, bedeutet „Auflösung". Auflösung bedeutet hier nicht das Lösen in Wasser, sondern richtig kaputt machen, anders formuliert: die brachiale Zerlegung von Glucose in zwei Teile. Nun zerfällt die Glucose selbst unter biotischen Bedingungen nicht einfach, sondern Enzyme müssen das stabile Molekül bearbeiten, sodass es nach und nach abge-baut wird.

Die Glycolyse ist der erste von insgesamt zwei zentralen biochemischen Abbaumechanismen, gefolgt vom Citronensäurecyclus. Beide Mechanismen unterscheiden sich
in der Schnelligkeit und in der Menge der zur Verfügung gestellten Energie.

Wir wollen nachstehend in geraffter Form das Schicksal eines Glucosemoleküls aus
einem leckeren Stück Kuchen verfolgen. Die Glucose ist dort in Form der Saccharose als
Backgrundlage hineingelangt. Neben der D-Glucose enthält die Saccharose noch D-
Fructose. Als Erstes wird in Magen und Darm die Saccharose in die beiden Bestandteile
gespalten. Trotzdem gehen die beiden Kohlenhydrate anschließend nicht völlig getrennte
Wege, wir werden der Fructose gleich wieder begegnen.

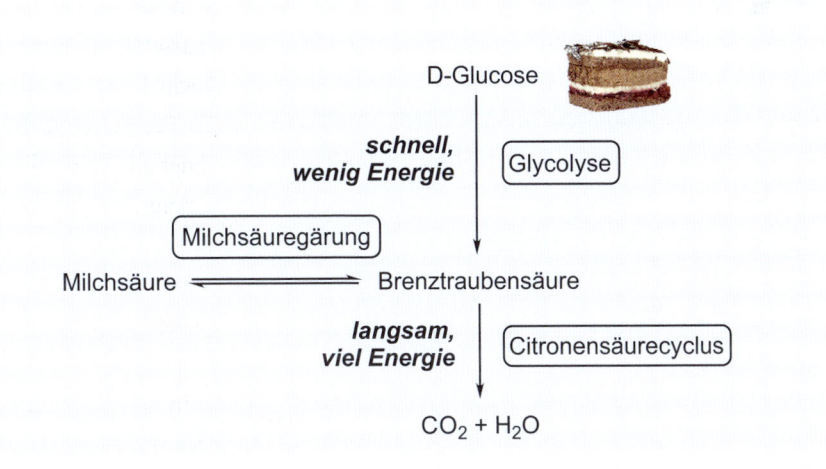

Ziel der Glycolyse ist die Zerlegung der Glucose in zwei gleiche Bruchstücke. Diese
Transformation geschieht unter maßgeblicher Mithilfe einer Carbonylgruppe. Sie ist,
wie bereits geschildert, in der Lage, die bindenden Elektronen aus einer benachbarten
C–C-Bindung zu sich herüberzuziehen.[161] Im Ergebnis wird, bildlich gesprochen, der
chemische Leim, der die beiden Teile zusammenhält, herausgesaugt, und die betreffende
Bindung zerbricht.

Um zwei Bruchstücke mit jeweils drei Kohlenstoffatomen zu erhalten, muss die Glucose halbiert werden. Da die Spaltung einer C–C-Bindung in diesem Fall nur mithilfe
einer benachbarten Carbonylgruppe vonstattengeht, muss diese in die Nähe des Tatortes
verschoben werden. Das Produkt dieser Wanderungsbewegung, die chemisch korrekt
als Tautomerie (altgriech. ταὐτό *t'autó*, „dasselbe", und μέρος *méros*, „Teil") bezeichnet
wird,[162] ist uns gerade über den Weg gelaufen: Es ist die D-Fructose! Auf diese Weise

münden Glucose und Fructose nur nach einer kurzen Trennung in den gleichen Stoff-wechselweg ein, oder anders gesagt, in der Saccharose begegnet die Glucose bereits ihrem ersten Abbauprodukt in Richtung CO_2, was schon etwas gruselig ist.

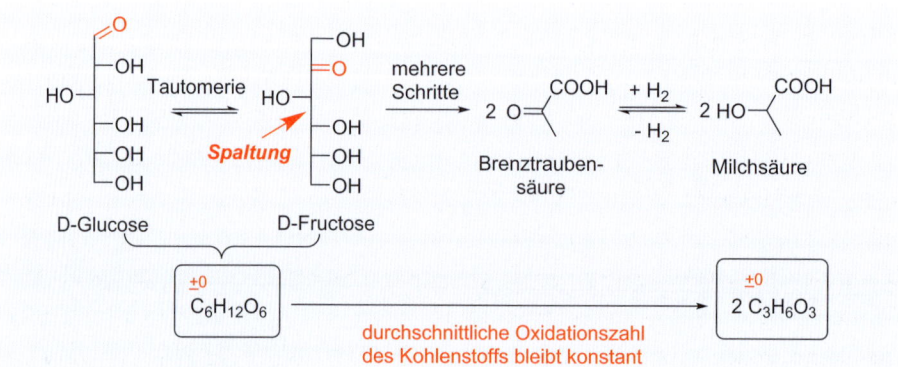

Das Schicksal der Bindungsspaltung ist nicht von vornherein festgelegt. Erst bei der Umwandlung von Glucose in ein spezielles Fructosederivat[163] neigt sich die Waage in Richtung Bindungsbruch. Die Situation ist vergleichbar mit einem Wasserspringer, der zunächst auf dem 5-Meter-Brett (Glucose) steht und es sich dann doch anders überlegt und mutig auf das 10-Meter-Brett (Fructose) klettert. Natürlich könnte er auch ganz vom Sprung zurücktreten und wieder in die Kabine gehen, was in unserem Beispiel dem Einbau der Glucose in eine Speicherform (Stärke oder Glycogen) entsprechen würde. Die Gleichgewichtspfeile zeigen an, dass das letzte Wort darüber noch nicht gesprochen ist. Fructose kann über die Glucose in Stärke umgewandelt werden, was ein wichtiger Grund dafür ist, dass wir als „Zuckerersatz" auch Fructose zu uns nehmen können.[164] Wenn der Wasserspringer vom 10-Meter(Fructose)-Brett abgesprungen und somit in der Luft ist, gibt es kein Zurück mehr. Die Kohlenstoffkette wird durchtrennt.

Nachdem die mittlere C–C-Bindung gespalten wurde, entstehen über mehrere Zwischenstufen, die hier nicht im Detail diskutiert werden sollen, zwei (identische) Moleküle der Brenztraubensäure* und nebenher etwas Energie. Damit ist die Glycolyse abgeschlossen. Die Brenztraubensäure kann in einem separaten Mechanismus zur Milchsäure hydriert

---

* Ebenso wie Amine den pH-Wert einer wässrigen Lösung verändern, haben auch Säuren einen Einfluss. Daher kommen die hier besprochenen Säuren in der lebenden Zelle meist als Salze vor, aus der sie durch Neutralisation hervorgegangen sind. Sie heißen dann Pyruvat (Salz der Brenztraubensäure), Lactat (Salz der Milchsäure), Citrat (Salz der Citronensäure) oder Oxalacetat (Salz der Oxalbernsteinsäure). Die Verwendung der chemischen Formeln der Salze würde die obigen Reaktionsgleichungen unnötigerweise verkomplizieren, deshalb werden hier nur die Formeln der Säuren angegeben.

werden. Diesen Prozess nennt man Milchsäuregärung. Die alternative Bezeichnung dafür lautet homolactische Fermentation (lat. *fermentum*, „Gärung" oder „Sauerteig") und bezieht sich auf die Produktion von zwei Milchsäuremolekülen, deren Salze Lactate heißen.* Die Milchsäuregärung findet nicht nur im Menschen, sondern in fast allen Organismen statt. Mithilfe von Bakterien werden auf diese Weise Lebensmittel (Sauerkraut, Salzgurken) schon seit der Jungsteinzeit konserviert. Darüber hinaus dient die homolactische Fermentation zur Herstellung von Sauermilchprodukten (Joghurt, Quark und Buttermilch).

Wir müssen konstatieren, dass bis hierher noch kein CO_2 entstanden ist. Wenn wir darüber hinaus die durchschnittliche Oxidationszahl aller Kohlenstoffatome berechnen, stellen wir weiterhin fest, dass sie sich in der Milchsäure im Vergleich zu der in der Glucose nicht verändert hat: ± 0. Auch die Anzahl der Sauerstoffatome ist gleich geblieben. Mit anderen Worten: Bis hierher ging es so schnell, dass wir noch kein einziges Mal Luft holen konnten oder mussten. Sauerstoff wurde noch nicht benötigt, daher wird dieser Teil des Abbaus von Glucose auch als anaerob (altgriech. ἀήρ *aér*, „Luft" mit *Alpha privativum*) klassifiziert.

Wie schon angemerkt, wird bei der Umwandlung von Glucose in Milchsäure nur wenig Energie erzeugt. Warum existiert dann dieser Prozess in der belebten Natur und warum geht er ausgerechnet von der Glucose aus? Der Klempnermeister Röhrich aus der deutschen Comic-Verfilmung *Werner – Beinhart!* hätte an dieser Stelle gemeckert: „Tut das not, dass das hier so rumoxidiert?" Leider können wir diesem Fachmann nicht recht geben, denn der Vorteil liegt deutlich auf der Hand: Die Glucose braucht den Sauerstoff in der Carbonylgruppe, um die Zerlegung der eigenen Kohlenstoffkette zu initiieren.

Es ist wichtig zu wissen, dass die Glycolyse sehr schnell abläuft. Wenn umgehend Energie gebraucht wird, und sei es noch so wenig, so ist die Glycolyse dafür ideal geeignet. Da kein Sauerstoff erforderlich ist, stellt die Glycolyse für Organismen, die in einer Umgebung mit wenig Sauerstoff leben, die optimale Variante dar. Das trifft auf viele Einzeller (Anaerobier), aber vor allem auf Fische zu. Auch bei Säugetieren ist die Glycolyse erste Wahl für die schnelle Energiebereitstellung. Man muss nicht extra Luft und damit Sauerstoff einatmen, um in Gang zu kommen.

Für manche Tiere ist eine schnelle Verdauung außerdem überlebenswichtig. Das betrifft kleine Tiere mit einer verhältnismäßig großen Oberfläche und einem hohen Energieverbrauch wie Kolibris. Diese kleinen fliegenden Diamanten ernähren sich hauptsächlich von zuckerhaltigem Blütennektar, der ihren stark energieverbrauchenden Lebensstil erst er-

---

* Im Unterschied dazu liefert die heterolactische Fermentation zusätzlich zur Milchsäure noch Kohlendioxid und Ethanol.

möglicht. Oft sind die im Nektar enthaltenen Blütenfarbstoffe giftig. Dem trägt der Verdauungsapparat der kleinen Vögel Rechnung: Eingang und Ausgang des Magens liegen sehr eng nebeneinander. Daher wird die aufgenommene Nahrung bei vollem Magen unverzüglich vom Eingang zum Ausgang übergeleitet, ohne den Dünndarm zu passieren. Der Zucker wird somit direkt der Glycolyse in den Zellen der Herz- und Flügelmuskeln unterworfen, die giftigen Farbstoffe werden bei dieser „Turboverdauung" gleich mitentsorgt und landen zusammen mit den Aminosäuren in den Federn, die sie farbig färben.

Die Anreicherung von Milchsäure in den Muskeln als Endprodukt von Glycolyse und Milchsäuregärung kann problematisch werden. Jäger kennen das Phänomen, dass das Fleisch von lange gehetztem Wild sauer schmeckt und damit nicht mehr zu gebrauchen ist. Wird zu viel Milchsäure akkumuliert, wird die Rückreaktion, die Dehydrierung der Milchsäure, zu Brenztraubensäure dominant und die gesamte Glycolyse gehemmt. Es kommt zu einem rapiden Abfall der Muskelleistung. Daher spielt der Lactatwert eine wichtige Rolle zur Bestimmung der individuellen Leistungsfähigkeit von Sportlern und wird verwendet, um die Fitness von Fußballspielern und Leichtathleten nach einem ausgedehnten Sommerurlaub zu überprüfen.

Die Glycolyse ist ein Prozess mit einem relativ geringen Wirkungsgrad. Nur etwa 30 % der gesamten Energiebilanz werden als Energie für Muskelleistung genutzt.[165] Der Rest geht als Wärme verloren. Diese Situation macht sich bei warmblütigen Tieren durch Schwitzen bemerkbar. Durch die Brille des Physikers gesehen, wird beim Schwitzen durch das Verdampfen von Wasser über die Haut überschüssige Wärme abgegeben. Je größer die Oberfläche ist, desto mehr Wasser kann abgegeben werden. Dieser Zusammenhang zwischen Chemie und Physik war für die menschliche Entwicklung von zentraler Bedeutung: Im Laufe der Evolution hat der Mensch fast vollständig sein Haarkleid verloren, was ihm die Möglichkeit eröffnet, die Wärme über den ganzen Körper verteilt im großen Stil abzuführen. Mittels einer geeigneten Kleidungswahl können wir uns flexibel an die Umwelttemperaturen anpassen, ohne dass unsere Leistungsfähigkeit eingeschränkt wird.* Die meisten Tiere mit Fell können das nicht.** Ihre biochemische Ausrüstung und biologische Konstitution zwingt sie, die Muskelaktivitäten herunterzufahren. Beispielgebend sind Löwen, mehr noch Geparden in der afrikanischen Savanne, die nur kurzzeitig ihre extrem hohe

---

* Die Vorzugstemperatur des Menschen mit leichter Kleidung beträgt 27 ℃. Bei dieser Außentemperatur muss der menschliche Organismus keine zusätzliche Energie für die Temperierung aufbringen.

** Eine Ausnahme bilden Pferde, die auch erheblich schwitzen können. Bei einem Distanzritt können 7–8 l Schweiß je Stunde abgesondert werden (W. von Engelhard, Arbeitsphysiologie unter besonderer Berücksichtigung des Pferdeleistungssports, in: *Physiologie der Haustiere*, W. von Engelhard [Hrsg.], Enke, Stuttgart 2000, S. 467).

Jagdgeschwindigkeit durchhalten. Die Möglichkeit einer effizienten Wärmeabfuhr ist begrenzt und nur über bestimmte Organe, die nicht mit Fell bedeckt sind, möglich. An der heraushängenden Zunge von hechelnden Hunden an heißen Sommertagen kann man dieses Phänomen auch in unseren Breiten sehr gut beobachten.*

Im Normalfall dient die Glycolyse zur schnellen Bereitstellung von Energie für die Muskeln, das Schwitzen ist ein sekundärer Effekt. Bei Kälte kann hingegen die Wärmeerzeugung in den Vordergrund treten. Die Muskeln fangen – unkontrolliert – an zu zittern und die produzierte Abwärme erwärmt den Körper. Zittern ist auch die wichtigste Strategie, mit der sich kleine Vögel wie beispielsweise Meisen, die im Verhältnis zur Körpergröße eine besonders große Oberfläche aufweisen, im Winter gegen Kälte schützen.[166] Bei ihnen sind die Flugmuskeln besonders aktiv, die ungefähr ein Viertel des Gesamtgewichtes ausmachen. Im Vergleich zum Zittern der Meisen ist das „Kälte-Bibbern" von Menschen eher bescheiden.

Wenn die Brenztraubensäure nicht sofort zur stabilen Milchsäure hydriert wird, passiert etwas anderes: CO_2 wird abgespalten. Auch bei dieser Reaktion haben Carbonylgruppen wieder ihre Hände im Spiel. Durch den Elektronensog der Ketogruppe wird die direkt benachbarte COOH-Gruppe als CO_2 aus dem Molekül hinausgedrängt. Den besten Beweis für diese aktivierende Wirkung finden wir in Form der Milchsäure, die – ohne Ketogruppe – keinerlei Tendenz hat, CO_2 abzuspalten. Sie ist eine stabile Verbindung.

Auf dem Weg von der Brenztraubensäure zum Acetaldehyd wird bereits ein Äquiva-

* Die Geweihe von Hirschen dienen neben dem Bestehen in innerartlichen Auseinandersetzungen und zur Abwehr von Feinden zusätzlich zur Thermoregulierung. Auch die Plattenpanzerung von einigen Sauriern (Stegosaurus) war möglicherweise nicht nur ein Mittel zur Verteidigung, sondern auch zur Klimatisierung.

lent CO_2 erzeugt. Auf die Kohlenstoffkette von Glucose bzw. Fructose zu Beginn der Glycolyse bezogen, sind damit schon zwei C-Atome zu CO_2 oxidiert worden. Acetaldehyd, das Produkt der Reaktion, wird in dem Prozess gar nicht erst freigesetzt, sondern umgehend zu Essigsäure oxidiert. Das ist auch gut so. Sollte sich Acetaldehyd in den Zellen akkumulieren, würden wir ständig aus allen Poren wie nach einer durchzechten Nacht riechen. Auch die Essigsäure wird umgehend an einen neutralisierenden Träger[167] angehängt und weiter bis zu CO_2 und H_2O zerlegt (siehe in diesem Kapitel weiter unten: Citronensäurecyclus).

Die Demontage der Brenztraubensäure über Acetaldehyd stellt auch einen Weg dar, um Ethanol, der in Form von Bier, Wein oder anderen Spirituosen in den Körper gelangt ist, abzubauen. In dieser Hinsicht könnte Ethanol sogar eine alternative Energiequelle für den Menschen darstellen, wenn nicht Acetaldehyd ein Problem darstellen würde: Acetaldehyd ist ein Gift für den menschlichen Körper, das bereits oberhalb von 5 µg/ml zusammen mit dem allergieauslösenden Amin Histamin für rote Flecken im Gesicht, Übelkeit, Herzrasen sowie die Spätfolgen des typischen Katers mit Kopfschmerzen und Alkoholfahne verantwortlich zeichnet.

Ethanol wird nach dem Eintritt in den Körper durch bestimmte Enzyme, den Alkoholdehydrogenasen, zu Acetaldehyd oxidiert.* Im Anschluss daran entgiften Aldehyddehy-

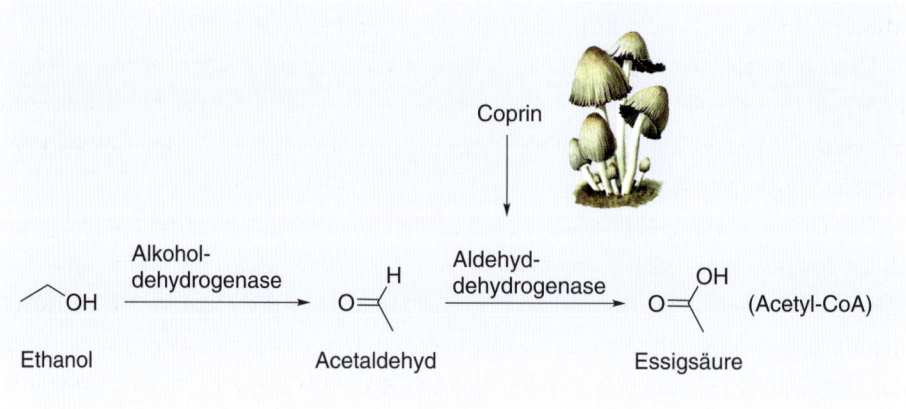

Coprin

Alkohol-
dehydrogenase

Aldehyd-
dehydrogenase

Ethanol   Acetaldehyd   Essigsäure   (Acetyl-CoA)

---

*   Eine nahe Verwandte der Alkoholdehydrogenasen ist völlig durchsichtig und findet sich als Crystalline in der Augenlinse des Menschen und anderer Tiere. Natürlich haben diese Proteine nichts mit dem „Doppeltsehen" bei übermäßigem Alkoholgenuss zu tun. Gleichzeitig haben ungefähr 10 % der Crystalline in den Augen von Enten noch einen „Nebenjob", indem sie den Abbau der Milchsäure katalysieren (I. Yanai, M. Lercher, *Das geheime Leben im Menschen*, Bastei Lübbe, Köln 2016, S. 224). Diese Befunde zeigen, wie vielfältig die biologischen Verwendungsmöglichkeiten von gleichen oder sich ähnelnden chemischen Strukturen in der Chemie des Lebens sein können.

drogenasen Acetaldehyd durch Umwandlung in Essigsäure.[168] Damit wird klar, dass bei Saufgelagen diejenigen im Vorteil sind, bei denen die erste Reaktion sehr langsam, die zweite aber besonders schnell abläuft. Tatsächlich ist dies bei vielen Europäern und eingewanderten Nordamerikanern der Fall. Bei den meisten Asiaten ist es genau anders herum, was deren geringe Alkoholverträglichkeit erklärt. Auch die Ureinwohner Amerikas, als Abkömmlinge von asiatischen Einwanderern, hatten Probleme mit dem „Feuerwasser" der Weißen und wurden von denen im betrunkenen Zustand schamlos um ihr Land betrogen. Aus diesem Grund hat die Alkoholverträglichkeit sehr wenig mit antrainierter Trinkfestigkeit, umso mehr mit der genetisch determinierten Enzymausstattung zu tun.

Der Abbau von Acetaldehyd durch die Aldehyddehydrogenase wird durch das Coprin gehemmt, wobei es ebenfalls zu den oben beschriebenen Vergiftungserscheinungen kommt. Coprin findet sich im Faltentintling (*Coprinus atramentarius*), der, ohne Alkohol genossen, durchaus genießbar und schmackhaft ist. Das Gift wird erst bei Erhitzen des Pilzes oder durch die Magensäure freigesetzt.*[169]

Im Vergleich zu richtigen Vögeln sind selbst die größten menschlichen „Schnapsdrosseln" und „Schluckspechte" nur Waisenknaben. Viele Vögel wie etwa Stare, Amseln, Singdrosseln, Gimpel oder Rotkehlchen nehmen im Herbst Alkohol in vergorenen Früchten zu sich, wobei der Alkoholgehalt im Blut sogar alle Promillegrenzen übersteigen kann und man schon mit Prozenten rechnen müsste.[170] Hätte ein Star das Gewicht eines Menschen, könnte er alle acht Minuten eine ganze Flasche Wein austrinken, ohne betrunken zu werden.[171]

Unter normalen physiologischen Bedingungen kommt die Essigsäure, ebenso wie Acetaldehyd, im menschlichen Organismus nicht vor. Sie wird in Form der „aktivierten Essigsäure" (Acetyl-CoA), die keine sauren Eigenschaften besitzt, in den Citronensäurecyclus eingeschleust.

Der Citronensäurecyclus ist das Kernstück aller Stoffwechselvorgänge. Manche von Ihnen erinnern sich vielleicht an Übersichten aus der Schulzeit oder an Poster in biochemischen Instituten, auf denen wie auf einer riesigen Landkarte die Stoffwechselkreisläufe des Menschen dargestellt waren. Alle diese Wege führen auf einen einzigen Kreislauf in der Mitte hin, den Citronensäurecyclus. Hier werden wie in einem Zentrallager sämtliche Kohlenstoffbruchstücke gesammelt, unabhängig davon, ob sie originär aus Kohlenhydraten, Fetten, Aminosäuren oder sonst woher stammen, und zu CO_2 verarbeitet. Gleichzeitig ist der Citronensäurecyclus Ausgangspunkt für den Aufbau vieler dieser Verbindungen.

---

*   Im Englischen wird der Effekt auch als Disulfiram-like Syndrome beschrieben, da Disulfiram (Handelsname Antabus®) als Entwöhnungsmittel bei Alkoholabhängigkeit verschrieben wird.

Ich möchte an dieser Stelle nicht in die Details gehen, die im Zentrum der Biochemie stehen, sondern nur auf den zentralen Punkt hinweisen, dass auch im Citronensäurecyclus eine Carbonylgruppe, genauer gesagt eine Ketogruppe, wieder die alles entscheidende Rolle spielt. Wie der Name schon sagt, beginnt der Cyclus mit der Citronensäure, einer Verbindung, die gleich drei COOH-Gruppen aufweist. Diese sind bekanntlich die letzten funktionellen Gruppen vor der Endstation Kohlendioxid. Bemerkenswerterweise ist die chemische Evolution an dieser Stelle in eine Sackgasse geraten. Citronensäure ist sehr stabil. Der Grund dafür ist: Es fehlt die aktivierende Ketogruppe in der Nachbarschaft.

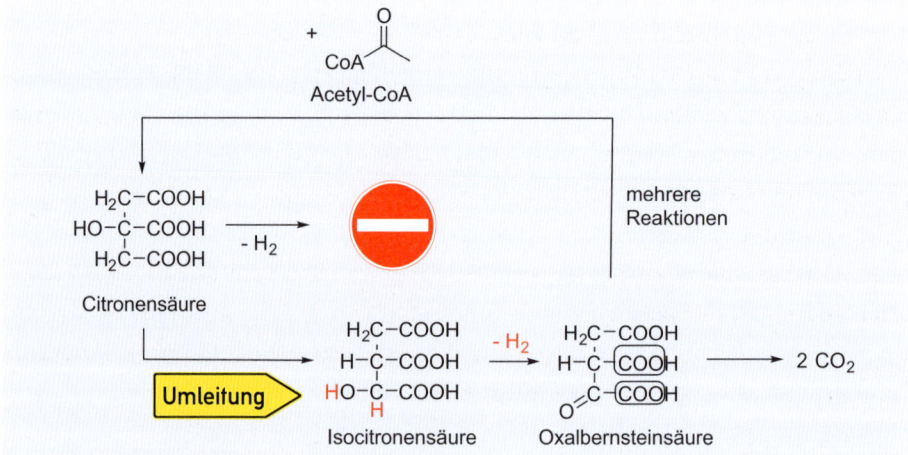

Prinzipiell sollte das kein Problem darstellen, da eine alkoholische Gruppe im Molekül existiert, die kurzerhand durch Dehydrierung in eine Carbonylgruppe überführt werden könnte. Zur Dehydrierung (Abspaltung von H_2) eines Alkohols gehören aber immer zwei benachbarte H-Atome, wie bereits weiter oben (Kapitel 5.3) betont wurde. Solch ein Arrangement bietet die Citronensäure nicht, weil am Kohlenstoffatom, das die Hydroxygruppe trägt, kein H-Atom vorhanden ist: Es handelt sich um einen tertiären Alkohol. Aus diesem Grund muss auch die Chemie des Lebens eine kleine Umleitung in Kauf nehmen. Die Hydroxygruppe wird kurzerhand an das Ende der Kohlenstoffkette geschoben, wo sich ein H-Atom am benachbarten C-Atom befindet. Im Anschluss an dieses Umgehungsmanöver liefert die Dehydrierung der Isocitronensäure* nun die dringend benötigte Ketogruppe. Das Dehydrierungsprodukt heißt Oxalbernsteinsäure.

---

*   Isocitronensäure ist ein Isomer der Citronensäure (altgriech. ἴσος *isos*, „gleich", μέρος *méros* „Anteil"). Isomere haben die gleiche Summenformel, aber die Atome sind unterschiedlich verknüpft.

Anschließend werden sofort die beiden zur Carbonylgruppe benachbarten COOH-Gruppen in Form von CO_2 abgespalten.

Insgesamt wurden damit alle sechs Kohlenstoffatome der stolzen Glucose unseres leckeren Kuchenstücks zu Kohlendioxid und Wasser püriert. Die Fructose aus der Saccharose wurde auf diesem Weg gleichfalls mitverarbeitet. Der verbleibende Rest der Citronensäure geht an den Ausgang des Citronensäurecyclus zurück und nimmt wieder aktivierte Essigsäure in Form von Acetyl-CoA auf, um auch diese in einem erneuten Kreislauf zu zerlegen. Das frei werdende Kohlendioxid wird zunächst im Blut gelöst und abschließend über die Lungen als Gas ausgeatmet, wodurch ein Zersetzungssog auf sämtliche Glucosemoleküle eines Organismus in Richtung CO_2 entsteht.*

Ich habe schon weiter oben angemerkt, dass bei der Glycolyse nicht viel, aber immerhin etwas und sehr schnell Energie für Muskel- oder Denkarbeit entsteht. Der Citronensäurecyclus übertrifft diese Energieausbeute bei Weitem. Der Wirkungsgrad kann unter physiologischen Bedingungen, das heißt in den Mitochondrien, den „Kraftwerken" der Zelle, bis über 70 % betragen.

Im Gesamtergebnis werden die frei werdenden 24 Elektronen pro Glucosemolekül während des Citronensäurecyclus auf Sauerstoff übertragen, der sich in der reduzierten Form mit Protonen zu Wasser vereinigt. In der Bruttoreaktion entspricht diese Konstellation der gefürchteten Knallgasreaktion.

$$\overset{\pm 0}{C_6H_{12}O_6} + 3\,O_2 \longrightarrow 6\,\overset{+4}{C}O_2 + 12\,H^+ + 24\,e^-$$

$$3\,\overset{\pm 0}{O_2} + 12\,H^+ + 24\,e^- \longrightarrow 6\,\overset{-2}{H_2}O \text{ (Knallgasreaktion!)}$$

So dramatisch geht es glücklicherweise in der lebenden Zelle nicht zu. Die Elektronen werden nicht alle zugleich auf Sauerstoff übertragen, sondern sie nähern sich über sehr viele kleine Zwischenstufen ihrem Endwirt. Wie auf einer Treppe hüpfen sie dabei von einem sogenannten Cytochrom zum anderen, anstatt vom obersten Podest in die Tiefe zu stürzen.[172] Damit bleibt der große Krach, die Knallgasreaktion, aus. Die Cytochrome haben den Namen von ihrer typischen Farbe erhalten (altgriech. κύτος *kýtos*, „Hülle",

---

* Bei der alkoholischen Gärung mit Hefe entstehen Ethanol und Kohlendioxid. Diesen Prozess kann man am Blubbern der Gasblasen in Gärröhrchen z. B. während der Weinherstellung verfolgen. Entweichendes CO2 ist auch verantwortlich für das „Aufgehen" des Hefeteiges beim Kuchenbacken.

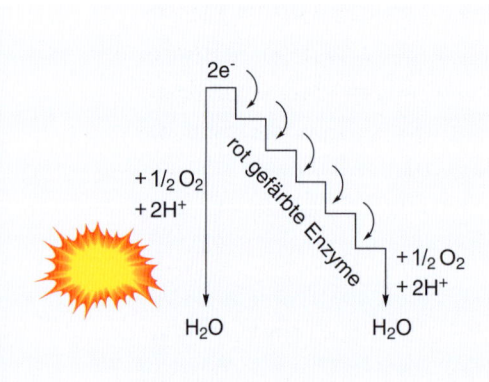

„Haut", hier die Zelle betreffend; χρῶμα *chrôma*, [Haut-]„Farbe"). Viele Cytochrome, die Sauerstoff und Elektronen transportieren, sind rot.

Der Citronensäurecyclus ist besonders für Lebensprozesse geeignet, die viel und gleichmäßig Energie erfordern. Da der Sauerstoff- und Elektronentransport durch farbige Verbindungen bewältigt wird, ist bereits an der Farbe des Gewebes zu erkennen, welcher chemische Mechanismus der Energieerzeugung zugrunde liegt. Zellen, die bevorzugt ihre Energie aus der (anaeroben) Glycolyse beziehen, sind farblos. Den Schnelltest kann man an der Fisch- bzw. Fleischtheke eines Supermarktes durchführen. Das Fleisch von Fischen ist mit Ausnahme (siehe Kapitel 14) von Lachsfleisch weiß. Fische leben in Wasser, einer bekanntlich sauerstoffarmen Umgebung. Für kurze und schnelle Muskelkontraktionen muss daher die Glycolyse ausreichen. Auch Gewebe von anderen Tieren, das keinen kontinuierlichen, sondern nur sporadischen Muskelbewegungen unterliegt, wie etwa das Brustfleisch von Hähnchen, ist nur blassrot. Hingegen ist das Herz eines Rindes, das über ein Leben lang kontinuierlich schlagen muss, tiefrot. Das ist ein untrügliches Zeichen dafür, dass in diesen Zellen sehr viele rot gefärbte Sauerstoff- und Elektronenüberträger vorkommen und dass die Muskelarbeit über den Citronensäurecyclus mit Energie beschickt wird.

Der Appetit auf Glucose ist im Menschen genetisch verankert. Wir verfügen über eine sehr spezielle Wahrnehmung für Kohlenhydrate, die nicht nur auf die Süße der Glucose anspricht, sondern sogar unbewusst die Anwesenheit von Stärke in der Nahrung signalisiert. Allein die Wahrnehmung von Spaltprodukten der Stärke im Mund erhöht bereits die körperliche Leistungsfähigkeit, ohne dass eine Erhöhung des Blutzuckerspiegels nachgewiesen werden kann.[173]

Glucosemangel hat gravierende Auswirkungen auf den menschlichen Organismus. Eine Verknappung an Glucose lässt sofort den Hauptabnehmer für diesen Energielieferanten auf den Plan treten: das Gehirn. Obwohl es nur 2 % der Masse des Menschen ausmacht, verbraucht es bis zu 55 % der täglichen Glucoseration, das entspricht 120–140 g. Im Gehirn befindet sich das Gewebe mit der höchsten Stoffwechselrate. Glucose ist daher unabdingbar für dessen Entwicklung und Aktivitäten. Fette spielen in diesem Kontext nur eine untergeordnete Rolle, sodass wir leider nicht durch besonders angestrengtes Nachdenken störendes Übergewicht verlieren können. Fehlt dem Gehirn Glucose, beginnt es nacheinander verschiedene Energiesparmaßnahmen in Kraft zu setzen.

Als erste Maßnahme wird die Risikobereitschaft des Menschen herabgesetzt. Eine besonders eindrucksvolle Abhängigkeit wurde im Verhalten von acht Richtern an einem israelischen Gericht gefunden, die über vorzeitige Haftentlassungen entscheiden mussten.*[174] Je weiter die Entscheidung von der Pause entfernt war, desto kleiner waren die Chancen für die Delinquenten, vorzeitig entlassen zu werden.

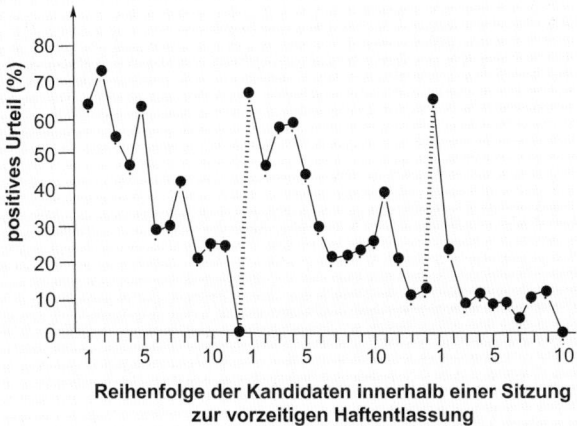

Diese Studie veranlasste den Hirnforscher Manfred Spitzer zu der kühlen Bemerkung: „Recht sei, was der Richter zum Frühstück gegessen hat."[175] Dieses Ergebnis sollte manche maßgebliche Entscheider zum Nachdenken anregen, denn offensichtlich bestimmen nicht nur Hormone und Vernunft unsere individuellen Entscheidungen, sondern auch der aktuelle Ernährungszustand, und das ungeachtet eindeutig formulierter Regeln und Gesetze. Marktforscher wissen sehr genau, dass die Kauflaune mit zunehmendem Glucosemangel zurückgeht. Aus diesem Grund kommt kein Einkaufszentrum ohne Cafés aus, in denen die Kunden durch Einnahme von Süßigkeiten ihre Risikobereitschaft steigern sollen, denn merke: Ein unterzuckerter Kunde verweilt nicht lange in einem Geschäft und lässt sich kaum zu ungeplanten Kaufentscheidungen überreden!

Ein anschauliches Beispiel aus dem Tierreich für ausgeprägte Risikoscheu bei lebenslanger Glucoseknappheit geben die putzigen Koalas (*Phascolarctos cinereus*) in Australien. Koalas leben in einer trockenen und heißen Umgebung. Um an Wasser und Nährstoffe zu gelangen, sind sie auf die Blätter des Eukalyptusbaumes angewiesen. Diese

---

* Die „Beweisaufnahme" erfolgte anhand von 1112 Urteilen, die sich über 50 Tage innerhalb einer 10-monatigen Periode erstreckte und bei der die Anträge von 727 männlichen jüdischen Israelis, 326 männlichen arabischen Israelis, 50 weiblichen jüdischen Israelis und 9 weiblichen arabischen Israelis verhandelt wurden.

Blätter bestehen bis zu 60 % aus Wasser. Sie enthalten aber daneben noch das giftige Cyanid. Zu viel cyanidhaltige Blätter verträgt auch der Nahrungsspezialist Koala nicht. Das hat nicht nur Konsequenzen auf die Herausbildung eines relativ kleinen Gehirns, sondern auch auf seine Lebensweise. Aufgrund des permanenten Nährstoffmangels schläft ein Koala etwa 20 Stunden am Tag. Sportliche Unternehmungen sind ihm fremd. Ebenso sind andere stark energieverbrauchende Aktivitäten auf ein Minimum beschränkt. Eine kurze Aufzuchtzeit von Jungtieren und die Vermeidung von blutigen Revierkämpfen sind typische Energiesparmaßnahmen. Insbesondere Rangkämpfe könnten zu Verletzungen führen, deren Heilung viel Energie erfordert. Ob das typische Kindchenschema, das erstmals von dem Zoologen Konrad Lorenz beschrieben wurde[176] und das selbst bei adulten Koalas vorhanden ist, ebenfalls eine Anpassung ist, um kräftezehrende Auseinandersetzungen mit Artgenossen zu vermeiden, muss an dieser Stelle spekulativ bleiben.

Auch Faultiere (*Folivora*) verschlafen fast den ganzen Tag aufgrund ihrer nährstoffarmen Kost. Die Verdauung der faserigen Blätter verholzter Lianen kann bei ihnen bis zu 150 Stunden dauern. Sie haben damit die niedrigste Stoffwechselrate aller Säugetiere. Sie bewegen sich deshalb sehr langsam durch das Geäst. Die typische Anthropomorphisierung (Vermenschlichung) dieser Tiere als faul, die sogar die Namensgebung beeinflusst hat, müsste fairerweise bei Kenntnis ihrer Ernährungsgewohnheiten sofort zurückgenommen werden.

Besonders beunruhigend für das eigene Selbstverständnis läuft beim Menschen die nächste Stufe von Glucosemangel ab.[177] Das Hirn schüttet dann das Stresshormon Cortisol aus, und alle guten Vorsätze zur Gewichtsabnahme werden in den Wind geschlagen, nach dem Motto: Morgen ist ja auch noch ein Tag, an dem man oder frau dem gut gefüllten Kühlschrank oder der Keksdose aus dem Weg gehen kann. Diese biochemisch ausgelöste Nötigung lässt die meisten Low-Carb-Diäten scheitern. Mancher Ernährungsberater verzweifelt daran und spricht von der Droge Zucker. Diese Bezeichnung ist nicht korrekt, denn Glucose ist kein fakultativer Bestandteil der Nahrung des Menschen, auf den man wahlweise verzichten könnte, auch wenn die menschliche Leber im begrenzten Umfang selbst Glucose synthetisieren kann. Zucker, speziell Glucose, ist überlebenswichtig. Eine Unterbrechung der Glucosezufuhr kann das Gehirn nicht länger als einige Minuten schadlos überstehen.

Unsere Vorfahren haben ihre tägliche Zuckerration aus Beeren oder Wildhonig bezogen. Eine besondere Eigenschaft des Menschen kann man deshalb seinem ausgeprägten Appetit auf Glucose zurechnen: Die meisten Menschen sind in der Lage, die Farbe Grün von Rot zu unterscheiden (Trichromatismus). Dies ist nicht nur wichtig, um das Umschalten der Verkehrsampel zu registrieren, was aufgrund der Neuigkeit des Phänomens evolutionsgeschichtlich noch keine Bedeutung erlangt hat, sondern um rote Beeren vor grünem Blatthintergrund zu erkennen.* Rote Beeren enthalten im Unterschied zu den unreifen Früchten sehr viel Glucose, was sie, nebenbei bemerkt, auch für Affen attraktiv macht.[178] Typische Fleischfresser wie zum Beispiel Hunde brauchen diese Fähigkeit zur Unterscheidung nicht; sie sind deshalb weniger in der Lage, Farben zu unterscheiden, als der Mensch.**[179] Anderen Carnivoren wie Katzen, Seelöwen, Hyänen und Ottern fehlt darüber hinaus sogar die Fähigkeit, Süßes wahrzunehmen.[180]

Es ist für einen Chemiker eine reizvolle Hypothese, die Verfügbarkeit von Zucker mit der Entwicklung der menschlichen Zivilisation zu korrelieren. Es ist auffallend, dass nach etwa zwei Millionen Jahren äußerst langsamer Evolution hin zum modernen *Homo sapiens* erst in den letzten 500 Jahren besonders in Europa eine industriell-technische Revolution ungekannten Ausmaßes in Gang kam. Der Zeitpunkt stimmt annähernd mit der unvermittelt einsetzenden, nahezu unbegrenzten Verfügbarkeit von Glucose in diesem Erdteil überein, die durch die Kultivierung von Zuckerrohr und Zuckerrüben begründet wurde. Die Frage, ob die veränderte Ernährungsweise Ursache oder nur eine begleitende Wirkung dieses Zivilisationssprunges war, muss an dieser Stelle unbeantwortet bleiben.***

In der letzten Stufe eines akuten Glucosemangels beginnt das menschliche Gehirn, die anderen Organe zu parasitieren, um seine Leistungsfähigkeit zu bewahren. Obduktionen an verhungerten Soldaten im Ersten Weltkrieg zeigten eine dramatische Gewichtsabnahme von Lunge, Niere und Herz. Nur das Gehirn hatte kaum an Gewicht verloren. Dieser Befund illustriert nicht nur die wichtige Funktion des Gehirns als Schaltzentrale im Körper, sondern verweist auch auf die Bedeutung von Glucose. Akuter Glucosemangel endet meist im Koma. Dabei fährt das Gehirn seine Aktivität herunter, macht die Schot-

---

* Bemerkenswerterweise sind 2-8 % aller Menschenmänner rot-grün-blind. Bei Neuweltaffen können solche Dichromaten sogar mehr oder fast die Hälfte der Population ausmachen. Möglicherweise können Dichromaten bei Dämmerlicht besser Muster und Strukturen erkennen, die Trichromaten übersehen. Dieser Effekt, der nicht auf einem Gendefekt beruht, könnte eine Folge unterschiedlicher Lichtverhältnisse im Wald sein (D. Haskell, *Das verborgene Leben des Waldes*, Kunstmann, 2015, S. 252–253).

** Auch die meisten Insekten sind rotblind, und das, obwohl sie von Zucker angelockt werden. Die Ursachen dafür sind anatomischer Art: Ihre Mundwerkzeuge sind zu klein für große Beeren. Insekten decken ihren Zuckerbedarf alternativ aus dem Nektar von Blüten, wobei sie Meister im Erkennen von Blütenformen sind.

*** Eine vergleichbare Relation, bei der nicht eindeutig zwischen Ursache und Wirkung unterschieden werden kann, findet sich derzeit in vielen asiatischen Ländern, wo mit steigendem Lebensstandard der Fleischverbrauch (tierische Proteine!) massiv angestiegen ist.

ten dicht und wartet auf bessere Zeiten.* Aufgrund dieser Abhängigkeit wurde von dem Lübecker Adipositas-Spezialisten und Diabetologen Achim Peters die Hypothese vom „egoistischen Gehirn" (*Selfish-Brain*-Theorie) geprägt.[181] Diese Metapher ist etwas umstritten, da die Zuschreibung von „Egoismus" immer mit einem freien menschlichen Willen assoziiert ist. Den kann man chemischen Prozessen, in denen eine chemische Verbindung wie die Glucose im Mittelpunkt steht, wahrlich nicht zuschreiben.

5.5 Die zeitweilige Zähmung der unruhestiftenden Carbonylgruppe und die molekulare Wiege der Zivilisation

Um die Gefahr zu bannen, die von einer wild gewordenen Carbonylgruppe in der Nachbarschaft ausgeht, muss sie, wenn keine Energie benötigt wird, in ihrem aggressiven Tun behindert werden. Für diese Manipulation eignet sich die Reaktion mit Alkoholen, wobei ein Halbacetal entsteht.**

Diese Reaktion erinnert an die Addition von Wasser an eine Carbonylgruppe, die gemäß der Erlenmeyer-Regel nicht begünstigt sein sollte. Tatsächlich liegt das Gleichgewicht meist auf der linken Seite. Jede Regel hat ihre Ausnahme, und die Erlenmeyer-Regel verliert an Bedeutung, wenn der Rest des neu gebildeten Moleküls eine besonders stabile Form annimmt.

Eine dieser Ausnahmen, die von zentraler Bedeutung für das Leben ist, stellt die Halbacetalbildung der Glucose dar.[182] In der Ihnen bisher bekannten Form der Glucose steht eine Carbonylgruppe an der Spitze der Formel. Was jedoch an den beiden chemischen Formeln des Produktes auf der rechten Seite der nachfolgenden Reaktionssequenz sofort

---

* Vergleichbare Sparmaßnahmen hat man bei sehr kleinen Vögeln wie beispielsweise Kolibris beobachtet. Aufgrund ihres ungünstigen Verhältnisses von Körpergröße zur Körperoberfläche sowie der großen Betriebsamkeit ist ihr Sauerstoffverbrauch bis zu zehnmal höher als bei Finkenvögeln. In Glucosemangelsituationen wie etwa in kühlen Nächten kann ihre Körpertemperatur erheblich absinken und in einem komatösen, völlig teilnahmslosen Zustand (Torpidität) enden. Etwas Ähnliches findet sich auch bei Winterschläfern wie Igel, Hamster, Murmeltier, Fledermaus und Ziesel. Durch die Erniedrigung der Körpertemperatur auf +2 bis +3 Grad wird der Energieverbrauch fast bis auf null gesenkt.

** Acetal ist ein Kompositum aus dem lateinischen *acetum* („Weinessig") und Alkohol.

auffällt, ist, dass die gefahrbringende C=O-Gruppe verschwunden ist. Beim Ringschluss entsteht die wohlbekannte 6-Ring-Form, von der Sie bereits wissen, dass sie die bequeme, energiearme Sesselgeometrie bevorzugt.

Zickzack	Sichel		Sessel
offenkettige Formen		Halbacetalformen mit Ring	

Stabilität

Die Bildung des Ringes aus der offenkettigen Form wird durch abstoßende Wechselwirkungen zwischen den Hydroxygruppen an den Kohlenstoffatomen C2 und C4 der Glucose geradezu erzwungen. Diese Abstoßungskräfte biegen die ursprünglich lineare Zickzackkette durch eine Drehung um die C2-C3-Achse in eine gekrümmte, sichelartige Form. Der Angriff der Hydroxygruppe am Kohlenstoffatom C5 an die Carbonylgruppe geht anschließend nahtlos vonstatten und wird durch einen Energiegewinn honoriert.

Ein zentrales Merkmal der D-Glucose in der 6-Ring-Form besteht darin, dass alle fünf funktionellen Gruppen an den Kohlenstoffatomen C2 bis C5, das sind vier Hydroxygruppen und eine CH_2OH-Gruppe, die energiegünstige äquatoriale Anordnung einnehmen. Diese Ausrichtung wird in der offenkettigen Struktur durch die Anordnung rechts-links-rechts-rechts (Merkregel: „ta-tü-ta-ta") der Hydroxygruppen vorgegeben. Sollten nur eine oder mehrere Hydroxygruppen in die entgegengesetzte Richtung zeigen (was bei anderen Zuckern mit sechs Kohlenstoffatomen der Fall ist), hätte dies unmittelbar Auswirkungen auf die Ausrichtung dieser Gruppe am 6-Ring und würde den Stabilitätsbeitrag der Ringform mindern. Aus diesem Grund ist es folgerichtig, dass der vorherrschende Zucker in der lebenden Natur die D-Glucose ist. Noch pronuncierter können wir sagen: Wenn grüne Pflanzen mithilfe des Sonnenlichtes aus Kohlendioxid und Wasser einen Zucker der allgemeinen Formel $C_6H_{12}O_6$ herstellen, muss dies aus energetischen Gründen zwangsläufig die Glucose sein. Somit haben wir die in Kapitel 1 aufgeworfene Frage, warum die D-Glucose und nicht die D-Allose auf der Erde solch eine herausragende Rolle spielt, klipp und klar beantwortet.

In unserer Sesselform der Glucose habe ich die Bindung der Hydroxygruppe in der Nachbarschaft zum Ringsauerstoff am C1 durch eine Wellenlinie gekennzeichnet. Die

Wellenlinie soll andeuten, dass deren Ausrichtung noch nicht festgelegt ist; ich werde diesen Sachverhalt gleich im Detail behandeln.

Die beiden ungleich langen Gleichgewichtspfeile zeigen an, dass die Ringform der Glucose stabiler ist als die offenkettige Form, die in Wasser nur zu weniger als 1 % vorliegt. Bei Bedarf kann Letztere jedoch problemlos wiederhergestellt werden und die „Todesspirale" über Glycolyse und Citronensäurecyclus in Richtung Kohlendioxid und Wasser wird in Gang gesetzt. Vielleicht erinnern Sie sich noch an das Kapitel 4.5 über die Bildung von 6-Ringen? Dort hatte ich die Stabilität der Sesselform des Cyclohexans gepriesen und damit eine plausible Erklärung für dessen Vorkommen im Erdöl gegeben. Durch den Einbau eines einzigen Sauerstoffatoms in den Ring wurde eine „Sollbruchstelle" geschaffen, die aus einem ursprünglich sehr stabilen Molekül, dem Cyclohexan, eine etwas labilere Angelegenheit, die 6-Ring-Grundstruktur der Glucose, werden lässt. Um deren Stabilität zu erhöhen, ersetzen wir die HO-Gruppe an der geschlängelten Bindung durch andere Molekülbausteine und kommen damit in den Bereich wesentlich längerer Lebenszeiten und mannigfaltiger biologischer Applikationen.

Ein Beispiel haben Sie schon im Zusammenhang mit den leicht flüchtigen Abwehrstoffen von Pflanzen wie Senfölen, Vanillin oder Blausäure, die an Glucose angehängt wurden, kennengelernt. Die Bindung ist so stark, dass in der belebten Natur nur Enzyme in der Lage sind, diese Liaison zu beenden. In der Folge wird der Abwehrstoff freigesetzt. Auch die Bausteine des Lignins werden auf diese Weise, wie bereits berichtet, zu ihrem biologischen Einsatzort transportiert.

Den Part des zuckerfremden Abwehrstoffes kann auch ein weiteres Glucosemolekül einnehmen. Wenn auf diese Weise sehr viele Glucosemoleküle miteinander verknüpft werden, entstehen lange Ketten, denen eine zentrale Bedeutung bei der chemischen Energiespeicherung bzw. biologischen Strukturbildung zukommt. Die Verknüpfungsreaktion wird als Kondensation (lat. *condensare*, „verdichten", „dichter machen") bezeichnet, wobei bei jedem Verknüpfungsschritt ein Wassermolekül freigesetzt wird.*

Abgesehen von nur ganz wenigen Ausnahmen, verbraucht die Bildung von solchen Ketten keine Energie, sondern sie ist im Gegenteil im Gesamtergebnis ein energieliefernder Prozess: Es werden Bindungen geknüpft. Damit stellt der Aufbau von Riesenmolekülen eine echte Konkurrenz zum Abbau der Glucose bis hin zum Kohlendioxid dar.

---

* In der Alltagssprache wird unter Kondensation vor allem die (physikalische) Abscheidung von Wasserdampf auf einer Oberfläche verstanden. Chemisch bedeutet Kondensation die Verknüpfung von zwei Verbindungen unter Abspaltung von Wasser. Kondensation kann etymologisch auch auf den lateinischen Ursprung *condens* („Gebäude") zurückgeführt werden, was die zentrale Bedeutung dieser Reaktion auf die Strukturenbildung in Zellen veranschaulicht.

Diese Ketten wachsen allerdings nicht unendlich. Verantwortlich für das Ende des Wachstums ist die schon erwähnte Entropie, die ich an anderer Stelle einfach als das Streben nach Unordnung interpretiert hatte. Sie können sich sicher gut vorstellen, dass frei flottierende Glucosemoleküle einen hohen Grad an Unordnung in der Zelle verursachen. Werden diese Glucosemoleküle nun wie an einer Schnur aufgefädelt, entspricht dies einer Zunahme von Ordnung. Damit stehen sich die beiden Prozesse Kettenwachstum verbunden mit Ordnungsgewinn und Ordnungsverlust durch Kettenabspaltung konträr gegenüber.[183] Irgendwann ist kurzzeitig ein Gleichgewichtszustand erreicht; die Kette hört auf zu wachsen und unterliegt dann dem Abbau.[184*]

Nach dieser kurzen Vorbemerkung zum Wachstum von Ketten, unabhängig davon, aus welchen chemischen Bausteinen sie gebildet werden, wollen wir zu dem oben nicht ausdiskutierten Problem der „Schlängelbindung" zurückkehren. Die Schlängellinie indiziert in der chemischen Formelsprache, dass diese Bindung zur Seite oder nach unten führen kann. Kurz gesagt, wir haben uns noch nicht entschieden. Der Entscheidung können wir gleichwohl nicht aus dem Weg gehen. Als wir in Kapitel 4.5 die äquatoriale und die axiale Ausrichtung an einem Cyclohexanring behandelt haben, wurde bereits auf die besondere Situation solch einer Gruppe in Nachbarschaft zum Ringsauerstoff hingewiesen. Man mag dies für ein Randproblem von Chemikern halten, die sich wichtigmachen wollen, doch in ihrer Konsequenz ist dieses Phänomen kaum zu unterschätzen. Führt es uns doch direkt an die molekulare Wiege der menschlichen Zivilisation.

Ehe wir zu diesem außerchemischen Aspekt kommen, wollen wir weitere Glucosemoleküle in der äquatorialen Ausrichtung aneinanderreihen. Das Produkt dieser multiplen Verkettung heißt Cellulose und kann 5 000 – 10 000 Glucoseeinheiten enthalten.

Die Konvertierung von Glucose in Cellulose oder auch in Stärke, die wir gleich noch näher betrachten werden, ist überlebenswichtig für alle grünen Pflanzen, die mittels Fo-

n = 5.000-10.000   Cellulose

---

*   Die Bildung von Makromolekülen aus Monomeren ist nichts anderes als die Fortsetzung der Bildung von Molekülen aus einzelnen Atomen. Durch Energiegewinn werden aus Atomen stabile Aggregate, die chemischen Verbindungen, gebildet. Diese Verbindungen können entweder durch Reaktion mit anderen Atomen oder Molekülen transformiert werden oder sie zerfallen aufgrund mangelnder Stabilität wieder in kleinere Moleküle oder in Atome.

tosynthese innerhalb von Sekundenbruchteilen Glucose synthetisieren. Große Glucose-konzentrationen erhöhen den osmotischen Druck in der Zelle, was zunächst einen ver-mehrten Einstrom von Wasser nach sich zieht. Am Ende würde die Pflanzenzelle an ihrem eigenen Produkt zerplatzen, deshalb ist die chemische Speicherform Cellulose auch die Voraussetzung für das eigene Überleben.

Cellulose ist durch annähernd gerade Ketten gekennzeichnet. Neben intramolekularen Wasserstoffbrücken fallen bei strukturanalytischen Untersuchungen insbesondere die Wasserstoffbrücken zwischen den Ketten auf. In der Folge entstehen Stapelstrukturen.

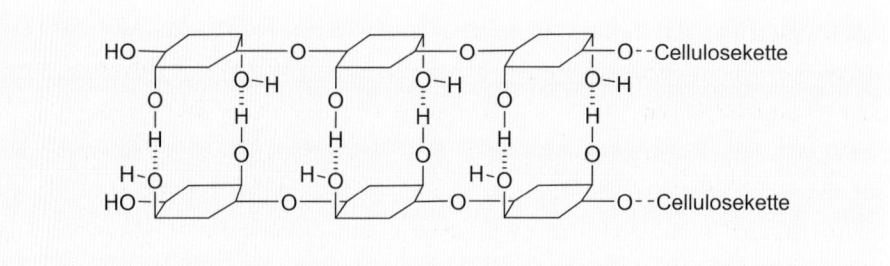

Aufgrund dieser strukturellen Eigenschaften ist Cellulose ein äußerst robuster Gluco-sespeicher. Wäre Glucose Geld, könnte jeder Anleger einer vierfachen Anlagensicherung vertrauen, die in der Welt der realen Banken ohne Präzedenz ist. Die Sesselform des 6-Ringes und die äquatoriale Ausrichtung ausnahmslos aller funktionellen Gruppen in der Glucose stellen die ersten beiden Sicherungsmaßnahmen dar. Durch Verknüpfung mit weiteren Glucosemolekülen erhöht sich der „Anlagenschutz". Das ganze Gebilde wird am Ende durch intermolekulare Wasserstoffbrücken zwischen den Ketten noch zusätzlich abgesichert, wobei keine Hydroxygruppe unbeschäftigt bleibt. Das Ganze er-innert an einen dreidimensionalen Reißverschluss. Diese vier strukturellen Eigenschaf-ten geben der Cellulose ihre immense Stabilität. Cellulose kann so wohlgeordnet sein, dass sie spontan kristallisiert.

Die Stabilität wird durch den Einbau von Lignin noch weiter verbessert, wie ich es be-reits für das Holz von Bäumen angemerkt habe. Die langen, von Lignin durchwirkten Cel-luloseketten haben eine bemerkenswerte Eigenschaft: Sie können Töne weiterleiten. Klopft der Förster bei seinem Rundgang durch den Wald an einen Baum, gibt die Höhe des Tones Auskunft über den Gesundheitszustand des Baumes.* In den Baumwipfeln lebende Tiere wie Eichhörnchen können durch diesen auditiven Effekt bereits von Weitem emporklet-

---

* Mittlerweile wird zur Messung des Gesundheitszustandes von Bäumen oftmals die moderne Schalltomographie eingesetzt, die ein vollständigeres Bild vermittelt, aber auf dem gleichen Prinzip beruhen.

ternde Feinde wie zum Beispiel Marder wahrnehmen. Die wunderbare Akustik von Holz ist neben der leichten Verarbeitbarkeit die wesentliche Ursache, warum es das bevorzugte Material im Instrumentenbau zur Herstellung fast aller Streichinstrumente (Geige, Cello, Kontrabass) und sogar von einigen Blasinstrumenten (Flöte, Fagott, Oboe) ist.

Die vielen Wasserstoffbrücken zwischen den einzelnen Ketten der Cellulose verhindern gleichzeitig, dass Wassermoleküle, die bei der Kondensation freigesetzt wurden, zurückkehren und sich einnisten können. Cellulose ist deshalb ein ganz schlechter Wasserspeicher. Dieses Unvermögen stellt aus biologischer Sicht einen erheblichen Vorteil dar: Jeweils ein Molekül Wasser wäre erforderlich, um am Ende einer Cellulosekette einen Glucosebaustein herauszuspalten.* Neben der strukturellen Robustheit ist die Abwesenheit von Wasser in bestimmten Pflanzenteilen essenziell, ansonsten würden sich Bäume und Sträucher langsam bei Regen auflösen – was bisher noch niemand beobachtet hat.

Wasser in den Zwischenräumen ist aber die Voraussetzung, dass Verdauungsenzyme angreifen können. Angesichts der großen Zahl von Sicherheitsmaßnahmen in der Cellulose kommen solche Spaltungsreaktionen fast schon einem Wunder gleich. Über spezielle Enzyme (Cellulasen), die Cellulose mithilfe von Wasser in Glucosebausteine aufspalten, verfügen nur einige Schneckenarten (Weinbergschnecken), Termiten und Bücherwürmer.**

Es ist festzuhalten, dass außer den oben erwähnten Ausnahmen kein Tier in der Lage ist, Cellulose in Glucose aufzuspalten, um daraus Energie zu generieren. Auch Kühe nicht! Wiederkäuer können dies nur mithilfe von Bakterien. Diese übernehmen das Spaltungsgeschäft im Kuhmagen, wobei über zehn verschiedene Enzyme in einem gemeinschaftlichen Angriff antreten.[185] Die Kuh bekommt von alldem nichts mit. Sie würgt zwischenzeitlich den Brei nach oben und mahlt mit speziellen Zähnen einen Teil der Bakterien klein, um an die Glucose zu gelangen. Genau genommen ernährt sie sich von Bioabfall. Das ist ein zeitraubender Vorgang, und es ist daher nicht verwunderlich, dass Rinder so lange mit ihrer Verdauung beschäftigt sind und stundenlang wiederkäuend auf der Weide herumliegen. Auch andere Pflanzenfresser wie Kängurus und Pferde sind in der Lage, Cellulose mithilfe von Mikroorganismen zu verdauen. Instinktiv bevorzugen sie allerdings die oberen zarten Pflanzensprossen, denn diese enthalten noch kein Lignin, das noch unverdaulicher als Cellulose ist.

---

* Zur Spaltung müssen Katalysatoren zugegen sein. Das können im einfachsten Fall Säuren übernehmen. Aus diesem Grund sind Protonen (H⁺) in Zellen lebensbedrohlich. In biotischen Systemen übernehmen das vorrangig Enzyme, die sehr selektiv einen Glucosebaustein nach dem anderem von einer Seite der Kette abspalten.

** Auch viele Insekten und Pilze können Cellulose verdauen. Ein markantes Beispiel sind Konsolenpilze wie der Rotrandige Baumschwamm (*Fomitopsis pinicola*), der durch seine tellerartige Form an abgestorbenen Bäumen auffällt, wo er waagerecht angewachsen ist.

Noch cleverer haben sich Schiffsbohrwürmer – die korrekte Bezeichnung ist Schiffs-bohrmuschel (*Teredo navalis*) – an ihr Hauptnahrungsmittel Holz angepasst. Die Muscheln stellen die erforderlichen Enzyme zur Holzverarbeitung nicht selbst her. Im Unterschied zu den Wiederkäuern, bei denen sich die Cellulose spaltenden Bakterien im Magen befinden, haben sie sich bei den Würmern im Kiemenbereich angesiedelt, womit das umständliche Hoch- und Runterwürgen der Nahrung unterbleiben kann. Auf diese Weise sind Schiffsbohrwürmer geradezu prädestiniert dafür, unermessliche Schäden an Holzschiffen anzurichten.[186]

Wir können an dieser Stelle konstatieren, dass durch Ringbildung der offenkettigen Form der Glucose und nachfolgenden Einbau in lange Celluloseketten, die zudem noch miteinander wechselwirken und kaum Wasser enthalten, sehr robuste Strukturen gebildet werden, die ihre Entstehung einem Energie- und Ordnungsgewinn verdanken. Diese komplexen Strukturen setzen der Zerlegung des monomeren Bausteins Glucose vor allem in Richtung CO_2 und H_2O eine erhebliche Barriere entgegen. Damit wirkt Komplexität als Mittel gegen Destruktion, oder noch pointierter formuliert: Lange Ketten sind ein probates Mittel zur Entschleunigung der schnellen Totaloxidation des energiereichen Kohlenstoffs.

Zeigt die soeben besprochene C–O-Bindung in der Ringform der Glucose nach unten, hat dieser Effekt eine ganz andere Wirkung auf lange Glucoseketten. Zunächst müssen wir uns fragen, wie das möglich ist, da wir an der Sesselform des Cyclohexans festgestellt haben, dass die axiale Ausrichtung energetisch ungünstig ist. Die Ausnahmesituation hängt mit dem Ringsauerstoff und seiner Wechselwirkung mit dem benachbarten Sauerstoff zusammen. Bei der äquatorialen Ausrichtung kommen sich vier benachbarte freie Elektronenpaare gehörig in die Quere. Entspannung tritt durch die axiale Position ein. Diese Situation wird vereinfacht auch als *rabbit ear effect* („Kaninchenohr-Effekt") bezeichnet.[187] Damit führt in diesem Sonderfall selbst eine axiale Ausrichtung zu einer stabilen Verbindung.

Lange Glucoseketten, die durch ein axial stehendes Sauerstoffatom am Kohlenstoffatom C1 des Ringes verbrückt werden, haben völlig andere Eigenschaften als die oben beschriebene Cellulose: Sie bilden intermolekulare Wasserstoffbrücken aus, also Brücken nicht zwischen den Ketten, sondern innerhalb einer

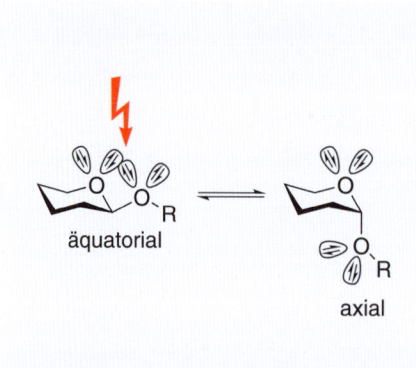

äquatorial

axial

Kette. Diese intermolekularen Wasserstoffbrücken induzieren die Bildung von helikalen Überstrukturen. Das einfachste Gebilde nennt man Amylose, die aus 100 bis 1400 Glucosemolekülen aufgebaut ist.

Amylose

Bei Verzweigung mit anderen Glucoseketten entsteht Amylopektin, das bisher größte jemals nachgewiesene Biomakromolekül (altgriech. μακρός *makrós*, „lang", „gewaltig")* mit bis zu einer Million Glucosebausteinen. Amylose und Amylopektin bilden zusammen die pflanzliche Stärke (altgriech. ἄμυλον *ámylon*, „nicht gemahlenes" [Mehl]), wie sie in Mais und Kartoffeln vorkommt. Stärke ist chemisch umhüllt von Proteinen und biologisch geschützt durch Zellwände, was eine einigermaßen stabile Speicherform in den Pflanzen gewährleistet und einen vorzeitigen Abbau verhindert. Ungeachtet dessen lässt sich die Stärke mit ihrer Helixstruktur leichter attackieren als Cellulose. Die Glucosebausteine können somit problemloser aus diesen Riesenmolekülen herausgebrochen werden. Schon Constantin Kirchhoff, ein Mecklenburger Apotheker und Zeitgenosse Goethes, fand heraus, dass schwache Säuren und Wärme ausreichend sind, um Stärke abzubauen.[188]

Im menschlichen Körper werden bei einem Überangebot an Glucose Reserven in Form von Glycogen angelegt und in Muskel-, Leber- und Nierenzellen gespeichert. Glycogen ist so ähnlich aufgebaut wie Amylopektin. Durch das komplexe Zusammenspiel der Hormone Insulin und Glukagon wird durch den Abbau von Glycogen nur eine bestimmte Menge an Glucose ins Blut abgegeben. Bei permanent erhöhten Konzentrationen reagieren vagabun-

---

* Sehr oft werden Makromoleküle aus den gleichen Bausteinen auch als Polymere bezeichnet. Die Herleitung aus dem altgriechischen πολύ polý, „viel", und μέρος méros, „Teil", zeigt, dass diese Bezeichnung nicht ganz exakt ist, da es sich nicht um einzelne Moleküle handelt, sondern um lange Ketten, wie Jakob Fritschi und sein Doktorvater Herrmann Staudinger bereits Anfang des 20. Jahrhunderts gezeigt haben. Letzterer erhielt für diese Entdeckung 1953 den Chemie-Nobelpreis (A. Requardt, Staudingers Kautschukmodell auf dem Prüfstand, *Nachrichten aus der Chemie* 2017, 65, 161–163).

dierende Glucosemoleküle mit Proteinbestandteilen, wobei die Aldehydgruppe wieder ihre Hände im Spiel hat.[189] Bei diesen Reaktionen entstehen Verbindungen, die Veränderungen an kleinen arteriellen Blutgefäßen hervorrufen können und damit die typischen Symptome der gefürchteten Diabetes-Krankheit (Mikroangiopathie) erzeugen.

Stärke selbst ist nicht süß. Erst wenn man ein rohes Kartoffelstück längere Zeit im Mund kaut, werden einzelne Bruchstücke durch Enzyme im Mund abgespalten und der typische Zuckergeschmack wird wahrnehmbar.* Höhere Temperaturen beschleunigen die Zerlegung, wie ich gleich im Detail beweisen werde. Aus diesem Grund wurde noch zu Goethes Zeiten vor dem Verzehr von heißem Brot gewarnt, weil damit die Gefahr von Karies zunahm.[190] Daran erinnert sich heutzutage im Umfeld von heißen Pizzen und Burgern niemand mehr. Dank verbesserter Zahnpflege stellen selbst Süßigkeiten kaum noch ein gesundheitliches Problem für die Zähne dar.

Die Spaltung von Stärke läuft – wesentlich langsamer – bei der Reifung von Früchten ab. Unreife Äpfel enthalten die gleiche Menge an Glucose wie reife, nur eben gebunden in Form von Stärke.[191] Während der Fotosynthese in den Blättern wird der Zucker im wachsenden Apfel aufgebaut. Der Überschuss an Glucose kurbelt die Bildung der Stärkeketten an. In den chemischen Reaktionsgleichungen kommt dieser Sachverhalt durch unterschiedlich lange Reaktionspfeile zum Ausdruck.

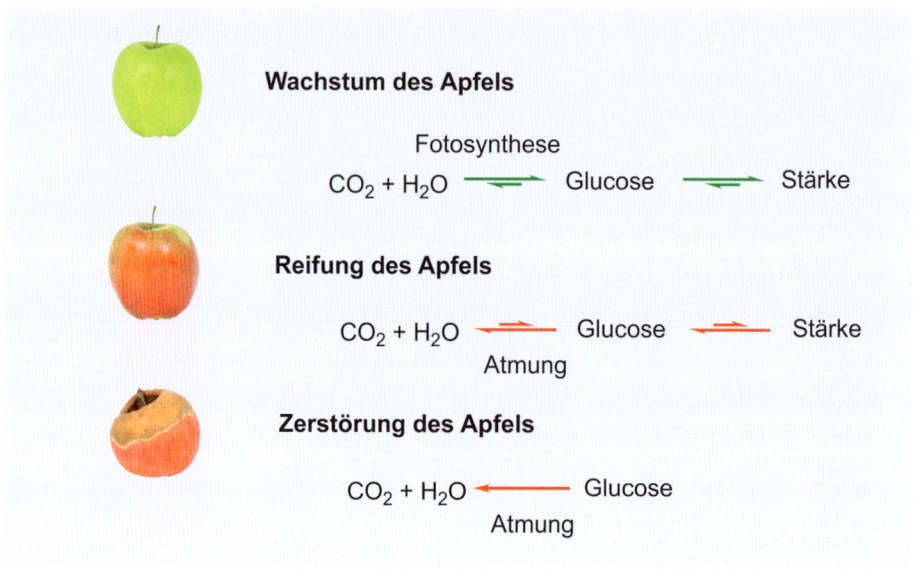

Wachstum des Apfels

$$CO_2 + H_2O \;\underset{}{\overset{\text{Fotosynthese}}{\rightleftharpoons}}\; \text{Glucose} \;\rightleftharpoons\; \text{Stärke}$$

Reifung des Apfels

$$CO_2 + H_2O \;\underset{\text{Atmung}}{\rightleftharpoons}\; \text{Glucose} \;\rightleftharpoons\; \text{Stärke}$$

Zerstörung des Apfels

$$CO_2 + H_2O \;\underset{\text{Atmung}}{\longleftarrow}\; \text{Glucose}$$

---

* Im Mund entsteht nicht sofort Glucose, sondern zunächst Maltose, ein Disaccharid, das aus zwei Glucosemolekülen besteht. Dieser Prozess läuft auch bei der Bierherstellung aus Gerste beim Mälzen ab.

Die grüne Schale des (noch sauren) Apfels, die ebenso wie die Blätter Chlorophyll enthält, sorgt für kontinuierlichen Nachschub an Glucose und unterstützt den Kettenaufbau. Erst im Frühherbst, wenn die Lieferung von Glucose aus den Blättern ausbleibt und auch das Chlorophyll in der Schale abgebaut wird, dreht sich der Prozess um. Während der Reifung wird die Glucose wieder aus der Stärke freigesetzt und der Apfel bekommt seine attraktive Süße.* ** Dies machen wir in der Formelsprache deutlich durch die Umkehr der Gleichgewichtspfeile. Wenn der Apfel nicht rechtzeitig vom Baum gepflückt (und gegessen) wird, gehen die organischen Inhaltsstoffe wieder in Kohlendioxid und Wasser über.***

Es muss angemerkt werden, dass in kaum einem Augenblick ein gleichbleibendes Gleichgewicht erreicht wird; entweder wird auf- oder abgebaut. Dieses Beispiel soll auch dazu dienen, die im medialen Diskurs oftmals beschworenen „Gleichgewichte" und immer wiederkehrenden „Kreisläufe" in der belebten Natur infrage zu stellen. Die gibt es nur für einen sehr kurzen Moment oder gar nicht. Die Evolution kennt keinen Stillstand. Ständig entsteht ein neuer Zustand, oder wie der Wissenschaftsjournalist Fred Pearce in seinem Buch über neu eingewanderte Tiere und Pflanzen schreibt: „Das Normale ist die Veränderung".[192] Jeder Versuch, zu alten Zuständen zurückzukehren, ist vergeblich. Wir werden in Kapitel 17 dieses Buches noch einmal zu diesen Gleichgewichten zurückkehren.

Amylopektin- und Glycogenketten bilden Knäuel und verzweigte Strukturen. Dadurch entstehen viele Hohlräume, die sich für die Einlagerung von Wassermolekülen geradezu anbieten. Wir erinnern uns, dass je ein Molekül Wasser notwendig ist, um eine Glucoseeinheit vom Kettenende her abzuspalten. Die Kombination aus Hohlräumen und Wasser ist die wichtigste Voraussetzung, dass tierische und menschliche Enzyme Teile des Amylopektins attackieren können. Amylose füllt nur den Magen als Ballaststoff und wird unverändert ausgeschieden.

Der Verwendungsgrad des Amylopektins hängt entscheidend vom Wassergehalt ab. Lange Quellzeiten, insbesondere das Erhitzen in Wasser, erhöhen während der Verdauung erheblich die Verfügbarkeit von Glucose. Den Unterschied kann man leicht zwischen

---

* Es gilt die Gärtnerregel: Je reifer eine Frucht ist, desto geringer ist der Gehalt an Stärke und desto höher ist der Gehalt an Glucose. Der Zuckergehalt einheimischer Obstarten reicht von etwa 4 % in Himbeeren bis 20 % in Weintrauben.

** Wenn reife Früchte auf feuchten Boden fallen, führt die hohe Konzentration an Glucose zum Aufplatzen der Schale (Osmose!) und die Samen werden freigesetzt. Gleichzeitig lockt die attraktive Süße auch Tiere an, die gern von den reifen Früchten naschen. Die unverdaulichen Samen werden am Ende ausgeschieden und somit über eine große Fläche verbreitet.

*** Bei kalten Außentemperaturen wird in Obst und Gemüse der Abbau der Stärke verlangsamt. Solange die Fotosynthese noch weiterläuft, entsteht Glucose. Das ist die Ursache dafür, dass Grünkohl, der bei mildem Frost auf dem Feld verbleibt, immer süßer wird. Das trifft natürlich nicht auf Tiefkühlfrost zu.

einer rohen und einer gekochten Kartoffel ermessen: Die Stärkeverwertbarkeit einer gekochten Kartoffel beträgt über 95 %, während nur die Hälfte der Rohstärke in ungekochten Kartoffeln verfügbar ist.[193]

An diesem Punkt begann möglicherweise die erste Etappe der menschlichen Zivilisation. Die ersten Menschen, die Feuer für die Zubereitung der Nahrung nutzten, hatten unbewusst eine Möglichkeit gefunden, ihr Verdauungssystem zu entlasten.* ** Es ist, vereinfacht gesagt, weniger Energie notwendig, um die Nahrung aufzuschließen. Nahrungsaufnahme und -verdauung bedeutet *a priori* nicht Energiezufuhr, sondern zunächst Energieverbrauch. Die notwendige Energie für die Verdauung im Magen-Darm-Trakt wird unter anderem auch von der Energieversorgung des Gehirns abgezweigt. Das Gefühl der Müdigkeit kennt jeder, der eine ausgiebige Mahlzeit zu sich genommen hat. In mediterranen Ländern wurde für die Überbrückung der Ermüdungsphase speziell eine längere Mittagspause, die Siesta, erfunden. Gustave Courbet hat diese Auszeit von der Arbeit in einem Gemälde mit einer jungen Frau in einer Hängematte festgehalten.

Durch das Kochen sinken die Verdauungszeiten. Frei werdende Zeit und Energie kann für andere Aktivitäten genutzt werden, im besten Fall für das Denken. Tatsächlich veränderte sich im Laufe der Evolution vom Schimpansen zum Menschen das Gewichtsverhältnis von Verdauungsorganen zu Gehirn. Das Gewicht des menschlichen Darmes beträgt nur ungefähr 60 % von dem, was man bei Primaten unseres Körpergewichtes erwarten sollte.[194] Sind unsere nächsten Verwandten, die Schimpansen, ungefähr sechs bis acht Stunden mit dem Kauen und Verdauen ihrer Nahrung beschäftigt, sinkt diese Zeit beim Menschen um das Vielfache.[195] Und das nur, weil wir unsere Nahrung kochen!

Ein zweiter, wahrscheinlich noch revolutionärerer Aspekt schließt sich unmittelbar an die Nutzung des Feuers an. Er zielt auf den von dem politischen Ökonomen Friedrich Engels im 19. Jahrhundert ins Spiel gebrachten „Anteil der Arbeit" (und damit des Feuers) „an der Menschwerdung des Affen" ab[196] und hat einen neuropsychologischen Bezug. Der einmalige Gebrauch von Feuer ist sicher eine bewundernswerte Leistung unserer Vorfahren, macht sie aber noch nicht zu denkenden Tieren. Erst die Voraussicht, ein durch Zufall (Blitz, Vulkan) entzündetes Feuer auch für die nächsten Tage und Wochen zu bewahren, ist für viele Anthropologen ein entscheidender Faktor, der die Anfänge des

---

* Beim Kochen wird nicht nur die Amylopektinstruktur mit Wassermolekülen gesättigt, sondern es werden auch Proteine denaturiert. Dieser Prozess führt damit gleichzeitig zur Entgiftung.

** Haustiere wie Kälber, Lämmer und Ferkel wachsen schneller, wenn ihre Nahrung gekocht ist. Auch erwachsene Kühe produzieren eine fettere Milch, wenn sie gekochtes Futter zu fressen bekommen (R. Wrangham, *Feuer fangen. Wie uns das Kochen zum Menschen machte – eine neue Theorie der menschlichen Evolution*, Deutsche Verlags-Anstalt, München 2009, Kapitel 2).

„*Le Rève*" (Die Hängematte), Gustave Courbet (1844),
Museum Oskar Reinhart, Zürich

Denkens initiierte.[197] Aus der Erfahrung der Vergangenheit heraus, dass Feuer nicht nur wichtig für die Gegenwart, sondern auch für die Zukunft ist, erwuchs die Notwendigkeit, Ereignisse wie den Verlust des Feuers zu antizipieren und entsprechende Gegenmaßnahmen zu ergreifen.

Verfolgt man diese Theorie weiter, kommt noch eine überraschende Schlussfolgerung hinzu: Nur dem Menschen ist es vergönnt, einen weiten Blick in die Zukunft zu werfen. Wir überschlagen uns förmlich mit dem Sammeln und Auswerten von Vergangenheitserfahrungen, um diese für die Zukunft dienstbar zu machen.* Dazu gehören nicht nur unsere eigenen Erfahrungen, sondern auch die unserer Mitmenschen. Eine zentrale Bedeutung nehmen dabei Vorsichtsmaßnahmen gegen Krankheit und Tod ein. Während gegen viele Krankheiten mittlerweile ein Kraut gewachsen ist, müssen wir uns der Unerbittlichkeit des Todes stellen, oder wie Nietzsche düster philosophierte: „Wie steht hinter jedem sein Schatten, sein dunkler Weggefährte […]! […] Jeder will der erste in dieser Zukunft sein – und doch ist Tod und Totenstille das einzig Sichere und das allen Gemeinsame dieser Zukunft!"[198] Das ist der Preis des Denkens, der den meisten Menschen überhaupt nicht behagt. Könnte die Entstehung von Religionen mit ihren tröstlichen Gedanken des Weiterlebens nach dem Tode nicht eine Möglichkeit sein, dieser Konsequenz aus dem Wege zu gehen?**

Aus dem Vergleich zwischen Cellulose und Stärke haben wir extreme Unterschiede zwischen den makromolekularen Strukturen und vor allem für deren Verwendung in der Chemie des Lebens ableiten können. Für diese Entwicklung ist ein einziger molekularer Unterschied, nämlich der zwischen äquatorialer und axialer Ausrichtung eines Sauerstoffatoms an einem 6-Ring, verantwortlich, der sich ausgehend von der Chemie bis hinein in die Kultur des Menschen potenziert. Die menschliche Kultur gründet damit auch auf Gesetzmäßigkeiten der Chemie. Einer der größten Kulturanthropologen des letzten Jahrhunderts, Claude Lévi-Strauss, hatte daher unrecht mit seiner These: „Die Menschen müssen ihre Nahrung ja nicht kochen, sie tun es aus symbolischen Gründen: um zu zeigen, dass sie Menschen sind und keine Tiere."[199] Tatsächlich gibt die Chemie den Takt an und der Rest ergibt sich daraus.

––––––––––––––––––––

* Jüngste Ergebnisse der Neurobiologie verweisen darauf, dass das Gehirn auch in Ruhephasen des Menschen aktiv ist. Offensichtlich werden ständig Zukunftsszenarien durchgespielt, um auf alle Eventualitäten vorbereitet zu sein (D. Baecker, *Neurosoziologie: Ein Versuch*, Suhrkamp Verlag, 2014).

** Natürlich tragen Religionen auch zur Stärkung des Zusammenhaltes innerhalb von Menschengruppen bei und wirken sinnstiftend; damit konstituieren sie einen erheblichen Evolutionsvorteil. Vergleiche zum Beispiel: E. Durkheim, *Die elementaren Formen des religiösen Lebens* (Verlag der Weltreligionen), Insel-Verlag, 2007.

Interessanterweise verfolgt die Chemie des Lebens einen völlig anderen Ansatz als die moderne Architektur. „*Form follows function*" war der Leitspruch der Hochhausarchitekten, der Anfang des 20. Jahrhunderts populär wurde.* Die Bauhaus-Bewegung hat daraus ein stilbildendes Mittel gemacht. Im Fall der Evolution wird dieses Prinzip auf den Kopf gestellt. Hier geben die Moleküle die Form vor und erst die biologische Evolution hat daraus Funktionen abgeleitet, indem sie die Strukturen entsprechend ihrer chemischen Eigenschaften entweder für Baumaterialien (Cellulose, Chitin) oder Energieträger (Amylopektin, Glycogen) verwendet. In den nächsten Kapiteln werden wir uns weitere Beispiele anhand der biogenen Amine und bei der Entsorgung von Ammoniak anschauen.

Es bleibt nachzutragen, dass in modernen Gesellschaften das Überangebot an Glucose zu erheblichen gesundheitlichen Problemen bei einer Vielzahl von Menschen führt. Veränderte Ernährungsgewohnheiten können dazu beitragen, die Gefahr von Fettleibigkeit, Diabetes und Herz-Kreislauf-Krankheiten zu verringern. Das Problem kann von zwei Seiten angegangen werden. Ein typisch kultureller Lösungsansatz setzt auf Aufklärung in Fragen der Ernährung. Aufklärung im Sinn von Immanuel Kant als „Ausgang aus der selbstverschuldeten Unmündigkeit"[200] baut auf die bewusste Einsicht des Menschen, seinen genetisch determinierten unstillbaren Appetit auf Glucose bewusst zu zügeln. Ernährungsberater und Betroffene wissen, wie schwierig dieser Weg ist. Sogenannte „komplexe Kohlenhydrate" in der Nahrung (Vollkornprodukte) enthalten nichts anderes als schwer abbaubare Stärkeketten. Sie setzen Glucose nur langsam und partiell frei, was die Überflutung des Verdauungssystems mit Traubenzucker zu vermeiden hilft. Ein präventiver Beitrag, der seit Kurzem verfolgt wird, liegt in der Züchtung von Pflanzen, die verdauungsresistente Stärke erzeugen.[201] Hierbei muss in Rechnung gestellt werden, dass eine Änderung der chemischen Struktur der Nahrungsmittel langfristig auch Auswirkungen auf die Zusammensetzung der Darmflora (das ist die Gesamtheit aller Mikroorganismen, die den Darm von Menschen und Tieren besiedeln) mit sich bringen kann.

---

* Diese Forderung wurde zuerst von dem amerikanischen Bildhauer Horatio Greenough erhoben und von dem Hauptvertreter der Chicago School Louis Sullivan geprägt. Greenough: „Es ist das Gesetz aller organischen und anorganischen, aller physischen und metaphysischen, aller menschlichen und übermenschlichen Dinge, aller echten Manifestationen des Kopfes, des Herzens und der Seele, dass das Leben in seinem Ausdruck erkennbar ist, dass die Form immer der Funktion folgt" (The tall office building artistically considered, *Lippincott's Magazine*, März 1896).

6 Die friedliche Kooperation von pH-Antipoden

Leben in neutralem Wasser verträgt nur kurzzeitige und punktuelle Veränderungen in Richtung des sauren oder basischen Bereiches. Deshalb kommen starke anorganische Säuren, wie Phosphorsäure, Schwefelsäure oder Salzsäure, fast ausschließlich in Form ihrer Salze in der Chemie des Lebens vor.[*] Auch typische Basen wie Natrium-, Kalium-, Magnesium- oder Calciumhydroxid sind nicht vertreten. In Lebensprozessen finden sich nur die Kationen Na^+, K^+, Mg^{2+} oder Ca^{2+}. In dieser Form leisten sie wichtige Dienste, zum Beispiel bei der Reizweiterleitung im Nervensystem. Im Unterschied zu den anorganischen Verbindungen sind organische Säuren und Basen sehr wohl anzutreffen. Sie sind meist weniger sauer oder basisch als ihre anorganischen Verwandten. Gleichzeitig unterliegen aber auch viele von ihnen der Passivierung durch Salzbildung.

6.1 Carbonsäuren und Amine

Bei den organischen Säuren müssen an prominenter Stelle die Carbonsäuren genannt werden. Sie haben von Carbonsäuren inzwischen schon mehrere Male bei der Oxidation von C–H-Bindungen als letzte Station vor dem CO_2 gehört. Tatsächlich zeichnet sich in der COOH-Gruppe die Struktur vom CO_2 schon deutlich ab. Die Nachbarschaft einer Carbonylgruppe erleichtert zusätzlich die Abspaltung von CO_2, wie ich bereits an der Brenztraubensäure bzw. an der Isocitronensäure in unserem vereinfachten Citronensäurecyclus gezeigt habe.

Carbonsäuren haben, ebenso wie ihre anorganischen Verwandten, eine destruktive Wirkung auf lebende Organismen, indem sie als saure Katalysatoren die Angriffsfreu-

---

[*]   Eine Ausnahme bildet beispielsweise das stark salzsaure Milieu des Magens.

$$\text{H}_2\text{O} + \text{R}-\text{C}\overset{\text{O}}{\underset{\text{O}^{\ominus}}{\big<}} \xleftarrow{\text{+ OH}^-} \text{R}-\text{C}\overset{\text{O}}{\underset{\text{O}-\text{H}}{\big<}} \xrightarrow{\quad} \text{R}-\text{H} + \text{O}=\text{C}=\text{O}$$

| Carboxylat | Carbonsäure | Kohlendioxid |

digkeit und Zerstörungswucht von Wasser erhöhen (mehr dazu in Kapitel 10). Diese Eigenschaft macht man sich bei der Aufbewahrung von Lebensmitteln zunutze. Frisch geerntete Pflanzen, oder anders gesagt, bereits abgestorbene organische Strukturen wie Weißkraut oder Gurken erhalten durch das Einlegen in wässriger Essigsäure ihre abschreckende Wirkung auf lebende Kleinstorganismen. Besonders Bakterien und Pilze werden durch die saure Brühe getötet und können ihre Zersetzungsarbeit nicht aufnehmen, was in diesem Fall vorteilhaft für den Hobbygärtner oder die Großgärtnerei ist, die ihr Erntegut heil über den Winter bringen möchten.

Carbonsäuren kommen in der belebten Natur zwar in großer Menge und Variabilität vor, aber meist nur in Form ihrer Salze, den Carboxylaten. Carboxylate entstehen durch Neutralisation von Carbonsäuren mit Basen, worauf das Suffix „at" im Namen hinweist. Im Ascorbat, dem Neutralisationsprodukt der stark sauren Ascorbinsäure, haben Sie bereits dessen Bekanntschaft gemacht. Das lateinische *atus* kann mit „Status" oder „Zustand" übersetzt werden und drückt somit das Ergebnis eines Vorgangs, hier den der Salzbildung, aus.

Die wichtigsten Basen in der Chemie des Lebens sind Amine. Vor Aminen hatte ich schon in der Einleitung dieses Buches gewarnt. Ich hatte die provozierende Frage gestellt, warum ausgerechnet das gesundheitsfördernde Vitamin C irrtümlicherweise solch eine giftige Verbindungsklasse im Namen trägt. Organische Amine können als Stickstoffanaloga von Alkoholen aufgefasst werden, was bedeutet, dass der zugehörige Kohlenstoff die gleiche Oxidationsstufe hat. Im Unterschied zu den meisten Alkoholen verschieben Amine den pH-Wert in den lebensfeindlichen basischen Bereich. Um dem vorzubeugen, wird der anorganische „Stammvater" aller organische Amine, der Ammoniak, sofort nach seinem Erscheinen aus dem Organismus hinausbefördert. Dazu haben sich Lebewesen verschiedene Mechanismen zu eigen gemacht. Ich komme im nächsten Kapitel im Detail darauf zurück.

Dort, wo Amine kurzfristig in lebenden Organismen auftauchen, geht es meist hoch her. Besonders erwähnenswert in diesem Zusammenhang sind die Neurotransmitter. Diese sind für die Reizweiterleitung an den neuronalen Nervenenden, den Synapsen, und letztendlich für das Funktionieren unseres gesamten Nervensystems verantwortlich. Nachdem ein Reiz von einer Nervenzelle zur anderen weitergeleitet wurde, werden diese

Amine umgehend durch ein Enzym abgebaut, das Monoaminooxidase, abgekürzt MAO, heißt und nicht zu verwechseln ist mit einem ehemaligen, sehr prominenten chinesischen Politiker.

Die Monoaminooxidase oxidiert (dehydriert), wie der Name klar besagt, Amine. Um den dahinterliegenden biochemischen Prozess zu vereinfachen, nehmen wir an dieser Stelle an, dass der entstehende Wasserstoff unmittelbar auf Sauerstoff übertragen wird und somit Wasser entsteht. Das organische Produkt, ein Imin, das ebenfalls noch basische Eigenschaften hat, reagiert abschließend mit Wasser zu einer Carbonylverbindung (Aldehyd) unter Abspaltung von Ammoniak. Auf diese Weise wurde das gefährliche organische Amin entschärft. Basenalarm vorbei!

In der organischen Chemie wird vergleichbar zu den Alkoholen zwischen primären, sekundären und tertiären Aminen unterschieden, je nachdem, wie viele H-Atome direkt mit dem Stickstoff verknüpft sind.

Primäre und sekundäre Amine tragen am Stickstoff noch mindestens ein H-Atom, das bei der Dehydrierung mit MAO zum Imin zusammen mit einem H-Atom des benachbarten Kohlenstoffs in Form von molekularem Wasserstoff (H_2) abgespalten wird. Bei einem tertiären Amin fehlt dieses Wasserstoffatom, was dazu führt, dass die Oxidation auf der Stufe eines Aminoxids stehen bleibt, wie das nachfolgende Beispiel des Trimethylaminoxids zeigt. Offensichtlich ist die chemische Evolution damit in einer Sackgasse gelandet, aus der sie erst nach einem Umgehungsmanöver wieder herauskommt. Die fehlende strukturelle Möglichkeit zur Dehydrierung kann eine Reihe von Auswirkungen haben.

Trimethylaminoxid
(TMAO)

Zunächst schauen wir uns als „Normalfall" die Dehydrierung von primären und sekundären Aminen an. Im Allgemeinen sind primäre Amine weniger basisch als sekundäre.* Adrenalin ist zum Beispiel solch ein stark basisches, sekundäres Amin und eines der wichtigsten Stresshormone. Es wird aus den Nebennieren ausgeschüttet und entscheidet über die Bereitstellung von Energiereserven, die das Überleben des Organismus durch Kampf oder Flucht sichern sollen. Adrenalinausschüttung ist nichts für schwache Nerven. Hingegen ist sein „kleiner Bruder", das Noradrenalin, das in geringeren Konzentrationen vorkommt und als primäres Amin weniger basisch ist, für die Verbesserung der Denk- und Konzentrationsfähigkeit verantwortlich und damit wesentlich hilfreicher beim zivilisierten Lösen von komplizierten Problemen. Ungeachtet dessen werden beide Amine nach der Reizweiterleitung sofort oxidiert (dehydriert).

Adrenalin
sekundäres Amin

Noradrenalin
primäres Amin

Zusätzliche Amingaben von außerhalb, wie durch die meisten Rauschmittel, bringen den durch MAO vermittelten Abbaumechanismus durcheinander. Drogenabhängige kennen dieses Gefühl, dass mit Amphetaminen (die bekanntesten sind Crystal Meth und Ecstacy) kurzfristig die Aufmerksamkeit oder das Durchhaltevermögen gestärkt wird. Diese Verbindungen sind alle mit dem biogenen Adrenalin verwandt.

Mit Crystal Meth hatte der krebskranke Chemielehrer Walter White in der US-amerikanischen TV-Serie *Breaking bad* zielsicher die wirksame Grundstruktur vieler psychotroper Substanzen identifiziert und hergestellt. Möglicherweise hat die Be-

---

* Das gilt streng genommen nur für die hier behandelten Alkylamine.

kanntheit dieser Fernsehserie dazu beigetragen, dass Crystal Meth mittlerweile eine der am meisten verbreiteten Drogen ist; auf alle Fälle lässt sich die Verbindung schon mit den Mitteln eines Küchenlabors herstellen. Bereits die Nazis verteilten zu Beginn des Zweiten Weltkrieges Methamphetamin („Pervitin"), um das Leistungsvermögen ihrer Soldaten zu steigern.

Auch Morphin und dessen kriminelles Veredlungsprodukt Heroin bauen auf diesem Grundgerüst auf. Natürlich war sich auch Dr. House in der gleichnamigen Fernsehserie dieser brisanten Verwandtschaft bewusst, als er Vicodin, eine strukturell ähnliche Verbindung, in großen Mengen gegen seine schmerzhaften Beinbeschwerden schluckte.

Wie schon mehrfach in diesem Buch gezeigt, verweisen die Trivialnamen nicht auf diese Verwandtschaftsverhältnisse. Hingegen zeigt ein kurzer Blick auf die chemischen Formeln sofort die strukturellen Zusammenhänge.

Morphin, aber auch andere suchtauslösende Verbindungen wie das Nicotin, gehören zur Gruppe der tertiären Amine. Da sich am Stickstoff drei Kohlenstoffatome, aber kein einziges Wasserstoffatom befindet, können sie nicht im Standardverfahren durch MAO dehydriert werden, was kompliziertere Abbauwege erfordert. Das führt bei den meisten Organismen zu erheblichen neurologischen Problemen – außer man verfügt wie der Amerikanische Tabakschwärmer (*Manduca sexta*), ein Nachtfalter, über einen schnellen Entsorgungsmechanismus, bei dem Nicotin einfach abgeatmet wird. Auf diese Weise wird der Schwärmer zu einem der größten Tabakkonsumenten weltweit, natürlich nicht durch das Rauchen, sondern indem er sich hauptsächlich von Tabakpflanzen ernährt. Gleichzeitig hält er sich auf diese Weise gefährliche Raubspinnen vom Hals.

Im Unterschied dazu wird beim Menschen (und bei Stubenfliegen) das Problem biochemisch gelöst, indem zwei benachbarte C–H-Bindungen im Nicotin oxidiert werden.[202]

Im Endergebnis und letztendlich wieder durch die Wirkung der Erlenmeyer-Regel

Nicotin
(basisch)

Cotinin
(nicht basisch)

(zwei Hydroxygruppen an einem Kohlenstoffatom sind ungünstig!) entsteht dabei das Cotinin. Diese Verbindung ist nicht mehr basisch und somit auch weniger giftig.* Die Halbwertszeit von Cotinin ist wesentlich länger als die von Nicotin, daher werden Konzentrationsmessungen verwendet, um das Rauchverhalten zu dokumentieren bzw. Aktiv- von Passivrauchern zu unterscheiden. Solche Entgiftungsmechanismen sind aber aufwendig bzw. ungewöhnlich, was die speziellen biochemischen Effekte von tertiären Aminen auf menschliche Konsumenten und ihr Suchtverhalten erklärt.

Um die basische Wirkung von Aminen zunichtezumachen, bietet sich – neben der Dehydrierung mit MAO – die Neutralisation mit Säuren an, wobei Ammoniumsalze entstehen.

Neutralisation leitet sich aus dem Lateinischen von *ne-utrum* ab, was „keines von beiden" bedeutet und darauf hinweist, dass in dem chemischen Produkt sowohl die sauren als auch die basischen Eigenschaften verloren gegangen sind. In der Chemie des Lebens mit ihren vielen unterschiedlichen Kohlenstoffverbindungen eignen sich für die Neutralisation von Aminen besonders Carbonsäuren.

Auch die Alkaloide, eine Klasse stickstoffhaltiger Verbindungen, die das „Alkali" (arabisch ةيلقلا *al-qalya*, „die Pflanzenasche", „brennen"; altgriech. εἶδος *eidos*, „ähnlich", „aussehen") buchstäblich im Namen tragen und zu denen Morphin und Nicotin gehören, kommen in der belebten Natur vor allem in Pflanzen in Form ihrer Carboxylate vor.[203]

In Fischrestaurants wird – meist unbewusst – das obige Neutralisationsexperiment

---

* Es handelt sich dabei um ein Carbonsäureamid, eine funktionelle Gruppe, die weiter hinten im Zusammenhang mit den Proteinen noch eine zentrale Rolle spielen wird.

zwischen Aminen und Carbonsäuren direkt auf dem Teller durchgeführt. Abbauprodukte von toten Fischen sind stark riechende Amine, die nicht nur durch ihren verdächtigen Namen, wie etwa Cadaverin (abgeleitet von Kadaver, lat. *cadāver*, wörtlich: „gefallener Körper"), sondern auch durch ihren hohen Dampfdruck unangenehm auffallen. Vor allem menschliche Nasen sind gegen das Trimethylamin, dem typischen Geruchsstoff von „Heringslake", empfindlich.

Trimethylamin   Cadaverin   Putrescin

Durch Beträufeln des Fisches mit Zitronensaft (Citronensäure!) werden diese Amine in die zugehörigen Ammoniumsalze überführt. Die Salze haben einen wesentlich niedrigeren Dampfdruck als die freien Amine. Auf diese Weise kann schon mal, zumindest was den Geruch angeht, aus einem Tiefkühlmethusalem ein fangfrischer Fisch werden.

Amine haben auf die meisten Tiere und damit auch den Menschen eine abstoßende Wirkung. Zur Gruppe dieser Amine gehört nicht nur das schon erwähnte Cadaverin, sondern auch das Putrescin, gleichfalls ein Leichengift. Es ist auffällig, dass bisher noch kein Parfüm den Markt erobern konnte, das ein Amin enthält, obwohl die Bewertung von Gerüchen dem größten kulturellen Wandel unterliegt.* Das ist ein anschauliches Beispiel dafür, wie die Chemie unsere kulturellen Vorlieben beeinflusst.

6.2 Aminocarbonsäuren

Die „listigste Erfindung" der belebten Natur für die Neutralisation von Aminen und Carbonsäuren findet sich in Form der α-Aminocarbonsäuren, den Bausteinen von Proteinen. In diesen Verbindungen entwaffnet sich die Carbonsäure sozusagen selbst, indem sie das neutralisierende Amin gleich mit sich führt. Die Carbonsäuregruppe gibt ihre schärfste Waffe, das Proton, an die benachbarte Aminogruppe ab. Sie verliert damit nicht nur ihre saure Wirkung, sondern dem Amin kommt auch seine basische Eigenschaft abhanden. Damit haben sich zwei im Grunde lebensfeindliche funktionelle Gruppen zusammengetan, und es ist ein Ensemble herausgekommen, das für die Chemie des

---

* Ausgenommen sind einige Berichte aus der Vergangenheit über pathologische Fetischisten, die sich sogar am Trimethylamin ergötzen konnten (H. Henning, *Der Geruch*, Johann Ambrosius Barth, Leipzig, 1916, S. 184 [zitiert in G. Ohloff, *Düfte*, Wiley-VCH, Zürich 2004, S. 66]).

Lebens unverzichtbar ist. Die Neutralisationsreaktion ist annähernd vollständig, da das Carboxylatanion mesomeriestabilisiert ist.

1 Resonanzformel   2 Resonanzformeln

Diese Eigenschaft hatten wir schon in Kapitel 4.6 kennengelernt und festgestellt, dass mehrere mesomere Grenzstrukturen eine besonders hohe Stabilität der realen Verbindung anzeigen. Tatsächlich finden wir auf der linken Seite der Reaktionsgleichung nur eine Resonanzformel, während es auf der Produktseite zwei sind. Wir könnten die beiden C-O-Abstände mittels Kristallstrukturanalyse nachmessen: Sie sind gleich lang, was der schon besprochenen „Doppelbindung mit partiellem Einfachbindungscharakter" entspricht.

In der belebten Natur kommt eine Vielzahl von Aminosäuren vor. Eine Grundausstattung von 20 kanonischen Aminosäuren findet sich in fast allen Organismen, unabhängig von der biologischen Spezies oder der evolutionären Entwicklungsstufe. Diese werden auch als proteinogene Aminosäuren (altgriech. γεννάν *gennan*, „erzeugen, hervorbringen") bezeichnet, da sie als Bausteine für Proteine dienen.[204] Dies ist ein Unterschied zu den Kohlenhydraten, von denen einige Exoten ausschließlich in bestimmten biologischen Spezies vorkommen.

Habe ich mich bisher oft zurückgehalten, wenn es um den organischen Rest an der funktionellen Gruppe ging, muss ich nun bei den Aminosäuren Farbe bekennen. Das heißt, wir müssen den Rest R näher benennen. Prinzipiell unterscheidet man zwischen unpolaren und polaren Resten. Die unpolaren Reste sind vor allem kurze Kohlenwasserstoffketten oder auch aromatische Anhängsel. Sie tragen nach Einbau der Aminosäuren in Proteine dazu bei, dass diese ihre räumliche Struktur blitzschnell verändern können. Das ist eine Bedingung für deren hohe Wandelbarkeit und Effizienz. Diese Eigenschaften sind gleichzeitig die Voraussetzung dafür, dass sie die Rolle von Schaltzentralen in Organismen einnehmen können. Darüber hinaus verankern unpolare Gruppen Proteine in Membranen und verhindern somit deren Wanderung durch die Zelle. Aromatische Aminosäuren festigen biologische Gebilde aus Proteinen wie etwa Vogelfedern. Zusätzliche funktionelle Gruppen in der Seitenkette übernehmen beispielsweise in Enzymen spezielle Aufgaben: Sie ermöglichen entweder sehr komplexe und einzigartige Strukturen durch bindende Wechselwirkungen oder greifen aktiv in das enzymatische Geschehen ein. Funktionelle Gruppen mit Ladungen (Ionen) stellen Ankergruppen für anorganische Verbindungen wie Hydroxylapatit (Zähne) oder Calciumcarbonat (Knochen) dar und tragen zur Stabilisierung von biochemischen Überstrukturen bei. Auch organische Verbindungen wie die DNA können durch Proteine stabilisiert werden. Doch davon weiter unten mehr.

Verliert eine Aminosäure ihre Carbonsäuregruppe durch Abspaltung von CO_2, geht die pH-ausgleichende Wirkung unverzüglich verloren und die verdeckte Basizität des Amins tritt schlagartig wieder ans Tageslicht.

Die Folgen der sogenannten Decarboxylierung sind jene Amine und ihre Effekte, die mit den voranstehend beschriebenen Neurotransmittern und Leichengiften zusammenhängen. Die Produkte werden auch als biogene Amine bezeichnet.

Ein solches biogenes Amin ist auch das Histamin (altgriech. ἱστός *histós* „aufgerichtet", „Gewebe"), das für allergische Reaktionen wie beispielsweise den Heuschnupfen verantwortlich ist. Histamin entsteht aus der Aminosäure Histidin.

Wird ein Überschuss an Histamin gebildet, kann er Abwehrreaktionen im Körper in Form von Ekelgefühlen auslösen. Das Amin wurde folgerichtig auch als Auslöser für die Reisekrankheit identifiziert, die insbesondere für Seeleute und Segelsportler in Form der Seekrankheit (engl. *seasickness*) bei stürmischem Wetter zur Qual werden kann. Mediziner und Segelsportenthusiasten wie der österreichische Arzt Reinhart Jarisch machten sich Gedanken, wie man diesem Übel entgegentreten kann. Seine Hypothese war, dass durch die beschleunigte Oxidation von Histamin dessen Konzentration verringert werden könnte. Tatsächlich gelang es, mit Vitamin-C-Gaben von 2 g pro Probanden die Symptome signifikant zu lindern.[205] Unter der aktiven Mithilfe von Vitamin C wird Histamin mit molekularem Sauerstoff oxidiert und zum weniger schädlichen Aldehyd abgebaut.[*] Möglicherweise ist solch ein beschleunigter Abbaumechanismus auch bei Aasfressern wirksam, bei denen das bei Menschen und Menschenaffen typische Ekelgefühl beim Anblick unappetitlicher Speisen gar nicht erst aufkommt.

Wenn es ein Hormon gibt, dass das Verdikt von Nietzsche aus seinem Werk *Jenseits von Gut und Böse* belegt: „Thatsachen giebt es nicht, nur Interpretationen […] Unsere Bedürfnisse sind es, die die Welt auslegen; unsere Triebe […]",[206] dann ist es das 2-Phenylethylamin. Diese so einfach gebaute chemische Verbindung ist mit für die kompliziertesten Wechselwirkungen im Leben erwachsener Menschen verantwortlich: 2-Phenylethylamin beeinflusst die Entstehung von Lust- und Glücksempfindungen und wird daher auch als „Liebeshormon" bezeichnet. Das biogene Amin entsteht durch Decarboxylierung der Aminosäure Phenylalanin.

Die sprichwörtliche rosarote Brille, die den geliebten Menschen ins allerbeste Licht rückt, hat chemische Ursachen, auch wenn Friedrich Wilhelm Hegel in den *Grundlinien der Philosophie des Rechts* noch beklagte: „Die Liebe ist daher der ungeheuerste Widerspruch, den der

Decarboxylierung

Phenylalanin — $- CO_2$ → 2-Phenylethylamin

Verstand nicht lösen kann."[207] Chemischer Sachverstand weist auf 2-Phenylethylamin hin. Erst wenn nach einigen Monaten dessen Konzentration abfällt, bemerkt man oder frau, dass das einstmals geliebte Gegenüber gar nicht dem entspricht, was man sich unter normalen Umständen als Bettnachbarn wünschen würde.[**] Liebe macht blind. Viel Schokolade, die ebenfalls 2-Phenylethylamin enthält, könnte theoretisch dem Mangel abhelfen und den Liebeskummer vertreiben.[208] Abgesehen davon, dass das Amin schon im salzsauren Magen auf seinem Weg in die liebessensiblen Zentren des Menschen – nein, nicht in die des Herzens!, sondern in die des Gehirns – abgefangen würde,

---

[*]   Vitamin C wirkt nicht selbst oxidierend auf Histamin, wozu es aufgrund seiner chemischen Struktur auch nicht in der Lage wäre, sondern ist an der Regeneration des oxidierenden kupferhaltigen Enzyms (DAO = Diaminooxidase) beteiligt.

[**]   Dieser Entfremdungseffekt kann durch das „Kuschelhormon" Oxytocin aufgehalten werden, das vor allem den Zusammenhalt stärkt, wie es junge Mütter und Väter gleich nach der Geburt eines Kindes intuitiv erfahren.

werden dann die mentalen Irritationen durch Gewichts- und noch heftigere Herz-Kreislauf-Probleme ersetzt.*

Ein biogenes Amin ist auch das „Glückshormon" Serotonin, das aus der Aminosäure Tryptophan über mehrere biochemische Synthesestufen entsteht. Serotonin verleiht Menschen ein Gefühl der Gelassenheit, der inneren Ruhe und Zufriedenheit. Die Verbindung wirkt

Tryptophan → mehrere Stufen → Serotonin → Melatonin

Angstgefühlen, Aggressivität und Kummer entgegen. Kohlenhydrate stimulieren die Synthese von Serotonin im Gehirn und wirken dadurch beruhigend, ein Effekt, den Anhänger von süßem Naschwerk zu schätzen wissen. Häufig lassen sich Depressionen neurochemisch auf einen Mangel an Serotonin oder seiner Vorstufe, der Aminosäure Tryptophan, zurückführen. Zur Behandlung von schweren Depressionen werden deshalb erfolgreich Serotonin-Wiederaufnahmehemmer eingesetzt, um die Wirkung des Hormons zu verlängern. Erfahrene Psychotherapeuten wissen, dass der Einsatz von Antidepressiva, die seit 1984 auf dem Markt sind, sehr vorsichtig erfolgen muss, um unerwünschte Überreaktionen, die bis zu einer erhöhten Suizidgefahr gehen können, zu verhindern.**[209] Wenn im Serotonin den beiden psychoaktiven funktionellen Gruppen, der Aminogruppe und der Hydroxygruppe, „Schlafmützen" in Form einer Acetyl- und einer Methylgruppe aufgesetzt werden,*** geht ihre pH-verändernde und damit deren typische psychologische Wirkung verloren. Als Produkt entsteht das Melatonin, sozusagen ein Gegenspieler der guten Laune. Diese häufig auch als „Sandmännchen-Hor-

---

*   In den USA wurden kürzlich 45 kg Schokolade und Donuts als Bärenköder ausgelegt. Vier Bären starben daraufhin an Herzversagen infolge einer Theobrominvergiftung. Theobromin ist das Hauptalkaloid der Kakaobaumes und damit in allen Schokoladen enthalten (http://www.welt.de/vermischtes/article136685244/Baeren-verenden-an-Schokoladen-Vergiftung.html; abgerufen am 11.11.2018).

**   Depressionen werden in der öffentlichen Diskussion als Störung des „inneren Gleichgewichtes" angesehen. Da der Abbau des Neurotransmitters Serotonin im chemischen Sinn keine Gleichgewichtsreaktion darstellt, kann solch ein „Gleichgewicht" auch nicht gestört sein. Genau genommen handelt es sich bei einer Depression um eine Störung der Adaptationsfähigkeit des Patienten an seine soziale Umgebung und den daraus resultierenden Erwartungen, die ihm selbst mehr oder weniger bewusst werden. Diese semantische Verirrung in das Gebiet der Chemie mahnt einmal mehr die sorgfältige Verwendung des Begriffes „Gleichgewicht" an. Im Kapitel 17 wird zu dieser Thematik ausführlicher Stellung bezogen.

***   Eine Hydroxygruppe an einem Aromaten ist schwach sauer und trägt daher ebenfalls zur biochemischen Wirkung von Serotonin bei.

mon" bezeichnete Verbindung reguliert den Schlaf-Nacht-Rhythmus. Im Winter bleibt der Melatoninspiegel auch tagsüber erhöht. Als Folge davon können Müdigkeit und Winterdepressionen auftreten. Die Auswirkungen reichen hinein bis in die Gerichtssäle, wo müde Richter an den Montagen nach der alljährlichen Umstellung von der Winter- auf die Sommerzeit im Schnitt härtere Urteile fällen.[210] Diese bedauerlichen Effekte kann man gezielt mit einer Lichttherapie bekämpfen.

Die einschläfernde Wirkung des Melatonins ist wie die der meisten Hormone ubiquitär in der lebenden Natur. Erst jüngst machten Wissenschaftler in Heidelberg die aufsehenerregende Entdeckung, dass Melatonin sogar auf Meeresalgen einen vergleichbaren Effekt hat.[211] Während sich diese marinen Organismen bei Tage an der Wasseroberfläche aufhalten, bewirkt das bei nächtlicher Dunkelheit ausgeschüttete Melatonin das Absinken auf den Meeresboden. Dieser Zusammenhang weist darauf hin, dass Schlafrhythmen schon Millionen von Jahren alt sind. Diejenigen unter Ihnen, die gern lange schlafen, können sich auf eine lange Tradition berufen.

Unabhängig davon müssen wir die erstaunliche Tatsache konstatieren, dass ein Großteil unseres Nervenkostüms auf dem chemischen Abfall von Aminosäuren basiert.

6.3 Die Welt der Proteine

Unabhängig davon, ob Ammoniumcarboxylate durch Selbstneutralisation von Aminosäuren oder durch intermolekulare Reaktion einer Carbonsäure mit einem Amin entstehen, aus biologischer Sicht sind sie mit einem chemischen Problem behaftet: Sie sind als typische Salze meist gut wasserlöslich und werden bei der erstbesten Gelegenheit mit Wasser aus dem Organismus geschwemmt. Gleichzeitig entstehen durch Decarboxylierung die biogenen Amine, die nicht nur der Reizweiterleitung dienen, sondern durch ihre Basizität ein erhebliches Gefahrenpotenzial aufweisen. Um das zu verhindern, bietet sich eine Speicherform an, der das nicht passiert. Womit wir zur Verbindungsklasse der Carbonsäureamide gelangen.

Durch Abspaltung von Wasser entsteht aus einer Carbonsäure und einem Amin ein Carbonsäureamid, sozusagen ein Hybrid aus Carbonyl- und Aminogruppe. Diese neue

Carbonsäureamid

funktionelle Gruppe wird in der Biochemie auch als Peptidgruppe bezeichnet, was andeutet, dass sie das grundlegende Verknüpfungselement in Peptiden (altgriech. πεπτός *peptos*, „gekocht", „Verdauung") und damit auch Proteinen ist.

Auch Carbonsäureamide müssen sich die Frage nach ihrer Basizität gefallen lassen, deren Beantwortung wir schon bei der Diskussion der Mesomerie gestreift haben. Das basische freie Elektronenpaar steht dem Stickstoff nicht mehr vollständig zur Verfügung. Verantwortlich dafür ist, wie so oft, die benachbarte C=O-Gruppe. Sie saugt, bildlich gesprochen, das freie Elektronenpaar zu sich heran, was in einer der beiden Mesomerieformeln durch eine Doppelbindung zwischen N und C zum Ausdruck kommt. Folgerichtig werden Stickstoff und Sauerstoff mit Ladungen dekoriert. Auf diese Weise kann das freie Elektronenpaar keinen Schaden mehr in Zellen anrichten: Amide sind nicht basisch.

Die positive Ladung am Stickstoffatom verstärkt – vergleichbar mit dem Effekt einer erhöhten Elektronegativität – die Polarität in der N–H-Bindung. In der Konsequenz wird das polarisierte Wasserstoffatom für eine Wasserstoffbrücke zu einem zweiten Peptid dienstbar. Solche Wasserstoffbrücken können größere Strukturen entscheidend stabilisieren und sind für den komplexen räumlichen Aufbau von Proteinen von grundlegender Bedeutung.

Die geniale „Konstruktionsidee" der chemischen Evolution, anstelle von einer zwei unterschiedliche funktionelle Gruppen in einer Verbindung unterzubringen, hat bei den Aminosäuren noch eine weitere wichtige Konsequenz: Aminosäuren können über die Peptidbindung zu definierten Ketten wie auf einer Perlenschnur aufgefädelt werden, den Proteinen.

Aufgrund der beschriebenen Wasserstoffbrücken und somit als Folge der vorausgegangenen Carbonsäureamidbildung entstehen hochgeordnete Assoziate, die aussehen wie eine Helix (altgriech. ἕλιξ *hélix*, „Wendel" oder „Spirale") oder ein mehrfach gefaltetes Blatt Papier (Faltblattstruktur). Der Aufbau von Proteinen unterliegt damit den gleichen Gesetzmäßigkeiten wie der von Cellulose und Stärke. Der Ordnungsgewinn durch Aufbau einer langen Kette mit zusätzlich stabilisierender Helix- oder Faltblattstruktur wirkt dem Abbau zu den monomeren Bestandteilen entgegen. Die Aminosäurebausteine werden so lange miteinander verknüpft, bis die Ordnung überhandnimmt (Verringerung der Entropie) und dem Wachstum ein Ende gesetzt wird. Bei jedem Kupplungsschritt wird ein Molekül Wasser freigesetzt. Das bedeutet im Umkehrschluss, dass mit Wasser die Peptidbindung auch wieder gespalten werden kann, vorausgesetzt, ein Katalysator ist vor Ort, der diese Reaktion so beschleunigt, dass sie auch bei Temperaturen unter 40 °C abläuft. In biochemischen Systemen werden Peptidbindungen mit speziellen Enzymen, den Peptidasen, gespalten. Diese Enzyme gewährleisten, dass die Reaktion örtlich und zeitlich genau begrenzt ist. Aber auch die Grundformen von Säuren oder Basen – Protonen (H^+) bzw. Hydroxidionen (HO^-) – sind dazu in der Lage. Dies bedeutet, dass solche simplen Katalysatoren unbedingt aus dem Geschehen in der Zelle herausgehalten werden müssen, wenn die Zerstörung von wichtigen Zellbestandteilen nicht „ungeplant" ablaufen soll. Wir kommen später noch einmal auf das Thema zurück, wenn wir die Ursache für die Größe von Enzymen in Kapitel 10 erforschen werden.

In lebenden Organismen ist neben dem Kohlenstoffkreislauf die Transformation von Stickstoffverbindungen eine der vitalsten Baustellen. Während Mikroorganismen und die in Symbiose mit ihnen lebenden Pflanzen eine Vielzahl von anorganischen Stickstoffverbindungen wie Ammoniak, Nitrit, Nitrat, Stickoxide und molekularen Stickstoff nutzen können, um selbst Aminosäuren herzustellen, sind die meisten Tiere Monokulturisten und ausschließlich auf organische Stickstoffverbindungen angewiesen. Ständig werden daher in der belebten Natur Proteine und Aminosäuren auf- und abgebaut. Beim Abbau der Aminosäuren entsteht neben den biogenen Aminen auch Ammoniak. Sowohl die biogenen Amine als auch Ammoniak sind starke Basen, stellen somit Gifte für den

Organismus dar und werden entsorgt. Ein großer Teil der Aminosäuren geht auf diesem Weg kontinuierlich verloren. Aminosäuremangel geht sofort an die Substanz.*

Für den dringend benötigten Aminosäurenachschub konsumieren Fleischfresser, Carnivore (lat. *carnis*, „Fleisch", und *vorare*, „verschlingen"), die Proteine von anderen Tieren. Herbivoren (lat. *herba*, „Kraut") begnügen sich mit Proteinen aus pflanzlicher Kost.** Für den Menschen sind beide Ressourcen nutzbar. Erst durch die Züchtung stark proteinhaltiger Pflanzen scheint mittlerweile sogar eine vegane Ernährung ohne offensichtliche gesundheitliche Beeinträchtigungen möglich, auch wenn einige Fachleute diese Ernährungsweise mit Skepsis betrachten.[212] Bereits in der Antike provozierte der Philosoph Plutarch seine Mitmenschen mit der Frage: „Dürfen wir Tiere essen?"[213] Im Alten Testament der Bibel gebietet Gott zunächst dem Menschen, ausschließlich auf Pflanzen als Nahrung zurückzugreifen (Genesis 1,29), ein Gebot, das er wenig später für Noah und seine Nachkommen wieder aufhebt: „Alles, was sich regt und lebt, das sei eure Speise" (1. Mose 9). Bis in die moderne Zeit hinein leitet sich daraus ein Konflikt über die moralisch überlegenere Lebensweise ab.

Unbeeindruckt von diesem gesellschaftlichen Diskurs unter Menschen geben sich carnivore Pflanzen. Zu den bekanntesten zählen Sonnentau (*Drosera*) und Venusfliegenfalle (*Dionaea muscipula*). Solche Pflanzen leben in Gegenden mit sehr geringem Stickstoffangebot wie Hochmoore und magere Sandböden.[214] Über spezielle Organe sind sie in der Lage, Insekten bis hin zu kleinen Vögeln, Eidechsen und Fröschen zu fangen und zu verdauen.

Zu einem fast schon kriminellen Komplott hat sich die Weymouthskiefer (*Pinus strobus*) mit einem Pilz, dem zweifarbigen Lacktrichterling (*Laccaria bicolor*), zusammengeschlossen.[215] Bei Stickstoffmangel gibt der Pilz einen Giftstoff in den Boden ab, wodurch Springschwänze, nur wenige Millimeter lange Urinsekten mit sechs Füßen, die noch keine Flügel haben, sterben und ihren Körperstickstoff als Dünger an die Kiefer abgeben. Womit bewiesen wäre, dass die Nahrungskette nicht nur in eine Richtung ablaufen kann.

---

*   Bei nachlassendem Nachschub an Aminosäuren kann beispielsweise Albumin, ein Protein des Blutplasmas, nicht neu gebildet werden. Albumin reguliert die Wasserverteilung zwischen Blut und Gewebe. Lässt seine Aktivität nach, bilden sich durch Übertritt von Wasser in das Gewebe Ödeme. Die Proteinmangel-Ödeme (ghanaisch *Kwashiorkor*) sind die Ursache für die aufgedunsenen Bäuche von fehl- oder unterernährten Kindern vor allem in Entwicklungsländern (C. D. Williams, A nutritional disease of childhood associated with a maize diet, *Archives of Diseases in Childhood* 1933, 8, 423–344).

**   Unterschiedliche Ernährungsgewohnheiten können mitunter innerhalb der gleichen Spezies auftreten. Nur weibliche Mücken stechen, um an das proteinreiche Blut ihrer Opfer zu gelangen, was wichtig für die Produktion der Eier ist. Außerhalb der Fortpflanzungsphase ernähren sie sich, ebenso wie männliche Mücken, von kohlenhydratreichem Blütennektar.

Derlei unerhörte Nachrichten veranlassten bereits im 18. Jahrhundert einen der berühmtesten Botaniker, Carl von Linné, zu dem Ausspruch, das sei „gegen die gottgewollte Ordnung der Natur" und nicht mit der heiligen Schrift vereinbar.[216]*

Proteine weisen einen entscheidenden Unterschied zu den bereits behandelten langen Kohlenhydratketten wie Cellulose, Stärke oder Glycogen auf: Letztere sind ausnahmslos aus gleichen Bausteinen aufgebaut, man könnte sie daher glatt als monoton und langweilig charakterisieren.[217] Aus ihnen ragen nur einförmige Hydroxygruppen heraus und die befinden sich immer wieder an den gleichen Stellen. Daher kommen sie auch hauptsächlich für Stabilisierungsmaßnahmen (Cellulose) oder zur Konstruktion von Speichermolekülen (Stärke, Glycogen) infrage. Viele Proteine sind hingegen aus chemischen Individualisten aufgebaut. Sie sind gespickt mit unterschiedlichen Resten, die vielfach auch funktionelle Gruppen enthalten, wie bereits oben ausgeführt wurde. Solche Aminosäureketten können bis zu mehrere Tausend Aminosäuren enthalten, woraus sich eine enorme Variationsbreite ergibt. Für den Menschen sind bereits heute schon ungefähr 14 000 Proteine katalogisiert.

$$AS_1\text{-}AS_2\text{-}AS_3\text{-}AS_4\text{-}AS_5\text{-}...$$

Die Abfolge der Aminosäuren ist in vielen Proteinketten nicht wahllos, sondern während der Proteinsynthese vorgegeben. Somit haben wir Moleküle vor uns, die Informationen enthalten können. Die Bezeichnung Protein wurde 1838 von Jöns Jakob Berzelius vorgeschlagen, der sie von dem griechischen Wort πρωτεῖος *prōteîos* („grundlegend" und „vorrangig") bzw. πρῶτος *prōtos* („erste" oder „vorderste") abgeleitet hat. Diese Bezeichnungen erinnern an den Schöpfungsbericht aus dem Alten Testament der Bibel (1. Mose 1.1): „Im

---

* Die Stickstoffversorgung ist – unabhängig von der Herkunft – ein limitierender Faktor für Größe und Anzahl von Organismen und damit auch ein zentrales Problem der Menschheit. Der britische Ökonom Thomas Robert Malthus hat 1798 in seinem *Essay on the Principle of Population* davor gewarnt, dass bei weiter wachsenden Bevölkerungszahlen die konventionelle Landwirtschaft in Großbritannien nicht mehr in der Lage sein wird, alle Menschen zu ernähren. Erst durch die segensreiche Einführung der künstlichen Düngung durch einen der „Väter der modernen Agrochemie", Justus Liebig (1803–1873), konnten diese Befürchtungen praktisch widerlegt werden. Durch die Haber-Bosch-Synthese gelang es im 20. Jahrhundert, völlig unabhängig von biologischen Quellen Stickstoffdünger in nahezu unbegrenzter Quantität aus Luftstickstoff herzustellen.

Anfang war das Wort." Nicht nur Goethes Faust hatte damit Probleme: „Ich kann das Wort so hoch unmöglich schätzen [...]"[218] Auch Berzelius' kongenialer Chemikerkollege Justus von Liebig konnte sich für die Bezeichnung Protein nicht erwärmen. Ahnte er möglicherweise, dass hinter den Proteinen andere chemische Verbindungen die Strippen ziehen, die wir heutzutage unter den Namen DNA und RNA kennen?

Informationen sind sinnlos, wenn sie nicht an einen Adressaten gerichtet sind. Die gespeicherte Information vieler Proteine wird in Form der Enzyme auf Substrate übertragen, die auf diese Weise zu genau definierten Produkten transformiert werden. Ich hatte diese Enzyme oder Biokatalysatoren und ihre „Heiratsvermittlerfunktion" schon in Kapitel 2.2 kurz vorgestellt. Ihre Aufgabe besteht darin, langsam ablaufende Reaktionen zu beschleunigen.

Enzyme sind wahre Wunderwerke der belebten Natur: nicht nur in Aufbau und Wirkung, sondern auch in der Herstellung. Sie werden in den Ribosomen, speziellen Manufakturen in der Zelle, entsprechend den Vorgaben von DNA bzw. RNA synthetisiert. Wir werden auf diese Vorgänge später noch etwas genauer eingehen. Was an dieser Stelle wichtig erscheint, ist ihre spezielle Form, die ihre extrem selektive und rasche Arbeitsweise ermöglicht. Die Struktur wird durch eine Vielzahl von unterschiedlichen Wechselwirkungen zwischen einzelnen Aminosäuren der Kette stabilisiert. Ein Enzym ähnelt damit einem Origami-Kunstwerk.*

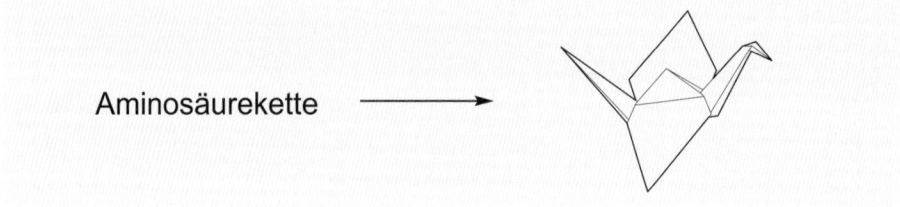

Bis in die Gegenwart ist die chemische Totalsynthese von Proteinen im Labor nur unter Verwendung sehr spezieller Methoden möglich und auf wenige Beispiele begrenzt.[219] Prinzipiell kann man heutzutage problemlos eine Kette mit einer definierten Abfolge von mehreren Hundert Aminosäuren synthetisieren.[220] Das Problem besteht darin, dass aus dieser Kette niemals von selbst ein Enzym wird. Enzyme werden nicht nach Art der

---

*   Mittlerweile hat man Faltungen und Entfaltungen als grundlegendes Prinzip in der belebten Natur erkannt. Nicht nur Proteine werden gefaltet. Auch die Flügel von Marienkäferchen vor dem Flug bzw. ganze Insekten während der Verpuppung werden ge- und entfaltet (F. U. Hartl, M. Hayer-Hartl, Converging concepts of protein folding in vitro and in vivo, *Nature Structure & Molecular Biology* 2009, 16, 574–581).

japanischen Papierfaltkunst aus der fertigen Kette gefaltet. Das würde viel zu lange dauern. Um beispielsweise ein Protein, das aus 100 Aminosäuren besteht, in allen Varianten bis zum nativen Enzym zu falten, würde es 10^{42} Jahre erfordern. Proteine werden nach und nach schon während ihrer Synthese in den Ribosomen, den Orten der Proteinsynthese in der Zelle, in Form gebracht. Dabei entstehen zunächst geordnete Teilstrukturen, die Domänen. Aufgrund verschiedener Bindungstypen, wozu vor allem auch Wasserstoff- und Schwefelbrücken gehören, werden singuläre Unterstrukturen aufgebaut, die sich sogleich zu komplexeren Überstrukturen formieren.[221] „Anstandsdamen", die *Chaperone* (engl.), helfen, die „richtige" Struktur einzunehmen. Diese Art der Herstellung ist die Gewähr dafür, dass Proteinenzyme aus einer genau definierten Anzahl von Aminosäuren bestehen, was ihnen eine Ausnahmestellung innerhalb polymerer Verbindungen zuweist.* In vielen Fällen wird eine proteinfremde Verbindung mit eingeflochten, die man auch als Coenzym bezeichnet und die für die Gesamtwirkung des Enzyms mitverantwortlich ist. Ein bekanntes Coenzym ist Vitamin C. Fehlfaltungen von Proteinen führen beispielsweise dazu, dass bei Mukoviszidose-Patienten der Schleim ihrer Bronchien zäh wird und Lunge und Bauchspeicheldrüse verstopft. Auch Parkinson, Chorea Huntington und die Amyotrophe Lateralsklerose, die den berühmten, kürzlich verstorbenen Physiker Stephen Hawkins an den Rollstuhl fesselte, sind auf Defekte in der Proteinfaltung zurückzuführen.

Es stellt sich die Frage, warum sich gerade α-Aminosäuren in der chemischen Evolution durchgesetzt haben und nicht Carbonsäuren, die die Aminogruppe in der β- oder gar in der γ-Position der Kohlenstoffkette tragen. Es gibt tatsächlich einige von diesen Exoten in der belebten Natur, die sich aber meist ganz anders als ihre Verwandten aus der α-Reihe verhalten.

Zum Beispiel bilden β-Aminosäuren nicht langkettige, sondern ringförmige Carbonsäureamide, die Lactame.

β-Aminosäure   Lactam   Penicillin

---

* Unterschiedliche Kettenlängen sind bei fast allen synthesechemischen und biologischen Polymeren zu finden, nur die Polynucleinsäuren weisen ebenfalls noch definierte Kettenlängen auf.

Die Derivate von Lactamen haben einen äußerst schlechten Ruf in Bakterienkreisen. Spezielle Pilze produzieren sie, um sich ihre mikroskopisch kleinen Erbfeinde wie Staphylokokken, Streptokokken oder Pneumokokken vom Halse zu halten. Diese antibakterielle Wirkung wurde zuerst von Alexander Fleming 1928 festgestellt. Mit dem Penicillin hatte man erstmals ein wirksames Heilmittel auch für den Menschen in der Hand, mit dem eine Reihe von Erkrankungen, die durch Bakterien verursacht werden, geheilt werden können.

Verbindungen mit dieser Heilwirkung sind unter ihrer Sammelbezeichnung Antibiotika (altgriech. ἀντί *anti*, „gegen", und βίος *bios*, „Leben") bekannt. Genau genommen sind sie nur für bestimmte Organismen (Bakterien) lebensfeindlich, für andere wie Tiere oder Menschen sind sie hingegen lebensrettend. Da Bakterien einen eigenen Aminosäurestoffwechsel besitzen, kann man ihn durch die Gabe von Antibiotika nachhaltig stören. Bei Viren, die keine eigene Möglichkeit zur Proteinsynthese haben, ist solch eine Behandlung nutzlos. Um Resistenzerscheinungen bei Bakterien zu verzögern, sollte deshalb der sinnlose Versuch, Virenerkrankungen mit Antibiotika zu bekämpfen, unbedingt unterbleiben.

β-Aminosäuren können nur mittels ausgefeilter Synthesetricks in Polypeptide eingebaut werden. Vor allem Dieter Seebach von der Eidgenössischen Technischen Hochschule Zürich hat viele Jahre damit zugebracht, solche Exoten herzustellen und daraus Proteinketten zu basteln.[222] Ein Ziel war es, neue pharmazeutische Wirkstoffe zu entdecken. Leider waren diese artifiziellen Proteine derart resistent, dass man die Versuche abgebrochen hat. Selbst flexible Entsorgungsspezialisten auf Bakterienniveau machten um sie einen Bogen. Unbegrenzte Haltbarkeit ist kein Vorteil in der Chemie des Lebens.

Auch eine Handvoll γ-Aminosäuren kommt in der belebten Natur vor. Das bekannteste Beispiel ist das L-Carnitin.

Eine γ-Aminocarbonsäure, wie sie der Struktur des Carnitins zugrunde liegt, ist natürlich besonders prädestiniert, einen energetisch stabilen Ring – und zwar einen 5-Ring – durch Kondensation zu bilden. Damit sie gar nicht erst in die Versuchung gerät, sind im Carnitin sämtliche Wasserstoffatome an der Aminogruppe gegen Methylgruppen ausgetauscht.* Die Verbindung ist daher bestens geeignet, um ihrer biochemischen Aufgabe als zuverlässiges Transportvehikel für Fettsäuren durch die Membran von Mitochondrien nachzukommen, wo diese dann im Rahmen der Energieerzeugung abgebaut werden.[223] Viele Sportenthusiasten wollen ihre sportlichen Leistungsparameter durch

---

* Der Schutz von oxidationsempfindlichen Heteroatomen oder funktionellen Gruppen gegen den Angriff von Sauerstoff durch vollständige Methylierung ist ein weitverbreitetes Prinzip in der Chemie des Lebens und trägt zur Entschleunigung von Abbaumechanismen bei. Beispiele sind das Arsenobetain in Kapitel 3.2 oder viele Farbstoffe in Kapitel 15.

Einnahme von syntheseche-
misch hergestelltem L-Carnitin
in *energy drinks* oder in Pillen-
form verbessern, um dessen
zentrale Funktion beim Fettsäu-
reabbau zu nutzen. Ausgangspunkt dafür ist eine Legende,
wonach die italienische Fußball-
nationalmannschaft die Welt-
meisterschaft 1982 vor allem deshalb gewann, weil jeder Spieler
pro Tag 1 g L-Carnitin zu sich
genommen hatte.

L-Carnitin

Fettsäuretransporter

Trimethylaminoxid (TMAO)

Aktuell ist eine konträr ge-
führte Debatte in den Ernährungswissenschaften über die Nebenwirkungen vom L-Carnitin ausgebrochen.[224] Da die Verbindung in der Nahrung vor allem im „roten Fleisch"*
vorkommt (daher die etymologische Herleitung von lat. *carnis*, „Fleisch") und bei der
Verbrennung von Fettsäuren eine zentrale Rolle spielt, ist es nicht ausgeschlossen, dass
L-Carnitin zur Entstehung von Atherosklerose beiträgt. Bislang hatte man dafür nur
gesättigte bzw. einfach ungesättigte Fettsäuren tierischen Ursprungs und das Cholesterol
verantwortlich gemacht. Aus chemischer Sicht sind dafür die – oben erwähnten – drei
Methylgruppen am Stickstoff (tertiäres Amin!) verantwortlich, die einer Dehydrierung
und damit einer schnellen Entsorgung des L-Carnitins entgegenstehen. L-Carnitin un-
terliegt daher einem anderen Abbaumechanismus als primäre oder sekundäre Amine.
Das Produkt des bakteriellen Abbaus ist Trimethylaminoxid (TMAO). Der Biochemie
dieser Verbindung werden wir uns in Kapitel 13 noch im Detail zuwenden, wenn das
Leben und Sterben von Grönlandhaien zur Sprache kommen soll. Ausgerechnet dieses
TMAO wird neuerdings als potenzieller Auslöser für die Bildung der gefürchteten
Plaques in Blutgefäßen nahe dem Herzen verantwortlich gemacht.**

Probleme mit zu großer Stabilität haben weder α-Aminosäuren noch native Proteine
auf der Basis von α-Aminosäuren. Solche Proteine verlieren sehr schnell ihre Form. Ein-

---

*   Känguru-Fleisch enthält ungefähr 50 % mehr L-Carnitin als Rindfleisch.

** Diese Hypothese konterkariert den Fakt, dass Seefische, die aus ernährungschemischer Sicht als
    besonders gesund angesehen werden, sehr viel TMAO enthalten. Damit möchte ich ein warnen-
    des Musterbeispiel geben, warum einfache Wenn-dann-Beziehungen auch in der Ernährungs-
    wissenschaft nicht geltend gemacht werden können und auch nicht sollten.

mal entfaltete Proteine gelangen nicht wieder in ihren originären Ausgangszustand zurück. Diesem Prozess können wir beim Braten eines Hühnereies zusehen. Schon bei über 40 °C fängt es an zu „de-naturieren" (lat. *de natura*, „von der Natur weg"), was bedeutet, dass die Ordnungskräfte in der komplexen Struktur zerstört werden. Noch niemand hat beobachtet, dass beim Abkühlen der Pfanne das Ei wieder in den Ausgangszustand zurückkehrt. Der Prozess ist irreversibel. Daran ändert auch ein neuartiges Verfahren auf bakterieller Basis zur „teilweisen Entkochung von gekochten Eiern" nichts, wofür Gregory Weiss und sein Team aus den USA den Ig-Nobelpreis für Chemie 2015 erhielten.* Diese Methode nutzt modifizierte Enzyme als Hilfsmittel, die falsch gefaltete Proteine nachträglich innerhalb weniger Minuten teilweise ordnen können.[225]

Die Denaturierung von Proteinen bei erhöhten Temperaturen ist auch die chemische Ursache, warum Vögel noch immer, wie ihre flugunfähigen Vorfahren, Eier legen. Die Hauptfortbewegungsform der meisten Vögel ist Fliegen, eine Aktivität, die mit einem immens hohen Energieverbrauch verbunden ist. Wir haben schon bei der Glycolyse festgestellt, dass dabei sehr viel ungenutzte Abwärme entsteht. Vögel weisen im Ruhezustand eine Körpertemperatur von 37 °C bis 38 °C auf. Bei hoher oder höchster Aktivität, wie es das Fliegen darstellt, kann die Temperatur locker bis auf 44 °C ansteigen,[226] was fatal für einen Embryo wäre, der sich in solch einem fliegenden „Ofen" befindet. Aus diesem Grund verpacken Vögel ihren Nachwuchs in eine spezielle Kalkhülle, weithin als „Ei" bekannt, versehen es mit allem Notwendigen und erledigen das eigentliche Brutgeschäft außerhalb des eigenen, nachwuchsbedrohenden Körpers. Diese Maßnahme reduziert übrigens auch das Übergepäck und erleichtert das Fliegen. Die Eierschale aus Kalk ($CaCO_3$, alkalisch!) verhindert das Eindringen von Keimen, eine Eigenschaft, die das längere Aufbewahren von Eiern erst ermöglicht. Säugetiere haben dieses Problem nicht, die Körpertemperatur im Bauchraum der Mutter liegt konstant bei ungefähr 37 °C und damit bei einer Temperatur, die optimal für das Funktionieren von Enzymen und anderen Funktionsmolekülen auf der Basis von Proteinen ist.**

------

* Der Ig-Nobelpreis (Ig bezieht sich auf die englisch-französischen Wortkreation: *ignoble* und wird übersetzt als unwürdig, schmachvoll, schändlich) ist eine ironisch-satirische Auszeichnung, um wissenschaftliche Leistungen zu ehren, die „Menschen zuerst zum Lachen, dann zum Nachdenken bringen". Der Preis wird von einer der Elite-Universitäten der USA, MIT oder Harvard, vergeben und ist jedes Jahr ein großes Halligalli, an dem sogar echte Nobelpreisträger mit Begeisterung teilnehmen.

** Ungeachtet dessen werden bei vielen Säugetieren empfindliche Keimzellen außerhalb des Körpers, nämlich in den Hoden, aufbewahrt. Im Hodensack liegt die Temperatur wenige Grad unter der Körperinnentemperatur, was für die Bildung fruchtbarer Spermien von Vorteil ist. Darüber hinaus werden Samen über die gesamte Fortpflanzungszeit immer wieder neu gebildet.

Wie bereits weiter oben erwähnt, kann die hochgeordnete Struktur von Proteinen nicht nur durch erhöhte Temperaturen, sondern auch von Säuren zerstört werden. In Kooperation mit speziellen Enzymen und Wasser werden die Proteine demontiert. Diese auf den ersten Blick destruktive Reaktion ist die Voraussetzung dafür, dass Aminosäuren über die Nahrung von einem Organismus zum anderen wandern können. Da viele Lebewesen, darunter der Mensch, nur einen Teil der proteinogenen Aminosäuren selbst herstellen können, bilden körperfremde Proteine die wichtigsten Aminosäurequellen für den „Hausgebrauch". Im Vergleich zu körperfremden Kohlenhydraten wie Stärke ist bei körperfremden Proteinen ein wichtiger Unterschied zu nennen: Proteine, insbesondere Enzymproteine, aber auch Proteine, die in Form von Immunoglobulinen die Abwehr gegen Krankheitserreger und Fremdpartikel organisieren, werden für diese Aufgaben im jeweiligen Organismus hergestellt. Sie enthalten eine sehr spezielle Information, die in der körpereigenen DNA verschlüsselt ist. Man kann daher mit Recht behaupten, dass die singuläre Individualität von Organismen durch Proteine entsteht. Der Informationsgehalt von Proteinen ist für einen anderen Organismus nur selten nützlich und mitunter auch äußerst schädlich. Aus diesem Grund werden körperfremde Proteine bei der Nahrungsaufnahme zunächst denaturiert. Das passiert bei Säugetieren vor allem im Magen durch das starke salzsaure Milieu* und die anschließende Wirkung des Enzyms Pepsin. Pepsin gehört damit zu den wenigen Enzymen, die sich erst bei einem pH-Wert von 1 bis 4 richtig wohlfühlen. Im Dünndarm erledigen die Enzyme Trypsin und Chymotrypsin dann den Rest der Zerkleinerungsarbeit an der entfalteten Proteinkette. Da der pH-Wert im Dünndarm wieder bei ungefährlichen 7–8 liegt, ist auch keine Gefahr gegeben, dass es diese kleinen, stärker säuresensiblen Helfer dort zerlegt.

Versagt dieser Mechanismus, kann es zu gesundheitlichen Problemen kommen. Beispielsweise wird bei Menschen mit Zöliakie das Getreideprotein Gluten im Magen nicht abgebaut. Die Folgen sind heftige Bauchschmerzen. Bisher lassen sich diese Beschwerden nur durch die strikte Vermeidung von Weizenprodukten verhindern. Möglicherweise wird es aber demnächst ein Mittel geben: Eine kanadische Forschergruppe um David C. Schriemer fand heraus, dass fliegenfangende Kannenpflanzen (*Nepenthes x ventrata*) superaktive Enzyme herstellen, die selbst Gluten abbauen können.[227] Vielleicht könnten

---

* Die Zellen der Magenschleimhaut sind einem besonders großen Stress durch das salzsaure Milieu ausgesetzt. Daher wird die gesamte Magenschleimhaut innerhalb von fünf Tagen komplett erneuert, das heißt, die Zellen werden genauso oft neu gebildet wie Haare. Gleichzeitig schützt ein Schleim, bestehend aus einem Hydrogencarbonatpuffer, kohlenhydrathaltigen Proteinen und Wasser, das darunterliegende Gewebe.

in Zukunft Zöliakiepatienten auch wieder unbeschwert Brot essen, vorausgesetzt, sie trinken zuvor einen Schluck Kannenpflanzensaft.

Ein besonders drastisches Beispiel für den Effekt von unverdauten Proteinen stellten Ausbruch und Verlauf der BSE *(Bovine spongiforme Enzephalopathie)*-Krankheit bei Huftieren vor ungefähr 15 bis 20 Jahren dar.* Die Auslöser von BSE sind falsch gefaltete Proteine, die Prionen. Diese wurden mutmaßlich mit infiziertem Tiermehl aus geschlachteten Rindern auf lebende übertragen. Normalerweise sollte der pathogenen Struktur dieser Proteine bereits im Magen der Garaus gemacht werden,[228] wenn es nicht eine Besonderheit im relativ komplizierten Verdauungsgeschehen von Wiederkäuern geben würde: Rinder haben vier Mägen, wovon der erste, der Pansen, einen pH-Wert von 7 aufweist, das heißt, dort herrscht eindeutig ein neutrales Milieu. Erst in einem der letzten Mägen, dem Labmagen, findet sich ein stark erniedrigter (saurer) pH-Wert. Diese allmähliche Abstufung verhalf wahrscheinlich den Prionen, ihre fatale Wirkung auf das Rindergehirn zu entfalten, bevor sie zerstört wurden. Mit dieser Theorie lässt sich auch erklären, warum relativ wenige Menschen an einem verwandten Leiden, der Creutzfeldt-Jakob-Krankheit, erkrankten.** Unser stark saurer Magen hat sich in diesem Fall als guter Torwächter erwiesen. Wahrscheinlich spielte auch die einzigartige menschliche Angewohnheit, Fleischprodukte vor dem Verzehr zu braten oder zu kochen, eine kaum zu unterschätzende präventive Rolle.***[229]

Wie gesehen, können Proteine, die eine Zerlegungsprozedur aufgrund fehlender Schutzmaßnahmen oder durch eine besonders stabile Struktur überstehen, fatale Folgen für den aufnehmenden Organismus haben. Dazu gehören für den Menschen viele Pilzgifte, wie beispielsweise die Amatoxine, eine Gruppe von Toxinen des berüchtigten Grünen Knollenblätterpilzes (*Amanita phalloides*). Diese relativ kleinen Proteine beziehen ihre Wirkung vor allem durch eine ringförmige Struktur und den Einbau von ungewöhn-

---

* Verwandte Krankheiten wurden bei Hirschen (*Chronic Wasting Disease*) und Schafen (*Scrapie*) gefunden.

** Eine weitere Ursache für die erhöhte Resistenz des Menschen gegenüber diesen Gehirnkrankheiten könnte ein spezielles Gen sein. Dieses Gen wurde auf Papua Neu-Guinea bei dem Volk der Kuru gefunden, die noch vor einiger Zeit kannibalistische Traditionen anhingen (S. Mead, J. Whitfield, M. Poulter, P. Shah, J. Uphill, J. Beck, T. Campbell, H. Al-Dujaily, H. Hummerich, M. P. Alpers, J. Collinge, Genetic susceptibility, evolution and the kuru epidemic, Philosophical *Transactions of the Royal Society B* 2008, 363, 3741–3746).

*** Einer der wichtigsten Gründe für das massenhafte Auftreten von BSE in Großbritannien war neben der Reduzierung der Prozesstemperatur von 135 °C auf 85 °C bei der Herstellung von Tiermehl der Verzicht auf den Entzug von proteinkontaminierten Restfetten. Dies wurde zuvor mithilfe von Lösungsmitteln, insbesondere Methylenchlorid, durchgeführt, das für eine kurze Zeit fälschlicherweise als cancerogen eingeschätzt wurde (A. Becker, MSc-Arbeit, Graz 2010).

„*Cleopatra*" (recte: *Hygieia*), Peter Paul Rubens (ca. 1615),
National Gallery Prag

lichen, nicht proteinogenen Aminosäuren. Sie werden von den hauseigenen proteinzerstörenden Enzymen nicht erkannt und entfalten in der Folge ihre verheerende Wirkung auf unwissende Pilzsammler.

Umgehen körperfremde Proteine die „Einlasskontrolle" des Magens, kann es besonders übel werden. Tückisch ist die Übertragung direkt über die Haut ins Blut, wie es von Giftschlangen praktiziert wird. Schlangengifte bestehen zu über 90 % aus Polypeptiden und Proteinen und attackieren das Nervensystem mit oftmals tödlichen Folgen. Legendenumwoben ist der Selbstmord der ägyptischen Königin Cleopatra durch den Biss einer Uräusschlange, nachdem ihr Liebhaber Marcus Antonius von Gaius Octavius, dem späteren Kaiser Augustus, besiegt worden war (30 v. Chr.). Diese Tragödie hat viele Dichter angeregt, ihre Sicht der Ereignisse in eine poetische Form zu verpacken. Eines der bedeutendsten Werke ist William Shakespeares *Antonius und Cleopatra* (vermutlich 1606), worin Cleopatra, zoologisch nicht ganz korrekt den „art'gen Nilwurm" an ihre Brust mit den Worten setzt: „Komm, tödlich Ding, Dein scharfer Zahn löse mit eins des Lebens verwirrten Knoten."[230] Jener Moment, in dem Cleopatra aus dem Leben scheidet, ist berührend von Peter Paul Rubens in einem Gemälde festgehalten worden.

Buchstäblich einen Ritt auf der Rasierklinge stellt das Spritzen von Botox unter die Haut dar, um im Rahmen einer besonders intensiven Schönheitspflege störende Falten zu glätten. Botox ist ein Protein des Bakteriums *Clostridium botulinum* und gehört zu den stärksten Nervengiften. Glücklicherweise traten Vergiftungssymptome und Todesfälle bisher nur nach dem Genuss von Wurst aus Hausschlachtungen auf, wonach das Gift auch seinen Namen (lat. *botulus*, „Darm", im übertragenen Sinn „Wurst") erhalten hat. Es reicht das Einatmen von nur 10 Nanogramm (10^{-8} Gramm) pro Kilogramm Körpergewicht aus, um den Tod eines Menschen hervorzurufen. Deshalb sind aufgeblähte Fleisch-, Wurst- und Fischkonserven mit besonderer Vorsicht zu behandeln.

Die Chemie des Lebens besitzt ein großes Arsenal an Methoden, um mit den gefährlichen Aminen fertigzuwerden. Die basischen Eigenschaften von Aminen, von denen eine zentrale Bedrohung für biologisch wichtige Strukturen, beispielsweise Membranen, ausgeht, werden durch Neutralisation oder Carbonsäureamidbindungen (Proteine) außer Kraft gesetzt. Sollten Amine trotzdem kurzzeitig auftauchen, dienen sie zunächst der Reizweiterleitung an den Nervenenden und werden am Ende in abgebauter Form in die Außenwelt des Organismus entsorgt. Einigen Entsorgungsmechanismen wollen wir uns im nächsten Kapitel zuwenden.

7 Die Entsorgung von Stickstoff

7.1 Federn, Schuppen, Haare und Nylon

Nachdem die Enzyme ihre Arbeit beim Abbau und Umbau von körpereigenen und -fremden Verbindungen beendet haben, werden sie in der Zelle wieder in die Grundbausteine, die Aminosäuren, zerlegt.* Ungefähr 75 % der Aminosäuren werden im menschlichen Organismus wiederverwendet und finden u. a. erneut für die Enzymsynthese entsprechend den Konstruktionsvorgaben der DNA Anwendung. Spezielle Enzyme, Peptidasen oder Proteasen genannt, spalten Proteine. Mit anderen Worten, Proteine spalten andere Proteine, wobei die Frage des russischen Großrevolutionärs Wladimir Iljitsch Lenin: „Wer – wen?"[231] auf dem Gebiet der Chemie des Lebens durch die Evolution entschieden wurde. Natürlich existieren auch die Proteasen nicht ewig, sondern werden wiederum von anderen Proteasen in kannibalistischer Manier zerlegt.

Einige Pflanzen sind in der Lage, die freigesetzten Aminosäuren, beispielsweise L-Arginin und L-Glutamin, für längere Zeit zu speichern. Die meisten der überschüssigen Aminosäuren werden hingegen entsorgt. In Abhängigkeit vom Organismus und der speziellen Aminosäure gibt es dafür eine Reihe von chemischen und biologischen Mechanismen.

Für einige Aminosäuren wie Glycin, L-Serin und L-Alanin kommt die Verwendung in Proteinen auf der Außenseite des Organismus und damit in Strukturen ohne molekularen Informationsgehalt infrage. Was nicht bedeutet, dass sie aus biologischer Sicht für den betreffenden Organismus ohne Wert sind. Ein typisches Beispiel ist die Wolle

---

* Proteine sind nicht nur am Aufbau von Enzymen beteiligt, sondern haben noch vielfältige andere biologische Funktionen im Organismus. Relativ kleine Proteine sind beispielsweise die Albumine, die den osmotischen Druck und den pH-Wert in der Zelle stabilisieren. Bei Leber- und einigen Krebserkrankungen nimmt ihre Konzentration durch erhöhte Ausschwemmung ab. Ödeme und Bauchwassersucht sind die Folgen. Aus diesem Grund gehört die Bestimmung der Albuminkonzentration zur medizinischen Routinediagnostik.

vieler Huftiere wie Schafe, Alpakas oder Kamele, die durch den Menschen bereits seit der Bronzezeit genutzt wird. Wolle stellt zum größten Teil ein relativ einförmiges Protein aus 100 bis 300 Aminosäuren dar, das durch Wasserstoff- und Schwefelbrücken seine Struktur erhält. Wolle wärmt den Träger in kalten Jahreszeiten und ist damit ein biologisch hochwertiges Abfallprodukt des chemischen Stickstoffkreislaufs.

Auch die Schuppen von Fischen und Reptilien sind aus Proteinen aufgebaut. Erst 2016 wurde eine lange schwelende Kontroverse über die biologischen Wurzeln von Haaren bei Säugern, Vogelfedern und Schuppen von Reptilien (Krokodile) durch die Untersuchungen der beiden Evolutionsbiologen Nicolas Di-Poï und Michel C. Milinkovitch beigelegt. Die beiden Forscher zeigten, dass diese Organe einen gemeinsamen Vorfahren in einer lokalen Verdickung der Oberhaut haben.[232] Der Befund illustriert, dass sich Gemeinsamkeiten in chemischen Strukturen auch noch in biologischen Organen fortsetzen können.*

Selbstverständlich sind auch menschliche Haare aus Proteinen aufgebaut. Der vorübergehende Aufstand der Frisur nach einer zerwühlten Nacht, der auch mit einem Kamm nicht leicht zu bändigen ist, geht auf das Konto von verschobenen Wasserstoffbrücken zwischen den Proteinketten. Diese Wasserstoffbrücken lassen sich viel leichter aufbrechen als Schwefelbrücken. Dazu reicht das Befeuchten oder Waschen der Haare mit Wasser und das Chaos auf dem Kopf ist beendet.

Im Unterschied dazu fixieren Schwefelbrücken Haare in einer dauerhaften Struktur. Um Haaren eine andere Form zu geben, hydriert die Friseurin diese Schwefelbrücken und kreiert mittels Lockenwicklern die neue Frisur.[233] Die abschließende Oxidation mit Wasserstoffperoxid schließt die Schwefelbrücken wieder und verfestigt das Haar.

Die neue Dauerwelle bleibt für mehrere Wochen in Form. Kommt der Friseur mit dem heißen Fön zu nahe an die Haare heran, riecht es unangenehm. Der Gestank von verbranntem Eiweiß ist auf schwefelhaltige Aminosäuren (Cystein, Methionin) zurückzuführen und erinnert uns an die chemischen Verantwortlichen, die hinter dem Prinzip der Dauerwelle stehen.

Der moderne Mensch hat bis auf wenige Stellen am Körper keine Körperbehaarung mehr, was auf seine höchst flexible Eigenschaft zurückgeht, sich durch die Wahl der Kleidung an sehr unterschiedliche Außentemperaturen anpassen zu können. Die verbliebenen Haarpo-

---

* Mittlerweile sind viele Evolutionsbiologen der Meinung, dass nicht nur Kontingenz (Zufall, Nicht-Notwendigkeit) neue Arten hervorbringt, sondern dass die Umwelt ein limitierender Faktor darstellt (siehe auch Kapitel 3: Man ist, was man isst). Offensichtlich setzen die Naturgesetzlichkeiten von Chemie, Biochemie und Biophysik einem *anything goes* (deutsch: „alles ist möglich") Grenzen und begrenzen die Anzahl der Variationen. Zahlreiche Beweise für diese These finden sich in vielen unabhängig voneinander abgelaufenen Parallelentwicklungen auf der Erde, die zu ähnlichen Formen und Verhaltensweisen geführt haben (vgl. z. B.: J. B. Losos, *Glücksfall Mensch. Ist Evolution vorhersagbar?* Hanser, 2018).

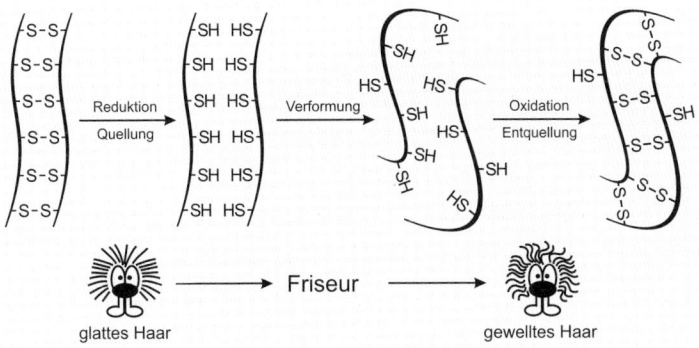

Die chemischen Umstrukturierungen beim Dauerwellen

pulationen in den Achseln und in der Nähe der Genitalien, die von der Evolution übrig gelassen wurden, haben eine wichtige Funktion im menschlichen Sozialverhalten: Die Haare vergrößern die Oberfläche und leisten somit einen Beitrag, typische Duftstoffe (vor allem Sexualhormone) ebenso wie bakterielle Abbauprodukte von Stoffwechselreaktionen (Amine, kurzkettige Fettsäuren) in die Umgebung abzusondern. Damit entsteht ein für jeden Menschen individuelles Duftbukett, vergleichbar mit dem Fingerabdruck.[234]

Viele Studien weisen darauf hin, dass die gegenseitige erotische Anziehungskraft auf solcherlei olfaktorischen Zusammenhängen beruht.[235] Dieser Zusammenhang war sicher auch dem französischen Maler Jean-Auguste-Dominique Ingres bewusst, der in seinem berühmtesten Gemälde *Le Bain turc* (Das türkische Bad) diese verführerische Situation dargestellt hat.

Ob die bis in die Gegenwart hinein weitverbreitete, kulturell bedingte Totalenthaarung eine Auswirkung auf das hormonell gesteuerte Miteinander der Menschen hat, muss an dieser Stelle spekulativ bleiben, da sichtbare Auswirkungen einer solchen Maßnahme auf eine biologische Spezies erst nach vielen Generationen sichtbar werden.*

---

*   Menschliche Kopfhaare haben ebenfalls wichtige Funktionen. Sie schützen den einzigen der Sonne zugewandten Teil des aufrecht gehenden Menschen, die Kopfoberseite, vor direkter Einstrahlung. Gleichzeitig sind Haare aus evolutionsbiologischer Sicht ein Erkennungsmerkmal für die sexuelle Fitness des Menschen (Alter, Vitalität und Gesundheitszustand). Aus diesem Grund müssen in einigen patriarchalischen Kulturen, in denen Frauen kein selbstbestimmtes Sexualleben zugestanden wird, Frauen ihre Haare verbergen. Das erzwungene Abrasieren der Haare ist ebenfalls eine Maßnahme, um Frauen zu disziplinieren oder gar zu demütigen, wie es beispielsweise französischen Frauen widerfuhr, denen ab 1943 ein zu enges Verhältnis zu Wehrmachtssoldaten vorgeworfen wurde. Vergleichbares mussten Frauen in Ostasien (Java, Sumatra) während der Besatzungszeit (1941–1945) durch die japanische Armee erleiden.

„*Le Bain turc*",
Jean-Auguste-Dominique
Ingres (1863),
Louvre, Paris

Die Seide von Spinnen und Insekten besteht ebenfalls aus Ketten mit einer nur geringen Variation an Aminosäuren. Wasserstoffbrücken halten diese Ketten zusammen. Im Unterschied zu Enzymen sind solche Proteine weniger kompliziert aufgebaut, trotzdem ist es bis heute nicht gelungen, Seide mit all ihren typischen Eigenschaften ohne die Hilfe von Seidenraupen herzustellen.

Beim Versuch, solche Ketten nachzuahmen und gleichzeitig die Eigenschaften von Seide zu verbessern, verfiel der amerikanische Synthesechemiker Wallace Hume Carothers bei der US-amerikanischen Firma DuPont auf die Idee, die Verzweigungen wegzulassen und zwischen die Peptidbindungen lange Ketten einzufügen. Auf diese Weise entstand 1935 das erste Nylon.[236]

Nylon

Man kann die chemische Struktur des Nylons als Abfolge sich abwechselnder Abschnitte aus Naturgummi und Naturseide auffassen. Die langen Ketten zwischen den funktionellen Gruppen verleihen dem Produkt elastische (gummiartige) Eigenschaften, während die Peptidbindungen mit ihren Wasserstoffbrücken die Stabilität gewährleisten. In der Tat sind Nylonstrümpfe viel elastischer als Seidenstrümpfe. Die alternative Verwendung dieser Strümpfe als Ersatz für gerissene Keilriemen in Autos mit niedrigen Drehzahlen war in den 1960er- und 1970er-Jahren legendär.

Neben Schafwolle, Seide und Haaren von Säugetieren sind auch Vogelfedern im Wesentlichen aus Proteinen aufgebaut. Diese Materialien erhalten ebenfalls durch Schwefel- und Wasserstoffbrücken eine erhöhte Festigkeit. Auf die versteifende Wirkung von aromatischen Aminosäuren habe ich bereits in Kapitel 4.6 hingewiesen. Haare (Fell) isolieren den Organismus vor Kälte. Auch Federn wärmen und ermöglichen darüber hinaus das Fliegen. Helikale Strukturen, die sich bis hin zu Superhelices organisieren können, finden sich beispielsweise in Finger- und Zehennägeln, Krallen, Hufen und Hörnern. Auch Abwehrorgane wie die Stacheln der Igel und die Panzer von Reptilien sind aus solchen Überstrukturen von Proteinen aufgebaut. Diese biologischen Sekundärfunktionen ergeben sich letztendlich aus einem chemischen Mechanismus zur Entsorgung von Stickstoff und verhelfen gleichzeitig dem betroffenen Organismus zu vorteilhaften Eigenschaften im täglichen Kampf ums Dasein.[237] Die These der Evolutionschemie gilt auch hier: Die Chemie bietet an und die Biologie wählt aus.

Eine spezielle Art der Stickstoffentsorgung haben Pilze, Insekten und Krebse von Bakterienzellwänden, dem Murein (lat. *murus*, „Mauer", „Wall", „Schutz"), übernommen. In ihren Organismen wird aus einer speziellen Aminosäure (L-Glutamin) zusammen mit D-Glucose das D-Glucosamin hergestellt, sozusagen ein Hybrid aus Kohlenhydrat und

Aminosäure.[238] Dieser Aminozucker bildet vergleichbar zur Cellulose lange Ketten. Das Makromolekül wird als Chitin (altgriech. χιτών *chitón*, „Hülle", „Panzer") bezeichnet.

Ebenso wie Cellulosefasern ihre Festigkeit durch Wasserstoffbrücken zwischen den langen Ketten erhalten, existieren mannigfaltige Wasserstoffbrücken zwischen den Chitinketten. Da die Brücken zwischen N–H und C=O stärker sind als die zwischen zwei Hydroxygruppen, ist Chitin noch stabiler als die Cellulose von Hölzern, wovon besonders das Exoskelett von Krebsen profitiert, das zu ungefähr 50 % aus Chitin besteht. Durch Einlagerung von Proteinen und Calciumcarbonat wird die Robustheit noch erhöht. Die Strukturen sind so starr, dass sie nicht mit dem Insekt mitwachsen können. Sie müssen deshalb in bestimmten Etappen des Insektenlebens vollständig erneuert werden.[239] Die Häutung (Ecdysis) geht mit einem erheblichen Verlust an Stickstoff einher. Um diesen Verlust auszugleichen, hat sich bei Doppelschwänzen (das sind etwa 2 mm große flügellose Urinsekten mit sechs Füßen, die von den Zoologen *Diplura* genannt werden) ein besonderes Stickstoffrecycling herausgebildet: Nach dem Häuten fressen sie ihre zu eng gewordene Chitinhülle auf und sind somit unabhängiger von externen Stickstoffquellen.[240]

7.2 Ammoniak, Harnsäure und anderer stickstoffhaltiger Abfall

Die wichtigste chemische Maßnahme, überschüssige Aminosäuren abzubauen, besteht in der Abspaltung von Ammoniak. Der Austausch der Aminogruppe mithilfe von Wasser wäre die schnellste Methode, um die potenziell gefährliche Aminogruppe auf direktem Weg loszuwerden, wobei eine ungefährliche Hydroxygruppe entstehen würde. Solche Reaktionen werden in der Chemie als Substitutionen (lat. *substituere*, „ersetzen") bezeichnet.

Leider funktioniert die Reaktion, die auf dem Papier so kurz und elegant aussieht, nicht in der belebten Natur. Auch in einem Syntheselabor müssen dafür extreme oder sehr elaborierte Bedingungen geschaffen werden. Die Aminogruppe in biogenen Verbindungen werden wir unter physiologischen Bedingungen nur los, indem zunächst das Amin oxidiert (dehydriert) wird, woraus, ganz analog zur Reaktion mit MAO, die wir in Kapitel 6.1 besprochen haben, ein Imin als reaktive Zwischenstufe resultiert.

Der gesamte Mechanismus, der aus mehreren Teilreaktionen besteht, ähnelt einem Kreisverkehr auf der Straße und kommt ohne Ampeln oder gar Stopp-Schilder aus.*

In unseren chemischen Kreisverkehr gehen Verbindungen hinein und andere kommen heraus. An der Spitze der Darstellung und damit am Anfang steht ein Imin (C=N–), das durch Dehydrierung der Aminogruppe entstanden ist. Das Imin ist vergleichbar reaktiv wie seine chemische „Cousine", die Carbonylgruppe (C=O), und reagiert somit leicht mit Wasser zu einem Halbaminal. Das Halbaminal unterliegt einer modifizierten Erlenmeyer-Regel und spaltet daher schnell NH_3 ab. Wir gelangen zu einem stickstofffreien Produkt, einer α-Ketocarbonsäure, die – wie der Name schon sagt – eine Ketogruppe in direkter Nachbarschaft zur Carboxylgruppe aufweist. Das ist eine uns von der Brenztraubensäure her bereits vertraute, sehr heikle Situation, die unmittelbar die

---

* Da in der Chemie solche komplexen Reaktionszyklen immer im Uhrzeigersinn geschrieben werden, bezieht sich unsere Betrachtung auf ein Land mit Linksverkehr, beispielsweise Großbritannien.

Abspaltung von CO_2 in der Nachbarschaft zur Folge haben kann. Das verbleibende Kohlenstoffgerüst der ehemaligen Aminosäure wird abschließend beispielsweise zur Energieerzeugung im Citronensäurecyclus „verbrannt".

Natürlich könnte die Carbonylgruppe in der α-Ketocarbonsäure auch mit Ammoniak reagieren, wobei wieder ein Halbaminal entsteht, das sich durch Wasserabspaltung zum Imin stabilisiert. Die Situation ist von einem Autofahrer bekannt, der die Ausfahrt im Kreisverkehr verpasst hat und daher noch eine Zusatzrunde drehen muss. Auf diese Weise könnte das Imin durch Hydrierung wieder in ein Amin überführt werden, was tatsächlich ein Weg ist, um in lebenden Organismen α-Aminosäuren aufzubauen.

Welche Ausfahrt genommen wird, hängt in unserem Fall nicht von der Aufmerksamkeit oder den persönlichen Vorlieben des Autofahrers ab, sondern davon, welche Geschwindigkeit auf den Ausfallstraßen möglich ist. Staus können verhindern, dass eine bestimmte Ausfahrt genommen wird. Chemisch ausgedrückt bedeutet dies: Wenn gasförmige Stoffe entstehen – das kann auch über zahlreiche Zwischenstufen geschehen –, wird diese Richtung eingeschlagen, da das Gleichgewicht zu dieser Seite hin verschoben wird. Auf der rechten Seite unseres chemischen Kreisverkehrs entstehen die beiden leicht flüchtigen Produkte NH_3 und CO_2, während auf der linken Seite Wasser gebildet wird, das bekanntlich einen relativ hohen Siedepunkt (100 °C) hat. Aus dieser stark vereinfachten Betrachtung wird sofort klar, dass der rechte Weg und damit die Zerlegung der Aminosäuren immer bevorzugt sind. Wir müssen weiterhin festhalten, dass dieser Weg mit einer vorhergehenden Dehydrierung verbunden ist; mit anderen Worten: Der Energieinhalt des Kohlenstoffs im Imin hat sich im Vergleich zum Amin um zwei Elektronen verringert. Energetisch begibt man sich mit der Iminbildung auf abschüssiges Terrain. Diese Rutschpartie endet immer beim Kohlendioxid. Damit gewinnt die These, dass organisches Leben die Totaloxidation des energiereichen Kohlenstoffs darstellt, auch am Beispiel der α-Aminosäuren eine erneute Bestätigung.

Ein anderer Prozess, der dazu beiträgt, jene α-Aminosäuren abzubauen, die nicht für die Proteinsynthese genutzt werden, besteht in deren Zerlegung unter Bildung von biogenen Aminen. Biogene Amine bilden als Neurotransmitter das chemische Rückgrat unseres Nervensystems, werden aber, wie bereits im vorhergehenden Kapitel besprochen, nach erfolgter Reizübertragung umgehend durch die Monoaminooxidase (MAO) vom Ammoniak befreit.

Auf beiden Routen stellt die Bildung von Ammoniak und Kohlendioxid die treibende Kraft für die Zerlegung der Aminosäure dar. Um es auf den Punkt zu bringen: Am Ende haben sich die beiden namensgebenden funktionellen Gruppen der α-Aminosäure in „Luft" (NH_3 und CO_2) aufgelöst.[241]

$$R$$
$$H_2N \quad COOH$$

$-CO_2$ $-NH_3, -CO_2$

Citronensäure-cyclus → Energie-erzeugung

NH_3 ← MAO ← Neuro-transmitter ← biogene Amine (H_2N, R)

(R, O, H)

Es entsteht also beim Abbau von Aminosäuren entweder unmittelbar am Anfang oder aber am Ende neben Kohlendioxid der giftige Ammoniak. Dessen umgehende Entsorgung ist ein zentraler Faktor in der Abfallwirtschaft von lebenden Organismen. Ammoniak ist nicht nur basisch, sondern kann mit den hochreaktiven Aldehyd- und Ketogruppen reagieren, die zuhauf in lebenden Zellen entweder geschützt oder ungeschützt vorkommen.* Eine Hyperammoniämie, also ein erhöhter Ammoniakspiegel, korreliert meist mit einer verminderten Entgiftungsfunktion der Leber. Beim Menschen sind dann neurologische Probleme die Folge. Die berüchtigte Leberzirrhose, die gehäuft bei Alkoholabhängigen auftritt, ist auch auf eine unzureichende NH_3-Entsorgung zurückzuführen.

Nur wenige Tiere scheiden Ammoniak direkt aus. Diese Tiere, wie Fische, Tintenfische, marine Muscheln und Krebse, leben im Wasser, was eine umgehende Verdünnung des giftigen Endproduktes ermöglicht. Für Pflanzen ist Ammoniak auch toxisch. Bei ihnen erfolgt die Entgiftung mittels im Boden lebender Bakterien, die in Wasser gelösten Ammoniak bzw. Ammonium zu Nitrit oder Nitrat oxidieren.

In anderen Organismen haben sich spezielle Mechanismen und weniger toxische Abbauprodukte im Rahmen des Entsorgungsprogrammes evolviert. Eine zentrale Bedeutung kommt dabei dem Harnstoff zu. Harnstoff ist das Carbonsäurediamid der Kohlensäure und somit im Vergleich zum Ammoniak nicht basisch. Da Harnstoff mit Wasser ebenfalls zu NH_3 und CO_2 reagiert, muss auch er irgendwann den Organismus verlassen. Diese Reaktion verläuft nicht besonders schnell, wird jedoch aufgrund der Bildung von zwei gasförmigen Produkten zunehmend auf die rechte Seite der Reaktionsgleichung verschoben.

---

*   In der medizinischen Fachliteratur werden unterschiedliche Normwerte für den Menschen angegeben. Prinzipiell sollte die Konzentration von Ammoniak im Blut zwischen 15 und 90 Mikrogramm/Deziliter (1 Mikrogramm sind 1 Millionstel Gramm, 1 Deziliter = 100 Milliliter) liegen.

$$\text{Harnstoff} + H_2O \xrightleftharpoons{\text{langsam}} 2\,NH_3 + CO_2$$

Harnstoff (fest)   (gasförmig)

Die intensive Ausdünstung von Feldern, die mit Gülle gedüngt wurden, oder die unangenehmen Gerüche schlecht gereinigter Urinale sind der olfaktorische Beweis für diese allmähliche Zersetzungsreaktion. Menschen scheiden pro Tag 20 bis 30 g Harnstoff aus.

Im Unterschied zu CO_2 und H_2O, den finalen Abbauprodukten von Kohlenhydraten und Fetten, ist Harnstoff fest. Harnstoff hat einen Schmelzpunkt von 133 °C und lässt sich somit nicht einfach als Gas „abatmen" wie Kohlendioxid oder ausschwitzen wie Wasser. Harnstoff ist jedoch sehr gut wasserlöslich und kann in einer wässrigen Lösung in Form von Urin ausgeschieden werden. Auf diese Weise verlassen ungefähr 80–90 % des täglich mit der Nahrung aufgenommenen Stickstoffes wieder den menschlichen Körper, was eine enorme Stoffwechselleistung darstellt. Ein 80-jähriger Mensch hat in Abhängigkeit von seinen Trinkgewohnheiten ungefähr 30 000 bis 40 000 Liter Urin in seinem Leben ausgeschieden. Auch Embryos im Mutterleib müssen stickstoffhaltige Abbauprodukte in Form von wässrigen Harnstofflösungen ausscheiden. So kommt es, dass die Fruchtblase bis zu 80 % aus Urin besteht, da die Möglichkeit, ihn vollständig zu entfernen entfällt.[242] Natürlich muss dieser dramatische Stickstoffverlust täglich wieder ausgeglichen werden, was hauptsächlich durch die Aufnahme von Proteinen erfolgt.

Für die Entsorgung von Harnstoff ist immer Wasser erforderlich. Langstreckenläufer und andere Ausdauerathleten wissen das und stellen sich mit ihrer Nahrung darauf ein, die ausschließlich aus Kohlenhydraten besteht.[243] Mehrere deftige Steaks, während des Marathonlaufs gegessen, sind kontraproduktiv. Neben der zusätzlichen Menge Wasser, die getrunken werden müsste, um den Harnstoff zu lösen, würde die eine oder andere Toilettenpause unseren Läufer mit Sicherheit nicht auf einen Spitzenplatz führen.

Es gibt eine Tierart, die ungeachtet einer enorm hohen Harnstoffkonzentration im Körper zu Höchstleistungen fähig ist: Das sind Kamele und Dromedare. Deren Fähigkeit, sehr lange Zeit ohne Wasseraufnahme auszukommen, ist legendär.* Eine Ursache besteht darin, dass die Konzentration von Harnstoff im Urin die von anderen Tieren um das Vielfache übersteigen kann. Darüber hinaus sind die roten Blutkörperchen solcher *Ca-*

---

* Wasser wird bei Kamelen nicht, wie landläufig angenommen, in den Höckern gespeichert, sondern diese dienen durch den hohen Fettgehalt als Schutz vor zu starker Sonneneinstrahlung.

meloide aufgrund ihres robusten Baus in der Lage, eine sehr große Menge an Wasser auf einmal aufzunehmen, ohne zu platzen. Diese Adaptationsfähigkeit an heiße und extrem trockene Umweltbedingungen scheint einmalig unter höheren Tieren zu sein.

Vögel, die es sich aufgrund ihrer beschwingten und luftigen Lebensweise nicht leisten können, große Wassermengen nur für die Harnstoffentsorgung mit sich herumzuschleppen, haben eine andere Möglichkeit entwickelt, um überschüssigen Stickstoff loszuwerden: Bei ihnen wird Stickstoff in Form von Harnsäure ausgeschieden.

A   Tautomere   B   Harnsäure

Harnsäure kann in zwei Formen auftreten, die man als Tautomere bezeichnet. Die beiden tautomeren Formen entstehen durch Wanderung der Protonen vom Stickstoff zum Sauerstoff. Gleichzeitig verschieben sich die Doppelbindungen in den Ring hinein. An der Formel **B** kann man gut erkennen, dass die Harnsäure nicht nur aromatische Eigenschaften besitzt, sondern auch Protonen abgeben kann, was somit den Namen einer (schwachen) Säure rechtfertigt.[244]

In der chemischen Formel der Harnsäure sind vier N-Atome untergebracht, was vier Ammoniak- oder mindestens zwei Harnstoffmolekülen entspricht. Gleichzeitig können mit der Harnsäure nicht nur überschüssige Aminosäuren, sondern auch die Stickstoffbestandteile der Nucleinsäuren DNA und RNA entsorgt werden.

Harnstoff

Harnstoff

Die Harnsäure ist nicht einfach die ältere chemische Schwester des Harnstoffes, obwohl beispielsweise im Menschen Harnstoff aus Harnsäure gebildet wird. Die Vergrößerung und der Einbau des Harnstofffragmentes in zwei aromatische Ringe haben zur Folge, dass die Harnsäure kaum noch wasserlöslich ist. Ins Positive gewendet, folgt aus dieser

Eigenschaft, dass Wasser nicht mehr für die Entsorgung gebraucht wird. Daher können Vögel auf eine Harnblase verzichten, die vor allem im gefüllten Zustand das Startgewicht erheblich vergrößern würde. Vögel scheiden Harnsäure in Form einer weißen pulverförmigen Paste aus. Jeder, der einmal von einem Vogel „getroffen" wurde, kennt dieses Material.* Es lässt sich nur schlecht mit Wasser auswaschen. Harnsäure hat einen Schmelzpunkt von über 300 °C. Sie lässt sich daher gut aus der verschmutzten Kleidung ausbürsten. Vogelexkremente haben aber noch einen weiteren Vorzug: Ihnen haftet nicht der üble Geruch von Schwefelverbindungen an, der typisch für die Ausscheidungsprodukte von Säugetieren ist. Schwefelhaltige Aminosäuren gehen bei Vögeln in den Aufbau der Federn und nehmen nicht den Weg über die Kloake, ihrem einzigen Exkretionsorgan.

Vor allem in Vogelkolonien können sich große Mengen Harnsäure vermischt mit Phosphat auf dem Boden ansammeln. In verdichteter Form nennt man diese Masse Guano (abgeleitet von *wanu*, einem Wort aus der Quechua-Sprache für Dung).** *** Die kleine Pazifikinsel Nauru verfügte ursprünglich über riesige Vorhaben dieses Materials, bis exzessiver Abbau dazu führte, dass im Jahr 2000 fast nichts mehr übrig war. Guano ist nicht nur ein hervorragender Dünger für die Landwirtschaft, sondern eignet sich gleichermaßen als polemisches Wurfgeschoss im Intellektuellenstreit. So verspottete schon der Karlsruher Biedermeierdichter Joseph Victor von Scheffel den akademischen Lebensstil des Philosophen Hegel im fernen Berlin: „Gott segn' euch, ihr trefflichen Vögel, An der fernen Guanoküst', –Trotz meinem Landsmann, dem Hegel, Schafft ihr den gediegensten Mist!"[245]

Beim Menschen sind pathologische Konzentrationen von Harnsäuresalzen (Uraten) die Ursache der Gicht. Namentlich die Ansammlung von Uraten in den Gelenken führt zu sich wiederholenden Schmerzattacken, dem akuten Gichtanfall. Diese Krankheit wurde früher Zipperlein genannt, ein Name, der heutzutage nur noch spöttisch in Gebrauch ist.**** Oft ist bei der Gicht die große Zehe betroffen; sie wurde daher schon von

---

* Wenn kein überschüssiges Wasser mehr „an Bord" ist, entfällt auch die Möglichkeit, Wärme durch Schwitzen abzuführen. Deshalb haben Vögel keine Wasserkühlung wie Menschen oder Pferde, sondern eine Luftkühlung. Aus diesem Grund fliegen Zugvögel ihre oftmals viele Tausende Kilometer langen Routen in großer Flughöhe und in der Kühle der Nacht.

** Quechua ist eine Gruppe eng miteinander verwandter indigener Sprachen, die im Andenraum Südamerikas gesprochen werden.

*** Guano stand auch Pate für die Bezeichnung „Guanin", einem wichtigem Bestandteil der Nucleinsäuren (siehe Kapitel 16).

****Zipperlein ist vom spätmittelhochdeutschen zipperlīn, mittelhochdeutsch von zipfen für „trippeln" abgeleitet. Es bezog sich ursprünglich auf den Gang des Gichtkranken.

den griechischen Philosophen Seneca und Cicero als Podagra (altgriech. πούς *pús*, „Fuß", und ἄγρα *ágra*, „fangen", „fesseln") beschrieben.* Der berühmteste Gichtkranke aller Zeiten war König Friedrich der Große von Preußen, der sich stur einer verordneten Diät widersetzte.[246] So beklagte 1758 sein „Vorleser" und enger Vertrauter Henri de Catt in einem Gespräch mit einem Leibarzt des Königs: „Das wird nicht die letzte Kolik sein, die der König hat. Hundertmal hat er schon dieselbe Erfahrung gemacht, aber er kann von den verdammten Maccaroni nicht lassen. Wenn er wenigstens mäßig davon äße, so ginge die Sache noch, aber er isst sehr viel davon. Wenn Sie ihn wieder sehen, so wird er ihnen sagen, dass er an einer heftigen Kolik zu leiden gehabt hat, die durch irgendeine unbekannte Ursache entstanden sei; denn er esse so wenig!" Nicht nur der unbelehrbare Preußenkönig hatte schwere Gichtanfälle, auch wenn dies kaum mit dem Kohlenhydrat-produkt (!) „Maccaroni" in Verbindung gebracht werden kann, sondern auch Dalmatiner können an einer erblich bedingten Krankheit (Hyperurikosurie) leiden, wobei sich Harnsäure in Form von Steinen in der Hundeblase sammelt. Selbst Saurier wie der berüchtigte *Tyrannosaurus Rex* sollen schon Gicht gehabt haben.[247]

Die Form der Stickstoffausscheidung kann sich im Laufe des Lebens ändern, wenn sich das Milieu verändert. Eine Kaulquappe, somit eine Froschlarve, die sich ausschließlich in Wasser aufhält, scheidet – ebenso wie Fische – Ammoniak aus. Die simple Verklappung des basischen Giftmülls ist für sie der energiesparendste Weg, da die Synthese von Harnstoff immer die Investition von Energie erfordert.[248] Der Ammoniak wird bei dieser Entsorgungsvariante durch den Überschuss an umgebendem Wasser verdünnt und kann dem Organismus nicht mehr schaden. Hingegen ist das Stoffwechselendprodukt des ausgewachsenen Frosches, der eine amphibische Lebensweise bevorzugt, Harnstoff.

Selbst über den Tod hinaus kann die Umwandlung von stickstoffhaltigen Produkten noch eine Rolle spielen. Der Grönlandhai (*Somniosus microcephalus*), dem wir auf den nächsten Seiten noch einmal begegnen werden, weil er ein hohes Alter erreichen kann, reichert Harnstoff und Trimethylaminoxid (TMAO) im Blut an, was seinen massigen Körper in die Lage versetzt, dem hohen osmotischen Druck des salzigen Meerwassers standzuhalten. Frisch gefangen ist der Hai für den Menschen giftig, was vor allem an der hohen Konzentration an TMAO liegt, das während der anaeroben Verdauung im Magen in das giftige Trimethylamin umgewandelt wird. TMAO ist ein wasserlöslicher Feststoff mit einem sehr hohen Schmelzpunkt und einem noch höheren Siedepunkt (213 °C). Die enzymatische Reduktion wird durch den geringen Siedepunkt vom Trimethylamin

---

* Chiragra bezeichnet dagegen den Gichtanfall in den Handgelenken.

(2,9 °C) und die Entstehung des gasförmigen Sauerstoffs begünstigt; beide verschieben das chemische Gleichgewicht auf die rechte Seite.* Die Bildung des gasförmigen Ammoniaks trägt ebenfalls zum Abbau von TMAO bei.

$$
\underset{\substack{\text{Trimethylaminoxid}\\(\text{TMAO})}}{H_3C-\overset{\overset{CH_3}{\overset{\oplus}{|}}}{\underset{\underset{O_\ominus}{|}}{N}}-CH_3}
\quad
\underset{\text{Oxidation}}{\overset{\text{Reduktion}}{\rightleftharpoons}}
\quad
\underset{\text{Trimethylamin}}{H_3C-\overset{\overset{CH_3}{|}}{N}\cdot CH_3}
\quad + \tfrac{1}{2}\,O_2
$$

niedrige Siedetemperaturen = hoher Dampfdruck

↓↑ langsam

NH_3

Immerhin erfordert es eine 6- bis 12-wöchige Fermentierung, um Trimethylamin vollständig auszutreiben. Erst dann wird der Fisch essbar. Das Produkt, das auf Isländisch *Hákarl* (zu Deutsch: „Hai") bezeichnet wird, hat trotzdem noch einen stechenden Geruch nach Ammoniak,[249] der es nur für relativ wenige Menschen zur Delikatesse werden lässt.

Der Stickstoffmetabolismus von lebenden Organismen ist ein höchst anschauliches Beispiel für den immanent temporären Charakter biochemischer Stoffwechselwege. Ausnahmslos alle Organismen sind auf die Zufuhr von Stickstoffverbindungen angewiesen, um daraus neben den Stickstoffbasen der Nucleinsäuren Aminosäuren und Proteine aufzubauen. Unter dem Einfluss von Enzymen wird permanent CO_2 aus den Aminosäuren abgespalten, wobei die basischen biogenen Amine entstehen. Die Alternative besteht in der Abspaltung von Ammoniak. Beide Prozesse sind Ursache dafür, dass kontinuierlich Proteine, Aminosäuren und deren basische Stoffwechselendprodukte dem Organismus verlustig gehen.

---

* Die Oxidation von Trimethylamin zu TMAO mit Sauerstoff ist eine Sackgasse in der chemischen Evolution und trifft nur auf tertiäre Amine zu, die im Unterschied zu primären oder sekundären Aminen nicht durch Dehydrierung abgebaut werden können. Vergleichbares findet man beim L-Carnitin, das Sie im Zusammenhang mit dem Abbau von Fettsäuren und bei der Entstehung von Herz-Kreislauf-Erkrankungen kennengelernt haben (Kapitel 6.3). Erst nach Ersatz einer oder mehrerer Methylgruppen durch Wasserstoff, was einer Hydrierung entspricht, kann der übliche Dehydrierungsmechanismus greifen. Dabei wird ein Imin gebildet, aus dem mithilfe von Wasser Ammoniak oder primäre oder sekundäre Amine herausgespalten werden. Die Oxidation von tertiären Aminen setzt mit der Oxidation von benachbarten C H-Bindungen ein, wie sie in Kapitel 2.2 beschrieben wurde (G. Eisenbrand, M. Metzler, *Toxikologie für Naturwissenschaftler und Mediziner*, Wiley-VCH, 2002, S. 19).

Der tägliche Verlust an Stickstoff muss durch erneute Aufnahme ausgeglichen werden. Der Drang zur Neubeschaffung wird auf verhaltensbiologischer Ebene durch die biogenen Amine forciert. Wie bereits festgestellt, haben diese als Neurotransmitter zentrale Aufgaben im Nervensystem der Organismen. Ihre zentralnervöse Wirkung wird durch biogene oder synthesechemisch hergestellte Drogen verstärkt. Viele von ihnen haben eine stimulierende oder sogar euphorisierende Wirkung, wie das Dopamin, das aus der Aminosäure Tyrosin entsteht und nicht ohne Grund auch als „Belohnungshormon" bezeichnet wird.

Tyrosin — Dopamin "Belohnungshormon" — MAO → NH_3

Der atemberaubende Verdacht erhärtet sich damit, dass auf dieser chemischen Basis ein Stickstoffsog durch jeden lebenden Organismus in Gang gesetzt wird, der ein Verhalten belohnt, bei dem die Suche nach immer neuen Proteinquellen im Zentrum vieler Aktivitäten steht.* Das würde unter anderem erklären, warum sich unsere menschlichen Vorfahren vor ungefähr hunderttausend Jahren in der afrikanischen Steppe wandernden Herden von Antilopen und Gnus angeschlossen haben. Dadurch hatten sie jederzeit Zugriff zu diesen annähernd unerschöpflichen Proteinquellen. Im Unterschied dazu sind bis in die Gegenwart hinein Löwen, Hyänen und andere afrikanische Raubtiere standorttreu geblieben. Auch bei Nahrungsknappheit verlassen sie nicht ihr angestammtes Territorium. In Zeiten mangelnder Beutetiere können sie daher stark abmagern oder sogar verhungern.

Da Proteine für das Wachstum und die Differenzierung eines jeden Gehirns unbedingt erforderlich sind, könnte die neue mobile Lebensweise für *Homo sapiens* ein wichtiger Stimulus für die Zunahme des Intellekts gewesen sein. Dieser Schub entfaltet seine Wir-

---

* Neben den einfachen biogenen Aminen, die sich von Aminosäuren ableiten, müssen noch die Proteine Adiponectin, Ghrelin und Leptin erwähnt werden. Diese Hormone regulieren im Gehirn (Hippocampus) die Nahrungsaufnahme durch Stimulation des Appetits auf Glucose und Fette. Ghrelin steigert gleichzeitig noch die Plastizität des Gehirns (E. Li, H. Chung, D. H. Kim, J. H. Ryu, T. Sato, M. Kojima, S. Park, Ghrelin directly stimulates adult hippocampal neurogenesis: Implication for learning and memory, *Endocrine Journal* 2013, 60, 781–789).

kung bis hinein in die moderne menschliche Gesellschaft. Die Antwort auf die fassungslose Frage des Leipziger Paläontologen Svante Pääbo nach der Ursache, was denn eigentlich die Menschheit antreibt, „dass sie das gesamte Ökosystem der Erde verändert hat",[*] muss daher auch in der Biochemie der Aminosäuren und der psychologischen Wirkung ihrer Abbauprodukte gesucht werden. Bedenkt man, dass allein in Deutschland in jedem Jahr ungefähr 750 Millionen Tiere geschlachtet werden,[250] erhält die Sloterdijk'sche Schlussfolgerung, dass tierische Proteine den größten „legalen Drogenmarkt"[251] für den Menschen darstellen, einige Plausibilität.

---

[*]   Ganz ähnlich ist die folgende Aussage von Pääbo: „Wir sind irgendwie verrückt. Was treibt uns? Das würde ich wirklich gerne verstehen. Es wäre wirklich cool, das zu wissen." (zitiert in: E. Kolbert, Das 6. Sterben. Wie der Mensch Naturgeschichte schreibt, Suhrkamp Verlag, 2016, S. 254).

8 Alice im Spiegelland

Von dem englischen Schriftsteller Lewis Carroll stammt die Erzählung *Through the Looking Glass and What Alice Found There*,* eine Fortsetzung von *Alice im Wunderland*, in der zu Beginn der Geschichte die kleine Alice in das Spiegelland eintritt. Wir können auf beiden von Sir John Tenniel sorgfältig illustrierten Bildern verfolgen, wie das von Neugier gepackte Mädchen auf dem Kaminsims kniet.

Through the Looking Glass and What Alice Found There,
Lewis Carroll (1871), Abbildungen von John Tenniel

_____

*   Der deutsche Titel lautet: „Alice im Spiegelland".

Im linken Bild ist der Moment festgehalten, in dem Alice im Begriff ist, durch den Spiegel hindurchzutreten. Im rechten Bild kommt Alice im Spiegelland an. Beim Vergleich der beiden Bilder sehen wir, dass sie mit dem linken Knie vorangeht und mit dem gleichen Knie auch im Spiegelland ankommt. Wir halten fest: Alice ist als Original im Spiegelland angekommen; sie wird nicht gespiegelt.

Spätestens an dieser Stelle müssten wir uns Sorgen um die zukünftige Ernährungssituation von Alice machen. Ihr steht der Hungertod bevor, sollte sie nicht bald in die reale Welt zurückkehren. Der Grund liegt buchstäblich auf der Hand. Denn Hände können als Modell für die Struktur der meisten Moleküle dienen, aus denen Alice und alle Menschen aufgebaut sind und mit denen es Alice auch im Spiegelland zu tun bekommen wird.

Möglicherweise ist Ihnen bei der Behandlung der Zucker und Aminosäuren aufgefallen, dass beispielsweise vor der Glucose hin und wieder der Buchstabe D und vor den Aminosäuren Methionin und Carnitin der Buchstabe L stand. Ich bin an diesen Stellen noch nicht auf deren Bedeutung eingegangen. Hier aber möchte ich das Geheimnis nun lüften. Diese Präfixe wurden von Emil Fischer, einem der umtriebigsten Chemiker, zu Beginn des 20. Jahrhunderts den Trivialnamen vorangestellt. Was bedeuten diese Buchstaben?

Vorausgegangen waren Untersuchungen, die Louis Pasteur, einer der größten Naturforscher Frankreichs und uns bereits bei der Pasteurisierung von Milch begegnet, Mitte des 19. Jahrhunderts vorgenommen hat. Pasteur stammte aus dem kleinen Ort Dole im Department Jura, das vor allem durch seine Weine berühmt ist. Deshalb ist es nur folgerichtig, dass sich Pasteur sehr intensiv mit den Inhaltsstoffen des Weines beschäftigte, getreu dem Leitspruch des Alkaios von Lesbos: *In vino veritas.** Die versteckte Wahrheit, die Pasteur bei seinen Untersuchungen herausfand, war, dass ein bestimmtes Salz der Traubensäure,[252] die als Nebenprodukt bei der Weinsäureherstellung anfällt, unter be-

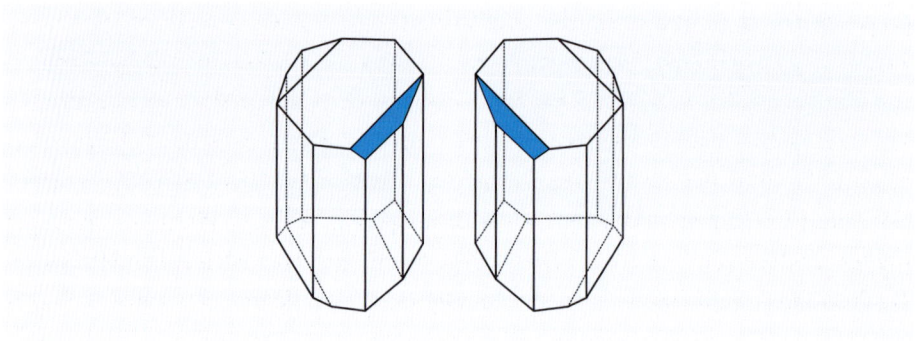

---

* Zu Deutsch: „Im Wein liegt die Wahrheit."

stimmten Bedingungen zwei Sorten von Kristallen bildet. Betrachtet man diese Kristalle aus der Nähe, wird schnell klar, dass sie sich wie Bild zu Spiegelbild verhalten. Mit einer simplen Pinzette und einer Lupe gelang es Pasteur, diese Kristalle zu separieren.

Anhand von Molekülmodellen konnten nur wenige Jahre später Joseph-Achille Le Bel und Jacobus Henricus van't Hoff schlussfolgern, dass sich nicht nur die Kristalle, sondern auch die dazugehörigen Moleküle wie Bild zu Spiegelbild verhalten. Sie lassen sich nicht zur Deckung bringen, was man am einfachsten an einem Kohlenstoffatom erkennen kann, das von vier unterschiedlichen Atomen umgeben ist.

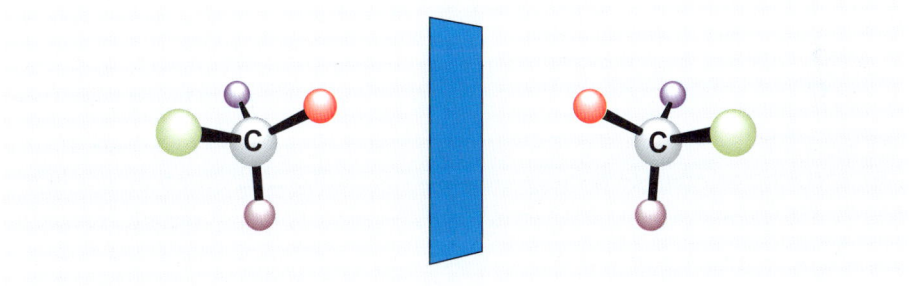

Offensichtlich verhalten sich diese Moleküle wie eine rechte Hand zur linken Hand. Daher rührt auch der Begriff der Chiralität, ein griechisches Kunstwort, abgeleitet vom Wortstamm χειρ *cheír* (zu Deutsch „Hand"), das am besten mit Händigkeit übersetzt wird. Beide Molekülformeln sehen völlig identisch aus, lassen sich aber nicht zur Deckung bringen, selbst wenn man die Stereoformeln in allen Himmelsrichtungen hin und her dreht. Dieser Sachverhalt hat 1783 schon Immanuel Kant in seiner „Prolegomena" umgetrieben, als er fragte: „Was kann wohl meiner Hand oder meinem Ohr ähnlicher und allen Stücken gleicher sein, als ihr Bild im Spiegel? Und dennoch kann ich eine solche Hand, als im Spiegel gesehen wird, nicht an die Stelle ihres Urbildes setzen: denn wenn dieses eine rechte war, so ist jene im Spiegel eine linke."[253] Kant hatte zu seiner Zeit noch keine Kenntnis von chemischen Formeln. Der Zusammenhang zwischen der Struktur von chemischen Verbindungen und den menschlichen Ohren und Händen wurde erst im 20. Jahrhundert deutlich. Jacobus Henricus van't Hoff erhielt für die Arbeiten über Chiralität den ersten Nobelpreis für Chemie im Jahr 1901. 1:1-Mischungen aus beiden händigen Verbindungen werden als Racemate bezeichnet. Dieser Begriff leitet sich vom lateinischen Namen der Traubensäure, *acidum racemicum*, ab und trägt somit einen kleinen Ausschnitt Chemiegeschichte in sich, die in einem französischen Weinanbaugebiet begann.

Chirale Verbindungen haben – mit einer Ausnahme – die gleichen physikalischen und damit auch chemischen Eigenschaften. Die Ausnahme besteht in der Drehung eines speziellen Lichtstrahls, der durch eine Probe der chiralen Verbindung geschickt wird. Entweder wird der Lichtstrahl nach links (lat. *laevus*) oder nach rechts (lat. *dexter*) ausgelenkt. Diese Bezeichnungen haben Sie vielleicht schon auf Joghurtbechern gelesen, auf denen der Typ der enthaltenen Milchsäure mit *l* oder (–) bzw. mit *d* oder (+) angegeben wird. Emil Fischer hat eine einheitliche Nomenklatur für solche Verbindungen vorgeschlagen.

Für deren Festlegung muss die chemische Formel in ihrer zweidimensionalen Darstellung so gezeichnet werden, dass die längste Kohlenstoffkette senkrecht angeordnet ist und das am höchsten oxidierte Kohlenstoffatom an der Spitze steht. Im Fall der Aminosäuren ist das die COOH-Gruppe. Für die Zuordnung nach der Fischer-Nomenklatur dient in den α-Aminocarbonsäuren die Aminogruppe als Referenz. Steht sie auf der linken Seite, spricht man von L-Aminosäuren. Bei Kohlenhydraten wie der Glucose bestimmt die Hydroxygruppe am letzten chiralen Kohlenstoffatom – das ist das letzte Kohlenstoffatom in der Kette, das von vier unterschiedlichen Resten umgeben ist – die Zuordnung. Steht diese rechts, gehört der Zucker der D-Reihe an. D und L dürfen nur für Trivialnamen gebraucht werden. IUPAC-Namen werden anders gebildet, was uns aber an dieser Stelle nicht weiter beschäftigen soll.[254] Nur so viel an dieser Stelle: In den IUPAC-Regeln wird die absolute Anordnung der Substituenten im Raum zugrunde gelegt, was beispielsweise die eindeutige Zuordnung in der realitätsnäheren Zickzackanordnung der zentralen Kohlenstoffkette erlaubt.

Auch die Strukturen von Proteinen, die aus Aminosäuren aufgebaut werden, sind chiral. Sie haben oftmals die Form einer Helix, die eine bestimmte Drehrichtung aufweist.

Der Regensburger Chemiker Henri Brunner hat über viele Jahre chirale Phänomene in der lebenden Natur und der Architektur gesammelt.[255] Beispielsweise winden sich Schlingpflanzen in einer bestimmten Richtung um den Stamm. Auch Schneckenhäuser sind entweder rechts oder links gewendelt, wobei das Rechts-links-Verhältnis bei Weinbergschnecken 20000:1 beträgt. Umgerechnet sind somit 99,995 % rechtshändig gewendelt. Nur bei exzessivem Schneckenkonsum wie in der französischen Küche werden linkshändige Exemplare hin und wieder einmal gesichtet. Diese Phänomene haben aber nichts mit der Chiralität auf molekularer Ebene zu tun. Sie sind wahrscheinlich rein zufällig entstanden.

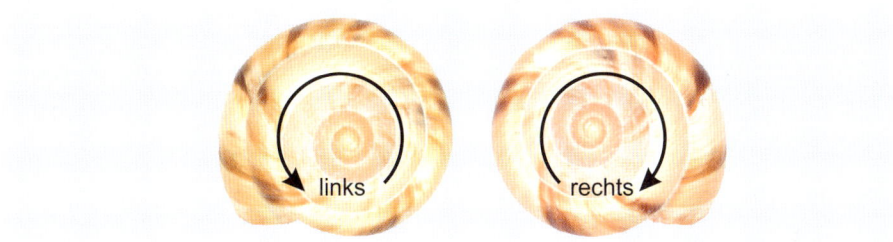

Warum ausgerechnet viele Verbindungen aus den wichtigen Naturstoffklassen der Kohlenhydrate und Aminosäuren entsprechend der Fischer-Nomenklatur von jeweils gleichgerichteter Chiralität sind (D-Zucker und L-Aminosäuren), darüber zerbrechen sich Physiker und Chemiker seit einigen Jahren den Kopf.[256] Stand möglicherweise auch hier der Zufall zu Beginn der chemischen Evolution auf der Erde Pate und hat eine der Formen begünstigt?* Chirale Verbindungen der gleichen Sorte kristallisieren aus energetischen Gründen manchmal besser aus als Racemate, was auch die Grundlage von Pasteurs Entdeckung war. Solche Kristalle könnten anschließend Katalysatoren für chemische Reaktionen gewesen sein, die dann ebenfalls nur eine Sorte von händigen Verbindungen hervorbrachten. Vielleicht kamen die ersten chiralen Aminosäuren auch aus dem All, was deren Vorkommen auf der Erde erklären, aber die Ursachen in die Tiefen des Weltraums verlagern würde. Derzeit läuft die Suche nach extraterrestrischen Aminosäuren auf Hochtouren. Bereits im Murchison-Meteoriten, der im Jahr 1969 in Australien eingeschlagen ist, hat man neben racemischen Aminosäuren eine chirale Sorte im Überschuss gefunden.[257] Wir müssen an dieser Stelle die weitere Entwicklung abwarten und werden uns stattdessen auf die Auswirkungen im Rahmen der Chemie des Lebens konzentrieren.

Man könnte das Phänomen der Chiralität als eine spezielle Laune der belebten Natur auffassen, das auch hin und wieder Architekten interessiert, denn auch Wendeltreppen und viele Ziersäulen sind chiral, jedoch ohne weitere Relevanz für die Chemie. Aber

---

* Interessanterweise haben Bakterien und Archaeen, die am Beginn der biologischen Evolution standen, gegensätzliche Chiralität in den Glycerolbausteinen ihrer Membranen (G. Wächtershäuser, From pre-cells to Eukarya – a tale of two lipids, Molecular Microbiology 2003, 47, 13–22).

schon der österreichische Sprachexperimentalist Ernst Jandl hat in seinem Gedicht „lichtung" gewarnt: „Manche meinen lechts und rinks kann man nicht velwechsern. Werch ein Illtum!"[258] Tatsächlich – so wie eine rechte Hand nicht in einen linken Handschuh passt, passen auch viele chirale Verbindungen nicht zu anderen chiralen Verbindungen, vor allem dann nicht, wenn sie miteinander in besonders enge Wechselwirkungen treten. Es kann dabei zu fatalen Folgen kommen. Der spektakulärste Fall in der Pharmageschichte verbindet sich mit dem Contergan in den 1960er-Jahren. Man hatte damals ein Gemisch aus links- und rechtshändiger Verbindung als besonders mildes Sedativum und als Mittel gegen morgendliche Übelkeit schwangeren Frauen empfohlen. Die Folge waren schwerste Deformierungen vieler ungeborener Kinder im Mutterleib.

fruchtschädigend   sedierend

Spätere Untersuchungen förderten die grausame Erkenntnis zutage, dass nur eine der händigen Verbindungen für die fruchtschädigenden Missbildungen verantwortlich ist, während die andere die erwünschte sedierende Wirkung ohne die fatalen Nebenwirkungen hat. Gleichermaßen erschreckend war der Befund, dass sich beide im Körper innerhalb von kürzester Zeit ineinander umwandeln können.* Bis in die Gegenwart werden noch zahlreiche Untersuchungen auf diesem Gebiet durchgeführt.[259] Eine Motivation ist die Anwendung von Thalidomid, so die medizinische Bezeichnung des Wirkstoffs, zur Behandlung besonders schwerer Lepraformen, Haut- und Autoimmunkrankheiten (multiples Myelom, myelodysplastisches Syndrom, Morbus Crohn), was unter Beachtung strengster Sicherheitsmaßnahmen erfolgt: Keine Einnahme durch Schwangere!

Es muss nicht immer so schlimm kommen wie im Falle des Contergans, aber Fakt ist, dass die Wechselwirkungen von zwei chiralen Verbindungen meist zu irgendwelchen Effekten führen. Stellen Sie sich die Probleme vor, die Sie bekommen, wenn Sie Ihren rechten Fuß in einen linken Schuh hineinzwängen. Schuhe und Füße sind ebenfalls chiral.

---

* Nach dem Contergan-Skandal wurde die Gesetzgebung für die Zulassung von Pharmaka grundsätzlich neu geregelt, was zur Folge hatte, dass heutzutage die Entwicklung eines völlig neuen Medikamentes ungefähr 1 Milliarde Euro kostet.

Das funktioniert nur bei sehr weiten Hausschuhen, bei engen Lederpumps wird das Unterfangen aussichtslos. In der belebten Natur finden wir die einzigartige Situation vor, dass einzelne chirale Verbindungen und sogar ganze Verbindungsklassen entweder nur in der rechtshändigen oder in der linkshändigen Form vorkommen. Dieses Phänomen nennt man Homochiralität (altgriech. ὁμός *homós*, „gleich"). Man kann sich die belebte Natur als einen bizarren Schuhladen vorstellen, der zwar Kinder-, Damen- und Herrenschuhe anbietet, aber nicht paarweise, sondern nur die linken Schuhe. Deshalb gibt es relativ viele D-Zucker, hingegen aber seltener L-Zucker. Solch eine Ausnahme ist übrigens die L-Ascorbinsäure (Vitamin C).* Die D-Glucose haben wir schon als Baustein von Cellulose, Stärke und Glycogen kennengelernt, hingegen kommt ihr Spiegelbild, die L-Glucose, nicht in der belebten Natur vor. Aus diesem Grund konnte ich an vielen Stellen in diesem Buch auf das Präfix „D" kurzerhand verzichten.

Das gilt auch für Aminosäuren und die sich daraus aufbauenden Proteine und Enzyme, die vorzugsweise aus L-Aminosäuren bestehen. Offensichtlich begünstigt die gleiche Ausrichtung von unterschiedlichen Resten in einer Kette von homochiralen Aminosäuren die Ausbildung von stabilen hochgeordneten Strukturen, wie sie typisch für Proteine sind. Abweichungen darin – hervorgerufen durch eine (falsche) D-Aminosäure – würden zur Fehlbildung oder zum Kollaps dieser Strukturen führen. Dies ist ein anschauliches Beispiel dafür, dass sich Eigenschaften auf niedermolekularer Ebene wie die Chiralität auf höhermolekularer Ebene fortsetzen und verstärken können. Die DNA, deren Struktur wir weiter hinten betrachten wollen, ist ebenfalls eine chirale Helix und weist wie eine Schraube und das zugehörige Gewinde eine bestimmte Drehrichtung auf.

Chirale Phänomene haben erhebliche Konsequenzen bis hinein in die Biologie. Eine synthesechemisch hergestellte Mohrrübe aus L-Glucose wäre zwar aufgrund ihrer aufwendigen Herstellungsweise nicht mit Gold aufzuwiegen, sie würde jedoch genauso aussehen wie die Möhre aus dem Garten. Leider würde unser Körper sie im günstigsten Fall unverdaut wieder ausscheiden.

Einem gebratenen Steak aus D-Aminosäuren würden wir seine artifizielle Herkunft nicht ansehen, aber ein Genuss wäre es nicht. Wahrscheinlich würde es etwas anders riechen, da unsere Nase meist sehr genau die richtigen chiralen Formen erkennen kann. Denn auch die Geruchsrezeptoren in der Nase sind aus homochiralen Verbindungen, aus Proteinen, aufgebaut.

---

* Die Nomenklatur nach E. Fischer bezieht sich auf eine bestimmte Formelschreibweise, bei der die D- oder L-Zugehörigkeit relativ zu einer funktionellen Gruppe an der Formelspitze als Bezug gewählt wird. Wird diese Bezugsgruppe geändert, kann es zu einem Wechsel von D- nach L- kommen, wie es bei der L-Ascorbinsäure der Fall ist.

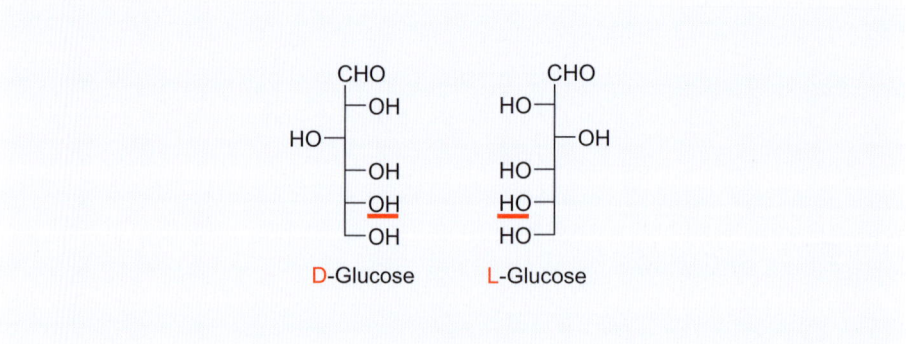

Vor dem Links-rechts-Problem würde auch Alice im Spiegelland stehen. Das Mädchen könnte so viel essen, wie sie wollte, sie würde von den spiegelbildlichen Nahrungsinhaltsstoffen nicht satt werden und sich todsicher schwer den Magen verderben. Wir können hoffen, dass sie eine Warnung über die Bedeutung der Chiralität in einem Chemiebuch findet, vorausgesetzt, sie kann sie lesen, denn es wäre natürlich auch in Spiegelschrift geschrieben.

9 ATP – das Molekül des Lebens

Sicher ist es gewagt, eine Reihenfolge bei der Wichtigkeit von Verbindungen für die Chemie des Lebens aufzustellen. Wenn es jedoch darauf ankäme, einem Molekül die Krone aufzusetzen, dann sicher dem ATP. Die Abkürzung steht für Adenosintriphosphat. Die Bedeutung des ATP ergibt sich aus seiner Universalität in der belebten Natur und seiner zentralen Rolle als chemischer Energiespender.

Bekanntlich überstehen lebende Zellen in der Regel nur Temperaturen bis etwa 40 °C. Temperaturen darüber hinaus führen zur Denaturierung der Proteine und damit zur Zerstörung der lebenswichtigen Enzyme. Der belebten Natur bleibt somit die beliebteste Methode der Laborchemie zur Erhöhung der Reaktionsgeschwindigkeit versperrt, die darin besteht, eine Heizquelle unter den Reaktionskolben zu stellen. ATP ist die Lösung.

Wenn wir die Formel des ATP betrachten, können wir drei markante Teilstrukturen erkennen. Auf der rechten Seite des Moleküls befindet sich ein Heterocyclus namens Adenin. Der große und der kleine Stickstoffheterocyclus im Adenin, die an einer Seite „zusammengeklebt" sind, wofür die Bezeichnung anelliert (lat. *anellus*, „kleiner Ring") erfunden wurde, besitzen aromatische Eigenschaften. Dieser Fakt weist auf eine erhöhte Stabilität hin. Die Stickstoffatome können ihre Herkunft aus Aminosäuren nicht verleugnen. Tatsächlich gehen in die Biosynthese des Adenins u. a. drei Aminosäuren (Glycin, L-Asparaginsäure und L-Glutamin) ein, womit auch ATP einen Teil des umfangreichen Stickstoffhaushaltes in der Zelle bildet. Adenin ist an einen cyclischen Zucker mit fünf Kohlenstoffatomen, die D-Ribose, geknüpft. Auf der linken Seite der Formel finden wir drei zusammengeknüpfte Phosphatgruppen, das Triphosphat.[260]

Der singuläre Nutzen des ATP liegt in seinem hohen Energieinhalt, der schon bei milden Temperaturen an energieverbrauchende Reaktionen abgegeben wird. Die hohe Energiedichte dieses Moleküls ist in den beiden äußeren Phosphatgruppen lokalisiert. Vereinfacht gesagt existieren zwischen den sechs Sauerstoffatomen starke Abstoßungskräfte, die die Phosphatgruppen buchstäblich auseinandertreiben. Die negativen Ladungen verstärken diesen Effekt.[261]

Abstoßung zwischen
O-Atomen

Bei der Spaltung von ATP zu Adenosindiphosphat (ADP) oder Adenosinmonophosphat (AMP) bzw. bei der Spaltung des anorganischen Diphosphats (auch Pyrophosphat genannt) wird die Energie freigesetzt. Zur Trennung bedarf es jeweils eines Äquivalents Wasser.[262] Wenn wir dem ATP einen Energieinhalt im Wert von 100 € zumessen würden, wäre das ADP nur noch die Hälfte wert, also 50 €. Das AMP verkörpert letztendlich das leere Portemonnaie.

Möglicherweise werden Sie noch nie etwas von diesem ATP gehört haben, obwohl ein Erwachsener pro Tag ungefähr in der Größenordnung der Hälfte seines Körpergewichtes davon aufbaut und verbraucht. Die ATP-Produktion kann bei intensiver Arbeit auf ein halbes Kilogramm pro Minute ansteigen. Der ATP-Verbrauch von Khalid Khannouchi, eines ehemaligen Rekordhalters im Marathonlauf (42,3 km), wurde zum Zeitpunkt seines Weltrekords in Chicago von 1999 mit 60 kg berechnet.[263] Das heißt, er hat bei diesem Lauf mehr als sein Körpergewicht von 55 kg an ATP verbraucht.

oder + H$_2$O

ATP

ADP

AMP

Pyrophosphat

Phosphat

+ Energie

+ H$_2$O

Nun wird manche Leserin zu Recht einwenden, dass dies nicht möglich sein könne, da sie selbst kaum 50 kg auf die Waage bringe. Trotzdem stimmt es, denn ATP wird nur in ganz kleinen Konzentrationen gebildet und sofort wieder für energieverbrauchende Prozesse zerlegt. Der ATP-Vorrat in einer einzigen Muskelzelle reicht bei maximaler Anstrengung nur für etwa zwei bis drei Sekunden. ATP ist aufgrund der Pyrophosphatgruppe, die von den äußeren beiden phosphorhaltigen Gruppen gebildet wird, ein sehr energiereiches Molekül, das umgehend mit dem Wasser in der Zelle reagieren würde, wenn die Energie nicht in andere chemische Prozesse investiert wird.[264] Die frei werdende Energie wäre hinreichend, um Wasser zum Sieden zu bringen. Bei einer ständigen Überproduktion an ATP müssten wir aus allen Poren wie eine undichte Wäscherei dampfen, was nicht nur unpraktisch, sondern auch eine Verschwendung von Energie ohnegleichen wäre. Aus diesem Grund sind die aktuellen Konzentrationen in der Zelle äußerst niedrig. Ihr sparsamer und verwendungsgemäßer Gebrauch wird durch Enzyme gewährleistet (siehe dazu mehr in Kapitel 10).*

————————————————

* Neugeborene Säugetiere, die besonders kälteempfindlich sind, und Tiere, die Winterschlaf halten, verfügen über braunes Fettgewebe. Die Mitochondrien dieser Zellen sind in der Lage, ohne Umweg über ATP und damit Muskelzittern durch Oxidation von Fetten Wärme direkt zu erzeugen.

ATP entsteht hauptsächlich als Parallelprodukt des Citronensäurecyclus in den Mito-chondrien. Wir erinnern uns, dass im Rahmen von Glycolyse und Citronensäurecyclus Glucose zu CO_2 dehydriert wurde. Auch Abbauprodukte von Fetten und den Kohlen-stoffgerüsten von Aminosäuren ereilt im Citronensäurecyclus das gleiche Schicksal. Ich möchte mich an dieser Stelle exemplarisch auf die Glucose konzentrieren.

Der aus der Glucose abgespaltene molekulare Wasserstoff wird nicht direkt auf Sau-erstoff übertragen, sondern er wird portioniert in Elektronen (e^-) und Protonen (H^+). Während die Elektronen über die „Cytochromtreppe" Stufe für Stufe dem Sauerstoff zu-geführt werden, kommt den Protonen eine besondere Funktion zu: Da sie sich in großen

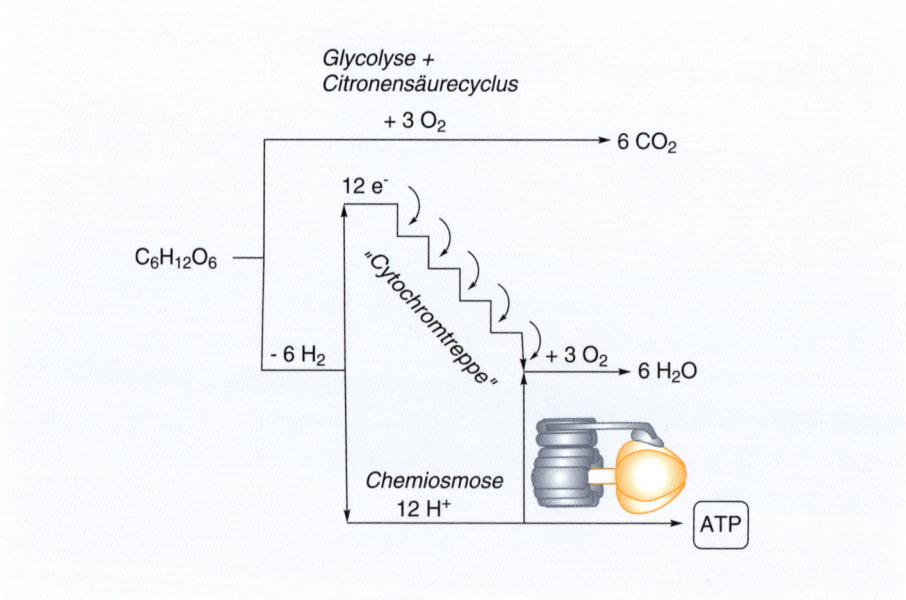

Mengen bilden – immerhin pro Glucosemolekül ($C_6H_{12}O_6$) zwölf Protonen –, werden sie aus Platzmangel aus dem Inneren des Mitochondriums hinausgedrängt. Nicht ganz hinaus, denn dann wären sie in den Weiten der Zelle verloren und würden dort den pH-Wert in den ungesunden sauren Bereich absenken, sondern in die Schicht einer Doppelmembran hinein, von der jedes Mitochondrium umgeben ist. Hier versammeln sich im Laufe von Glycolyse und Citronensäurecyclus immer mehr Protonen, wie Pin-guine auf einer Eisscholle. Lässt der Druck der nachdrängenden Protonen nach, was bei mangelndem Nachschub der Hauptbrennstoffe Kohlenhydrate und Fette eintritt, verarmt das Innere des Mitochondriums an Protonen und die sauren Emigranten kehren an den Ort ihrer Entstehung zurück. Die Wanderung von Ionen durch eine halb-durchlässige Membran wird auch Osmose genannt, was aus dem Altgriechischen (ὠσμός *ōsmós*) kommt und „Schub" bzw. „Antrieb" bedeuten kann. Tatsächlich passie-ren die wandernden Protonen nicht effektlos die Membran. Sie treiben einen kleinen Generator an. Er stellt den kleinsten Motor der Welt dar. Biochemiker zeichnen ihn oft-mals wie das Rad einer winzigen Wassermühle.* Dieser molekulare Motor, den man voll funktionsfähig vor einigen Jahren sogar nachbauen konnte,[265] produziert bei jeder Umdrehung ein Molekül ATP. Die Entdeckung der Chemiosmose, für die Peter D. Mit-chel den Nobelpreis 1978 bekam, wird heute als Grundlage für die Energieerzeugung bei Mikroorganismen, Pflanzen und Tieren angesehen.

Die berechtigte Frage erhebt sich an dieser Stelle: Warum greift die lebende Natur auf ein derart kompliziert gebautes Molekül zurück, obwohl es doch offensichtlich nur auf die beiden äußeren Phosphatgruppen im ATP ankommt? Die Antwort ist: Pyrophosphat oder sein Spaltprodukt Phosphat würden umgehend als wasserlösliche Salze aus der Zelle gespült werden. Das wäre eine Riesenverschwendung an wertvollem Phosphat. Deshalb ist dieser große organische Rest von Vorteil.** Gleichzeitig ist ein Stickstoffatom im Ade-nin die Voraussetzung dafür, dass sich das ganze organische Molekül wie eine Schlange um ein Magnesiumkation (Mg^{2+}) schlängelt, was dem ganzen Ensemble erhöhte Stabilität verleiht. Bemerkenswerterweise ist gleich neben dem Magnesiumion genau ein Molekül Wasser fixiert.[266] Das heißt, dass für die energieliefernde Reaktion kein zusätzliches Was-ser von außen erforderlich ist, das Molekül besteht im übertragenen Sinn nicht nur aus Brennholz, sondern bringt das Streichholz zum Entzünden in der eigenen (Über-)Struk-tur gleich mit.

----

*   Die „Wanderung" der Protonen verläuft nicht ganz so einfach, wie hier der Anschaulichkeit halber dargestellt wird. Protonen können selbst nicht durch die unpolare Membran wandern, dazu sind sie mit der sie stets umgebenden Wasserhülle zu polar. Der Prozess wird durch Proteine in den Membranen vermittelt, wobei zunächst ein Proton an die Innenseite der Membran andockt. Danach kommt es zu einer Strukturänderung des gesamten Proteins und an der Außenseite der Membran wird ein Proton freigesetzt. Insgesamt entsteht so der Eindruck einer Wanderung. Genau genommen handelt es sich um unterschiedliche Protonen. Das Geschehen ist vergleichbar mit einem Zaubertrick, bei dem der Magier nach rechts von der Bühne abgeht und im gleichen Moment sein Zwilling von der linken Seite her auftaucht.

**   Im Allgemeinen wandern Phosphat oder Pyrophosphat nicht frei durch die Zelle, sondern sind an organische Verbindungen geknüpft, was den Totalverlust durch Ausscheidung minimiert. Trotz-dem muss jeder Organismus auf Phosphatzufuhr von außerhalb zurückgreifen, insbesondere, um Wachstumsprozesse zu ermöglichen. Der enorme Verbrauch an phosphathaltigen Düngemitteln in der Landwirtschaft führt mittlerweile weltweit zu einer großflächigen Distribution von Phos-phatreserven, die sich ursprünglich in abgegrenzten Lagerstätten befanden. Der Mensch scheidet täglich zwischen 2 g bis 8 g Phosphat mit dem Urin aus, wobei das meiste Phosphat aus Abbau-prozessen der Knochen kommt, in denen es nicht kovalent an organische Reste geknüpft ist.

Schaut man sich die Bindungsverhältnisse im ATP genauer an, so gibt es dort zwei P–O- und nur eine P–O–C-Bindung. Die Letztere, die zur D-Ribose führt, ist wesentlich stabiler als die P–O–P-Bindung, was auf das Fehlen von repulsiven Wechselwirkungen mit dem Zuckerrest zurückzuführen ist. Diese Bindung wird deshalb nicht gespalten. Somit hat die ATP-Synthese immer ein Basismolekül, an das sie im wahrsten Sinn des Wortes anknüpfen kann. Die hohe Stabilität dieser C–O–P-Bindung ist auch die Voraussetzung, dass AMP als Informationsmolekül genutzt werden kann, nachdem es seinen wassersensiblen Ballast, die Pyrophosphateinheit, losgeworden ist.

Der organische AMP-Rest im ATP ist nicht beliebig und evolutionschemisch gesehen, uralt. AMP ist, wie im Kapitel über Genetik ausführlich beschrieben wird, auch ein Bestandteil der Ribonucleinsäure (RNA), einem Informationsmolekül. Viren, Wanderer zwischen der unbelebten und der belebten Welt, verwendeten AMP seit ihrem ersten Auftreten vor Milliarden von Jahren bis heute. RNA ist auch in höheren Organismen, einschließlich der Menschen, ein wichtiger Informationsträger. Die Verwendung von AMP für unterschiedliche Aufgaben ist ein weiteres anschauliches Beispiel für die multiple Nutzung von molekularen Strukturen in der lebenden Zelle. Wir hatten Vergleichbares schon an der Glucose festgestellt. Gleichzeitig haben wir einen wiederholten Beweis erbracht, dass allein über den Vergleich der chemischen Formel die Identität dieser beiden Aktivisten in der Zelle, die an völlig unterschiedlichen biochemischen Aufgaben beteiligt sind, bewiesen werden konnte.

ATP ist *das* Zahlungsmittel in der Biologie. Wenn Georg Simmel in seiner *Philosophie des Geldes* behauptet, Geld ist die allgemeinste Form sozialer Beziehungen,[267] trifft das ebenfalls auf das ATP in der lebenden Zelle zu. Auch auf der Zellebene gibt es – wie in hoch entwickelten Gesellschaften – keinen Austausch von Naturalien. Die Einheitswährung heißt hier nicht Euro oder Dollar, sondern ATP. Der Unterschied zum Geld ist die Volatilität des Zahlungsmittels. Es kann nicht auf eine Bank gebracht werden, unmittelbar nach dem Entstehen muss das molekulare Geld ausgegeben werden, ansonsten löst es sich in „Luft", konkret gesagt in Wasser auf. Man kann sich das so vorstellen, als ob jede Zelle ihre eigene Gelddruckerei mit sich herumtrage. Erst bei Bedarf wird die Druckerpresse in den Mitochondrien angeworfen, wobei die Deckung des Zellkapitals in Form von Kohlenhydraten, Fetten und seltener in Form von Aminosäuren stets gewährleistet sein muss. Da die Glycolyse – und der Citronensäurecyclus erst recht – eine gewisse Vorlaufzeit erfordert, um Energie zu liefern, haben Muskelzellen sozusagen einen kleinen Vorrat an Taschengeld dabei. Das ist ebenfalls ein Phosphatderivat: Es heißt Creatinphosphat. Wie das bei Taschengeld so üblich ist, reicht es nicht für große Sprünge.

Creatinphosphat

ATP ist universell verwendbar, sei es zur Muskelarbeit oder zum Denken. Ohne ATP hört das Leben auf. Ein besonders anschaulicher Einsatzort findet sich bei Muskelkontraktionen.[268] Dabei haftet sich ATP an zwei eng aneinanderliegende Muskelproteine an, die Aktin und Myosin heißen. Durch die Energie freisetzende Spaltung von ATP in ADP und Phosphat werden die beiden Muskelstränge kurzzeitig getrennt und anschließend erneut miteinander verknüpft. Während dieses Vorganges werden die beiden Proteine zueinander etwas verschoben. Wird diese Aktion mehrfach wiederholt, entsteht makroskopisch der Eindruck einer Muskelkontraktion. Bleibt die Spaltung mittels ATP aus, verhärten die Muskeln. Die Totenstarre ist dafür ein besonders eklatantes Beispiel. Erst nach einigen Stunden, wenn die Proteine Aktin und Myosin denaturieren und sich auflösen, wird diese Starre wieder gelöst.

Die Korrelation zwischen ATP und der darin verfügbaren Energie einerseits und der Leistungsfähigkeit von Organismen und deren Lebensweise andererseits liegt auf der Hand. Das bezieht selbstverständlich auch ausnahmslos alle Aktivitäten des Menschen ein. Sie sind stets abhängig von der Energiezufuhr. Wir finden ihre Auswirkungen nicht nur bei Muskelbewegungen, bei denen es unabweisbar ist, sondern auch in der Kultur des Menschen, weil sie von den eingebrachten Energieressourcen bestimmt wird. Unzählige Beispiele lassen sich für diesen Zusammenhang vorbringen, ohne dass dieser Sachverhalt im täglichen Miteinander der Menschen diesen bewusst wird.

Selbst die Sprache, wahrscheinlich das wichtigste Differenzierungsattribut des Menschen gegenüber anderen Primaten, unterliegt energetischen Limitierungen. Minimaler Energieaufwand bei gleichzeitig maximaler Unterscheidbarkeit sind die Prinzipien aller bisher untersuchten Sprachen, unabhängig davon, ob es sich um Deutsch, Türkisch, Englisch, Chinesisch oder Japanisch handelt.[269] Die Neuronen, die für die Sprachverarbeitung im Gehirn zuständig sind, funktionieren somit nach den gleichen Prinzipien wie schnöde Muskelarbeit. Gemeinsame Untersuchungen von Sprachwissenschaftlern, Neurobiologen und Schriftstellern kamen zu ähnlichen Schlussfolgerungen, was möglicherweise auch Prognosen für die Weiterentwicklung von Sprache erlaubt.[270]

Die ATP-Produktion des einzelnen Organismus kann nicht unbegrenzt wachsen, was schon auf dem Niveau von Pflanzen einer ungezügelten Konkurrenz um Nährstoffe, Wasser oder Licht einen Riegel vorschiebt. Um komplexe Strukturen aufzubauen, ist Kooperation der einzige Ausweg. Zusammenarbeit zum gegenseitigen Nutzen kann es zwischen gleichen, aber ebenso zwischen unterschiedlichen Spezies geben.* Kooperationsbeziehungen sind oftmals nicht auf Dauer angelegt und können sich im Laufe der Evolution durch Veränderung der Umweltbedingungen neu ausrichten. In der Biologie werden solche Symbiosen als mutualistisch (lat. *mutuus*, „gegenseitig", „wechselseitig") bezeichnet.[271]

Bakterien, Flechten, Pilze, Pflanzen und Tiere gelangen auf diese Weise zu einer sehr effizienten Arbeitsteilung zwischen den einzelnen Individuen. Erst langsam beginnen Mikrobiologie und Ökologie die komplizierten Kooperationsgeflechte zwischen Einzellern und höheren Organismen zu entwirren und zu verstehen.[272]

Das Zusammenwirken von Angehörigen der gleichen Art ist eine der wichtigsten Überlebensstrategien in der lebenden Natur. Schon primitive Schleimpilze (*Dictyostelium discoideum*), wichtige Studienobjekte der Biologie, schließen sich bei Nahrungsmangel zu Kolonien zusammen. Die Einzeller gehen unter diesen Bedingungen von der individuellen Wachstumsphase in eine Keimphase über. Verwandtschaftliche Unterstützung hat man gleichermaßen in einjährigen Kreuzblütengewächsen nachgewiesen, die über die Wurzeln Nährstoffe mit Verwandten, aber nicht mit fremden Pflanzen teilen.[273] Andere eindrucksvolle Beispiele für Kooperation innerhalb einer Spezies sind Ameisen und Bienen, die von dem Evolutionsbiologen Edward O. Wilson in großer Ausführlichkeit

---

* Der Aufbau von Organen unterliegt ebenfalls dem Kooperationsgebot. Zellen mit gleicher Aufgabe schließen sich zu Organen zusammen wie beispielsweise Herz, Leber, Niere oder Gehirn und erreichen somit ein völlig anderes Funktionspotenzial im Vergleich zur einzelnen Zelle.

untersucht und beschrieben wurden.[274] Die gemeinsame Jagd von Wölfen auf Hirsche, die wesentlich größer sind als die Raubtiere, ist ebenfalls ein typisches Beispiel von Kooperation mit dem Effekt, Energie zu sparen und gleichzeitig Ziele zu realisieren, die für das einzelne Individuum unerreichbar sind. Diese Synergien ergeben sich automatisch durch konkurrenzbasiertes Verhalten, die auf einen befangenen Beobachter den Eindruck von bewusster Organisiertheit machen. Erst seit einiger Zeit weiß man, dass sich auch Schimpansen zusammentun, um andere Tiere, insbesondere Rote Stummelaffen, zu erbeuten und um damit ihre Proteinquellen zu erweitern, eine Beobachtung, die die berühmte Schimpansenforscherin Jane Goodall mit Entsetzen zur Kenntnis nehmen musste.* Jüngste Untersuchungen des niederländisch-amerikanischen Primatenforschers Frans B. M. de Waal im Rahmen einer Futterstudie zeigten, dass Schimpansen, vor die Wahl gestellt, entweder zu konkurrieren oder zu kooperieren, die Kooperation fünfmal häufiger gegenüber dem Wettbewerb vorzogen.[275] Nicht nur in Tiergärten, sondern auch in der freien Wildbahn helfen Schimpansen und ihre nahen Verwandten, die Bonobos, kranken, alten und behinderten Artgenossen.[276] Aus diesen und vielen anderen Studien kann die Schlussfolgerung gezogen werden, dass Empathie nicht nur eine spezielle Eigenschaft von Menschen ist und dass moralisches Verhalten wahrscheinlich schon lange vor dem Aufkommen der Religionen entstand.

Auch die Kooperation von unterschiedlichen Spezies ist ein grundlegendes Phänomen der belebten Natur. An dieser Stelle sollen unter den kaum noch zu überschauenden Berichten und Forschungsergebnissen nur einige wenige Erwähnung finden. Erste Formen von mutualistischem Verhalten finden sich beim Einzug von Cyanobakterien und endosymbiotischen Bakterien in Wirtszellen, die sich im Laufe der Evolution zu Chloroplasten und Mitochondrien von hochdifferenzierten Pflanzen- und Tierzellen entwickelten. Vorstufen genau dieser Kooperation haben Sie zwischen Korallen und Zooxanthellen an anderer Stelle (Kapitel 3.2) bereits kennengelernt. Bäume gedeihen nicht nur besonders gut unter ihresgleichen im Wald, sondern noch besser in Gemeinschaft mit anderen Baumarten. Hatte man lange Zeit angenommen, dass Bäume vor allem um Licht und Nährstoffe konkurrieren, mahnt die jüngste Studie von Schweizer Ökologen zu einer differenzierteren Betrachtung dieses Zusammenlebens.[277] Die Forscher beobachteten, dass zwischen Bäumen ein intensiver Kohlendioxidtransfer über Pilzfäden im Boden stattfindet. Auf diese Weise können in einem Jahr bis zu 280 Kilogramm CO_2 pro Hektar

---

* Die Fähigkeit, tierische Proteine zu verwerten, ist auch die Voraussetzung für gelegentlich beobachteten Kannibalismus unter Schimpansen (J. Goodall, *Ein Herz für Schimpansen*, Rowohlt, Reinbek 1991).

an benachbarte Buchen, Lärchen und Kiefern verteilt werden. Mit diesen Ergebnissen bekommt die Frage nach der Individualität von Bäumen eine völlig neue Dimension.

Auf die unverzichtbaren Aktivitäten von stickstofffixierenden Bakterien für den Stickstoffhaushalt von Pflanzen habe ich schon in einem früheren Kapitel hingewiesen. Auch die zahlreichen Bakterien, die in Tieren eine Heimat gefunden haben, sind unersetzlich. Erst Bakterien im Magen von Wiederkäuern ermöglichen es ihren Wirten, Cellulose als Energieträger zu nutzen. Der Mensch ist gleichermaßen auf die Mithilfe von Bakterien angewiesen. Jeder von uns trägt schätzungsweise 2 kg Bakterien mit sich herum, wovon die meisten im Verdauungstrakt oder auf der Haut ihrer nützlichen Tätigkeit für den Wirt nachgehen.

Kooperation hat sehr konkrete und tief greifende Folgen auf die biochemischen Stoffkreisläufe in Organismen, was ein Vergleich zwischen zwei verwandten Bakterienarten mit unterschiedlichen Lebensweisen illustriert: *Escherichia coli* (meist abgekürzt als *E. coli*), der wichtigste Modellorganismus der biochemischen Forschung, stellt mehr als 1000 Moleküle in ungefähr 1300 Stoffwechselreaktionen aus 60 Basismolekülen her.[278] Der relativ einfach gebaute Einzeller ist mit dieser biochemischen Ausstattung völlig autark und kann nicht nur im nährstoffreichen menschlichen Darm, sondern auch in ausgesprochen nährstoffarmen Umgebungen überleben. Hingegen hat sich sein Verwandter *Buchnera aphidicola* im Laufe der letzten 280 Millionen bis 160 Millionen Jahre auf das Leben im Körper von Blattläusen spezialisiert. Das kleine Lebewesen versorgt seinen Wirt mit Aminosäuren, die die Laus selbst nicht herstellen kann. Als Gegenleistung liefert ihm der Lauskörper eine nährstoffreiche Brühe und ein abgeschottetes sicheres Zuhause. Im Laufe der Evolution gingen daher in *Buchnera aphidicola* im Vergleich zu *E. coli* ungefähr drei Viertel aller Stoffwechselvorgänge verloren. Die Evolutionsbiologie bezeichnet diesen Prozess als Koevolution.

Koevolution hat nicht nur Vorteile. Der Verlust an Variabilität geht mit der Abnahme an Robustheit einher und schnelle Wechsel der Rahmenbedingungen können dramatische Folgen haben. Im Kapitel 3 „Man ist, was man isst" bin ich auf einige solcher Abhängigkeiten eingegangen. Auch der isolierte, aus der Gemeinschaft verstoßene Mensch ist zum Tode verdammt.

Schilderungen dieser chemischen Abhängigkeit haben sogar Eingang in die klassische Opernliteratur gefunden. Ismaele, dem Königssohn aus Giuseppe Verdis Oper *Nabucco*, wird das Exil angedroht, weil er dem einzigen Faustpfand der gefangenen Hebräer, seiner geliebten Fenena, die Freiheit geschenkt hat: „*Per amor del Dio vivente Dall'anatema cessate! Il furor mi fa demente, O la morte per pietà! O la morte per pietà! O la morte per pietà! O la morte per pietà!*"* Insgesamt vier Mal fleht er seine ergrimmten Landsleute an, ihn lieber sofort zu töten, als ihn dem langsamen einsamen Tod eines Parias in der Wüste auszusetzen. Nur durch die freundliche Unterstützung des Librettisten bleibt ihm dieses Schicksal im Verlauf der Oper zum Glück erspart.

Aus chemischem Blickwinkel betrachtet, ist die oft bestaunte und einzigartige Kooperations- und Empathiefähigkeit des Menschen nicht besonders sensationell. Sie stellt nichts anderes dar als eine besonders effiziente Methode des ATP-Sparens. Wenn wir uns die Lebensweise eines modernen Menschen vor Augen halten, so reichen selbst die vielen Kilogramm ATP, die er im Laufe des Tages produziert und verbraucht, nicht im Mindesten aus, um sein komplexes Umfeld herzustellen, geschweige denn zu erhalten. Sie brauchen sich nur kurz in Ihrer Umgebung umzuschauen, um zu erkennen, wo Sie die Hilfe von anderen Menschen in Anspruch genommen haben. Auch das vorliegende Buch über die Chemie des Lebens ist ein Gemeinschaftswerk von Autor, Lektorin, Herausgeber, Drucker, Papierhersteller, Druckmaschinenkonstrukteur, Energieerzeuger etc. Nur durch den virtuellen Austausch von sehr vielen ATP-Reserven gelangte dieses Buch in Ihre Hände.

Die gemeinsame Bewirtschaftung von individuell eingebrachten ATP-Vorräten war die Voraussetzung für unsere Vorfahren, die Erde zu erobern, und ist heutzutage die Bedingung für ein modernes Leben mit allen Annehmlichkeiten. Lebewesen geben nicht uneigennützig ihre mühselig erworbenen Energiereserven her. Auf Reziprozität wird streng geachtet. Der französische Ethnologe Marcel Mauss hat in seiner Schrift *Essai sur le don* (zu Deutsch *Die Gabe*)[279] bereits vor fast 100 Jahren den Zusammenhang zwischen Geschenk und Gegengeschenk in archaischen Gesellschaften herausgearbeitet. In den Mittelpunkt stellte Mauss die Fragestellung, warum in allen Gesellschaften, die er untersucht hatte, der reziproke Austausch von Geschenken ein „soziales Totalphänomen" darstellt. Entsprechend seinen soziologischen Studien umfasst dieses Verhalten ökonomische und juristische, aber auch moralische, ästhetische, religiöse und mythologische Bereiche.

Der Austausch der zugrunde liegenden Energieäquivalente kann auch in menschlichen Gesellschaften nicht dem Zufall überlassen werden. Deshalb sind Menschen wahre Meister darin, die Gedanken und Vorhaben ihres Gegenübers zu erraten.** Letztendlich will man an dessen ATP-Ressourcen heran. Moralphilosophen und Theologen bemühen sich schon seit Tausenden von Jahren nachzuweisen, dass das menschliche Handeln im Unterschied zu Pflanzen oder Tieren oftmals intentional ist. Wenn diese Schlussfolge-

---

* Deutsche Übertragung: „O bei dem Ew'gen! habt Erbarmen, Sprecht nicht mehr Eu'ren Bannfluch aus, Gebt mitleidsvoll den Tod mir Armen, Weh! mich erfasst des Wahnsinns Graus."

** In diesem Zusammenhang spielt das unbehaarte menschliche Gesicht eine zentrale Rolle, da aus ihm Gesten der Zustimmung bzw. Ablehnung sofort für das Gegenüber sichtbar werden.

rung, die der Annahme eines freien Willens entspricht, zutreffend ist, dann wäre der Mensch das erste Lebewesen, das über die Bewirtschaftung seines ATP-Haushaltes in Teilen frei entscheiden kann.

Energie ist ein knappes Gut und nachhaltiger Umgang damit ein grundlegendes Prinzip der belebten Natur. Mit Energieverbrauch verbundene Investitionen sollen sich lohnen. Sicher kennen Sie das Gefühl ohnmächtiger Wut, wenn die mit großen Mühen erarbeitete Textdatei auf ihrem Computer nicht mehr auffindbar ist oder versehentlich gelöscht wurde. In diesem Fall haben Einflüsse zum Ende des Projektes geführt, auf die wir bewusst keinen Einfluss hatten. Ähnlich verhält es sich mit Vorhaben, die wir aus freien Stücken vor ihrem Abschluss abbrechen sollen. Offensichtlich gilt: Je höher die bereits getätigte Investition, desto problematischer ist die vorzeitige Beendigung des Projektes. Es erhebt sich die Frage, wie sich diese Situation materiell manifestiert, oder anders gefragt: Wie lässt sich dieser Memory-Effekt aus chemischer Sicht erklären? Offenbar gibt es einen Zusammenhang zum konsumierten ATP: Je mehr und je länger ATP-Ressourcen in eine Tätigkeit investiert werden, desto ausgeprägter wird ein bestimmtes Verhalten internalisiert. ATP-Investition führt immer auch zu Strukturänderungen, vor allem im Gehirn. Die Änderung eingefahrener mentaler Strukturen ist energieintensiv und erfordert die erneute Mobilisierung von ATP. Es ist daher verständlich und durch die Erfahrung bestätigt, dass Verhaltensänderungen schwerer zu erreichen sind als das Beibehalten von Routinen. Um konservative chemische Gehirnstrukturen und damit Verhalten zu ändern, erfordert es chemische Anreize. Diese gehen von den Belohnungshormonen auf der Basis von biogenen Aminen aus, denen wir im letzten Kapitel begegnet sind. Sie wirken als Antagonisten zum sparsamen Einsatz von Energieträgern wie Kohlenhydraten und Fetten, indem sie deren Konsum stimulieren.

Der Memory-Effekt ist keine typisch menschliche Charaktereigenschaft, auch im Tierreich findet sich ein vergleichbares Verhalten. Vom Kuckuck ist bekannt, dass das Weibchen ihr Ei in das Nest von artfremden Vögeln legt. Um die Täuschung perfekt zu machen, sind Kuckuckseier gut an Größe und Farbe der Eier des Wirtsvogels angepasst. Nach dem Ausbrüten des Kuckucksseies passiert etwas sehr Erstaunliches: Der junge Kuckuck überragt seine Wirtseltern um das Vielfache. Die Wirtseltern, die zu Beginn der Brutphase so kritisch Form und Farbe der Eier im Nest beäugt haben, stören sich nun überhaupt nicht an diesem Missverhältnis und füttern unbeeindruckt das fremde Riesenküken. Die getätigte Investition in das Brutgeschäft und die relativ seltene Situation, dass das eigene Ei durch ein fremdes ersetzt wird, verhindern offenbar, dass die Wirtsvögel den „Betrug" zu einem späteren Zeitpunkt realisieren können.*

Das rigorose Festhalten an absehbar gescheiterten Unternehmungen wird in der Ökonomie als „Concorde-Effekt" bezeichnet,[280] benannt nach dem finanziellen Desaster bei der Entwicklung des gleichnamigen Überschallflugzeuges im Rahmen einer britisch-französischen Koproduktion. Mittlerweile gibt es viele andere mehr oder weniger spektakuläre Beispiele nicht nur auf Großbaustellen, wo gegen jegliche externe Vernunft an längst aussichtslosen Projekten festgehalten wird. Mit der Versicherungswirtschaft in modernen Gesellschaften hat sich ein eigener Wirtschaftszweig etabliert, der eingetretene ATP-Verluste, die in der Ökonomie auch als *sunk costs* (engl. „versenkte Kosten") abgerechnet werden, psychologisch verträglicher gestalten soll. Es ist fraglich, ob Menschen, die diesen Mechanismus durchschauen können, eher zum Abbruch von unhaltbar gewordenen Projekten neigen. Es scheint so, als ob besonders kreative Menschen in der Lage sind, verlorene ATP-Investitionen mental schneller zu kompensieren als andere.[281] Ungeachtet dessen sollte das Wissen um diesen Effekt eine erhöhte Wachsamkeit und vermehrt antizipierende Denkweisen nach sich ziehen, denn letztendlich geht es um das ATP jedes Einzelnen von uns.

---

* Wir sollten den Kuckuck an dieser Stelle nicht zu sehr schelten. Seine „parasitäre" Lebensweise ist die einzige Möglichkeit, um die Nachkommenschaft zu ernähren. Kuckucke können aufgrund ihres großen Gewichtes nur auf großen Ästen nach Nahrung suchen. Sie finden dort vor allem große, stachelbewehrte Raupen. Die adulten Kuckucke würgen die Stacheln zusammen mit einem Teil der Magenschleimhaut wieder aus. Das können die Küken nicht. Sie sind deshalb auf die stachellose Nahrung angewiesen, die ihnen ihre Pflegeeltern während der Vollpension in den ersten Lebenstagen vorsetzen (J. H. Reichholf, Ornis. *Das Leben der Vögel*, C. H. Beck, München 2014, S. 139–150).

10 Wie harmloses Wasser zur Furie werden kann und warum Enzyme so groß sind

„Gefährlich ist's, den Leu zu wecken, verderblich ist des Tigers Zahn, jedoch der schrecklichste der Schrecken, das ist"[282] – das Wasser! Es kommt Ihnen sicher merkwürdig vor, dass ich die unheilverkündenden Strophen aus dem *Lied von der Glocke* von Friedrich Schiller an den Anfang des Kapitels stelle, um ausgerechnet das Wasser in die Diskussion einzuführen. Wasser erscheint uns unter allen chemischen Verbindungen am vertrauenswürdigsten. Wasser ist die am häufigsten vorkommende Verbindung in der belebten Natur. Wasser ist wie ein stummer Diener, der bereitwillig alle ihm übertragenen Aufgaben im besten Sinne des Wortes löst und sich nie in den Vordergrund drängelt. Wasser sollte eigentlich unter keinen Umständen schaden. Unter bestimmten Umständen könnte Wasser aber jegliches Leben schlagartig zum Erliegen bringen. Wie in einem der vielen Hollywood-Katastrophenfilme, in denen plötzlich überall das Licht ausgeht. Was wären die Voraussetzungen für dieses Schreckensszenario?

Unter neutralen Bedingungen dient Wasser als Lösungsmittel, vermittelt Wasserstoffbrücken zwischen polaren organischen Verbindungen und umgibt polare und geladene Teilchen mit einer Wasserhülle: Alles völlig ungefährlich. Wasser kann aber nicht nur in der Knallgasreaktion entstehen, die ich schon verschiedentlich angeführt habe, sondern Wasser bildet sich auch in der Reaktion von einem Proton mit einem Hydroxidion.[283]

Das Ganze ist als Neutralisation bekannt. Insbesondere das Adjektiv neutral ist weit über die Grenzen der Chemie hinaus in Gebrauch, da es – wie bereits erwähnt – übersetzt „keines von beiden" bedeutet und damit vielseitig verwendbar ist, wenn zum Beispiel unparteiische oder ausgewogene Eigenschaften bezeichnet werden sollen. Das sind Attribute, die perfekt auf das Wasser zutreffen. Die beiden ungleich langen Reaktionspfeile in der Neutralisationsreaktion zeigen an, dass das Gleichgewicht weit auf der rechten Seite und damit auf der des Wassers liegt.[284] Wasser ist eine sehr robuste Verbindung und wird daher sehr häufig im Rahmen von Stabilisierungsmaßnahmen aus weniger stabilen chemischen Verbindungen abgespalten. Ein typisches Beispiel ist die Wirkung der schon mehrmals zitierten Erlenmeyer-Regel. Wasser ist damit auch die sicherste Möglichkeit, die gefährlichen Protonen und Hydroxidionen zu verwahren, vorausgesetzt, sie kommen jeweils in genau gleicher Anzahl vor.

In Anwesenheit von überschüssigen Säuren oder Basen funktioniert die Wächterfunktion des Wassers nicht mehr. Im Gegenteil, das ansonsten so stille Wasser zeigt, was chemisch in ihm steckt, und wird zur rasenden Furie. Es attackiert mit den freien Elektronenpaaren am Sauerstoff, die in der obigen Formel wie Kaninchenohren aus dem Sauerstoffatom herausragen, eine Vielzahl von funktionellen Gruppen, die durch den katalytischen Angriff von Protonen oder Hydroxidionen bereits sturmreif geschossen wurden.* Unter den gefährdeten funktionellen Gruppen befinden sich vor allem jene, die in der Chemie des Lebens eine tragende Rolle spielen. Das sind beispielsweise Verknüpfungsstellen in den langkettigen Polysacchariden, Proteinen und Polynucleinsäuren, also Verbindungen, die erst durch Abspaltung von Wasser entstanden sind. Mit anderen Worten: In Anwesenheit von starken Säuren oder Basen würde sich die Waage dieser Kondensationsgleichgewichte sofort der Seite der Ausgangsverbindungen zuneigen. Das Kettenwachstum käme augenblicklich zum Erliegen. Ebenso verheerend wäre der Effekt auf kurzlebige Intermediate des Stoffwechsels wie Carbonsäureester. Sie würden unverzüglich demontiert und somit alle Stoffwechselwege unterbrochen. Ein totaler Blackout.

Die enorme Zerstörungskraft des Wassers in Gegenwart von starken Säuren ist die Ursache, warum Schwefel-, Salpeter- oder Phosphorsäure in lebenden Organismen nicht vorkommen. Sie wurden während der chemischen Evolution aufgrund fortgesetzter „Renitenz" und somit mangelnder Passfähigkeit aussortiert. Die wenigen Ausnahmen beschränken sich auf klar eingegrenzte Zonen, wie etwa den Magen des Menschen, wo stark konzentrierte Salzsäure bei einem pH-Wert von 1 bis 4 ihren spalterischen Aufgaben nachkommt. Etwas völlig anderes sind die entsprechenden Salze dieser Säuren, die durch Neutralisation entstehen.

Starke Basen wie Natron- oder Kalilauge haben ebenfalls keinen Platz in der Chemie

---

* Dabei wirken Protonen oder Hydroxidionen als Katalysatoren bei dem Angriff von Wasser, indem sie das reaktionsträge Substrat in einen reaktiven Zustand überführen.

des Lebens, da sie in Kombination mit Wasser eine ähnlich verheerende Wirkung entfalten. Lipide und Proteine, die Grundbausteine von Membranen, würden bei einem konzertierten Angriff von Basen und Wasser zerstört werden und die hochgeordneten Assoziate würden kollabieren („Seifeneffekt"). Der Inhalt von Organellen und von ganzen Zellen würde sich daraufhin in die Umgebung ergießen. Über den fatalen Effekt von Aminen als Produzenten von Hydroxidionen und entsprechende Gegenmaßnahmen konnten Sie sich bereits in vorhergehenden Kapiteln informieren.

Trotzdem sind im Stoffwechsel der Zelle überall Säuren und Basen erforderlich, um lebenswichtige Transformationen in Stoffwechselreaktionen durchzuführen. Die Methode „Viel hilft viel!" wäre an dieser Stelle völlig kontraproduktiv. Wie kam die chemische Evolution, die von einfachen hin zu komplexen Strukturen führt, aus diesem Dilemma heraus, wenn es für Wasser als Milieu der Chemie des Lebens keine Alternative gibt? Die Antwort der Evolution lautete: Es mussten sich spezielle Säuren und Basen entwickeln, deren Wirkung auf strikt abgegrenzte Bereiche limitiert ist. Es wurden Säuren und Basen gebraucht, die ihre Wirkung punktgenau und selektiv einsetzen und die dabei nicht ihre gesamte Umwelt in Mitleidenschaft ziehen.

Damit war die große Stunde der Enzyme gekommen. Enzyme sind riesengroße Proteine, die ca. 500 Millionen Jahre nach dem Beginn der biologischen Evolution entstanden sind. Jüngste Forschungsergebnisse an Bakterien legen die Vermutung nahe, dass ihre komplexe Struktur seit 3,4 Milliarden Jahren annähernd gleich geblieben ist.[285] Enzyme können aufgrund ihrer enormen Größe nicht ungehindert durch Zellen oder Teile des Organismus wandern, wie es den kleinen Hydroxidionen (OH$^-$) oder den noch kleineren Protonen (H$^+$) möglich wäre. Der Wanderungsdrang von Enzymen wird durch die Wände von Organellen, den Membranen, gebremst. Zusätzlich sind viele von ihnen über unpolare Ankergruppen an bestimmten Orten der Zelle in den (ebenfalls unpolaren) Membranen fixiert. Natürlich müssen jene Enzyme, von denen viele die Aufgaben von Säuren oder Basen erfüllen, auch saure oder basische Stellen enthalten. Aufgrund des komplexen Baus der Enzyme sind diese Stellen aber gut gegen die Außenwelt abgeschirmt. Enzyme ähneln mikroskopisch kleinen Reaktoren. Sie umschließen ihre Substrate und bringen anschließend ihre sauren oder basischen Substrukturen in Stellung. Wird Wasser für die Reaktion gebraucht, bietet dieses Arrangement nur einzelnen Wassermolekülen eine stark eingegrenzte Wirkungsmöglichkeit. Wasser kann auf diese Weise auch völlig ausgesperrt werden.

Man kann den dramatischen Unterschied zwischen einer simplen Protonen(H$^+$)-Säure bzw. einer Hydroxid(HO$^-$)-Base und einem Enzym im übertragenen Sinn mit einer Autowerkstatt im Hinterhof und dem Boxenstopp beim Formel-1-Rennen beschreiben. Der einsame Bastler im Hinterhof nimmt sich sehr viel Zeit für die Reparatur seines Autos, die durchaus mehrere Tage dauern kann. Oftmals fehlen ihm spezielle Werkzeuge und hin und wieder können festsitzende „Probleme" nur mithilfe eines großen Hammers gelöst werden. Hingegen sind beim professionellen Autorennen ein Dutzend spezialisierte Monteure sofort zur Stelle, sobald der Rennwagen in die Boxengasse einfährt. Jeder Techniker hat eine ihm genau zugewiesene Aufgabe; der eine bedient den Wagenheber, andere schrauben schon die Radmuttern ab, während die nächsten bereits Benzin nachfüllen. Die Akteure sind untereinander durch Funk verbunden, wodurch sie nicht nur mitbekommen, wie weit die Kollegen sind, sondern auch darüber informiert sind, was auf der Rennstrecke passiert. Noch während das Auto weit entfernt ist, bereiten sich die Spezialisten auf ihre Aufgabe vor. Alles passiert in rasender Geschwindigkeit, jeder konzentriert sich auf seinen Job. Selbstredend haben die Monteure auch angepasste Werkzeuge. Alles Streben ist darauf gerichtet, das Auto nach dem Boxenstopp umgehend wieder auf die Rennstrecke zu schicken.

Auch jedes Enzym versammelt in sich eine größere Anzahl von molekularen Spezialisten. Während zwei oder drei Teilstrukturen mittels bindender Wechselwirkungen das Substrat packen und wie in einem Schraubstock in einer eindeutigen räumlichen Ausrichtung fixieren, sind andere aktive Zentren bereits dabei, das Substrat zu bearbeiten. Das hat nichts mehr mit den Grobmotorikern H^+ oder OH^- zu tun und erfordert, nebenbei bemerkt, in der Chemie die Anwendung von erweiterten Säure-Base-Theorien.[286] Oftmals wird in Enzymen die Aufgabe jener kleinen Katalysatoren durch Metallionen (beispielsweise zweifach positiv geladenen Zinkionen: Zn^{2+}), schwach basischen Aminen oder Wasserstoffbrücken übernommen, denen man erst auf den zweiten Blick ansieht, dass sie über saure oder basische Eigenschaften verfügen. Im Extremfall erhöhen Enzyme die Geschwindigkeit einer Reaktion im Vergleich zur nichtkatalysierten um mehr als das 10^{12}- bis 10^{17}-Fache.[287] Damit wird klar, dass ohne das Phänomen der Enzymkatalyse das Leben bis heute niemals zu dieser Vielfalt und Komplexität gelangt wäre.[288]

Die Wirkung von Enzymen hatte für die ersten Generationen von Chemikern immer einen Hauch von Magie. Das erklärt sich aus der kaum überschaubaren Komplexität des Geschehens, an denen mannigfaltige bindende und abstoßende Wechselwirkungen zwischen Teilen des Enzyms und des Substrats beteiligt sind. Gleichzeitig werden durch nachfolgende Reaktionen in biochemischen Systemen die Produkte sofort weiterverarbeitet, was die Kompliziertheit der Analyse noch vergrößert. Trotzdem geht alles mit rechten Dingen zu. Aber, und das muss betont werden, der Katalysator macht „die Bahn [nur] frei für Reaktionen, die als solche schon in den chemischen Substanzen auf ihren Ablauf warten".[289] Chemische Wunder kann man auch nicht von einem Katalysator erwarten.

Im Laufe der chemischen Evolution haben sich Enzyme immer weiter spezialisiert, vergleichbar der Karriere eines Violinisten, angefangen mit dem ersten zaghaften Kratzen auf dem Instrument bis hin zur Meisterschaft in einem Spitzenorchester nach langen Jahren der Übung. Viele Enzyme katalysieren nur bestimmte Reaktionen (beispielsweise Dehydrierungen), andere wiederum haben sich an spezielle Gäste, sprich Substrate (zum Beispiel Alkohole), adaptiert. Emil Fischer hat daher das Ensemble aus Enzym und Substrat bereits im Jahre 1894 mit einem „Schlüssel-Schloss-Prinzip" verglichen. Mittlerweile hat man erkannt, dass Enzyme keine starren Schlösser darstellen, sondern dass sie sich an die Substrate anpassen, indem sie diese in einer abgeschotteten Mikroumgebung umfassen. Enzyme sind vergleichbar mit Amöben auf Futtersuche, kleinen Tierchen ohne feste Körperform, die ihre Nahrung zuerst umhüllen und dann verdauen.* Oftmals wird in diesem Zusammenhang von Enzymtaschen gesprochen,** die derzeit im Mittelpunkt des Interesses von findigen Bioingenieuren stehen, die nicht nur die Wirkungsweise der nativen Enzyme herausfinden, sondern sogar völlig neue Reaktionen in diesen Taschen durchführen wollen.[290]

Ein anschauliches Beispiel für die selektive Wirkungsweise von Enzymen ist die Übertragung eines Phosphatrestes von ATP auf Glucose. Die Reaktion steht am Anfang der energieliefernden Glycolyse und dient gleichermaßen zur Synthese von D-Ribose für deren spätere Verwendung in der RNA. Das Enzym hüllt die beiden Teilnehmer der Reaktion Phosphatgruppenspender und -empfänger, zu Beginn der Reaktion ein. Wasser kommt hier nicht rein! Unpolare Gruppen an der Außenseite des Enzyms, das bekanntlich aus Aminosäuren aufgebaut ist, verhindern, dass Wassermoleküle den Sicherheitsbereich betreten.

In Abwesenheit des Enzyms würde die hochsensible Pyrophosphateinheit im ATP unverzüglich durch überschüssiges Wasser zerlegt werden. Das so aufwendig hergestellte Molekül würde auf diese Weise seine gesamte Energie in Form von Wärme an die Umgebung abgeben. Das wäre das sinnlose Ende dieses Moleküls und seinen lebenswichtigen Aufgaben.

Durch die Enzymkatalyse wird die Übertragung des Phosphats vom ATP auf Glucose im Vergleich zur Zerlegung von ATP mit Wasser auf das 10 000-Fache beschleunigt. Die

---

*   In der Enzymchemie wird dieses antizipierende Verhalten mit *induced fit* (deutsch: „induzierte Passform") bezeichnet.

**   Der Begriff der Enzymtasche ist etwas irreführend, da auch Aminosäuren in der Proteinkette, die gar nicht direkt am Katalysegeschehen teilhaben, für das ordnungsgemäße Funktionieren wichtig sind. Deshalb kann auch ein durch Gendefekte bedingter Austausch oder das Fehlen von Aminosäuren fern vom reaktiven Zentrum schwerwiegende Folgen haben.

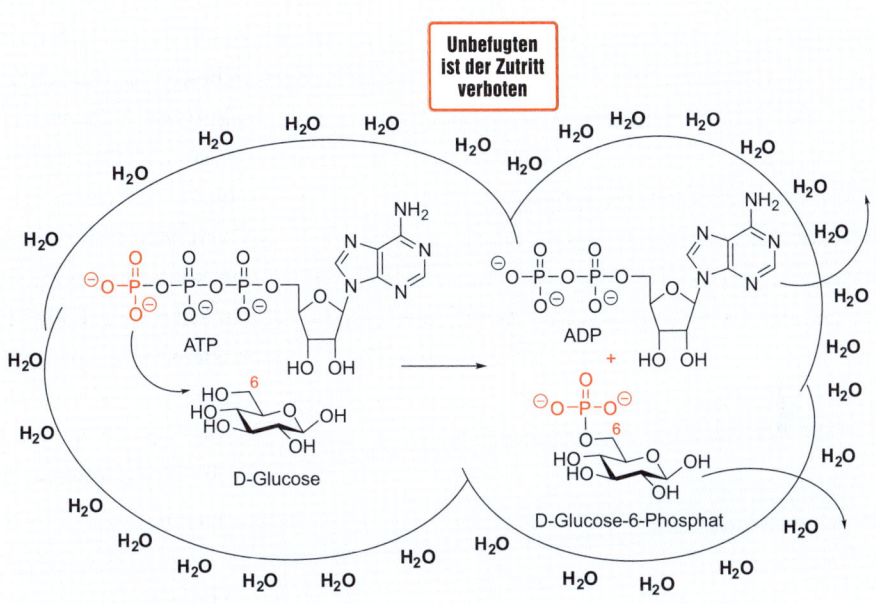

auf die Enzymtasche beschränkte Reaktion ist auch die Ursache dafür, dass ATP nicht in großen Mengen in der Zelle vorkommt. Es wird nur in dem Augenblick hergestellt, in dem es gebraucht wird. Überschüsse gibt es nicht. Dieses Prinzip hat auch Eingang in die Wirtschaft hoch entwickelter Industrieunternehmen gefunden. Die Ökonomie bezeichnet solche Abläufe als *Just-in-time*-Prozesse oder bedarfssynchrone Produktion, eine Organisationsform, die für die lebende Natur einen alten Hut darstellt.

Innerhalb der Enzymtasche kann Phosphat problemlos auch auf weniger reaktive Substrate übertragen werden. Es ist die Schwierigkeit zu bedenken, dass jedes Substrat auch noch in großem Unterschuss im Verhältnis zum konkurrierenden Wasser in der Zelle vorliegt. Ein Enzym meistert dieses Auswahlproblem virtuos, da es optimal angepasst ist: *Survival of the fittest.*

Das Innere eines Enzyms ist nicht mit dem Inhalt einer Damenhandtasche zu vergleichen, in der die Utensilien und Accessoires (Entschuldigung an die Leserinnen) hin und wieder bunt durcheinanderfliegen. In einer Enzymtasche geht es höchst geordnet zu, ein Zustand, der durch die Abfolge der einzelnen Aminosäuren in der Proteinkette und deren komplizierte Faltung zustande kommt. Das ermöglicht beispielsweise im oben betrachteten Fall, dass an der Glucose ausschließlich die Hydroxygruppe am Kohlenstoffatom C6 mit einer Phosphatgruppe dekoriert wird, obwohl noch vier weitere Hydroxygruppen zur Verfügung stehen. Nur die herausragende Ecke in der Formel, in diesem Fall die am besten zugängliche Hydroxygruppe des Moleküls, wird transformiert. Nach erfolgter Reaktion verlässt das Produkt die Enzymtasche, ein neues Substrat drängt hinein und der ganze Prozess wiederholt sich. Sind mehrere Enzyme hintereinandergeschaltet, was in biochemischen Prozessen die Regel ist, dient das neu formierte Produkt sofort wieder in einer nachfolgenden Reaktion als Substrat.

Das Fazit unserer Überlegungen lautet, dass Enzyme nicht nur essenziell für die Beschleunigung von chemischen Reaktionen, sondern darüber hinaus ihre Größe und ihr subtiles Innenleben die Voraussetzungen für selektive Transformationen im Rahmen der Chemie des Lebens sind. Durch ganze Reaktionskaskaden mit unterschiedlichen Enzymen wird ein besonderer Beschleunigungsaspekt erreicht. Ohne Enzyme ist kein komplexes Leben auf der Basis von Kohlenstoffverbindungen möglich.

11 Kohlenhydrate, Fette und Proteine: Was sollen wir essen?

Es existiert regalweise Ratgeberliteratur, in der mehr oder weniger gut begründete Empfehlungen für Diäten mit oder ohne Kohlenhydrate, Fette oder Proteine angepriesen werden. Ich möchte mich nicht in diesen kulturabhängigen und oft nur wenig sachkundigen Diskurs hineinbegeben, sondern aus Sicht der Chemie einige außerhalb jeder Diskussion stehende Grundlagen festhalten.

Nahrungsaufnahme bedeutet auch immer die Aufnahme von Energieträgern, die im Organismus im Rahmen von verschiedenen biochemischen Mechanismen abgebaut werden. Wir wollen uns daran erinnern, dass diese Energie in Form von Elektronen aus den Nahrungsmittelmolekülen gewonnen wird. In der Chemie des Lebens werden die Elektronen dem energiereichen Kohlenstoff entzogen. Die einfachste Methode, dessen Energieinhalt zu bestimmen, führt über die Oxidationszahl. Der Kohlenstoff ist in der Lage, Oxidationszahlen zwischen -4 im Methan und $+4$ im Kohlendioxid anzunehmen. Allerdings können nur die wenigsten derzeit lebenden Organismen Methan als Energiequelle verwerten. Es handelt sich dabei um Mikroorganismen (methanotrophe bzw. methylotrophe Bakterien*), die Methan nicht nur zu Methanol, sondern bis zum Kohlendioxid oxidieren können. Daraus ergibt sich ein Energiegewinn pro Methanmolekül von acht Elektronen. Höhere Organismen dagegen müssen sich mit anderen, weniger energiehaltigen Kohlenstoffverbindungen begnügen.

Energetisch und von der Struktur her stehen lange Alkanketten dem Methan am nächsten, womit die Fette ins Spiel kommen. Wenn wir eine der wichtigsten ungesättigten pflanzlichen Fettsäuren, die Ölsäure, betrachten, fallen die vielen C–H- und C–C-Bindungen auf.

---

* Altgriech. τροφή *trophé*, „Ernährung".

$$C_{18}H_{34}O_2 \xrightarrow{+ 25{,}5\ O_2} 18\ CO_2 + 102\ \text{Elektronen} + 17\ H_2O$$

Ölsäure

Am Anfang der Kette befindet sich eine Carbonsäuregruppe, worin der Kohlenstoff bereits die sehr hohe Oxidationszahl +3 besitzt.* Das heißt, dass sich aus der Oxidation dieser funktionellen Gruppe kaum noch Energie in Form von Elektronen gewinnen lässt. Dieser Teil des Moleküls fällt jedoch neben den restlichen 17 elektronenreichen Kohlenstoffatomen nicht ins Gewicht. Jedes Kohlenstoffatom in den vierzehn CH_2-Gruppen hat die Oxidationszahl –2, die beiden in der CH=CH-Gruppe –1 und der Kohlenstoff in der CH_3-Gruppe –3.** *** Werden diese Elektronen alle auf einmal abgegeben, um auf die höchste Oxidationszahl des Kohlenstoffs im CO_2 von +4 zu gelangen, werden pro Ölsäuremolekül insgesamt 102 Elektronen frei. Das gilt gleichermaßen für die Elaidinsäure. Bei noch höher ungesättigten Fettsäuren wie Linol- und Linolensäure, die ebenfalls wichtig für die menschliche Ernährung sind, finden sich noch mehr dehydrierte, also bereits partiell oxidierte Abschnitte in der Kette, und somit ist auch der maximale Energiegewinn bei der Totaloxidation etwas kleiner.

Im Vergleich zu den Fetten sind in Kohlenhydraten wie der Glucose die meisten Kohlenstoffatome wesentlich höher oxidiert, entweder bis zum Niveau von alkoholischen Gruppen oder gar bis zur Carbonylgruppe.**** Daher werden beim Übergang zum Kohlendioxid gerade einmal 24 Elektronen pro Glucosemolekül generiert.

---

* Die Oxidationsstufe des Kohlenstoffs wird stufenweise wie folgt berechnet: 1 x (+1) = +1 für den Wasserstoff. Hinzu werden 2 x (−2) = −4 für die beiden Sauerstoffe addiert, was in der Teilsumme −3 ergibt. Um in der Gesamtsumme aller Oxidationsstufen für die COOH-Gruppe auf die definitionsgemäß geforderten ±o zu kommen, muss der Kohlenstoff zwangsläufig die Oxidationsstufe +3 erhalten.

** Die Oxidationsstufe des Kohlenstoffs in einer CH2-Gruppe ergibt sich aus: 2 x (+1) für die beiden Wasserstoffe. Die Differenz zu ±o ist dann folgerichtig −2, was dann auch die Oxidationsstufe für den Kohlenstoff darstellt. Die Oxidationsstufe des Kohlenstoffs in der CH-Gruppe ergibt sich aus: 1 x (+1) für den einzelnen Wasserstoff. Die Differenz zu ±o ist dann −1 und damit die Oxidationsstufe des Kohlenstoffs.

*** Im Durchschnitt ergibt sich daraus für jedes Kohlenstoffatom der Ölsäure eine Oxidationszahl von −30/18, das sind etwa −1,67.

****Es ergibt sich für die Glucose eine durchschnittliche Oxidationszahl pro Kohlenstoffatom von ±o.

$$\text{OH} \quad \text{OH} \quad {}^{+1}$$
$$\underset{\text{OH}\quad\text{OH}\quad\text{OH}}{\overset{-1}{\diagdown}}\overset{\pm0}{\diagup}\text{CHO}$$

Glucose

$$\overset{\pm0}{C_6H_{12}O_6} \xrightarrow{+\ 6\ O_2} \overset{+4}{6\ CO_2} + 24\ \text{Elektronen} + 6\ H_2O$$

Um einen exakten zahlenmäßigen Vergleich zwischen Fett und Zucker herzustellen, verdreifachen wir die Anzahl der Zuckermoleküle, womit jeweils 18 Kohlenstoffatome in unsere Berechnung eingehen. Das Ergebnis zeigt uns deutlich, dass man aus einer Fettsäure wesentlich mehr Elektronen herausholen kann als aus dem Zucker, nun auch unter Berücksichtigung der Tatsache, dass die Summe aller Kohlenstoffatome gleich ist.

$$3\ C_6H_{12}O_6 \longrightarrow 18\ CO_2 + \boxed{72\ \text{Elektronen}}$$
Zucker

$$C_{18}H_{36}O_2 \longrightarrow 18\ CO_2 + \boxed{102\ \text{Elektronen}}$$
Fett

Damit ist der Beweis erbracht, dass Fette die ergiebigsten Energiespender darstellen. Sind sie aber auch die besseren Energiespeicher? Um diese Frage beantworten zu können, müssen wir uns an die Eigenschaften von langen Kohlenstoffketten ohne funktionelle Gruppen erinnern: Sie sind unpolar. Mehrere Ketten werden daher ausschließlich durch Van-der-Waals-Kräfte zusammengehalten. Wassermoleküle können sich nicht zwischen die hydrophoben Fettsäuren verirren. Im Unterschied dazu laden die Hydroxygruppen der Zucker (beispielsweise im Glycogen) Wasser geradezu ein, sich zwischen den Zuckerketten einzunisten. Das hat zur Folge, dass bei der Vorratslagerung von Zuckern ungefähr die zwei- bis dreifache Menge an Wasser mitgespeichert wird. Dieses Wasser beansprucht zusätzlichen Raum. Würden sämtliche Fettreserven des Menschen über Nacht durch Kohlenhydrate ersetzt werden, hätte das dramatische Folgen: Beim Aufwachen würden selbst untergewichtige Menschen nicht mehr in ihre Röcke oder Hosen passen.

Fette dienen nicht nur als Energiespeicher im Inneren des Körpers, sondern sind Teil des Stütz- und Schutzgewebes.* Dass Fette kein Wasser aufnehmen, ist darüber hinaus eine überlebenswichtige Eigenschaft für alle Organismen, die hin und wieder Temperaturen unter 0 °C ausgesetzt sind. Bei einer Robbe oder einem Pinguin in der Eiseskälte der Antarktis würde das Wasser in den äußeren Schichten des Körpers schnell kristallisieren, was fatale Folgen hätte. Die gebildeten Eiskristalle würden die Membranen der Zellen zerstechen und zum Zelltod führen. Dieses Phänomen kennt man von Blumen, die einem Nachtfrost ausgesetzt waren. Sie machen am nächsten Tag einen sehr schlappen Eindruck, der sich auch nicht durch liebevolle Pflege beheben lässt; der Zelltod ist irreversibel.

Damit wird uns deutlich vor Augen geführt, dass Fette im Vergleich zu Kohlenhydraten nicht nur die weitaus ergiebigeren Energiequellen sind, sondern dass deren platzsparende Speicherung auch noch einen erheblichen Anpassungsvorteil an kalte Umgebungstemperaturen darstellt.

Energiequelle	Maximale Geschwindigkeit der ATP-Bildung (mmol/s)	Gesamte Menge an energiereichem Phosphat (mmol)
ATP aus Muskel	–	223
Creatinphosphat	73,3	446
Abbau von Muskelglycogen zu Milchsäure	39,1	6700
Abbau von Muskelglycogen zu CO_2	16,7	84 000
Abbau von Leberglycogen zu CO_2	6,2	19 000
Abbau von Fettsäuren aus dem Fettgewebe zu CO_2	6,7	4 000 000

---

*   Nach starken Fettverlusten, wie es symptomatisch bei magersüchtigen Patienten ist, können innere Organe wie beispielsweise die Nieren anfangen „zu wandern".

Ein weiterer Faktor verhilft Fetten zu ihrer singulären Position im Energiehaushalt von Organismen: Der Abbau von Fetten im Rahmen der Fettsäureoxidation verläuft im Vergleich zum Abbau der Glucose wesentlich langsamer. Die Glycolyse von D-Glucose oder D-Fructose ist unschlagbar, wenn es um die schnelle Bereitstellung von Energie geht. Der Citronensäurecyclus, in dem am Ende auch die Bruchstücke der Fettsäureoxidation landen, benötigt, wie wir bereits festgestellt haben, eine längere Anlaufzeit. Deshalb ist es auch so schwierig, das sogenannte „Hüftgold", das aus Fetten besteht und sich bei übergewichtigen Menschen um die Körpermitte herum ansammelt, loszuwerden.

Körperliche Anstrengungen werden in Abhängigkeit von zeitlichem Auftreten und Dauer von unterschiedlichen Energiequellen „finanziert". Nimmt man das ATP als Maß aller energetischen Dinge, ergibt sich für eine 70 kg schwere Person mit einer Muskelmasse von etwa 28 kg voran stehende Abfolge (siehe Tabelle) in Verfügbarkeit und Menge.[291]

In den ersten Sekunden stammt die Energie aus den sehr überschaubaren Mengen von vorhandenem ATP und Creatinphosphat („Taschengeld") in der Zelle (siehe Abbildung). Anschließend werden die Abbaumechanismen von Glucose und zuletzt die von Fetten in Gang gesetzt, um weiteres ATP zu generieren.

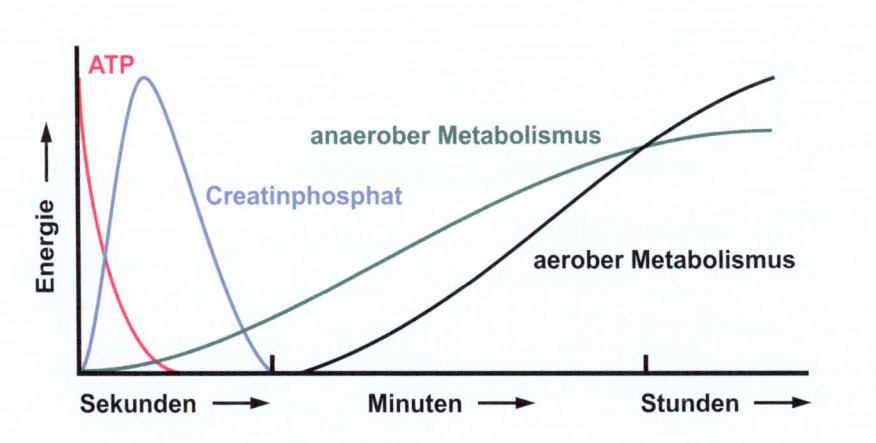

ATP-Quellen während körperlicher Anstrengung[292]

Dazu müssen wir Luft holen, um den erforderlichen Sauerstoff für die Oxidation im Rahmen des Citronensäurecyclus einzuatmen. Der Abbau mittels Sauerstoff geht erst nach einigen Minuten, sprich längerer Muskelbelastung, los, worin das zentrale Geduldsproblem jeglicher Diät zum Ausdruck kommt.

Selbst kleine Verschiebungen zwischen Zucker- und Fettabbau können bei Extrembelastungen entscheidende Auswirkungen haben. Lange Zeit spekulierten Sportwissenschaftler darüber, warum ausgerechnet kenianische Marathonläufer bei internationalen Wettbewerben der Konkurrenz immer wieder davonlaufen.[293] Bengt Saltin, der ehemalige Direktor des Kopenhagener Muskelforschungszentrums, fand in den 1990er-Jahren heraus, dass sich bei den afrikanischen Läufern Milchsäure langsamer ansammelt als bei den anderen Sportlern. Diese Läufer verfügen über ein Enzym, das die Produktion der Milchsäure bremst bzw. deren Abbau beschleunigt. Als alternative Energiequelle wird bei ihnen die wesentlich produktivere Fettsäureoxidation schneller angekurbelt. Mit der gleichen Menge an Sauerstoff können sie mit dieser Turboausrüstung 10 % länger laufen. Zudem scheinen zwei Enzyme aktiver zu sein, die für die schnelle Bereitstellung von ATP verantwortlich sind. Von diesem Effekt profitieren dann insbesondere Läufer auf den kurzen Sprintstrecken.

Neben Zuckern und Fetten kennen wir noch eine weitere Verbindungsklasse, die in großen Mengen vorkommt und ebenfalls auf Kohlenstoffgerüsten aufbaut: Das sind die Proteine und deren Bausteine, die Aminosäuren. Da Proteine überall im Organismus anzutreffen sind, müssen wir sie als potenzielle Energiequelle in Betracht ziehen. Natürlich muss als Erstes die Aminosäure vom gefährlichen Ammoniak befreit werden. Eine zentrale Bedeutung beim Menschen kommt, wie bereits besprochen, in diesem Zusammenhang dem Harnstoff zu, der aus Ammoniak und Kohlendioxid im Harnstoffcyclus aufgebaut wird. Das verbleibende Kohlenstoffgerüst wird anschließend „verbrannt", chemisch gesagt: Es wird über den Citronensäurecyclus der Energieerzeugung zugeführt. Prinzipiell sind Proteine keine ergiebigen Energiequellen. Sie tragen nur zu 10 %–15 % zur Energieerzeugung bei. Die Desaminierung (lat. *de*,* „ab"), so nennt man die Ab-

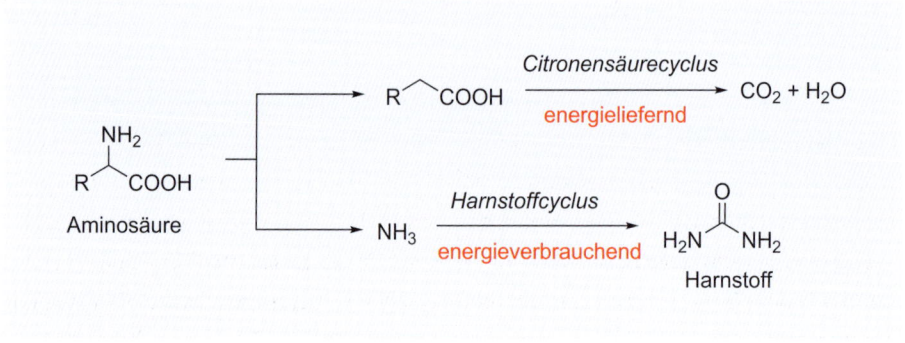

---

* In der englischen Übersetzung wird die Vorsilbe „de" ohne Modifikation verwendet: *Deamination*, während für die bessere Sprechbarkeit im Deutschen ein „s" eingefügt wurde: Desaminierung; siehe auch Desoxygenierung im Kapitel 16.

spaltung von Ammoniak aus den Aminosäuren, erfordert wesentlich mehr Zeit als die Verbrennung von Kohlenhydraten oder Fetten. Zudem verbraucht die Synthese von Harnstoff im Harnstoffcyclus Energie in Form von ATP, was die Gesamtenergiebilanz erheblich schmälert. Diese Nachteile machen sich vor allem in Ausnahmesituationen bemerkbar, nämlich dann, wenn es auf eine besonders effiziente Energieproduktion ankommt. Versuche mit Heuschrecken bewiesen, dass diese in Stresssituationen unverzüglich von proteinhaltiger Nahrung auf eine kohlenhydratreiche Kost übergingen.[294] Auch menschliche Bulimiepatientinnen lassen intuitiv Rohkost und eiweißhaltige Speisen zugunsten von kohlenhydratreicher Nahrung stehen.[295] Im Überschuss können Proteine sogar toxisch wirken, wenn der giftige Ammoniak im Körper akkumuliert wird.

Nur besonders kohlenstoffreiche Aminosäuren werden im Citronensäurecyclus mit Gewinn in Energie umgewandelt. Ein einzigartiger Mechanismus findet sich bei Kreuzschnäbeln (*Loxia*), einer Gattung innerhalb der Finkenvögel, deren Hauptnahrung die fettreichen Zapfen von Fichten bilden.[296] Die Aminosäure L-Arginin, die in den Zapfen besonders hochkonzentriert ist, wird im Vogelkörper vom Stickstoff befreit. Dies geht besonders leicht, da der Harnstoff schon am Ende der Aminosäure vorgebildet ist. Der verbleibende lange Rest mit fünf Kohlenstoffatomen wird nach Abspaltung der α-Aminogruppe zusammen mit dem Überschuss an Fetten zur Energieerzeugung genutzt.

Da Fichten durchschnittlich alle elf Jahre als Reaktion auf die turnusmäßig ihr Maximum erreichenden Sonnenflecken besonders viele Zapfen tragen, brüten die Kreuzschnäbel in diesen Jahren mehrmals Nachkommen aus. Das ist dann sogar im Winter möglich.

Auf eine ausgewogene Ernährung kommt es an! Dieser Zusammenhang ist in der Chemie des Lebens implementiert und der Stoffwechsel von Mikroorganismen, Pflanzen und Tieren reguliert dies automatisch ohne Ernährungsberatung. Ein anschauliches Beispiel ist die abgestimmte Aufnahme von lebensnotwendigen Aminosäuren, was manchmal in Form eines „Liebig'schen Fasses" dargestellt wird.[297]

Dieses Fass hat im Unterschied zu einem normalen Weinfass verschieden lange Dauben.

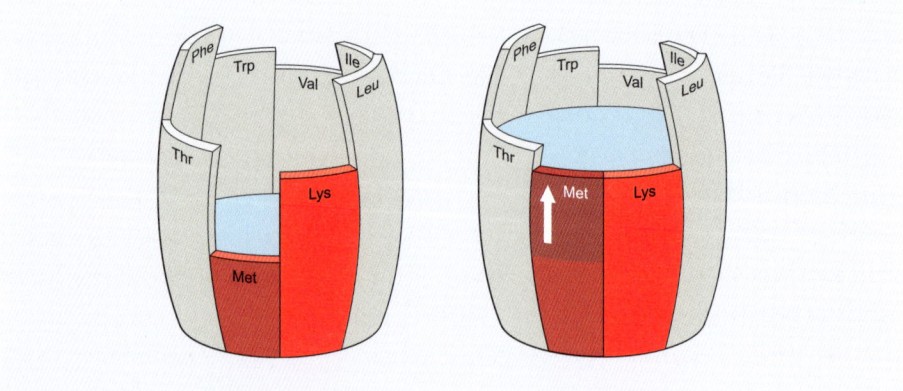

Der Flüssigkeitsspiegel wird durch die Länge der kürzesten Daube bestimmt. Für viele Tiere sind die Aminosäuren L-Methionin (Met) und L-Lysin (Lys) limitierend. Methionin ist an zentraler Stelle an der Umwandlung von Lysin zu L-Carnitin beteiligt. Diese Transformation läuft über eine Kaskade von Reaktionen ab, wobei u. a. die Kohlenstoffkette des Lysins gekürzt wird. Methionin organisiert die Beladung der allein stehenden Aminogruppe am Ende der Kette mit den drei Methylgruppen. Da L-Carnitin als Transportvehikel entscheidend beim Abbau von Fettsäuren beteiligt ist, schließt sich an dieser Stelle eine wichtige Brücke zwischen der Biochemie von Aminosäuren und der von Fettsäuren.

Fehlen Lysin und Methionin in der Nahrung oder stehen sie in einem Missverhältnis zu den restlichen Aminosäuren, hat es keinen Zweck, die Zufuhr Letzterer zu erhöhen. Sie werden ausgeschieden. Aus diesem Grund werden besonders diese beiden wachstumsbegrenzenden Aminosäuren synthesechemisch hergestellt und als Zusatznahrung bei der Aufzucht von Puten und Hühnern eingesetzt. Solche „Turbo-Hühner" erlangen zwei- bis dreimal schneller ihr Schlachtgewicht als ihre Artgenossen bei herkömmlicher Fütterung. Sie landen somit schneller beim Konsumenten, der sich – als kleiner Nebeneffekt – über die niedrigen Preise freut.

Das Verhältnisprinzip gilt nicht nur innerhalb der Aminosäuren, sondern auch zwischen Fetten und Proteinen. Der Stoffwechsel von Zugvögeln ist dafür ein anschauliches Beispiel.[298] Wilde Gänse und Enten brauchen für die oftmals mehrere Tausend Kilometer lange Reise einen erheblichen Energievorrat. Wie wir bereits konstatiert haben, eignen sich dafür Fette besonders gut. Sie lassen sich nicht nur optimal speichern, sondern liefern auch die meiste Energie in Form von Elektronen pro Kohlenstoffatom. Darüber hinaus verhindert das bei der Fettverbrennung entstehende Wasser die Dehydratisierung während des Fluges. Zugvögel, die sich für eine lange Reise rüsten, nehmen bei der Nahrungsaufnahme auf Äckern nicht nur Fette zu sich, sondern auch Proteine. Um ein ausgewogenes Verhältnis zwischen diesen beiden Stoffklassen im Körper herzustellen, müssen überschüssige Proteine in Form von Aminosäuren „entsorgt" werden. Die meisten Aminosäuren ohne Schwefel können natürlich als Harnsäure ausgeschieden werden. Die effektivste Art, fast alle Aminosäuren zu entsorgen, ist hingegen deren Verbringung in die Federn. Im Fall, dass das Federkleid bereits komplett ist, kommt der Vogel in die Mauser, wirft den gefiederten Ballast ab und schafft damit Platz für neue Federn.

Das Liebig'sche Fass erklärt ebenfalls eine sehr spezielle Symbiose in der belebten Natur, wobei Schildläuse die Hauptakteure sind. Schildläuse decken ihren Aminosäurebedarf aus dem wässrigen Phloemsaft von Bäumen, indem sie kurzerhand Löcher hineinbohren. Der Saft enthält bis zu 30 % Zucker, aber nur geringe Konzentrationen an den begehrten Proteinen. Um dieses Missverhältnis auszugleichen, scheiden Schildläuse den Überschuss an Kohlenhydraten unmittelbar wieder aus. Insekten wie etwa Bienen, Fliegen, Ameisen und Wespen, aber auch Kolibris, haben diese Zuckerquelle entdeckt und laben sich an diesen süßen Ausscheidungsprodukten, ohne die Läuse zu schädigen.[299] Ein chemisches „Missverhältnis" ist in diesem Fall die Voraussetzung dafür, dass eine Symbiose zwischen verschiedenen Tierarten entsteht.

Eine hinreichende Versorgung mit Aminosäuren hat einen nicht zu unterschätzenden Einfluss auf die Ausbildung eines komplexen Gehirns. An der Ausformung von Gehirnzellen und Verbindungen ist eine Vielzahl von Proteinen beteiligt. Fehlbildungen, wie bereits bei der Alzheimer-Krankheit und bei BSE angesprochen, können katastrophale Folgen für den Organismus haben.

Die Erbeutung von fleischlicher Nahrung ist im Vergleich zur vegetarischen Ernährung mit einem erhöhten Intelligenzaufwand verbunden. Pflanzen können ihr Leben bekanntlich nicht durch Fortlaufen retten, eine Eigenschaft, die beispielsweise Kühen und Schafen auf der Weide eine sehr geruhsame Nahrungsaufnahme ermöglicht.* Das Erbeuten von „mobilen" und sehr großen Proteinquellen erfordert hingegen komplexere Denkleistungen, die bis zur kooperativen Jagd in der Gruppe führen können. Typische Beispiele für Jagdgemeinschaften sind Hyänen, Löwen oder Wölfe. Der Naturforscher Joseph H. Reichholf geht sogar so weit, die Menschwerdung an eine permanente Versorgung mit Proteinen zu knüpfen.[300] Während in Afrika, der ursprünglichen Heimat des Jetztmenschen, die meisten Fleischfresser ortstreu sind und deshalb existenzielle Probleme bekommen, wenn ihre Beute auf vier Beinen saisonal weiterzieht, könnten sich unsere Vorfahren umherziehenden Huftierherden angeschlossen haben. Eine wesentliche Voraussetzung dafür ist Ausdauer. Tatsächlich gehört der Mensch zu den ganz wenigen Spezies im Tierreich, die problemlos sehr weite Strecken mit unvermindert hoher Geschwindigkeit laufen können. Die Möglichkeit, über die unbehaarte Haut die überschüssige Wärme als Schweiß abzuführen und der energiesparende aufrechte Gang erlauben auf diese Weise eine annähernd gleichbleibende Versorgung mit Proteinen.** Die nervöse Stimulierung unserer Aktivitäten durch Proteine und Abbauprodukte von Aminosäuren (Stichwort: biogene Amine), die ich im Kapitel 6.2 angesprochen habe, initiiert und forciert diese Verhaltensweise durch neurochemische Prozesse.

---

* Ernährungsgewohnheiten können ebenfalls einen Einfluss auf die Evolution des Gehirns haben: Primaten, die sich vorzugsweise von Früchten ernähren, haben ein größeres Gehirn als solche, die nur Blätter zu sich nehmen. Offensichtlich ist das Auffinden von Früchten eine größere kognitive Herausforderung. Gleichzeitig wird durch die energiereiche Nahrung ein größerer Energieumsatz möglich (A. R. DeCasien, S. A. Williams, J. P. Higham, Primate brain size is predicted by diet but not sociality, *Nature Ecology & Evolution* DOI: 10.1038/s41559-017-0112).

** Dazu kommen noch viele andere Attribute, die hier aus Platzgründen nicht behandelt werden können. Es ist jedoch auffällig, dass Menschen, ebenso wie die Ausdauerläufer Pferde, über die gesamte Körperoberfläche schwitzen können.

12 Gerüche und Düfte: Was macht der Zucker in diesem Zusammenhang?

In dem weltberühmten Gemälde *Primavera* von Sandro Botticelli, das in den Uffizien in Florenz hängt, wird die Geburt des Frühlings gefeiert. Aufmerksame Betrachter haben auf dem Bild bis zu 500 Blumen, Sträucher und Bäume gezählt. Die Pflanzendüfte werden von Zephyr, dem milden Westwind der griechischen Mythologie, über die Versammlung der jungen Frauen und Männer geblasen, die dadurch in eine heitere und angeregte Stimmung geraten.

„*Primavera*", Sandro Botticelli (ca. 1482), Uffizien, Florenz

Die belebte Natur ist ohne Gerüche nicht denkbar. Auch Menschen lassen sich durch Düfte verführen, meist ohne zu wissen, warum. „Die Nase weiß Dinge, die der Verstand nicht kennt" – dieser Ausspruch wird dem französischen Mathematiker und Philosophen Blaise Pascal zugeschrieben, der im 17. Jahrhundert lebte.* Die moderne Neurobiologie hat passend dazu herausgefunden, dass der Geruchssinn direkt und ungefiltert das limbische System im Kleinhirn anspricht. Der über die Vernunft nachdenkende Königsberger Philosoph Immanuel Kant hat deswegen den (subjektiven) Geruchssinn als den „undankbarsten", „niedrigsten" und „entbehrlichsten" Sinn verdammt.[301] Nach Kant steht der Geruchssinn wirklicher Erkenntnis entgegen. Er wurde in dieser Meinung von Arthur Schopenhauer vorbehaltlos unterstützt: „Gerüche sind immer angenehm oder unangenehm [...], da] am meisten mit dem Willen inquinirt [wohl: inquiriert]", was bei diesem Philosophen meint, dass der Mensch nicht Herr im eigenen Hause ist.[302]

Die schnelle Signalübertragung löst beim Menschen unmittelbar affektive Reaktionen aus, was in der Frühzeit des Menschen zum Schutz und der Arterhaltung essenziell gewesen sein dürfte. Düfte sind nicht nur für gelingende und abstoßende soziale Interaktionen oder für die seelische Erbauung des Menschen da. Sie dienen Pflanzen und Tieren gleichermaßen zur Abwehr von Feinden. Pflanzen locken mit einer Vielfalt von Düften Insekten und Tiere an, die ihre Samen großflächig verteilen sollen.** Gerüche von verwesendem Gewebe sind Warnsignale, die Gefahren für Gesundheit und Wohlergehen anzeigen. Nahm man noch vor Kurzem an, dass der menschliche Geruchssinn im Laufe der Evolution stark degeneriert ist, fand eine Forschergruppe um den Neurobiologen Andreas Keller an der New Yorker Rockefeller University im Jahr 2014 heraus, dass der Durchschnittsmensch bis zu einer Billion Geruchsstoffe unterscheiden kann.[303]

Geruchsstoffe können nur wahrgenommen werden, wenn sie die Geruchsorgane erreichen. Je stärker die anziehenden Wechselwirkungen zwischen den Molekülen sind, desto geringer ist die Chance, dass die Verbindung olfaktorische Eigenschaften aufweist. Auf die physikalischen Eigenschaften bezogen bedeutet dies: Je höher der Siedepunkt einer Verbindung ist, desto geringer ist ihr Dampfdruck. Verbindungen mit einem extrem niedrigen Dampfdruck wie die meisten Salze können wir nicht riechen. Einem Beispiel waren wir bereits im Fischrestaurant begegnet, wo mittels Neutralisation mit Citronensäure übel riechende Amine abgefangen wurden. Die betreffenden Amine sind leicht

---

*   Möglicherweise ist dieses Zitat eine etwas freie Übersetzung von: *„Le cœur a ses raisons que la raison ne connaît pas"* (deutsch: „Das Herz hat seine Gründe, die der Verstand nicht kennt").
    B. Pascal, Pensées IV, 277 (G. Ohloff, Düfte, WileyVCH, Zürich 2004).

** Viele Pflanzen offerieren eine wahre Duftlandschaft. Sogar einzelne Blütenbestandteile entwickeln unterschiedliche Gerüche bzw. haben eine unterschiedliche Duftintensität (E. Weber, *Der Fisch, der lieber eine Alge wäre*, C. H. Beck, 2015, S. 48).

flüchtig, während die Ammoniumsalze der Citronensäure, die Citrate, geruchlos sind. Umgekehrt gilt, je höher der Dampfdruck, umso schneller und konzentrierter nehmen wir den Geruch der Verbindung wahr, vorausgesetzt, unsere Nase kann ihn überhaupt riechen. Kohlendioxid (CO_2) und molekularer Stickstoff (N_2) sind Gase, die wir in großen Mengen mit jedem Atemzug aufnehmen, trotzdem sind sie für den Menschen geruchlos. Sie sind für uns in jeder Hinsicht ohne Belang. Unser Organismus kann weder in guter noch in schlechter Hinsicht mit diesen Gasen etwas anfangen.* Diese Verbindungen sind chemisch viel zu stabil, um in den Metabolismus von Kohlenstoffverbindungen in höheren Organismen einzugreifen. Um sie nutzen zu können, erfordert es die Vermittlung von Bakterien oder grünen Pflanzen. Auch Kohlenmonoxid (CO), das wesentlich reaktiver ist, können wir nicht wahrnehmen. Dieses Manko kann hingegen leicht tödlich enden, wenn der Kamin oder andere Feuerstellen im Haus nicht vorschriftsgemäß gewartet werden (Rauchgasvergiftung!). Leider ist Kohlenmonoxid von der Evolution nicht in unser Geruchsrepertoire aufgenommen worden, da es unter normalen Bedingungen nicht im Umfeld des Menschen auftaucht.** Schwefelwasserstoff (H_2S), das den typischen Geruch von faulen Eiern aufweist und ebenso giftig ist wie der gefährliche Cyanwasserstoff,*** treibt uns hingegen sofort in die Flucht, noch ehe wir Schaden an Leib und Seele nehmen können. Schwefelwasserstoff tritt aus Vulkanen und Faulschlämmen aus und ist daher ein häufiger Begleiter in der Evolutionsgeschichte der Menschen gewesen, von dem man sich fernhalten sollte. Auch ohne moderne Messtechniken haben unsere Vorfahren intuitiv gewusst, dass Schwefelwasserstoff giftig ist.

Wir empfinden viele Gerüche als unangenehm, wenn sie auf unmittelbare und häufig auftretende Gefahren hinweisen, vor allem auf Situationen, die mit Krankheit und Tod assoziiert sind. Die meisten der unangenehmen Düfte stammen dann aus Zersetzungsreaktionen von Proteinen, die neben dem obligaten Stickstoff auch Schwefel enthalten können. Sie haben einige von diesen molekularen Stinkern schon bei der Behandlung der Amine kennengelernt, die in der gesamten Parfümbranche selbst bei größter Verdünnung keinen guten Ruf haben.****

---

* Diese Gase werden erst dann zur Gefahr für Organismen, wenn ihr Mischungsverhältnis mit Sauerstoff in der Luft nicht stimmt, das heißt ein Über- oder Unterschuss an Sauerstoff herrscht.

** CO entsteht beispielsweise in ganz geringen Mengen beim Abbau des grünen Farbstoffes Chlorophyll.

*** Der Geruch der Blausäure ähnelt dem von Bittermandeln, wird aber nicht von allen Menschen wahrgenommen, was tödliche Folgen haben kann: *Blausäure* (engl. Originaltitel: *Sparkling Cyanide*) heißt einer der Kriminalromane von Agatha Christie.

**** Tatsächlich gibt es bisher noch kein Parfüm, das auf der Basis eines Amins kreiert wurde. Ausnahme bilden einige Hydroxylamine (Oxime), die zum Beispiel in schwarzen Johannisbeeren (Cassis) vorkommen (M. Zviely, M. Li, Ocimene, *Perfumer & Flavorist* 2013, 38, 36–39).

Ein schwefelhaltiges Zersetzungsprodukt von Proteinen ist das Methanthiol, besser unter dem Trivialnamen Methylmercaptan bekannt. Diese Verbindung können Menschen ohne Schnupfen noch in der Konzentration von 1 Milligramm pro Tonne wahrnehmen. Es hat einen enorm hohen Dampfdruck von 170 kPa.[304] Schon geringste Konzentrationen an Methanthiol in der Atemluft lassen Menschen mit starkem Mundgeruch vereinsamen. Die gleiche Verbindung ist ebenfalls für den unangenehmen Geruch von Flatulenzen und Schweißfüßen verantwortlich.

Jedes Jahr zur Spargelzeit werden zahlreiche Menschen kurz nach dem Essen durch einen intensiven Geruch des Urins verunsichert und die besorgten Anfragen häufen sich bei Zeitungen und anderen Medien. Dabei handelt es sich um völlig harmlose schwefelhaltige Abbauprodukte aus dem Spargel, die sich unter anderem vom Methanthiol ableiten und kompliziert klingende IUPAC-Namen wie Acrylsäurethiomethylester oder 3-(Methylthio)propionsäurethiomethylester tragen, wobei die Verbindung mit dem längeren Namen aus der zuerst genannten durch Additionsreaktion von Methylmercaptan entsteht.

Acrylsäurethio-
methylester

3-(Methylthio)propionsäure-
thiomethylester

Nur ungefähr 40 % der Menschen nehmen diesen typischen Geruch wahr. Die anderen können ihn entweder nicht riechen, oder das betreffende Enzym, das die Schwefelverbindungen erzeugt, ist durch eine Genmutation nicht mehr vorhanden, was auf das gleiche Resultat hinausläuft.

Der typische Knoblauchgeruch stammt ebenfalls von dem Abbauprodukt einer Schwefelverbindung, dem Allicin. Solche leicht flüchtigen Schwefelverbindungen werden nach exzessivem Knoblauchkonsum nicht nur durch den Mund, sondern auch durch die Haut an die Außenwelt abgegeben; woran man erkennen kann, dass auch der Mensch wahrhaftig kein nach außen hin abgeschlossenes chemisches System darstellt.

Allicin

Das wesentlich angenehmer riechende Vanillin hat einen Dampfdruck, der mehr als drei Millionen Mal geringer ist als der des Methanthiols, trotzdem können wir dessen feinen, an Kuchen und Weihnachten erinnernden Geruch mithilfe unserer Nasen erfassen. Da auch die Muttermilch einen leichten Vanilleduft verströmt, verwundert es nicht, dass viele Menschen selbst noch im Erwachsenenalter eine Vorliebe für dieses Aroma haben.

| Vanillin | Safrol | Androstenon |

Safrol mit einem Dampfdruck von 0,13 kPa gibt schwarzem Pfeffer und Muskatnüssen den charakteristischen Geruch. Seine ursprüngliche Funktion in den Pflanzen als giftiger Abwehrstoff wurde kürzlich von der Europäischen Union auch gesetzgeberisch unterstrichen, indem die Höchstgrenze auf < 60 mg pro kg Körpergewicht festgelegt wurde. Safrol entwickelt im Tierversuch carcinogene und lebertoxische Wirkungen durch den Angriff auf die DNA; aus diesem Grund sollte auf einen exzessiven Gebrauch der meisten Gewürze verzichtet werden.

Androstenon (5α-Androst-16-en-3-on), ein Verwandter des männlichen Sexualhormons Testosteron, weist aufgrund seiner molekularen Größe einen noch geringeren Dampfdruck als Vanillin oder Safrol auf, ungeachtet dessen ist es ein wichtiges Sexualhormon im Liebesleben von Schweinen und spielt möglicherweise auch bei amourösen Begegnungen von Menschen eine Rolle. Gerüche entstehen in der belebten Natur auf verschiedenen biochemischen Syntheserouten und haben trotzdem ähnliche biologische Wirkungen. Eventuell kann die Synthese des gleichen Duftstoffes sogar auf zwei unterschiedlichen Routen in derselben Pflanze erfolgen, wie das Beispiel Vanillin zeigt, das aus aromatischen Aminosäuren in der Gewürzvanille (*Vanilla planifolia*) aufgebaut wird.[305] Nach der Synthese erfolgt oftmals die Anbindung des Geruchsstoffes an D-Glucose, wobei die „Depotform" des Duftstoffes entsteht. Bei Verletzung der Pflanzen wird die vorübergehende Liaison zwischen Zucker und Geruchsstoff gespalten und das Aroma freigesetzt.

Nur ein kleiner Teil der Geruchs- und Aromastoffe wird über gesonderte Synthesewege hergestellt. Die meisten entstehen auf stark befahrenen Routen des Pflanzeninnenlebens und sind somit direkt in den Stoffwechsel von Kohlenhydraten und Fetten integriert. An geeigneter Stelle wird die „metabolische Autobahn" verlassen und eine Abzweigung in Richtung des Geruchsstoffes genommen. Anschauliche Beispiele liefern zahllose gut riechende Verbindungen, die in der Gruppe der Terpene zusammengefasst werden.* Zu den Terpenen gehören alle ätherischen Öle, zum Beispiel die Ingredienzien von wohlriechenden Rosenölen ebenso wie schwere Zitrusdüfte oder die aromatischen Ausdünstungen von Nadelbäumen.[306]

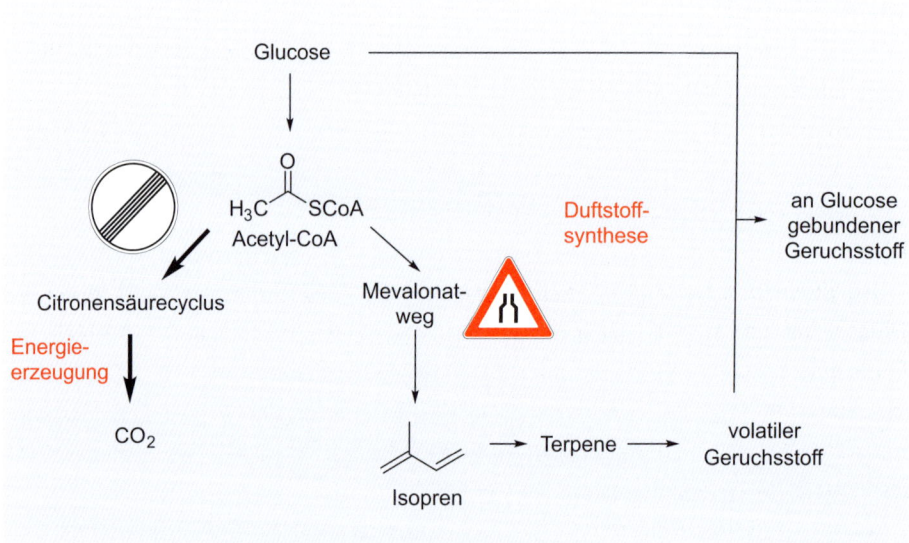

Im Fall der Terpensynthese wird die „Autobahn" durch die Glycolyse von Kohlenhydraten oder den Abbau von Fetten gebildet, beide Stoffwechselwege münden direkt in den Citronensäurecyclus ein, dem ergiebigsten Energielieferanten von lebenden Zellen. Am Start des Citronensäurecyclus findet sich die „aktivierte Essigsäure", biochemisch exakt als Acetyl-CoA bezeichnet. Dabei handelt es sich um ein Molekülfragment aus zwei Kohlenstoffatomen, das über eine Schwefelbrücke an ein ziemlich kompliziertes organisches Transportvehikel mit der Abkürzung CoA angebunden ist. Die beiden Kohlenstoffatome werden im Rahmen der Energieerzeugung am Ende den Cyclus in Form von CO_2 verlassen. Wird dieser „destruktive" Weg verhindert, indem mehrere Acetyl-CoA-Bausteine auf „konstruktive" Weise miteinander über den Mevalonatweg zusam-

——————————

* Terpen leitet sich von Terpentin ab, eine Bezeichnung, die früher dem Harzsaft der Terpentinpistazie (Pistacia Terebinthus L.) vorbehalten war. Die Bezeichnung Terpentin wurde später auf die ätherischen Öle von Koniferen angewendet. Das Wort Termentin oder Turmentin hat seinen Ursprung in der persischen Sprache (F. W. Semmler, *Die ätherischen Öle nach ihren chemischen Bestandteilen unter Berücksichtigung der geschichtlichen Entwicklung*, Leipzig 1906).

mengefügt werden, gelangen wir direkt in die Duftstofflabors der Pflanzen. Das bedeutet jedoch nicht, dass diese Richtung bevorzugt eingeschlagen wird und alle Glucose- und Fettreserven mit vollen Händen durch das Duftfenster geworfen werden. Vor einer Duftorgie, wie sie am Ende des Romans *Das Parfum*[307] von Patrick Süskind stattfindet, wird die Pflanze durch zahlreiche Sicherheitsmaßnahmen geschützt. Immerhin sind drei Äquivalente ATP und damit eine Menge Energie notwendig, um die Grundstruktur des zentralen Bausteins, der als Isopren bezeichnet wird, aufzubauen. Das macht die Mevalonatroute zu einem schmalen Feldweg mit holprigem Pflaster und verhindert Duftexzesse auf Kosten des Gesamtorganismus. Zudem werden, wie bereits erwähnt, die meisten Endverbindungen unmittelbar nach der Herstellung über einen „Sauerstoffhaken" an Glucose angehängt, was ihren Dampfdruck erheblich herabmindert. Sie warten sozusagen in der „Vorratskammer" auf ihren großen Auftritt, was gleichzeitig einen Rückstaueffekt bewirkt, wenn die Kammer voll ist.

An diesem Beispiel zeigt sich auch, wie flexibel die Chemie des Lebens organisiert ist. Glucose kann an verschiedenen Stellen in den spielerischen Reigen der Aromen und Düfte eingebracht werden. Besonders verbreitet ist, wie schon mehrfach beschrieben, ihre Funktion als polares Anhängsel, das den Dampfdruck des volatilen Duftstoffes erniedrigt. Alternativ kann die Glucose, bereits in drei C_2-Einheiten (Acetyl-CoA) zerlegt, als Baustein in der Isoprensynthese dienen.

Welcher Weg und in welchem Umfang er eingeschlagen wird, hängt vom Glucoseangebot zu Beginn und von der „Nachfrage", chemisch ausgedrückt von der Lage des Gleichgewichtes, am Ende der Verwertungskette ab.* Die Nachfrage ist an die Verdampfungsgeschwindigkeit (Dampfdruck) gebunden und wird durch zusätzliche physiologische Maßnahmen reguliert. Beispielsweise schließen viele Pflanzen des Nachts, wenn kaum Insekten unterwegs sind, ihre Blüten, um den nutzlosen Verlust der wertvollen Aromen zu vermeiden.

Das zentrale Produkt des Mevalonatweges ist Isopren. Mit einem Siedepunkt von 34 °C hätte die Verbindung keine Chance, länger in einer Pflanzenzelle zu verweilen, sie würde sofort verdunsten. Deshalb ist Isopren selbst nicht in der Natur anzutreffen, sondern nur schwerere Derivate davon, die aus diesem Basismolekül entstehen.

Isopren ist ein unsymmetrisches Molekül. Es weist an beiden Enden Verknüpfungsstellen auf, die für Kettenverlängerungen genutzt werden können. Daraus resultieren zu-

---

* Große Chemiefirmen wie die BASF (Badische Anilin- und Sodafabrik) haben ebenfalls im Laufe der Firmengeschichte solche integrierte Energie- und Stoffkreisläufe entwickelt. Sie können damit besser auf Angebot und Nachfrage reagieren als kleinere Firmen mit nur wenigen und chemisch nicht verwandten Produkten.

nächst die Monoterpene (altgriech. μῶνος *mónos*, „einzig", „allein"). Monoterpene können Ketten, aber auch Ringe bilden. Sesquiterpene (lat. *sēsqui*, „anderthalbfach"), Diter-
pene und Triterpene heißen die höhermolekularen Kupplungsprodukte.

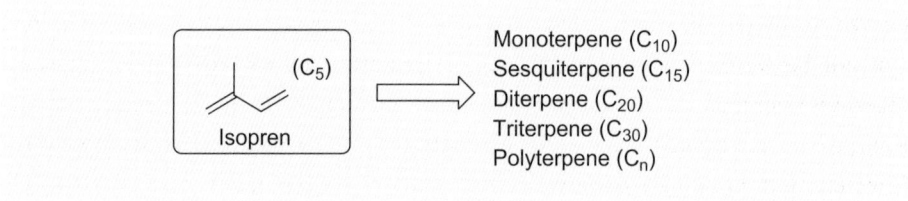

Je mehr Isopren-Einheiten miteinander verbunden werden, desto länger werden die
Ketten bzw. desto größer werden die Ringe. Damit verstärken sich die Van-der-Waals-
Wechselwirkungen und am Ende sind die Produkte nicht mehr flüchtig und wohlrie-
chend, sondern fest und geruchlos: Es entstehen die Polyterpene. Solche Polyterpene
sind Kautschuk und Guttapercha, mit denen ich Sie schon im Kapitel 4.2 bekannt gemacht habe. Ihre Synthese erfolgt auf der Grundlage der gleichen physikochemischen
Prinzipien wie die von Cellulose, Stärke und Proteinen, die da heißen: Energiegewinn
durch Bindungsknüpfung und Verlust von Unordnung (Entropie).

Andererseits haben niedermolekulare Monoterpene wie α- und β-Pinen, die aufgrund
fehlender Verknüpfungsstellen nicht an Kohlenhydrate angehängt werden können, einen
hohen Dampfdruck und sind somit mühelos in der Lage, einen ganzen Nadelwald oder
auch ein Badezimmer mit ihrem aromatischen Duft zu erfüllen.

α-Pinen   β-Pinen

Nadelbäume gehen unter allen Bäumen mit ihren Duftstoffen am freigiebigsten um.
Gleichwohl verhindert die lange und dünne Form der Nadeln, dass die Verdunstungs-
oberfläche zu groß wird.

Terpene erfüllen eine Reihe biologischer Funktionen. Neben den Abwehreigenschaf-
ten, die sie auf Schadinsekten haben,[*] verbessern sie den Frostschutz von Kiefern- und
Tannennadeln im Winter. Sie setzen die Kristallisationstemperatur von Wasser herab,
was diesen immergrünen Pflanzen erlaubt, ihre Blätter auch im Winter zu behalten. Bei

höheren Temperaturen im Sommer kann sich eine wasserdampfgesättigte Wolke dieser ätherischen Öle über den Wipfeln eines Nadelwaldes erheben. In den Labors der Duftstoffhersteller und Parfümeure wird dieses physikalische Phänomen in Form der Wasserdampfdestillation zur Abtrennung von hitzeempfindlichen Geruchsstoffen verwendet. Der Vorteil dieser Methode besteht darin, dass das Gemisch aus Wasser und unpolarem Duftstoff bei wesentlich niedrigeren Siedetemperaturen als die Einzelkomponenten destilliert und somit die Zersetzung der hitzeempfindlichen Verbindungen verhindert wird. Kommt es bei der Herstellung von Parfümen mittels Wasserdampfdestillation auf die Gewinnung des unpolaren Duftstoffs an, profitiert der Nadelwald vom Wasseranteil: Über Nadelwäldern entstehen doppelt so dichte Wolken wie über unbewaldeten Flächen. Damit steigt die Regenwahrscheinlichkeit, was auch in sehr heißen Sommern die Überlebensfähigkeit der Bäume verbessert und eine Ursache dafür ist, dass Nadelbäume auch auf trockenen Standorten anzutreffen sind.**

Niedermolekulare Terpene dienen aus biologischer Sicht nicht nur zur Abwehr von Fressfeinden und als Regenzauberer, sondern begünstigen als Kohlenwasserstoffe das Auftreten und die Ausbreitung von Feuern. Beispielsweise bilden in Australien die Terpendämpfe von Eukalyptusbäumen bei hoher Sonneneinstrahlung hochkonzentrierte ätherische Wolken über den Baumwipfeln, die spontan explodieren können. Diese Öle dringen ebenfalls in die Böden ein. Bei Feuer wird die trockene Vegetation zerstört und die Hitze aktiviert im Boden ruhende Samen und vernichtet gleichzeitig Parasiten. Heutzutage werden die Buschbrände aufgrund der dichten menschlichen Besiedelung umgehend bekämpft, ursprünglich dienten sie der Regeneration der einheimischen Flora.

Funktionelle Gruppen, die bindende Wechselwirkungen mit den Riechorganen von Organismen eingehen, erhöhen den Variantenreichtum von Terpenen und damit die Geruchsvielfalt. Vor allem die *smelling groups* (engl. „Riechgruppen") sind für Parfümeure interessant. Dazu gehört, wen wundert es, auch wieder die Carbonylgruppe, besonders die von Aldehyden, deren Vertreter man anhand der Endung „al" leicht identifizieren kann. Die Carbonylgruppe ist in der Lage, Wasserstoffbrücken zu den proteinbasierten

---

* Sie werden deshalb auch Phytonzide (altgriech. φυτόν *phytón*, „Pflanze"; lat. *-cida*, „-tötend") oder Phytoantibiotika genannt.

** Sogar Menschen können Isopren absondern. Eine Nachricht aus dem Max-Planck-Institut für Chemie in Mainz ließ kürzlich viele Kinobetreiber aufhorchen. Das Forscherteam fand heraus, dass während aktionsreicher Filmszenen bei den Kinobesuchern nicht nur der Gehalt an CO_2 in der Atemluft stieg, sondern auch die Konzentration an Isopren. In welcher Weise man diese Entdeckung für die Vermarktung von Filmen nutzen kann, ist noch nicht geklärt (J. Williams, C. Stönner, J. Wicker, N. Krauter, B. Derstroff, E. Bourtsoukidis, T. Klüpfel, S. Kramer, Cinema audiences reproducibly vary the chemical composition of air during films, by broadcasting scene specific emissions on breath, *Scientific Reports* 2016, 6 PMID: 27160439).

Riechzellen der menschlichen Nase aufzubauen. Dadurch wird zunächst der Duftstoff fixiert. Der Geruchseindruck kommt anschließend vom Rest des Moleküls. Klassische Parfüminhaltsstoffe wie Pelargonaldehyd, Geranial, Zimtaldehyd und Citronellal lassen schon am Namen nicht nur ihre chemische Grundstruktur, sondern auch ihre biogene Herkunft erkennen.

Sogar das berühmteste Parfüm der Welt, „Chanel No 5", verdankt der Carbonylgruppe seinen umwerfenden Geruch. Ernst Beaux, der geniale Parfümeur der *Grande Dame of Fashion* Coco Chanel, mixte auf Anfrage seiner Chefin eine größere Anzahl von Proben zusammen. Ausgerechnet die Probe mit der Nummer 5, die die meisten Aldehyde enthielt, errang die Gunst der Modeschöpferin und danach die von Millionen Frauen. Mittlerweile wurde die Zusammensetzung wahrscheinlich schon sehr oft geändert, um den Anforderungen des Marktes zu genügen. „No. 5, wie es jetzt im Laden steht, müsste wohl längst No. 500 heißen."[308]

Mittlerweile sind gemischte Forschergruppen aus Medizinern und Evolutionsbiologen dem Geheimnis eines erfolgreichen Parfüms auf der Spur, wobei unerwartete Vorlieben zutage treten.[309] In einer Studie wurden beispielsweise 30 Studentinnen verschiedene Parfüme zur Auswahl angeboten. Sie bevorzugten zur Überraschung der Tester im Allgemeinen jenes, das ihrem eigenen Körpergeruch, der prinzipiell als positiv und angenehm empfunden wurde, am meisten entsprach. Das Ergebnis steht im völligen Gegensatz zum weithin gehegten Vorurteil, dass Parfüme und andere Duftwässerchen die Aufgabe haben, den eigenen Körpergeruch zu überdecken. Das Gegenteil ist der Fall, sie verstärken den eigenen Geruch.*

Das Genom von Eukalypten (*Eucalyptus*) verfügt unter allen Pflanzen über die größte Anzahl von Genen, die auf die Produktion von wohlriechenden Verbindungen spezialisiert sind. Das 1,8-Cineol ist darunter mit 85 % am häufigsten vertreten und dient in Form des Eukalyptusöls in der Kinderheilkunde als antibakterielles und schleimlösendes Mittel.

Der rechte Teil der Formel ist identisch mit dem Methyl-*tert*-butylether (MTBE), der in Autokraftstoffen zur Verbesserung der Octan-Zahl (Antiklopfmittel) mit mehreren Millionen Tonnen Verwendung findet. MTBE ist ein Syntheseprodukt der Petrochemie

---

* Der Geruch des Menschen ist nichts anderes als sein individuelles Parfüm (lat. *per fumum*, „durch Rauch"). Er entsteht durch die verschiedensten chemischen Abbauprodukte des Körpers, wobei Bakterien eine zentrale Funktion zukommt, und wird über die Haut abgesondert. Ausdünstungen in Achselhöhlen und Genitalbereich sind besonders intensiv. Die Zusammensetzung des körpereigenen Geruchs gibt nicht nur Auskunft über den Gesundheitszustand, sondern ist auch genetisch determiniert. Im Licht der Evolutionsbiologie betrachtet, ist die Bevorzugung von jenen Sexualpartnern plausibel, die einen anderen Geruch verströmen und die damit einer von sich selbst abweichenden Immunsystemvariante angehören.

und bildet leicht entzündliche Dampf-Luft-Gemische, wie auch der „richtige" Ether (Diethylether), der früher bei Operationen als Narkosemittel eingesetzt wurde. Dieser Zusammenhang ist rein zufällig, wird jedoch, wie wiederholt in diesem Buch betont, erst durch den Vergleich der chemischen Formeln augenfällig.

1,8-Cineol
Duftstoff

Methyl-*tert*-butylether
Antiklopfmittel

Diethylether
Narcoticum

Strukturelle Ähnlichkeiten ließen vor wenigen Jahren auch Forscher frohlocken, die auf der Suche nach einem unwiderstehlichen Parfüminhaltsstoff waren. Sie fanden, dass menschliche Spermien von dem Maiglöckchenduft Bourgeonal magisch angezogen werden, was als „Maiglöckchen-Phänomen" die Fantasie vieler unglücklich Verliebter und kinderloser Paare anregte.[310] Eine internationale Arbeitsgruppe um Benjamin Kaupp und Timo Strünker in Bonn konnte im Jahr 2012 zeigen, dass man einem Artefakt aufgesessen war.[311] Tatsächlich hat Bourgeonal, ebenso wie Cyclamal, das den typischen Veilchenduft hervorruft, einen Einfluss auf die Aktivität der Spermien. Dieser ist jedoch etwa tausendmal geringer als der des Progesterons, einem der wichtigsten weiblichen Sexualhormone.

Bourgeonal

Cyclamal

Progesteron

Ungeachtet dieses Reinfalls gelang es bei diesen Versuchen herauszufinden, warum das Spermium auf seinem fast endlosen Weg zur Eizelle nicht in die Irre gerät.

Die Geißel, die jede Spermazelle wie ein Schiffspropeller antreibt, wird von einer Vielzahl von Ionenkanälen in der Membranhülle durchzogen. Diese Ionenkanäle (engl. *CatSper channels*) werden durch Progesteron für den Durchfluss von Calciumionen geöffnet, was eine Bewegung der Geißel zur Folge hat. Das Spermium setzt sich daher beim ersten

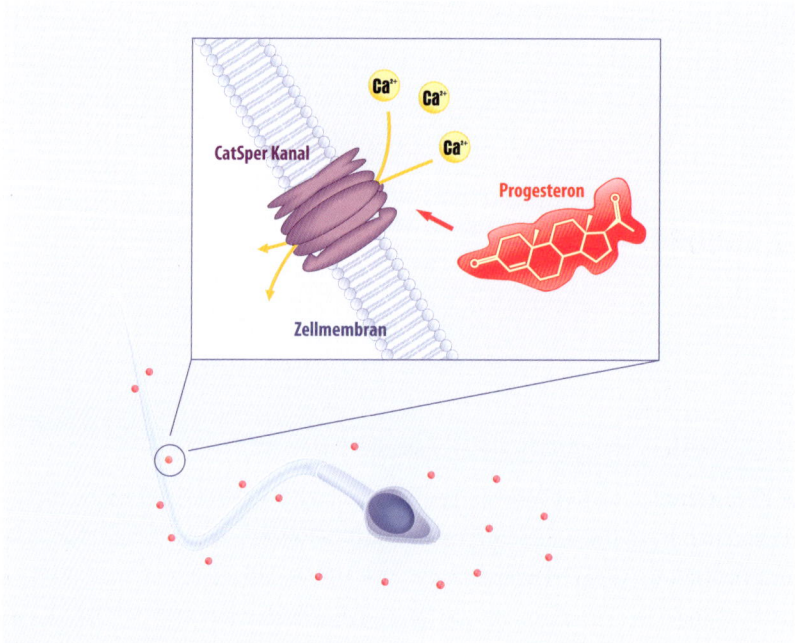

Wirkung von Progesteron auf den CatSper-Kanal

Kontakt mit dem Geruchsstoff wie durch Geisterhand gezogen in Richtung Eizelle, der Quelle des betörenden Duftes, in Bewegung. Da die Konzentration von Progesteron in der Nähe der Eizelle stetig zunimmt, ein Effekt, den man in der Chemie als Konzentrationsgradient bezeichnet, wird auch die Anziehungskraft für das Spermium kontinuierlich größer. Das Spermium wird immer schneller und verliert gleichermaßen sein ultimatives Ziel nicht aus den Augen. Die Entdeckung dieses chemischen Prozesses konterkariert die Einschätzung von Friedrich Nietzsche, der vor ungefähr 150 Jahren noch notierte: „ ‚Anziehen' und ‚Abstoßen' in rein mechanischem Sinne ist eine vollständige Fiktion: ein Wort. Wir können uns ohne eine Absicht ein Anziehen nicht vorstellen."[312] Unsere chemische Reaktion läuft hingegen automatisch ab, wenn alle notwendigen Ingredienzien und Rahmenbedingungen vorhanden sind.

Wenn etwas angezogen wird, kann es auch abgestoßen werden. Mittlerweile gibt es Bestrebungen, auf diesem Konzept die „Pille" für den Mann zu entwickeln. Wenn es gelänge, die Kommunikation zwischen Eizelle und Spermien zu unterbrechen, wäre ein erster Schritt in Richtung Verhütung getan. Leider haben diese Versuche bisher noch nicht zum Erfolg geführt.

13 Sauerstoffradikale

13.1 Wenn Radikale zum Verhängnis werden

Meist gibt es Zoff, wenn im Kühlschrank einer Studenten-WG der Inhalt einer halbvollen Ölflasche vor sich hin rottet. Nach Jahren kann die Oberfläche fest werden und das Ganze beginnt zu stinken. Was ist dabei chemisch passiert? Luftsauerstoff hat das Pflanzenöl attackiert. Zunächst werden C–H-Bindungen in der Nachbarschaft von Doppelbindungen oxidiert, wie es nachstehend exemplarisch an nur einer C–H-Bindung demonstriert wird.

Es entsteht ein Radikal, das mit (dem Radikal) O_2 reagiert, woraus ein neues Radikal entsteht. Das kann dann eine weitere Radikalkettenreaktion auslösen. Irgendwann wird die gesamte Fettsäurekette gespalten. Es entstehen die unangenehm riechenden kurzkettigen Fettsäuren, die einen hohen Dampfdruck haben und zu denen die besonders übel beleumdete Buttersäure* gehört. Da die Reaktion mit molekularem Sauerstoff bevorzugt in der Nähe von Doppelbindungen abläuft, sind mehrfach ungesättigte Fettsäuren vornehmlich gefährdet.

Die Ölsäure wird ungefähr 100-mal schneller oxidiert als gesättigte Pflanzenöle. Die zweifach ungesättigte Linolsäure geht um den Faktor 1200 und die dreifach ungesättigte Linolensäure um den Faktor 2500 in diesen wahrhaft be-trüb-lichen Zustand über. In Organismen geht auf diese Weise die physiologische und biochemische Wirkung dieser Fettsäuren verloren. Wie bereits erläutert wurde, hat die moderne Synthesechemie mit der Hydrierung einen Weg gefunden, um den Aggregatzustand dieser flüssigen Verbindungen zu ändern, woraus als technisches Produkt die Margarine resultiert. Gleichzeitig wird mit dem Verlust der Doppelbindungen die Attacke von Sauerstoff erschwert und die Haltbarkeit des Naturproduktes erhöht.

Der Angriff von Sauerstoff auf Fettsäuren als Ausgangspunkt für Veränderungen in organischen Verbindungen ist symptomatisch und hat dramatische Auswirkungen auf die Chemie des Lebens. Die Reaktion mit Sauerstoff ist in jeder Hinsicht lebensverändernd.[313]

Die Leichtigkeit der Oxidation von C–H-Bindungen ist der Ausgangspunkt der noch immer schwelenden wissenschaftlichen Kontroverse, ob einfach ungesättigte oder gesättigte Fettsäuren tatsächlich wesentlich ungesünder sind als mehrfach ungesättigte Fette. Diese Diskussion reicht hinein bis in die aktuellen Gesundheitsbewegungen. Fakt ist: Mehrfach ungesättigte Fettsäuren reagieren schneller mit Sauerstoff zu Radikalen und deren Folgeprodukten.** Lipide in den Blutgefäßen können durch diese Radikale in Mitleidenschaft gezogen werden; es kommt zur Plaquebildung und damit zur gefürchteten Atherosklerose.

---

*   Der Begriff kommt aus dem Altgriechischen: βούτυρον *bouturon*, Kompositum aus βοῦς *bous*, „Kuh", + τυρός *turos*, „Käse" oder „Butter".

**   Diese Eigenschaft hat lange Zeit amerikanischen Farmern großes Kopfzerbrechen bereitet, die pünktlich zu Thanksgiving den traditionellen Truthahn liefern wollten. Da die Vögel vor allem mit Leinsamen gemästet wurden, der sehr viele ω³-Fettsäuren enthält, verdarb das Fleisch trotz Kühlung relativ schnell. Nach Umstellung der Ernährung auf Mais, der weniger mehrfach ungesättigte Fettsäuren enthält, konnte das Haltbarkeitsproblem gelöst werden. Auf der anderen Seite werden Leinsamen und Algen an Hühner gefüttert, um den Gehalt an ω³-Fettsäuren in den Eiern zu erhöhen (Z. Zduńczyk, J. Jankowski, Poultry meat as functional food: Modification of the fatty acid profile – A review, Annals of Animal Science 2013, 13, 463–480).

Fatalerweise kommt in komplexen Zellen der lebensbedrohliche Sauerstoff meist nicht von außerhalb, wie man vermuten sollte, sondern aus dem Inneren. Besonders folgenreich wirkt sich die Anwesenheit von Mitochondrien aus, also Orten, an denen ständig mit Sauerstoff hantiert wird. In Mitochondrien werden während der Atmung jene Elektronen, die zum Beispiel aus der Glucose gewonnen werden (insgesamt 24 Elektronen pro Glucosemolekül), auf molekularen Sauerstoff übertragen.

$$\text{Übertragung von 24 e}^-$$

$$C_6H_{12}O_6 + 6\,O_2 \xrightarrow{\text{Mitochondrien}} 6\,CO_2 + 6\,H_2O$$

Im entscheidenden Schritt der Übertragung sind Eisen- und Kupferionen beteiligt. In einer gemeinsamen Kraftanstrengung zerreißen die beiden Metalle die Bindung zwischen den beiden Sauerstoffatomen. Die Bruchstücke werden mit Elektronen aufgefüllt, welche aus dem Citronensäurecyclus und damit aus dem Abbau von Kohlenhydraten bzw. Fetten stammen. Durch die Hinzunahme von Protonen entsteht letztlich Wasser.

Um uns die ganze Gefahr der Situation vor Augen zu führen, wollen wir uns die Zeit nehmen und alle Verbindungen analysieren, die zwischen molekularem Sauerstoff und Wasser liegen.

Vom Anfang bis zum Ende der Reaktionssequenz werden insgesamt vier Elektronen übertragen. An dieser Stelle müssen wir die Regeln der Oxidationszahlen aus den vorhergehenden Kapiteln etwas erweitern. Um aus dem mathematischen Dilemma herauszukommen, dass ich für Wasserstoff bzw. Sauerstoff in chemischen Verbindungen die Oxidationszahlen +1 bzw. −2 festgelegt hatte, lege ich hier nun weiterhin fest, dass der Wasserstoff im H_2O_2 mit +1 vorlegt und der Sauerstoff wie in einer guten Partnerschaft seine Prinzipien aufgibt und mit −1 nachzieht. Aufgrund dieser formalen Überlegung muss er im Superoxidradikal die Oxidationsstufe –1/2 erhalten. Erst im Wasser erhält er seine (auch für Sie gewohnte) Oxidationszahl von –2 wieder zurück.*

Zu Beginn nimmt der molekulare Sauerstoff (O_2) ein Elektron auf und es entsteht ein Superoxidradikal. Dieses geht durch Belieferung mit einem weiteren Elektron und zweier Protonen in Wasserstoffperoxid (H_2O_2) über. Wasserstoffperoxid zerfällt nach Aufnahme eines weiteren Elektrons in ein Hydroxidanion und ein Hydroxylradikal. Das Hydroxidanion vereinigt sich mit einem Proton zu Wasser, während das Hydroxylradikal für diesen Schritt neben dem Proton noch ein weiteres Elektron braucht. Das sind die Fakten. Und wie sieht es mit deren Gefährlichkeit aus?

Am Anfang der Elektronenübertragungskette befindet sich das Superoxidradikal und steht somit dem molekularen Sauerstoff noch am nächsten, der, für sich betrachtet, eigentlich noch nicht besonders beunruhigend ist. Auch das Superoxidradikal ist trotz seiner furchteinflößenden Bezeichnung nicht *Superman* unter den Radikalen, was dazu geführt hat, dass man mittlerweile seinen Namen in ein schlichtes „Hyperoxidanion" abgeschwächt hat. Meist braucht es die Unterstützung von anderen Radikalen wie Stickstoffmonoxid (NO), um Zellbestandteile zu attackieren. Unter leicht sauren Bedingungen wird es hingegen schon wesentlich aggressiver und kann Membranen oxidieren.

Der nächste Elektronensammler auf dem Weg vom Sauerstoff in Richtung Wasser ist das Wasserstoffperoxid. Es ist als Mittel zum Blondieren von Haaren in der Kosmetik ein Begriff. Wasserstoffperoxid hat bakterizide Wirkung, die wahrscheinlich auch für die milde antiseptische Wirkung von Honig verantwortlich ist. Bei Bestrahlung mit Licht zerfällt Wasserstoffperoxid in Wasser und Sauerstoff, was jedoch in vielen Zellen im Inneren eines größeren Organismus, wo es meist ganztägig dunkel ist, keine große Rolle spielt. Aus diesem Grund kann Wasserstoffperoxid, wenn es einmal gebildet wurde, langsam und ohne Schaden anzurichten in die weitere Umgebung, seien es Membranen oder Zellkerne, hineindiffundieren. Das geht so lange gut, bis das Wasserstoffperoxid auf ein Eisenion in der Oxidationsstufe 2+ trifft. An dieser Stelle wird es brandgefährlich und es gilt die höchste Alarmstufe. Wasserstoffperoxid entreißt sofort dem Eisenion ein Elek-

$$H_2O_2 + Fe^{2+} \longrightarrow HO^- + \cdot OH + Fe^{3+}$$

Hydroxyl-
radikal

---

*   Diese Festlegungen sind nicht willkürlich gewählt, sondern korrelieren mit den elektronischen Gegebenheiten in den betrachteten Molekülen.

tron, wobei neben einem Eisen(III)ion ein Hydroxidanion und ein Hydroxylradikal entstehen. Diese Reaktion wird nach ihrem Entdecker, Henry John Horstman Fenton (1854–1929), auch Fenton-Reaktion genannt.

Die Fenton-Reaktion wird großtechnisch zur Aufreinigung von Abwässern und Sickerwässern in Deponien verwendet und hat somit eigentlich nichts in einem lebenden Organismus zu suchen. Tatsächlich sind die entstehenden Hydroxylradikale die gefährlichsten Radikale der Chemie des Lebens überhaupt. Sie lassen sich durch keinerlei Antioxidantien aufhalten und attackieren ohne Umschweife jede C–H-Bindung in ihrer nächsten Umgebung, unabhängig davon, ob sich diese in Fetten, Proteinen oder Nucleinsäuren befindet.

Diese Oxidationsreaktion können Sie in einem (ungefährlichen) Experiment am eigenen Körper testen. So ist der typische „Metallgeruch", den man wahrnimmt, wenn man eine Münze für kurze Zeit in der Hand hält, auf diese Reaktion zurückzuführen.[314] Nur riechen wir nicht das Metall (es hat einen viel zu niedrigen Dampfdruck), sondern ein Oxidationsprodukt der Hautfette, konkreter: das von ungesättigten Fettsäuren. Das 1-Octen-3-on ist mit einer Geruchsgrenze von 50 ng/m³ (ng = Nanogramm) noch wahrnehmbar. Wenn man so will, hatte der römische Kaiser Vespasian dann doch recht mit seinem Spruch *Pecunia non olet* („Geld stinkt nicht").*

Die gleiche Reaktion läuft ab, wenn wir den typischen „metallischen" Geruch von Blut wahrnehmen. Wenn Blut mit unserer (fetthaltigen) Haut in Verbindung tritt, katalysieren körpereigene Eisen(II)ionen diese Transformation. Dass der Mensch Eisen „riechen" kann, ist evolutionär wahrscheinlich auf seine Fähigkeit zurückzuführen, verwundete Beute oder Stammesgenossen am Blutgeruch zu identifizieren.

Solange Eisen(II)ionen vorhanden sind – und die gibt es in großen Mengen in allen tierischen Organismen, darunter auch im Menschen –, so lange läuft auch die Fenton-Reaktion ab. Sollte der Vorrat versiegen, kann das Superoxidradikal, dessen Harmlosig-

---

* Der ganzen Wahrheit halber muss angemerkt werden, dass Vespasian nicht die olfaktorischen Eigenschaften des Geldes meinte, sondern sein Vorhaben, die städtischen Bedürfnisanstalten zu besteuern.

keit ich weiter oben hervorgehoben habe, dieses verhängnisvolle Feuer wieder entfachen, indem es Eisen(III) zu Fe(II)ionen umwandelt.

$$Fe^{3+} + O_2^{\cdot -} \longrightarrow O_2 + Fe^{2+}$$

Superoxid-
radikal

Entsprechend den Sicherheitsvorschriften einer Zelle sollten keine Radikale aus den Mitochondrien nach außen gelangen. Wie im richtigen Leben ist auch das eine Idealvorstellung. Tatsächlich verlassen immer wieder Radikale den Ort ihrer Entstehung mit fatalen Folgen für ihre Umgebung. Insbesondere wenn sich die Höhe einzelner Stufen der ständig im Umbau befindlichen Cytochromtreppe ändert, stürzen Elektronen ab und direkt den nur darauf wartenden O_2-Molekülen in die Arme, die sich dann erst richtig radikalisieren.*

Zellbestandteile, Zellen und Organismen sind dieser Ansammlung von Radikalen und ihren Vorläufern nicht schutzlos ausgeliefert. Sowohl chemische als auch organisatorische Maßnahmen auf biologischem Niveau sollen deren ungehindertes Ausagieren verhindern. Sauerstoffradikale und Wasserstoffperoxid können durch eine Reihe von Enzymen (sie heißen Superoxid-Dismutase, Peroxidase und Katalase) zu Wasser und Sauerstoff entgiftet werden. Wasser ist harmlos, aber mit Sauerstoff kann der ganze Teufelskreislauf erneut in Gang gesetzt werden. Unter den beteiligten Enzymen ist die Katalase eines der ältesten auf der Erde, was darauf hinweist, dass der Abbau von Wasserstoffperoxid schon immer ein zentrales Moment bei der Organisation von Leben auf Sauerstoffbasis gewesen ist.

Vitamin C spielt in diesem Zusammenhang die Rolle seines Lebens. Es wird bei der Reaktion mit Wasserstoffperoxid dehydriert, wodurch Dehydroascorbinsäure und Wasser entstehen.

Der Vorteil gegenüber den vorgenannten Enzymen liegt darin, dass bei der Reaktion mit Vitamin C nur Wasser, aber kein Sauerstoff gebildet wird. Die Dehydroascorbinsäure ist wasserlöslich, was dazu führt, dass Überschüsse mit dem Urin aus dem Körper hinaustransportiert werden. Die leichte Oxidierbarkeit des Vitamins C ist auch die Ursache dafür, dass man Früchte und Gemüse nicht erhitzen darf, falls das Vitamin C erhalten bleiben soll, auch wenn es Ihnen Ihr Arzt oder Apotheker in Unkenntnis der chemischen

---

* Der mittlere Abstand zwischen benachbarten Cytochromen beträgt 1,4 Nanometer, den die Elektronen durch „Quantentunneln" überbrücken. Schon kleinste Abweichungen führen dazu, dass die Elektronentransportkette zusammenbricht.

Vitamin C
(L-Ascorbinsäure)

L-Dehydroascorbinsäure

Sachverhalte empfohlen hat.[315] Die oftmals empfohlene heiße Tasse Zitrone gegen Erkältungen hat dann maximal die Wirkung eines Placebos.

Wenn Sie die Formeln von Ascorbinsäure und Dehydroascorbinsäure miteinander vergleichen, fällt Ihnen sofort auf, dass das Proton an der linken Hydroxygruppe, das für die Säureeigenschaften des Vitamins C verantwortlich ist, während der Reaktion verschwindet. Die Dehydroascorbinsäure ist deshalb keine Säure, auch wenn es der Trivialname suggeriert. Was aber noch wichtiger ist: Diese Reaktion ordnet sich beispielhaft in die entschleunigte Totaloxidation des energiereichen Kohlenstoffs ein, die Sie als grundlegendes Prinzip der Chemie des Lebens kennengelernt haben. So wird – ganz nebenbei – bei der Bekämpfung von Radikalen aus dem sauren Vitamin C eine ungefährliche neutrale Verbindung: Zwei Fliegen werden mit einer Klappe geschlagen.

L-Ascorbinsäure
sauer

L-Dehydroascorbinsäure
neutral

Wenn es nicht gelingt, die Wirkung der Radikale zu verhindern, kann das schwerwiegende Folgen zunächst für die Zelle und anschließend für den gesamten Organismus haben.[316] Die Oxidation von ungesättigten Kohlenstoffketten in den Membranen führt dazu, dass diese undicht werden. In Mitochondrienmembranen kollabiert beispielsweise der Durchfluss von Protonen und setzt die kleinen ATP-Motoren außer Kraft. Zellbestandteile, vor allem Enzyme, die zuvor in der intakten Zelle strikt voneinander getrennt waren, verlassen das zerstörte Organell oder die beschädigte Zelle und kommen nun auf der Suche nach neuen Betätigungsfeldern zusammen. Aus medizinischer Sicht äußert sich das in Entzündungsprozessen. Die Oxidation von Membranbestandteilen ähnelt dem Vergammeln von Pflanzenöl im Kühlschrank. Zunächst werden C–H-Bindungen in der Nähe von Doppelbindungen attackiert und es entstehen Hydroperoxide in einer Kettenreaktion.

Vitamin C könnte hier, sozusagen als Klempner, den aufgetretenen Schaden beheben. Leider kann es das nicht, da es als zuckerähnliches Molekül mit mehreren Hydroxygruppen wasser-, aber nicht fettlöslich ist. Vitamin C ist wie ein kleiner, sehr mobiler, aber dicker Klempner. Es muss sozusagen ein Kollege zur Unterstützung her, der so ähnlich gebaut ist wie eine Fettsäure und somit dichter an die defekten Membranen herankommt. Dieser zweite Handwerker ist das Vitamin E.

Vitamin E

Vitamin E ist, wen wundert es, wie auch Vitamin C kein Amin, aber das leidige Problem unpassender Trivialnamen kann uns nicht mehr beirren. Die Formel des Vitamins E zeigt eine lange unpolare (lipophile) Seitenkette. Mit deren Hilfe kann sich die Verbindung über Van-der-Waals-Wechselwirkungen eng an die strukturverwandten Fettbestandteile der Membran anschmiegen. Tatsächlich hält sich Vitamin E aufgrund dieser langen Kette immer in der Nähe der Membranen auf. Damit ähnelt es mehr einem stationären Hausmeister im Vergleich zum mobilen Vitamin C, das aufgrund seiner Wasserlöslichkeit fast überall in der Zelle auftauchen kann. Ausgerüstet ist Vitamin E mit einer oxidationsempfindlichen Stelle: Das ist die aromatische Hydroxygruppe. Durch Spaltung der Bindung zwischen H und O entsteht ein Radikal, das in der Lage ist, Sauerstoffradikale von bereits angeknockten Fettsäuren zu übernehmen.

Vitamin E — oxidierte Form von Vitamin E

Betrachten wir die nähere Umgebung der Hydroxygruppe im Vitamin E etwas genauer, fallen die drei CH_3-Gruppen in ihrer Nachbarschaft auf. Das kann kein Zufall sein. In der belebten Natur kommt solchen strukturellen Arrangements fast immer eine Bedeutung zu, da sie im Laufe der chemischen Evolution einer strengen Auslese unterworfen waren. Tatsächlich unterstützt eine der benachbarten CH_3-Gruppen die Radikalabfangreaktion, indem sie ein Wasserstoffatom zur Bildung von H_2O beisteuert.[317] Im Gesamtergebnis entsteht die oxidierte Form des Vitamins E, die durch die vier konjugierten Doppelbindungen zwar einigermaßen stabil ist, jedoch eine große Tendenz hat, in den aromatischen Zustand zurückzuwechseln.*

Es scheint zunächst so, als ob sich in der Folge dieser heroischen Aktion Vitamin E selbst geopfert habe. Das Problem wurde damit nur verschoben und nicht behoben. Zum Glück gibt es die Kooperation zwischen den Vitaminen E und C. Vitamin C regeneriert Vitamin E durch Hydrierung. Entweder verlässt die auf diese Weise entstandene, wasserlösliche Dehydroascorbinsäure abschließend mit Wasser (Urin) die Bühne, sprich den Organismus, oder sie gibt das Radikal an eine weitere Verbindung weiter.[318] Gefahr gebannt!

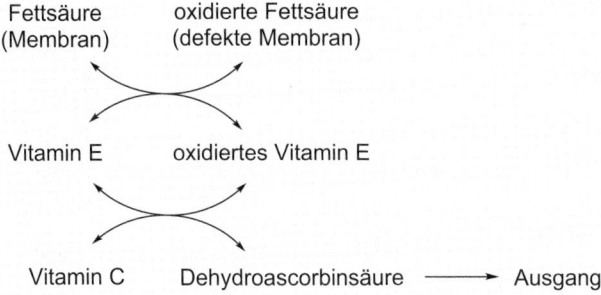

Nun könnte man auf den naheliegenden Gedanken kommen, dass die Einnahme von sehr viel Vitamin C auch besonders gesund sein müsste, frei nach der Devise: Viel hilft viel. Diesen Grundsatz propagierte auch der zweimalige Nobelpreisträge Linus Pauling

---

* In manchen Lehrbüchern wird zusätzlich noch eine Öffnung des sauerstoffhaltigen Ringes unter Generierung von zwei Hydroxygruppen beschrieben. Die beiden Hydroxygruppen würden während der Oxidation die Wasserlöslichkeit und damit den Kontakt zum Vitamin C verbessern. Diese Hypothese ist jedoch noch unbewiesen.

(1901–1994),*[319] der pro Tag bis zu 18 g davon buchstäblich in sich hineinschaufelte und tatsächlich erst im hohen Alter von 93 Jahren starb. Abgesehen davon, dass Vitamin-C-Gaben von nur 1 g bei Männern zu schmerzhaften Nierensteinen aus schwer löslichem Calciumoxalat** führen können,[320] gibt es noch eine weitere Tatsache zu bedenken: Vitamin C kann in der Zelle frei herumflottierendes Fe(III) zu Fe(II) reduzieren. Das ist leider exakt die Voraussetzung für die Fenton-Reaktion, die auf diese Weise gefährliche Hydroxylradikale aus molekularem Sauerstoff generiert.*** Damit treibt man den Teufel mit dem Beelzebub aus, frei nach dem Neuen Testament (vgl. Markus 3, 22). Deshalb sollte man es mit dem Vitamin C auch nicht übertreiben. Aus diesem Grund werden heute Vitamin-C-Dosen in Abhängigkeit von Alter, Geschlecht und Gesundheitszustand zwischen 10 mg–100 mg als optimal angesehen.**** Alles, was darüberliegt, wird (hoffentlich) mit dem Urin ausgeschieden, ohne Schaden anrichten zu können.

Müssen die Mitochondrien sehr viel Energie produzieren, was beispielsweise in Stress-situationen des Organismus passiert, nimmt auch die Anzahl der Radikale zu. Dann ähnelt das Mitochondrium einem Atomkraftwerk in einer dicht besiedelten Gegend, das immer weiter hochgefahren wird. Die Probleme für die Nachbarschaft nehmen zu.

Warum haben sich Zellen überhaupt auf diese gefährlichen Mitbewohner eingelassen? Wie wir bereits gesehen haben, laufen in den Mitochondrien die energieerzeugenden Prozesse ab. Aus diesem Grund werden sie landläufig auch als „Kraftwerke der Zelle" bezeichnet. Möglicherweise waren am Anfang der biologischen Evolution solche unabhängig lebenden, sauerstoffverbrauchenden Einzeller auch vorteilhaft für andere, aber sauerstoffsensible Einzeller. In diesem Sinn war die Integration der bakteriellen Urmitochondrien in eine Wirtszelle vom Archaentyp eine höchst pfiffige Maßnahme mit zwei-

---

*   L. Pauling erhielt 1954 den Nobelpreis für Chemie für seine Forschungen über die Natur der chemischen Bindung und ihre Anwendung bei der Aufklärung der Struktur komplexer Moleküle. Im Jahr 1963 wurde ihm der Friedensnobelpreis als Auszeichnung für seinen Einsatz gegen Atomwaffentests verliehen.

**   Calciumoxalat ist das Calciumsalz der Oxalsäure. Die Verbindung ist nur schlecht wasserlöslich. Deshalb sollten Milch (enthält Calcium) und Rhabarber (enthält Oxalsäure) nicht in großen Mengen gleichzeitig genossen werden, um der Gefahr der Bildung von Nieren- oder Blasensteinen zu entgehen.

*** In Gegenwart von zu viel Vitamin C wird bei älteren Frauen das LDL-Cholesterol oxidiert, das möglicherweise in der Folge die Blutgefäße schädigt und das Risiko für einen Herzinfarkt erhöht (D. H. Lee, A. R. Folsom, L. Harnack, B. Halliwell, D. R. Jacobs, Does supplemental vitamin C increase cardiovascular disease risk in women with diabetes, The American Journal of Clinical Nutrition 2004, 80, 1194–299).

**** Als Referenzaufnahmemenge werden in der EU folgende Vitamin-C-Dosen vorgeschlagen: Mann: 110 mg; Frau: 95 mg; 7–11 Monate altes Kind: 2 mg, 1–3 Jahre altes Kind: 20 mg; 15–17 Jahre altes Kind: 90–100 mg (Scientific Opinion on Dietary Reference Values for vitamin C, *European Food Safety Authority* 2013, 11, 4318).

fachem Nutzen:[321] Die Gastzelle verfügte dadurch nicht nur über eine veritable Energie-quelle, sondern der Sauerstoffgehalt der näheren Umgebung wurde durch die neuen Mit-bewohner auf ein erträgliches Maß herunterreguliert.

Das Ganze hat seinen Preis: Mitochondrien sind nicht völlig dicht und in der Folge tre-ten Sauerstoffradikale aus. Sie werden dann im wahrsten Sinn des Wortes zu den berühmt-berüchtigten „freien Radikalen". Diese freien Radikale irrlichtern nicht nur in der Zelle herum, sondern gehören zum beliebten Horrorszenario der meisten modernen Gesund-heitslehren. Sie haben ihnen den Kampf mit Bioobst und Biogemüse angesagt, die laut ihrer Protagonisten besonders viele Radikalfänger enthalten sollen. Unabhängig davon, dass auch Obst und Gemüse ohne „Bio"-Etikett über Radikalfänger verfügen, ist diese Ab-wehrmaßnahme nicht ganz von der Hand zu weisen. Freie Radikale attackieren ihre nahe und ferne Umgebung. Insbesondere wenn Bestandteile der DNA angegriffen werden, ist die höchste Alarmstufe angezeigt, da dann die zentrale Gebrauchsanleitung für den Bau von Proteinen und Enzymen in der Zelle beschädigt oder gar unbrauchbar wird.

Nicht nur die chemische, sondern auch die biologische Evolution hat einige Vorkeh-rungen entwickelt, um die Probleme mit den Radikalen in den Griff zu bekommen. Als erste Maßnahme ist die Begrenzung der biochemischen Atmung auf die Mitochondrien zu nennen, die nicht ohne Grund von den übrigen Zellinhalten strikt separiert sind. Wei-terhin wurde sämtliches verzichtbares genetisches Material aus den ursprünglich autark existierenden Mitochondrien hinausgeschafft und in den Zellkern der gastgebenden Zelle verlagert. Zellen mit besonders sensiblem Inhalt haben ihren Anteil an Mitochondrien drastisch reduziert. Ein uns besonders nahegehendes Beispiel betrifft menschliche Sa-menzellen, die auf ihrem langen Weg zur Eizelle sehr viel Energie verbrauchen. Unter-wegs austretende Sauerstoffradikale hätten fatale Folgen auf das Genom der Samenzelle, die bekanntlich ausschließlich nur das Original und keinerlei Ersatzkopie mit sich trägt. Aus diesem Grund ist die Anzahl der Mitochondrien im Vergleich zu der in der Eizelle dramatisch reduziert. Samenzellen enthalten im Durchschnitt nur 10 bis 20 Mitochon-drien, während in der großen und nahezu stationären Eizelle bis zu 100 000 Mitochon-drien versammelt sein können. Demzufolge wird die Mitochondrien-DNA von der Mutter vererbt und nicht vom Vater. Wenn Sie über besonders gute sportliche Anlagen verfügen, können Sie sich bei Ihrer Mutter bedanken, der Beitrag Ihres Vaters in dieser Hinsicht geht gegen null.

Die Lebensdauer von biologischen Spezies hängt im hohen Maße von der Intensität der Energieerzeugung ab, die folgerichtig auch die Tagesaktivitäten bestimmt. Das hohe Alter von Riesenschildkröten ist legendär. Sie können über 150 Jahre alt werden. Dafür sind ihre Bewegungen sehr bedächtig; sie lassen sich nicht stressen. Wie eine dänische Forschungsgruppe um dem Meeresbiologen Julius Nielsen erst kürzlich herausfand, wird dieser Altersrekord unter den Wirbeltieren von Grönlandhaien (*Somniosus microcephalus*), auch Eishaie genannt, noch mühelos getoppt.[322] Diese Fische werden erst mit 150 Jahren geschlechtsreif und können bis zu 400 Jahre alt werden.* Eine Voraussetzung dafür ist die Besonderheit, die Körpertemperatur an Wassertemperaturen von −2 °C bis 12 °C anzupassen. Darüber hinaus bewegen sich die Haie nur sehr langsam im Wasser, eine Eigenschaft, die ihnen die englische Bezeichnung „*sleeper shark*" („Schlafhai") eingebracht hat.

Auch langsam wachsende Bäume – legendenumwoben sind annähernd 1000 Jahre alte Eichen, Linden und Buchen – können ein wesentlich höheres Lebensalter erreichen als die typischen, schnell emporschießenden Bewohner von Weichholzauen, namentlich Birken, Pappeln und Weiden.[323] Letztere werden kaum älter als 200 Jahre.**

Die sogenannte „Klosterstudie", die vor allem mit dem Namen des österreichischen Demographen Marc Luy assoziiert ist, gibt Anlass zu der Vermutung, dass selbst Menschen unter stressreduzierten Bedingungen länger leben können.[324] Die Ergebnisse dieser Untersuchung belegten für Mönche eine konstant höhere Lebenserwartung im Vergleich zu ihren Geschlechtsgenossen, die außerhalb von Klöstern leben. Die Studie basiert auf den Lebensdaten von knapp 12 000 Ordensmitgliedern, die in den zwölf teilnehmenden Klöstern gelebt haben. Im Durchschnitt wurde bei ihnen eine um fünf Jahre höhere Lebenserwartung festgestellt. Bei Nonnen gab es diesen Zusammenhang nicht.

Diese Studie könnte menschlichen Couch-Potatos Begründungen für ihre immobile Lebensweise liefern und der *No-sports*-Bewegung Auftrieb verschaffen. Produzenten von antioxidativ wirkenden Nahrungsergänzungsmitteln (Antioxidanz-Supplements) destillieren daraus ihre Verkaufsargumente. Die Sache ist jedoch nicht so simpel. Möglicherweise tragen jene freien Radikale, die beispielsweise bei sportlichen Aktivitäten (positiver Stress) erzeugt werden, zum Untergang von weniger aktiven Zellen bei und begünstigen somit die Selektion von fitteren.[325] Deshalb ist weder die Vermeidung noch die ultimative Bekämpfung von freien Radikalen innerhalb einer Spezies die Gewähr für ein langes und gesundes Leben.

---

* Die altersmäßig am nächsten stehenden Tiere sind Grönlandwale (*Balaena mysticetus*), von denen ein Exemplar ein Alter von 211 Jahren erreichte (J. C. George, J. Bada, J. Zeh, L. Scott, S. E Brown, T. O'Hara, R. Suydam, Age and growth estimates of bowhead whales (Balaena mysticetus) via aspartic acid racemization, *Canadian Journal of Zoology* 1990, 77, 571–580).

** Die Wachstumsgeschwindigkeit von Bäumen der gleichen Spezies in Abhängigkeit von der Intensität der Sonneneinstrahlung hat ebenfalls einen Einfluss auf die Dichte des Holzes. Aufgrund der „kleinen Eiszeit" (etwa 13.–19. Jahrhundert) weist beispielsweise Kiefernholz aus dieser Zeit eine ungefähr viermal höhere Dichte auf als Holz, das in den letzten beiden Jahrhunderten gewachsen ist. Das war die chemische Grundlage dafür, dass berühmte italienische Geigenbauer wie die Mitglieder der Amati-Familie oder Antonio Stradivari ihre bis heute klanglich unerreichten und daher besonders wertvollen Streichinstrumente herstellen konnten.

Wahrscheinlich gibt es auch einen Zusammenhang zwischen einer Reduktion der Kalorienaufnahme und der Lebensdauer von Organismen. In Versuchen an Nagern wurde durch diese Maßnahme eine Verlängerung der Lebensdauer um bis zu 60 % erreicht.[326] Es ist bekannt, dass durch eine kalorienreduzierte Nahrung auch beim Menschen Fettleibigkeit, Typ-2-Diabetes, Bluthochdruck und Arteriosklerose vorgebeugt werden kann. Das führt gegenwärtig aus ernährungstheoretischer Sicht zu einem grundlegenden Paradigmenwechsel in der Ernährung von *Homo sapiens*. Waren Tausende von Menschengenerationen vor uns noch an der maximalen Nutzung von Energieträgern in ihrem stark limitierten Nahrungsangebot angewiesen, eine Situation, aus der man letztendlich einen kulturell bedingten Ausweg durch die Nutzung des Feuers und die Kultivierung von nährstoffreichen Feldfrüchten fand, führt das heutige Nahrungsüberangebot in entwickelten Gesellschaften dazu, dass das Rad der Ernährungsgeschichte zurückgedreht wird. Gesundheitsbewusste Menschen essen heute sehr viel Ungekochtes, „Grünzeug" sagen manche respektlos, in Form von Obst und Salaten. Deren Gehalt an Ballaststoffen ist sehr hoch, hingegen ist ihr energetischer Nährwert relativ niedrig.

Die Minimierung von Radikale erzeugenden Prozessen durch Verknappung von Heizmaterial ist eine Option, um die Entstehung von Radikalen zu begrenzen. Eine andere Variante ist die verbesserte Abdichtung der Reaktoren, das heißt im vorliegenden Fall die der Mitochondrien. Untersuchungen zum Aufbau der Mitochondrienmembranen brachten die erstaunliche Tatsache ans Licht, dass der Anteil von mehrfach ungesättigten Lipiden in Ratten im Vergleich zu Vögeln ungefähr viermal größer ist.[327] Rattenmembranen werden deshalb viel schneller durch Sauerstoffradikale attackiert, wodurch diese „löchrig" werden. Das könnte erklären, warum Tauben („Ratten der Lüfte"), die hinsichtlich Ernährung und Gewicht Ratten ähneln, bis zu 30 Jahre länger leben. Auch die außerordentlich hohe Lebensspanne von 100-jährigen Japanern ist Gegenstand von vielfältigen Spekulationen. Die Ursache liegt in der Zusammensetzung einer anderen chemischen Hauptkomponente von Membranen: den Proteinen (siehe Kapitel 6.3). Tatsächlich führt bei diesen Menschen eine einzige Genmutation, die den Austausch der Aminosäure L-Leucin gegen L-Methionin in dem zugehörigen Protein bewirkt, zu dem Effekt, dass keine Sauerstoffradikale entweichen.[328]

Es gibt auf der anderen Seite einige Spezies – dazu gehören landbewohnende Tausendfüßler, Würmer und Insekten –, denen austretender Sauerstoff in der Zelle nichts ausmacht.[329, 330] Sie können ihn sogar noch nutzbringend verwenden. Besonders erwähnenswert in dieser Hinsicht sind männliche Glühwürmchen der Gattung *Lamprohiza splendidula*. Bei ihnen ist eine spezielle chemische Verbindung, das Luciferin, dicht von

Mitochondrien ummantelt* Luciferin, Sauerstoff und Mitochondrien können in eine bemerkenswerte Wechselwirkung treten, wobei das Insekt die Mitochondrien nicht nur als Energielieferant, sondern auch als Sauerstoffschwamm nutzt.

Luciferin   Oxyluciferin

Während des Hochzeitsfluges oder zum Anlocken von Beute öffnet sich unter dem Einfluss eines chemischen Initiators (Stickoxid) die Mitochondrienmembran und Sauerstoff strömt aus. Ehe er Schaden in der Zelle anrichten kann, wird er umgehend vom Luciferin abgefangen. Das Produkt der Reaktion, die von dem Enzym Luciferase katalysiert wird, hat eine sehr labile Struktur und zerfällt unter Abgabe von CO_2 zum Oxyluciferin. Bei dieser Reaktion entsteht ein Photon (Lichtquant = hv), das als Leuchten wahrgenommen werden kann. Bei diesem chemischen Prozess wird sehr viel Energie in Licht umgewandelt. Nur wenig entweicht als Wärme. Dies ist eine Bilanz, die menschengemachte Glühlampen mit ihrem niedrigen Wirkungsgrad (5 %) glatt das Licht ausblasen müsste.

    Was für Mitochondrien mit ihrer hohen Sauerstoffbeladung zutrifft, gilt in gleichem Maße auch für ihre Opponenten im Wechselspiel des Lebens, die Chloroplasten. Chloroplasten sind für die charakteristische Farbe von grünen Pflanzen verantwortlich. Letztendlich „verbrennen" Mitochondrien u. a. das, was Chloroplasten vorher hergestellt haben: Kohlenhydrate. Chloroplasten stellen im Rahmen der Fotosynthese mithilfe des grünen Blattfarbstoffs Chlorophyll aus CO_2 und Wasser Glucose ($C_6H_{12}O_6$) her und verhelfen damit dem elektronisch „ausgelutschten" Kohlenstoff wieder zu mehr Elektronen und damit zu einer niedrigeren Oxidationszahl. Auf diesen Prozess bin ich bereits eingegangen (siehe „Batterie"-Metapher im Kapitel 2.2). Die erforderlichen Elektronen, um die sechs Kohlenstoffatome der Glucose auf eine durchschnittliche Oxidationszahl von ±0 zu heben, liefert das Wasser, das somit oxidiert wird. In diesem Prozess entreißt ein evolutionär sehr altes Enzym auf der Basis von Mangan und Calcium dem Sauerstoff des Wassers zwei Elektronen, wobei molekularer Sauerstoff entsteht.

---

*   Das Luciferin leitet seinen Namen von der älteren Übersetzung des Lucifers als Lichtträger (lat. *lux*, „Licht", und *ferre*, „tragen, bringen") her und nicht aus der dem späteren christlichen Sprachgebrauch entspringenden Bedeutung für den Teufel.

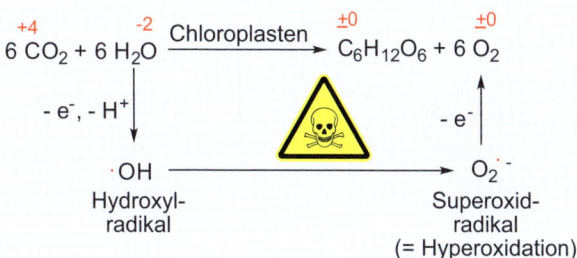

Vergleichbar zur Atmung läuft auch bei der Fotosynthese die Elektronenübertragung nicht in einem Schritt ab. Es entstehen alle sauerstoffhaltigen Zwischenprodukte, die Sie bereits kennengelernt haben, darunter natürlich auch die gefürchteten Radikale. Im Frühjahr und Sommer, wenn die Pflanzen wachsen, werden diese Sauerstoffradikale unverzüglich zu molekularem Sauerstoff weiterverarbeitet und die Glucoseproduktion läuft parallel dazu auf vollen Touren. Ungeachtet dessen entweichen auch bei normalem Betrieb aus den Chloroplasten Sauerstoffradikale. Diese werden beispielsweise mithilfe des „Sandmännchen-Hormons" Melatonin unschädlich gemacht. Da grüne Pflanzen nicht nur über Chloroplasten zum Aufbau von Glucose, sondern auch über Mitochondrien zu deren Abbau verfügen, wird deutlich, warum in Pflanzen eine höhere Konzentrationen an dem Radikalfänger Melatonin vorhanden ist als in Tieren.[331]

Im Herbst, bei nachlassenden Stoffwechselaktivitäten, aber noch hohem Lichteinfall, werden freie Radikale zu einer besonders großen Gefahr für die Pflanze, die versucht, ihre Nährstoffreserven aus den Blättern in den Stamm und die Wurzeln zu verbringen. In dieser Hinsicht attackieren Chloroplasten nun massiv ihren eigenen Wirt, quasi als verspätete Protestmaßnahme für Abermillionen von Jahren andauernde Gefangenschaft und Ausbeutung. Zwei Schutzmaßnahmen werden von den Zellen der Blätter eingeleitet: Zunächst werden weitere sehr effektive Radikalfänger in Stellung gebracht. Die bekanntesten sind die Carotinoide, von denen jährlich schätzungsweise 100 Millionen Tonnen durch Pflanzen hergestellt werden. Das bereits mehrfach erwähnte β-Carotin reagiert erst bei einer erhöhten Konzentration von Sauerstoff, dann aber sehr wirksam.[332] Mit seinen vielen Doppelbindungen bringt es einc große Anzahl von Sauerstoffradikalen zur Raison. Carotine haben eine orangegelbe Farbe. Sie sind zusammen mit anderen Radikalfängern, den Anthocyanen, verantwortlich für die wunderschöne Laubfärbung der nordamerikanischen Wälder im Herbst.*

β-Carotin

Parallel dazu wird eine hektische Betriebsamkeit in den Blättern entwickelt, um das lebensgefährliche Chlorophyll abzubauen. Die Bruchstücke werden in den Vakuolen der Zellen des Stammes bis zum nächsten Frühling deponiert.

Dieser chemische Schutzmechanismus, der sich während der Evolution der grünen Pflanzen im Wechsel der Jahreszeiten mit unterschiedlicher Sonneneinstrahlung herausgebildet hat, existiert bei riffbildenden Korallen (noch) nicht. Sie leben in Symbiose mit Protisten, mikroskopisch kleinen Lebewesen, den schon vorgestellten gelbbraunen Zooxanthellen (altgriech. ξανθός xanthós, „gelb"), die ihnen die erforderlichen Kohlenhydrate für die Atmung liefern. Bei Erwärmung des Meerwassers, wie es gegenwärtig durch die Klimaerwärmung passiert, beginnen die Zooxanthellen Sauerstoffradikale im Überschuss zu produzieren. Als Abwehrmaßnahme stoßen daraufhin die Korallen (das betrifft ungefähr ein Drittel aller Korallenarten) in selbstmörderischer Weise ihre eigenen Nahrungslieferanten ab. Dieser Prozess wird an der Entfärbung der Korallen („Korallenbleiche") sichtbar und kann zu deren Absterben führen.[333]

Während für Korallen der Verlust an Zooxanthellen mit zunehmender Erwärmung unwiederbringlich ist, sind die grünen Pflanzen in der Lage, Chlorophyll zu Beginn des Frühjahrs neu zu synthetisieren. Da Chlorophyll ein sehr großes Molekül ist, erfordert

---

* Bildung und Konzentration der Farbpigmente hängen stark von der Sonneneinstrahlung und vom Standort ab. Lichtgeschützte Bäume im Inneren oder an der Nordseite der Baumkronen färben sich weniger stark. Die meisten europäischen Bäume begnügen sich mit einem schlichten Gelb oder Orange, da hier der Herbsthimmel häufig bedeckt ist. Gleichzeitig trägt ein hoher Nährstoffgehalt im Boden dazu bei, dass Stickstoffverluste beim Abfall der Blätter leichter ausgeglichen werden. Einige Bäume wie die Esche, die nur auf bestversorgtem Boden wächst, oder Erlen und Robinien, die Stickstoff aus der Luft beziehen können, verzichten sogar ganz auf diese Maßnahme und werfen die Blätter noch im grünen Zustand ab. Andere wiederum, wie beispielsweise Hainbuchenhecken, bauen nur das Chlorophyll ab und entziehen den Blättern die Nährstoffe, verlieren aber am Ende nicht die braunen Blätter. Diese Eigenart nutzen viele Kleingärtner, um Sichtschutz auch im Winter herzustellen. Aus biologischer Sicht bilden die Blätter einen Schutzwall gegen den Verbiss von Rehen und Hirschen im Winter, deren zarte Nasen durch die trockenen und verholzten Blätter gehörig gepikt werden.

es allerdings erhebliche Synthesearbeit. Die Verbindung enthält neben Magnesium auch vier Stickstoffatome. Lange Zeit hatte man angenommen, dass der herbstliche Abbau des Chlorophylls einzig und allein dazu dient, den Wasserverlust über die Blätter einzudämmen und den wertvollen Stickstoff für die Pflanze zu retten. Dies ist aber nur die halbe Wahrheit, denn im Chlorophyll sind nicht mehr als 2 % des Gesamtstickstoffs der Pflanze enthalten; dem Eigenschutz der Pflanze vor unbeschäftigten Sauerstoffradikalen kommt die größere Bedeutung zu.[334] Diese Radikale würden sofort die Stammpflanze attackieren und Membranen, Nucleinsäuren und Proteine zu Kleinholz verarbeiten.

Chlorophyll

Wenn Sauerstoffradikale eigene Zellbestandteile angreifen können, dann sollte es auch möglich sein, den Angriff auf ungebetene Besucher zu lenken. Insbesondere anaerob lebende Bakterien, die nicht über das entgiftende Enzym Katalase verfügen, können auf diese Weise bekämpft werden. Beispielsweise wird die antiparasitäre Wirkung des Artemisinins, eines Sesquiterpens, das in Blättern und Blüten des Einjährigen Beifußes (*Artemisia annua*) vorkommt, auf die Bildung von Sauerstoffradikalen zurückgeführt.[335]

Artemisinin

Auch diese Radikale entstehen durch O–O-Bindungsspaltung in Gegenwart von Eisen(II)ionen. Mit Beifuß kann man daher nicht nur den Geschmack der Weihnachtsgans verfeinern, sondern auch den Erreger der Malaria bekämpfen. Artemisinin ist derzeit einer der effizientesten Wirkstoffe gegen diese Geißel der Menschheit. Die Weltgesundheitsorganisation (WHO) schätzt allein für das Jahr 2013 annähernd 200 Millionen Malariakranke, von denen ungefähr 600 000 nicht überlebt haben. Für die Isolierung und Entdeckung der heilsamen Wirkung des Artemisinins erhielt die Chinesin Tu Youyou als erste Naturwissenschaftlerin ihres Landes den Nobelpreis für Medizin 2015.

In den Jahren von 2013 bis 2015 wurde im norditalienischen Garessio eine Produktionsanlage von dem Pharmariesen Sanofi betrieben, die pro Jahr bis zu 40 Tonnen Artemisinin herstellte.*[336] Die Anlage ist Resultat eines Projektes der Bill & Melinda Gates Foundation, einer wohltätigen Einrichtung, die von dem Microsoft-Gründer Bill Gates ins Leben gerufen wurde und seither medizinische Projekte in der ganzen Welt mit Milliardensummen unterstützt. An dieser Stelle kreuzen sich die Wege von Naturstoffchemie und Mikroelektronik auf unvorhergesehene und doch sehr wohltuende Weise.

Leben mit Sauerstoff ist offensichtlich außerordentlich vielseitig, aber auch sehr riskant. Ohne ausreichende Sauerstoffmengen wird die Oxidation von Verbindungen mit Kohlenstoff in niedrigen Oxidationszahlen gehemmt; damit kann sich nicht die Vielzahl der funktionellen Gruppen entfalten, die wir als chemische Voraussetzung für die Entstehung und Erhaltung von Leben identifiziert haben. Ein Zuviel an Sauerstoff, insbesondere in Form der verschiedenen Sauerstoffradikale, beschleunigt andererseits den oxidativen Abbau von lebenswichtigen biologischen Strukturen und führt zum Tod der Zelle oder des gesamten Organismus.

Maßnahmen zur Lebensverlängerung müssen demnach dem Sauerstoffmanagement eine zentrale Bedeutung beimessen. Erste Ansätze wurden von dem Physiker und Erfinder Manfred von Ardenne bereits ab 1970 im Rahmen der Sauerstoff-Mehrschritt-Therapie vorgeschlagen, bei der die Inhalation von Sauerstoff mit der Gabe von Radikalfängern, beispielsweise Vitamin C und Vitamin E, kombiniert wird. Bisher konnte noch kein medizinischer Nutzen nachgewiesen werden, was die Krankenkassen in Deutschland noch von einer Erstattung der Kosten abhält. Ungeachtet dessen versucht die moderne Medizin bei der Behandlung einiger Krebsarten das sensible Wechselspiel mit dem Sauerstoff im Zentrum zu berücksichtigen: In der Regel fahren bei Sauerstoffmangel (Hypoxie) gesunde

---

*   Aufgrund der Preiskonkurrenz bei der Herstellung von Artemisinin durch Extraktion aus pflanzlichem Material wurde die synthesechemische Produktion vorerst, möglicherweise aber nur vorübergehend, eingestellt (M. Peplow, Synthetic biology's first malaria drug meets market resistance, *Nature* 2016, 530, 389–390).

Zellen ihr Zellwachstum herunter. Im Unterschied dazu stimuliert Hypoxie das Wachstum von Krebszellen.[337] Sie brauchen für ihr ungebremstes Wachstum Energie, die durch den verstärkten Antransport und den Abbau von Glucose geliefert wird. Die aktuelle Sauerstoffkonzentration in der Nähe von Krebszellen kann daher Aufschluss über die Wachstumsaktivität des Tumors geben. Forscher der Technischen Universität München haben kürzlich einen miniaturisierten Chip entwickelt, der die Sauerstoffkonzentration in unmittelbarer Umgebung von Tumoren misst. Mit der erfolgreichen Anwendung dieser Methode hätten Mediziner ein chemisches Werkzeug in der Hand, das die Diagnose der Erkrankung und die Prognose des Krebswachstums verbessern könnte.[338]

13.2 Radikale in der Malerei

Nachdem Sie so viel über die Vor- und Nachteile des Lebens mit Sauerstoff gelesen haben, möchte ich mich zuletzt einem Gebiet zuwenden, in dem die Oxidation von organischen Verbindungen, speziell die von Fettsäuren, eine eigene Kunstrichtung begründet hat: die Ölmalerei. Als ästhetisch ansprechendes Beispiel möchte ich das Gemälde *La maison blanche* von Vincent van Gogh wählen, das im Jahr 1890 entstanden ist.

Obwohl sich die Szene bei Nacht abspielt, treten die unterschiedlichsten Farben klar zutage. Die verschiedenen Grüntöne der Bäume und Fensterläden, das vom Regenwasser erodierte Weiß der Hausfassade und die ockergraue Mauer sind gut zu erkennen. Drei Frauen sind bei ihren Alltagsbeschäftigungen abgebildet. Das Ganze spielt sich vor einem hellblauen Himmel ab, an dem ein gelber Himmelskörper leuchtet, über den bis heute die Kulturwissenschaft rätselt, was er darstellen soll.

Wenn wir die Ehre und das Vergnügen gehabt hätten, van Gogh bei seiner Arbeit zuzuschauen, hätten wir beobachten können, wie behutsam er die Ölfarben aufträgt, jeden Kontakt mit den frisch aufgetragenen Farben vermeidend. Wenn wir ihn gefragt hätten, warum er das tut, hätte er zur Geduld gemahnt und darauf hingewiesen, dass die Farben erst noch „trocknen" müssen.

Trocknen wird umgangssprachlich meist assoziiert mit der Verdunstung von Wasser im Sinn von: Die Wäsche trocknet auf der Leine. Wenn aber Ölfarben in diesem Sinn trocknen, erhebt sich die berechtigte Frage: Woher kommt eigentlich das Wasser, das wegtrocknet? Ölfarben, insbesondere die Farben der großen Meister, basieren auf pflanzlichen Fettsäureestern. Chemisch gesehen bestehen Fettsäureester aus langen unpolaren Kohlenwasserstoffketten mit einem Minimum an funktionellen Gruppen. Wir hatten beim Vergleich von Kohlenhydraten und Fetten für die Ernährung gerade die Wasserlosigkeit der Fette als besonderen Vorteil kennengelernt. Und nun sollen Ölfarben trocknen!?

„*La maison blanche*" (Das weiße Haus bei Nacht),
Vincent van Gogh (1890) (Öl), Eremitage, Sankt Petersburg

Um dieser offensichtlichen Unstimmigkeit auf die Spur zu kommen, die uns wieder ein wenig an das semantische Problem mit dem Vitamin C am Anfang dieses Buches erinnert, wollen wir uns anschauen, was mit der Ölfarbe nach dem Auftragen auf die Leinwand tatsächlich passiert. Den Farben werden während des Malens Sikkative (lat. *siccus*, „trocken") zugesetzt, das sind Schwermetalloxide des Bleis, Mangans, Cobalts oder Zinks. Ihre Aufgabe ist es, die Oxidation von C–H-Bindungen mit Luftsauerstoff zu katalysieren. Dabei entstehen zunächst Peroxide, die sofort zu Hydroxyl- und Kohlenstoffradikalen zerfallen. Diese Radikale in ihrem unstillbaren Tatendrang attackieren weitere C–H-Bindungen, wobei sich die Sache aufschaukelt und weitere Radikale entstehen. Wenn benachbarte Radikale miteinander rekombinieren und sich dabei neue C–C-Bindungen bilden, legt sich die Aufregung und die Kettenreaktion endet. Der ursprüngliche Zustand wird aber nicht wiederhergestellt, es hat sich ein weitverzweigtes Netzwerk von Kohlenwasserstoffketten gebildet.

Makroskopisch stellen wir fest, dass die Farbe fest wird und das gewünschte Ölgemälde eine dauerhafte Kontur erhält. Es bleibt aber festzuhalten, dass hier nichts „trocknet". Dieser Zustand ist irreversibel und kann auch nicht mit Wasser rückgängig gemacht werden.

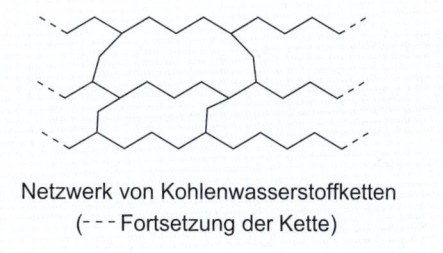

Netzwerk von Kohlenwasserstoffketten
(- - - Fortsetzung der Kette)

13.3 Leben und Sterben mit Sauerstoff – ein Fazit

Die radikalische Oxidation von ungesättigten Fettsäuren und anderen organischen Kohlenstoffverbindungen ist eine Reaktion, der wir auf Schritt und Tritt begegnen. „Getrocknete" Ölfarben auf einem Gemälde erfreuen das menschliche Gemüt, hingegen führen oxidierte Lipide in Zellmembranen zu Krankheit und Tod. Gleichzeitig ist genau diese Reaktion für die Erhaltung von Organismen zuständig, da sie die notwendige Energie liefert, ohne die jedes höhere Lebewesen schon nach kurzer Dauer sterben müsste. Auch Parasiten werden mit Sauerstoff abgewehrt. Sauerstoff spielt dabei die Rolle des Mephistopheles unter den Elementen, ganz im Sinne Goethes: „Ein Teil von jener Kraft / Die stets das Böse will und stets das Gute schafft."[339] Sauerstoff ist ein zwielichtiger Geselle, der, wie das Leben selbst, fortwährend zwischen seinen vorteilhaften und nachteiligen Eigenschaften oszilliert. Uns bleibt nichts anderes übrig, als mit dem Sauerstoff zu leben und aufgrund des Sauerstoffs zu sterben. Das erinnert an einen Ausspruch des Schweizer Predigers und Übersetzers Georg Christoph Tobler, der Ende des 18. Jahrhunderts wahrscheinlich nie etwas von einem Gas namens Sauerstoff gehört hatte und dennoch dessen Eigenschaften wunderbar in einer Hymne an die Natur antizipiert hat:* „Natur! Wir sind von ihr umgeben und umschlungen – unvermögend aus ihr herauszutreten, und unvermögend tiefer in sie hineinzukommen. Ungebeten und ungewarnt nimmt sie uns in den Kreislauf ihres Tanzes auf und treibt sich mit uns fort, bis wir ermüdet sind und ihrem Arme entfallen. Sie schafft ewig neue Gestalten, was da ist, war noch nie, was war, kommt nicht wieder – alles ist neu, und doch immer das Alte. Wir leben mitten in ihr und sind ihr fremde. Sie spricht unaufhörlich mit uns und verrät uns ihr Geheimnis nicht. Wir wirken beständig auf sie und haben doch keine Gewalt über sie."[340]

---

*   Sauerstoff wurde erstmals unabhängig voneinander von Carl Wilhelm Scheele und Joseph Priestley (zwischen 1774 und 1777) beschrieben.

14 Wie die Farbe in die Welt kommt

Wenn wir uns aufmerksam in der belebten Natur umschauen, nehmen wir überall Farben wahr. In vielen Fällen erwächst aus der Farbe eine biologische Bedeutung für den Träger, entsprechend der viel zitierten These des russischen Evolutionsbiologen Theodosius Dobzhansky „*Nothing in Biology Makes Sense Except in the Light of Evolution*".[*] Auf der anderen Seite fällt auf, dass einige Farben ohne Bedeutung in evolutionsbiologischer Hinsicht sind. Es ist daher höchst bemerkenswert, dass manche dieser biologisch bedeutungslosen Farben erst eine Interpretation auf dem Niveau der menschlichen Kultur erfahren haben. Hin und wieder werden sie mit magischer Bedeutung geradezu religiös, politisch und damit ideologisch aufgeladen. Denken Sie nur an die rote Farbe des Blutes oder an das Grün der belebten Natur. Unabhängig davon, wie sie gedeutet werden, ist allen Farben gemeinsam, dass sie auf molekularer Ebene entstehen, womit die Chemie für die Ursachenforschung zuständig wird.

Der Mensch kann etwa 200 Farbtöne zuordnen. Durch Variation von Intensität und Weißanteil der Farbtöne könnten wir theoretisch bis zu 20 Millionen Farben unterscheiden.[341] Diese Fähigkeit ist im Wesentlichen nutzlos und wir beschränken uns in der Regel auf die Grundfarben Blau, Gelb, Rot und Grün. Pflanzen mit ihren Blättern und Blüten erzeugen einen wahren Farbenrausch, der im Rahmen der erdgeschichtlichen Entwicklung sehr jung ist. Zu Beginn der Kreidezeit vor etwa 140 Millionen Jahren gab es noch keine farbigen Blüten.[342] Die vorherrschenden Farben in der belebten Natur waren Grün und Braun. Die Flora der damaligen geologischen Epoche wurde von Nadelgehölzen, blütenlosen Farnen, Schachtelhalmen und Bärlappgewächsen dominiert. Innerhalb von nur zehn Millionen Jahren kam plötzlich mit den Blütenpflanzen sehr viel mehr Farbe

---

[*]   Deutsch: „Nichts in der Biologie hat Sinn, außer im Licht der Evolution."

ins Spiel. Heute wachsen auf der Erde ungefähr 300 000 Blütenpflanzen, die nicht nur durch die unterschiedliche Form ihrer Blüten und verschiedene Gerüche, sondern auch durch ihre Farbenvielfalt auf sich aufmerksam machen. Der Münchner Naturforscher Josef H. Reichholf hat über das große Erstaunen berichtet, das ihn überkam, als er erkannte, dass farbige Blütenblätter aus grünen Blättern hervorgegangen sind: Durch eine extreme Stauchung des Stängels im oberen Bereich der Pflanze wurden während der Evolution die Abstände zwischen den grünen Blättern eingeebnet und ein Schutzraum für die pflanzlichen Keimzellen, die Gameten, aufgespannt.[343] Durch den Verlust des Chlorophylls kommt den ursprünglich grünen Blättern nun eine andere Aufgabe zu: Farbige Blüten locken Insekten und kleine Vögel an, die damit zur Verbreitung der Pollen beitragen. Gleichzeitig wandeln die Blütenfarbstoffe schädliche UV-Strahlen in behagliche Wärme um und schützen die Geschlechtszellen vor strahlungsinduzierten Mutationen.

Auch viele Tiere zeigen ein auffallendes Farbenspektrum, das von prachtvoll gezeichneten Schmetterlingen über das bunte Federkleid von Entenerpeln und Pfauenhähnen bis hin zum farbenfrohen Gesicht des Mandrills, eines Meerkatzenverwandten, reicht.

Die für den Menschen sichtbaren Farben entstehen durch Absorption von elektromagnetischer Strahlung im Bereich zwischen 400 und 750 nm. Die wahrgenommene Farbe ergibt sich aus der Reflexion der nicht absorbierten Anteile des weißen sichtbaren Lichtes. Organische Verbindungen, die aus mehr als sieben C=C-Doppelbindungen bestehen, die jeweils nur durch eine C–C-Einfachbindung separiert werden, sind geradezu prädestiniert, um den Eindruck „Vorsicht Farbe!" zu produzieren. Die Elektronen in diesen Doppelbindungen stellt man sich am besten als eine zusammenhängende Elektronenwolke vor. Um derartig große Elektronenwolken in Bewegung zu versetzen, reicht schon energiearme Strahlung aus.

Ich möchte mich an dieser Stelle an den Geheimrat Johann Wolfgang von Goethe halten, der in seiner Farbenlehre den Tipp gab: „Am freundlichsten sollte der Physiker uns entgegenkommen, da wir ihm die Bequemlichkeit verschaffen, die Lehre von den Farben in der Reihe aller übrigen elementaren Erscheinungen vorzutragen und sich dabei einer übereinstimmenden Sprache, ja fast derselbigen Worte und Zeichen wie unter den übrigen Rubriken zu bedienen."[344] Diesen Rat an eine benachbarte Wissenschaft möchte ich gern aufgreifen und die ausgedehnten π-Elektronenwolken mit der gespannten Saite einer Gitarre vergleichen. Je länger die Saite ist, desto weniger Energie muss aufgebracht werden, um sie zum Schwingen zu bringen; der entstehende Ton ist tief. Um einen höheren Ton zu produzieren, verkürzt der Gitarrist die Saite, indem er die Metallbünde am Gitarrenhals mit den Fingern abklemmt. Je kürzer die Saite ist, desto mehr Energie muss aufgewendet werden und desto höher ist der Ton. Auf die Farbentheorie bezogen bedeutet das: Je weniger Doppelbindungen die Verbindung enthält, desto kurzwelliger muss die Strahlung sein, um die Elektronenwolke anzuregen. Farben, die auf besonders energiereicher Strahlung beruhen, können wir Menschen nicht mehr sehen.*

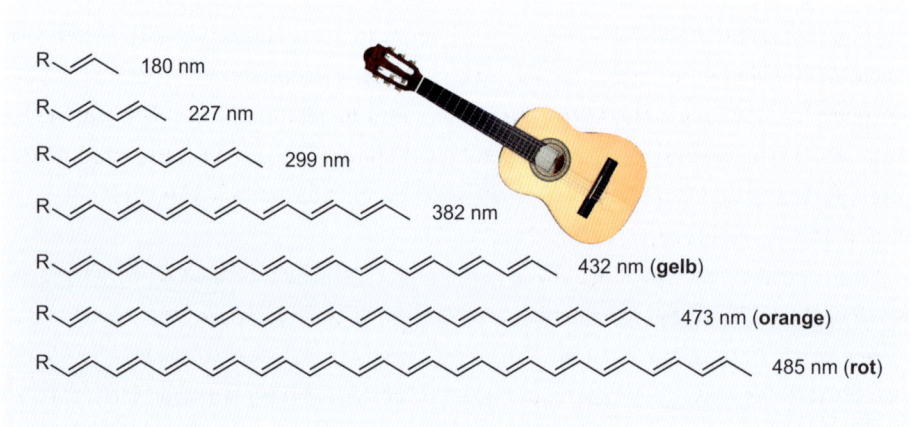

Ein lehrreiches Beispiel aus der Pflanzenwelt ist das bereits mehrfach erwähnte β-Carotin, das den Karotten (*Daucus carota*) ihre typische Farbe verleiht und von daher auch seinen Namen erhalten hat. β-Carotin gehört zu der Verbindungsklasse der Carotinoide, von denen bisher ca. 800 Vertreter bekannt sind. Neben Pflanzen sind auch Pilze in der Lage, sie herzustellen. β-Carotin verfügt über elf Doppelbindungen, die sich jeweils mit Einfachbindungen abwechseln. Dieses Alternieren von zwei Bindungstypen wird mit dem Begriff konjugierte Doppelbindungen beschrieben, wobei sich Konjugation aus

---

*   Was nicht bedeutet, dass andere Organismen für diese kurzwelligen Farben blind sein müssen. Zum Beispiel können viele Insekten kein Rot sehen, sie reagieren aber sehr wohl auf UV-Strahlung.

dem Lateinischen von *coniugatio* („Verbindung") herleitet. Konjugation führt dazu, dass dieser Abschnitt des Moleküls völlig planar ist. Die große zusammenhängende Elektronenwolke des β-Carotin absorbiert Strahlung im blauvioletten Spektralbereich (λ_{max} = 455 nm). Wir registrieren deshalb eine gelborange Farbe.

Wird β-Carotin in der Mitte mithilfe von Sauerstoff „durchgeschnitten", entsteht Vitamin A. Aus diesem Grund wird β-Carotin auch als Provitamin A (lat. *pro*, „vor") bezeichnet. Ich hatte die Verbindung schon im Zusammenhang mit dem Sehvorgang im Auge unter dem Stichwort Retinal vorgestellt (Kapitel 4.4). Wie zu erwarten, ist Vitamin A farblos (λ_{max} = 317 nm), da die Anzahl der Farbe induzierenden Doppelbindungen um die Hälfte geschrumpft wurde.[345]

Fügen wir der Formel des β-Carotin zwei weitere Doppelbindungen in Form von zwei Keto- und zwei Hydroxygruppen hinzu, vergrößert sich hingegen die farbgebende Elektronenwolke. Für deren Anregung ist weniger Energie erforderlich, demzufolge vertieft sich die rote Farbe (λ_{max} ~ 480 nm). Die neue Verbindung gehört ebenfalls zur Klasse der Carotinoide. Sie heißt Astaxanthin und ist für die Färbung von Lachsfleisch und Flamingobeinen verantwortlich.

Astaxanthin

Sie fragen sich möglicherweise an dieser Stelle, was Möhren, Lachse und Flamingos miteinander zu tun haben. Um darauf eine Antwort zu geben, müssen wir uns an die chemischen Eigenschaften von langen Ketten mit C=C-Doppelbindungen erinnern: Die Nachbarschaft von Doppelbindungen, speziell C–H-Bindungen, ist ein bevorzugtes Angriffsziel von Sauerstoffradikalen, wie bereits am Beispiel von ungesättigten Fetten aufgezeigt wurde. In der gleichen Weise wie Fettsäuren reagieren auch langkettige ungesättigte Farbstoffe mit Sauerstoff. Sie werfen sich ebenso wie das Vitamin E in selbstaufopfernder Manier vor ungesättigte Lipide in den Membranen. Die Schutzwirkung des β-Carotin gegenüber vagabundierenden Sauerstoffradikalen hatten wir bereits in herbstlichen Blättern festgestellt. Entfärben sich farbige Radikalfänger, ist dies ein deutliches Warnsignal, dass eine große Anzahl an freien Radikalen unterwegs ist. Im schlimmsten Fall ist möglicherweise demnächst das Verteidigungspotenzial des gesamten Organismus erschöpft.

Zweifellos verfügen Organismen, die viele Radikalfänger beherbergen, über einen beträchtlichen Selektionsvorteil. Sie sind gesünder, wovon nicht nur sie selbst, sondern auch die Nachkommenschaft profitiert. Beispielsweise nehmen Hühner Carotinoide mit (gelben) Maiskörnern und Gras auf.[346] Ein Teil davon wird in der eigenen Vitamin-A-Produktion verarbeitet. Was übrig bleibt, wird geschlechtsspezifisch verwendet. Die Hennen investieren ihren Überschuss in die Eier. Der gelbe Eidotter des Hühnereies enthält Canthaxanthin. Die Verbindung unterscheidet sich vom Astaxanthin nur durch den Verlust der beiden Hydroxygruppen und ist somit chemisch gesehen deren hydrierte „Cousine". Auf diese Weise gibt die Henne den zukünftigen Küken einen verlässlichen Schutz gegen freie Sauerstoffradikale mit auf den Lebensweg.*

Canthaxanthin

Da die Hühnereltern annähernd gleiche Ernährungsgewohnheiten und Stoffwechselmechanismen haben, ist noch die evolutionsbiologische Frage zu klären, was dem Hahn eigentlich die roten Farbstoffe nützen. Er kann seine Carotinoidreserven bekanntlich nicht in Eier investieren. Canthaxanthin hat auch für ihn einen erheblichen Wert: Er steigert damit seine eigene Attraktivität, was in der belebten Natur keine Modeerscheinung ist. Besonders auffallend am Hahn sind Kamm, Kehllappen und Brustfedern. Sie sind rot oder gelbrot gefärbt. Durch Reaktion mit Sauerstoffradikalen wird die lange Reihe der konjugierten Doppelbindungen im Canthaxanthin unterbrochen und die leuchtende Signalfarbe verblasst. Eine umworbene Henne kann daher sofort erkennen, in welchem Gesundheitszustand sich ihr Galan befindet.[347] Hähne mit Parasitenbefall schwächeln in der Färbung und werden unter den Bedingungen der freien Wildbahn von der Fortpflanzung ausgeschlossen.[348]

Auch Flamingos und Lachse, die sich von kleinen Krebsen ernähren, welche Astaxanthin und Canthaxanthin enthalten, reagieren in ihrem Fortpflanzungsverhalten sehr subtil auf Kürzungen der Carotinoidzufuhr. Zuerst versorgt sich der Organismus selbst, ehe ein Überschuss chemische Investitionen in die Nachkommen zulässt. Entsprechend frustrierende Erfahrungen mussten viele Zoos bei den ersten Versuchen machen, Fla-

---

* Nach dem Ausschlüpfen des Kükens aus dem Ei kann der gelbroten Farbe der Carotinoide eine weitere Bedeutung zukommen: Der aufgesperrte, stark gefärbte Rachen, zum Beispiel von nesthockenden Schwalbenküken, löst den Fütterinstinkt der Eltern aus und zeigt ihnen an, wohin das Futter platziert werden muss. Je intensiver die Rachenfärbung, desto größer ist die Signalwirkung.

mingos zu züchten.[349] Erst durch sorgfältiges Beobachten gelang es, die Zusammenhänge bei der Nahrungsaufnahme zu verstehen, die sogar von der Flamingoart abhängig sind: In freier Wildbahn nehmen Rosaflamingos durch ihren merkwürdig geformten Schnabel Salinenkrebschen (*Artemia salina*) auf, die in Abhängigkeit vom Salzgehalt eine tiefrote Farbe aufweisen. Die Krebschen wiederum produzieren den Farbstoff nicht selbst, sondern erhalten ihre Farbe durch Aufnahme von Cyanobakterien (*Spirulina*-Algen). Zwergflamingos (*Phoeniconaias minor*) übergehen diesen Zwischenwirt und filtern direkt die farbigen Algen aus dem Wasser, was zur Folge hat, dass sie von allen Flamingoarten das tiefste Rot aufweisen. Die aufgenommenen Carotinoide werden in der Leber zum roten Canthaxanthin umgewandelt. Die Verbindung färbt nicht nur die Beine und Flügel der eleganten Vögel, sondern auch die Jungen profitieren davon. Junge Flamingos werden von ihren Müttern mit der sogenannten Kropfmilch gefüttert. Dieser Nahrungsbrei ist rot gefärbt und hat zu zahlreichen Mythen geführt unter dem aufopferungsvollen Motto „Sie tränken die Jungen mit dem eigenen Blut". Nachdem man in den Tiergärten diesen Hintergrund verstanden hatte und in das Futter Carotinoide hineinmischte, färbten sich nicht nur die adulten Vögel rot, sondern sie fingen auch an, erfolgreich zu brüten.

Die Formeln der oben genannten Carotinoide geben auf den ersten Blick zu erkennen, dass es sich um wasserunlösliche Verbindungen handelt. Der experimentelle Beweis für die unpolare Struktur vom Canthaxanthin lässt sich beispielsweise gut am Inhalt eines aufgeschlagenen Hühnereies antreten. Der gelbe Dotter und das Eiklar sind durch eine scharfe Grenze getrennt. Im wässrigen Eiklar befinden sich Ionen und wasserlösliche Vitamine. Eidotter enthält neben den Carotinoiden fettlösliche Vitamine, Proteine und

Crocin

Cholesterol. Wenn man beim Backen das Kunststück geschafft hat, das Eiklar völlig vom wasserunlöslichen Eigelb zu trennen, hat man eine wichtige Zutat zu einem leckeren Kuchen. Die chemische Voraussetzung für dessen Gelingen ist die Kombination von Eigelb mit Fetten wie Butter oder Margarine, denn nur in Fetten ist das (lipophile) Eigelb löslich.

Wasserlöslich werden Carotinoide durch das Anknüpfen von Zuckern. Eine typische Verbindung mit vier Glucoseeinheiten heißt Crocin und kommt in zahlreichen Krokus-Arten vor.

Die Blütenstempel von *Crocus sativus* werden unter der Bezeichnung Safran als eines der teuersten Gewürze gehandelt (40 €–50 €/10 g). Der hohe Preis verhindert auch einen zu exzessiven Gebrauch, denn ab 60 mg/kg Safran können die ersten Vergiftungserscheinungen beim Menschen auftreten.

Ungeachtet dessen färbten bereits die alten Griechen und Römer ausgiebig Wein mit dem rotgelben Safran. Dass sie dazu überhaupt in der Lage waren, ist der Wasserlöslichkeit des Crocins zu verdanken. Eine wasserunlösliche Verbindung würde sich nicht mit Wein mischen und demzufolge obenauf schwimmen oder sich am Boden absetzen. Später zeigten reiche Bauern in der Renaissance gern ihren Reichtum, indem sie mit Safran ihre Suppen intensiv goldgelb färbten. Der Maler Pieter Bruegel der Ältere hat diesen Brauch auf dem Gemälde *De Boerenbruiloft* (*Die Bauernhochzeit*) festgehalten.

„*De Boerenbruiloft*" (Die Bauernhochzeit) (Ausschnitt)
Pieter Bruegel der Ältere (um 1568), Kunsthistorisches Museum, Wien

Das Erklärungsmodell der energiearmen Bewegung von ausgedehnten Elektronenwolken lässt sich problemlos auch auf die Farbstoffe vieler Blütenpflanzen und Früchte ausdehnen. Die Anthocyanidine (altgriech. ἄνθος *ánthos*, „Blume", κύανος *kýanos*, „dunkelblaue" [Emaille]) und ihre an Glucose angehängten wasserlöslichen Kopplungsprodukte, die Anthocyane, leiten sich von einer gemeinsamen Grundstruktur ab.[350]

Neben der biologisch wichtigen Farbgebung haben auch diese Verbindungen eine antioxidative Wirkung. Dadurch werden die Gameten vor der schädigenden UV-Strahlung geschützt.*

Grundstruktur der Anthocyanidine
(farbgebendes konjugiertes
Doppelbindungssystem hervorgehoben)

Für die Variation der Farben innerhalb der Familie der Anthocyanidine sorgen Hydroxygruppen in unterschiedlicher Anzahl; sie übernehmen die „Farbfeinabstimmung". Dabei vergrößert jede zusätzliche Hydroxygruppe im Molekül die Größe der Elektronenwolke und die Absorption verschiebt sich in den langwelligen (energiearmen) Bereich des sichtbaren Lichtes. Diese Tendenz lässt sich gut nachvollziehen, wenn wir die Farbverschiebung vom Apigenin

Apigenin
(477 nm = gelb)

Pelargonidin
(510 nm = orangerot)

Cyanidin
(525 nm = magentarot)

Delphinidin
(535 nm = purpur)

Malvidin
(532 nm = rötlich)

---

* Eine Arbeitsgruppe um den Psychiater Robert Krikorian von der Universität Cincinnati fand vor einiger Zeit heraus, dass blaue Anthocyanidine, die in den Blaubeeren vorkommen, Menschen helfen, Gedächtnisprobleme bei beginnender Demenz zu lindern, was auf eine Verbindung zwischen Sauerstoffradikalen und Gedächtnisleistung hinweist (R. Krikorian, M. D. Shidler, T. A. Nash, W. Kalt, M. R. Vinqvist-Tymchuk, B. Shukitt-Hale, J. A. Joseph, Blueberry Supplementation Improves Memory in Older Adults, *Journal of Agriculture and Food Chemistry* 2010, 58, 3996–4000).

(drei Hydroxygruppen), das in der Kamille und in Dahlien vorkommt, über das Pelargonidin (vier Hydroxygruppen) der Geranien, das Cyanidin der roten Rosen (fünf Hydroxygruppen) bis hin zum Delphinidin (sechs Hydroxygruppen) der Blüten des Feldritttersporns und der Hortensien betrachten.

Der Effekt der Hydroxygruppen wird in Richtung Rot „gedimmt", wenn ihnen CH_3-Gruppen wie im Malvidin, dem Farbstoff der Malven, anhängen. Gleichzeitig wird die Verbindung durch diese Modifikation stabiler, da die oxidationsempfindlichen Hydroxygruppen geschützt werden.

Die Kombination mit anderen Farbstoffen, etwa mit Carotinoiden, erweitert die Mischungspalette beträchtlich. Im metaphorischen Sinn würde dann nicht nur eine von unseren oben erwähnten Gitarrensaiten angeschlagen, sondern es würden mehrere Saiten zusammen erklingen und einen Akkord ergeben, der niemals von nur einer einzigen Saite hervorgebracht werden könnte.

Einen richtigen An/Aus-Mechanismus wie bei einem Lichtschalter findet sich beim Indigo. Die intensiv blau färbende Verbindung mit einem Absorptionsmaximum von 610 nm wurde früher aus dem Indigostrauch (*Indigofera tinctoria*) hergestellt, der ursprünglich in Indien beheimatet war und daher seinen Namen hat (altgriech. ινδική *indikón*, „Indisches"). Ein pflanzlicher Alternativlieferant ist der Färberwaid (*Isatis tinctoria*). Städte in Thüringen wie Gotha oder Erfurt verdanken ihren wirtschaftlichen Aufstieg im frühen Mittelalter dem Anbau von Färberwaid („Erfurter Blau"). Noch heute sind Fassaden von Bürgerhäusern in diesen Städten mit Indigo angemalt.

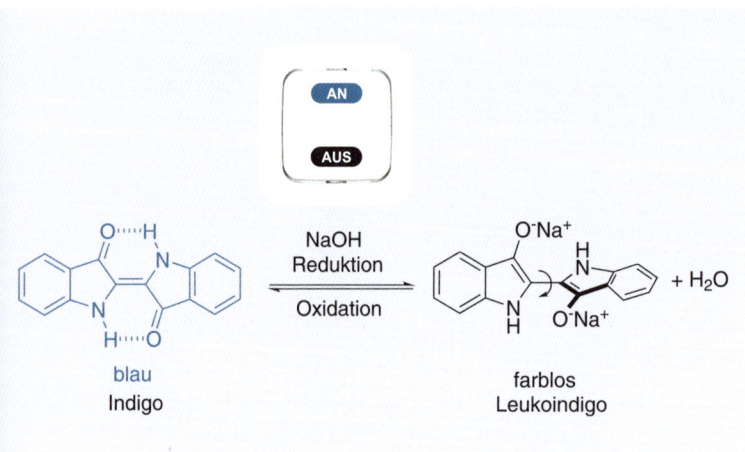

blau
Indigo

farblos
Leukoindigo

Bei der Reduktion (Hydrierung) des Indigo im basischen Milieu (NaOH!)* wird die alternierende Abfolge von Doppel- und Einfachbindungen unterbrochen.[351] Gleichzeitig gehen die beiden Wasserstoffbrücken im Indigo verloren, die die planare Geometrie und damit die durchge-

---

* Im Mittelalter wurde neben Pottasche (K2CO3) auch Urin zur Herstellung der Küpe genutzt, eine Tätigkeit, die mit erheblichen Geruchsbeeinträchtigungen einherging.

hende Konjugation der Doppelbindungen über das gesamte Molekül unterstützen. In der Folge können sich der rechte und linke Teil des Moleküls zueinander verdrehen. Das Produkt wird aufgrund dieser chemischen Transformation nicht nur wasserlöslich, sondern auch farblos. Es wird als Leukoindigo (altgriech. λευκός *leukós*, „hell", „klar", „weiß") bezeichnet. Nach dem Aufziehen von Leukoindigo auf Textilien und der nachfolgenden Oxidation an der Luft kehrt die blaue Farbe des wasserunlöslichen Indigos langsam wieder zurück. Das dauert eine Weile. Die Ausdrücke „blauer Montag" und „blaumachen", die auf eine Auszeit von der Arbeit hinweisen, könnten möglicherweise auf diese Färbetechnologie zurückgehen.

Nach dem Bericht von Caesar in *De bello Gallico* rieben sich die Briten vor der Schlacht mit Färbewaid ein: „Alle Britannier hingegen färben sich mit Waid blaugrün, wodurch sie in den Schlachten um so furchtbar [sic!] aussehen."[352] Heutzutage wird Indigo synthesechemisch hergestellt. Es dient in großen Mengen zum Färben von Bluejeans, womit es seine ursprüngliche Funktion als Kriegsbemalung eindeutig verloren hat.

Noch wesentlich wertvoller als Indigo war in der Vergangenheit eine Verbindung, bei der die Ausdehnung der Elektronenwolke auf zwei gegenüberliegende Bromatome verlängert ist. Die insgesamt sechs freien Elektronenpaare an den Bromatomen vergrößern die Elektronenwolke, das Absorptionsmaximum verschiebt sich im Vergleich zum Indigo daraufhin in den blaurötlichen Bereich des für uns sichtbaren Lichtes auf 380 nm– 420 nm. Die wahrgenommene Farbe ist das berühmte Purpur.

Purpur

Purpur wurde nachweislich bereits 1600 v. Chr. aus Purpurschnecken, die zur Familie der Stachelschnecken (*Muricidae*) gehören, gewonnen. Zur Herstellung eines einzigen Grammes sind ungefähr 10 000 Schnecken notwendig. Aufgrund des sehr mühevollen Gewinnungsverfahrens war die Farbe im alten Rom nur für die Färbung von Textilien von Senatoren und Kaisern vorbehalten. Später ging dieses Privileg auf den Papst und christliche Legaten über. Der große Maler der Renaissance Michelangelo Merisi da Caravaggio hat Christus während der Dornenkrönung mit einem Purpurmantel gemalt, um seine Stellung als König der Juden (*Jesus Nazarenus Rex Judaeorum*) zu symbolisieren.

„*Dornenkrönung Christi*", Caravaggio (um 1602/1604), Kunsthistorisches Museum, Wien

Die obersten Richter am Bundesverfassungsgericht in Deutschland tragen heute noch purpurfarbene Roben, was ihre hohe symbolische Bedeutung unterstreichen soll. Allerdings wird die purpurne Farbe nicht mehr aus den Schnecken extrahiert, sondern synthetisch hergestellt.

Farben lassen sich auch in Gegenwart von Säuren oder Basen variieren, eine Eigenschaft, die noch vor wenigen Jahren in der analytischen Chemie zur pH-Bestimmung genutzt wurde. Ein bekanntes Beispiel ist Lackmus, ein blauer Farbstoff, der aus tropischen Flechten durch Gärung gewonnen wird. Im sauren Milieu erfolgt ein Umschlag von Blau nach Rot. Heutzutage wird Lackmus meist nur noch zu Demonstrations- oder Übungszwecken in der Schule oder an der Universität eingesetzt. Die pH-Analytik wird mittlerweile von modernen Elektroden übernommen, die wesentlich schneller und genauer die Protonenkonzentration messen. „Lackmustests" werden heutzutage vor allem in der Politik und in den Medien vorgenommen, wenn dort auf kritische Punkte einer gesellschaftlichen Entwicklung aufmerksam gemacht oder der ultimative Wahrheitsgehalt von Aussagen geprüft werden soll. Von Säuren und Basen ist man in diesen Fällen aber sehr weit entfernt.

Der Einfluss des pH-Wertes im Ackerboden auf Farben reicht bis in die verschiedenen deutschen Bezeichnungen für ein Gemüse mit dem langen lateinischen Namen *Brassica oleracea convar. capitata var. rubra L.* In einigen Gegenden heißt dieses Gemüse Rotkohl oder Rotkraut, in anderen Blaukohl oder Blaukraut. Der Kohl nimmt in sauren Böden eine rote und in alkalischen eine bläuliche Färbung an.

Ein wahres Feuerwerk an zusätzlichen Farben wird durch Zugabe von Metallsalzen gezündet. Chemiekundige Gärtner wissen, dass sie durch Alaun, einem Aluminium(III)-salz, die verwaschenen pinkfarbenen Blütenblätter von Hortensien wieder zum typischen Hortensienblau umfärben können. Bei Akelei (*Aquilegia*) haben rostige Eisennägel im Wurzelbereich Einfluss auf den Farbton.

Viele Metallionen zeichnen sich durch eine spezielle Affinität zu einfachen anorganischen oder komplizierteren organischen Verbindungen mit funktionellen Gruppen aus. Diese nichtmetallischen Komponenten werden Liganden (lat. *ligare*, „binden") genannt. Als Resultat der Vereinigung von Metall und Ligand entstehen Komplexverbindungen. Der Name bezieht sich nicht auf die teilweise komplizierten Bindungsverhältnisse, die im Chemiestudium erst in höheren Semestern gelehrt werden,[353] sondern kommt aus dem Lateinischen, wo *complexum* so viel wie „umarmt" oder „umklammert" bedeutet. Die Umarmung bewirkt in der Elektronenstruktur des Metallions eine erhebliche Umordnung. Die Umräumaktion der Elektronen ist häufig mit relativ wenig Aufwand, genauer gesagt wenig Energie, verbunden. Die Folge davon ist, dass die gesamte Verbindung bei Lichteinstrahlung farbig erscheint.

Die Farben werden durch die Art der Liganden und deren Anzahl bestimmt. Beispielsweise ist wasserfreies Eisen(III)chlorid ($FeCl_3$) schwarz. Mit steigendem Wassergehalt verändert sich die Farbe von rotbräunlich bis hin zu gelb. Am Ende steht das Eisenion in bindendem Kontakt zu sechs Wassermolekülen ($FeCl_3$ x 6 H_2O). Aromatische Hydroxyverbindungen, wie die oben beschriebenen Anthocyanidine, können an die Stelle des Wassers treten und im Ergebnis ebenfalls kräftige Farben erzeugen. Derartige Komplexverbindungen sind oftmals von extremer Stabilität. So behält die schwarze Gallustinte, die aus Eisen(III)chlorid und der aus Eichenblättern gewonnenen Gallensäure hergestellt wird, jahrhundertelang ihre Farbe bei, was für die Unterschriften unter wichtigen Dokumenten enorm wichtig ist.*

Große organische Verbindungen bewirken einen ähnlichen Farbeffekt, wie er im Häm (altgriech. αἷμα *haíma*, „Blut") zu beobachten ist.

————————————————

* Erste Beschreibungen zur Herstellung und Nutzung der Gallustinte stammen bereits aus dem 3. Jahrhundert v. Chr. von Philo von Byzanz.

Ungeachtet seines kurzen Trivialnamens ist es ein sehr großes Molekül, worin die vier Stickstoffatome des Porphins ein Eisenion in die Zange nehmen und der Blutfarbstoff erhält seine typische rote Farbe. Sind vier solcher Hämmoleküle in ein riesengroßes Proteinmolekül, dem Globin (lat. *globus*, „Kugel"), eingebettet, vergrößert sich das molekulare Paket und es ergibt sich die wohlbekannte Wortkombination Häm(o)-globin.

Hämoglobin hat die Aufgabe, im Blut Sauerstoff von der Lunge zu den Geweben zu transportieren. Im oxidierten Zustand wechselt die Farbe von Dunkelrot zu Hellrot. Im Muskelgewebe wird der Sauerstoff vom Myoglobin (altgriech. μῦς *mys*, „Muskel") übernommen, eine Verbindung, die ungefähr ein Viertel eines Hämoglobinmoleküls darstellt und den Sauerstoff für die Verbrennung von Zuckern und Fetten in die Mitochondrien transportiert. Myoglobin verleiht Muskeln eine dunkelrote Farbe. Unter normalen physiologischen Bedingungen kann in einem kleinen Anteil des Myoglobins Eisen(II) zu Eisen(III) oxidiert sein, ohne dass die betreffenden Moleküle mit Sauerstoff beladen sind. Diese Form wird Metmyoglobin (altgriech. μετά *metá*, „zwischen") genannt. Wir brauchen uns aber keine Sorgen zu machen, denn ein spezielles Enzym[354] reguliert den Schadensfall und reduziert das Eisen wieder in die einsatzbereite Transportform. Wenn das Enzym nicht oder nicht mehr vorhanden ist, was im extremsten Fall nach dem Ableben des Organismus eintritt, kann das Ergebnis an der Theke einer Fleischerei studiert werden. Vor allem wenn ältere Schnitzel und Wurstscheiben dicht gepackt übereinanderliegen, entweicht das Metmyoglobin nicht mehr durch die Poren und eine braungraue Farbe zeigt den weniger appetitlichen Zustand des Produktes an.

Das Problem von „blauem Blut" und dessen ordnungsgemäßer Vererbung hat Generationen von Adelsexperten bewegt. Durch einen genetisch bedingten helleren Teint und absolute Sonnenabstinenz gelang es insbesondere spanischen Adligen, einen Eindruck zu verstetigen, bei dem die Blutgefäße bläulich unter der weißen Haut schimmern (kastilisch *sangre azul*, „blaues Blut"). Dieses oberflächliche Phänomen ändert natürlich nichts daran, dass das Blut auch bei diesen Menschen immer noch rot ist.

Echte Blaublüter sind hingegen Kraken, Krebse und Spinnentiere. Bei ihnen übernimmt das Hämocyanin (altgriech. κύανος *kýanos*, „dunkelblaue" [Emaille]) den Sauerstofftransport.[355] Hämocyanin hat die gleiche Aufgabe wie Hämoglobin und Myoglobin, unterscheidet sich aber grundsätzlich im molekularen Aufbau. Besonders bemerkenswert ist der Austausch der zentralen Eisenionen gegen Kupferionen. Zwei von ihnen nehmen in der Transportform, dem Oxyhämocyanin, ein Sauerstoffmolekül in die Mitte und spalten es in einem gemeinsamen Kraftakt. Wie beim Hämoglobin ist auch dieses Ensemble in ein Protein eingepackt.

Oxyhämocyanin

Prinzipiell ändert sich mit dem Hämocyanin am grundlegenden Mechanismus der Farberzeugung nichts. Wie Michael Oellermann und seine Kollegen vom Alfred-Wegener-Institut für Polar- und Meeresforschung zeigen konnten, ist Hämocyanin in der Antarktischen Warzenkrake (*Pareledone charcoti*) in der Lage, selbst bei höheren Temperaturen vergleichsweise viel Sauerstoff zu übertragen.[356] Diese Eigenschaft sollte die Überlebenschancen der Kraken auch noch bei wesentlich höheren Wassertemperaturen und damit niedrigeren Sauerstoffkonzentrationen verbessern, wie sie im Rahmen der Klimaerwärmung in Zukunft zu erwarten sind. Es ist daher kein Wunder, dass die umweltflexiblen Kopffüßler bereits heute schon in allen Weltmeeren unterwegs sind.

Es fällt auf, dass die zuletzt beschriebenen Farben das Ergebnis einer chemischen Situation darstellen. Diese Farben sind eigentlich nur eine ästhetische Zugabe. Man kann aus ihnen keinerlei biologische Funktion in Bezug auf andere Organismen ableiten. Blut ist nur zufällig rot, es könnte, wie am Hämocyanin gesehen, auch blau sein. Die Farbe ist nebensächlich. Ähnliches lässt sich vom Chlorophyll (altgriech. χλωρός *chlōrós*, „hellgrün, frisch", und φύλλον *phýllon*, „Blatt") behaupten. Im Zentrum dieser Komplexverbindung steht ein Magnesiumion (Formel siehe Kapitel 13.1). Wie bereits im Kapitel über die Bedeutung des Sauerstoffs angesprochen wurde, nimmt das Chlorophyll in den Chloroplasten eine zentrale Rolle bei der Fotosynthese ein. „O Täler weit, o Höhen,/O schöner, grüner Wald,/Du meiner Lust und Wehen/Andächt'ger Aufenthalt! […] Schlag noch ein-

mal die Bogen/Um mich, du grünes Zelt!", dichtete Joseph von Eichendorff im Jahr 1810.[357] Es scheint uns eine Selbstverständlichkeit zu sein: Die belebte Natur ist grün! Das ist jedoch allein der Tatsache zu verdanken, dass das Chlorophyll das evolutionäre Rennen um den am meisten verbreiteten Sauerstofftransporter gewonnen hat. Wären es die Phycobiline gewesen, die den Blaualgen (*Cyanophyceae* von altgriech.

κύανος *kýanos*, „dunkelblaue" [Emaille], lat. *phyceae*, „Seegras") ihre Farbe geben, müsste sich die Partei „Die Grünen" heute als „Die Blauen" bezeichnen, was schon in Bezug auf das damit assoziierte Alkoholproblem unpassend sein würde.

Die wichtigste farbgebende Verbindung der Blaualgen ist das Phycocyanobilin. Die Verbindung ähnelt einem aufgeschnittenen Chlorophyllmolekül, das im Herbst sein Magnesiumion verloren hat.

Phycocyanobilin

Tatsächlich sind die Grünalgen und dann später die grünen Pflanzen aus den Blaualgen, die eigentlich zu den Bakterien (Cyanobakterien) gerechnet werden müssen, hervorgegangen. Ein kurzer Blick auf die chemischen Formeln verrät uns diese familiäre Relation und streicht zum wiederholten Male die immense Bedeutung der Chemie zur Erklärung von Zusammenhängen für die Evolutionsbiologie heraus. Interessanterweise sind die Lichtsammler der Cyanobakterien wesentlich effizienter als die des Chlorophylls in den grünen Pflanzen, was ihnen hilft, Biotope mit schwacher Lichteinstrahlung wie beispielsweise die Tiefenschichten von Gewässern zu besiedeln. Wäre es auf unserer Erde ein klein wenig dunkler, hätte das Phycocyanobilin möglicherweise gegen den Konkurrenten, das Chlorophyll, gewonnen.

Wenn wir schon beim molekularen Zerschnippeln von Farbstoffen sind, dann wollen wir auch das Häm der roten Blutkörperchen mithilfe von Sauerstoff an der Spitze der Verbindung durchschneiden. Das Produkt dieser Manipulation sieht fast genauso aus wie das Phycocyanobilin. Erst bei einem tiefer gehenden Vergleich erkennt man, dass eine Doppelbindung aus der Mitte des Moleküls auf die linke Seite gewandert ist. Dadurch wird das Molekül symmetrischer. Die neue Verbindung heißt Bilirubin.

Bilirubin

Der Trivialname kommt aus dem Lateinischen (*bilis*, „Galle", und *ruber*, „rot") und geht völlig an der Sache vorbei. Denn erstens werden die roten Blutkörperchen nicht in der Galle, sondern in Milz und Leber abgebaut und zweitens ist Bilirubin nicht rot, sondern gelb. Das sollte man auch erwarten, da die alternierende Abfolge von Doppel- und Einfachbindungen im Häm genau in der Mitte unterbrochen wurde, was bildlich gesprochen mit einer Verkürzung unserer Gitarrensaite einhergeht. Eine gelbe Hautfarbe ist typisch für viele Neuankömmlinge auf Geburtsstationen. Mehr als die Hälfte aller Neugeborenen entwickelt in den ersten Tagen eine harmlose Gelbsucht. Wahrscheinlich sind bei den Babys einige hämoglobinabbauende Enzyme noch nicht voll aktiv. Positiver Nebeneffekt dieses Phänomens: Bilirubin, das Zwischenprodukt des Abbaus, kann Sauerstoffradikale wegfangen, die durch Stress während der Geburt und in den ersten Lebenstagen entstehen und dem neuen Erdenbürger gefährlich werden könnten.

Wenn man die Formel des Bilirubins betrachtet, fallen die vielen funktionellen Gruppen ins Auge, aufgrund deren die Verbindung eigentlich sehr gut wasserlöslich sein müsste. Das ist bemerkenswerterweise nicht der Fall. Eine Röntgenkristallstrukturanalyse, die angefertigt wurde, um den exakten räumlichen Aufbau in Erfahrung zu bringen, führte zu dem Ergebnis, dass ausnahmslos alle funktionellen Gruppen über sechs intramolekulare Wasserstoffbrücken miteinander verbunden sind. Bilirubin ist in der Realität kein lang gestrecktes Molekül, wie die obige Formel suggeriert, sondern stellt ein großes wasserunlösliches Gebilde in Form eines halb geöffneten Buches dar.[358] Wasser hat keine Chance, dieses Ensemble anzugreifen, ein Zustand, der an die Bindungsverhältnisse zwischen Celluloseketten erinnert.

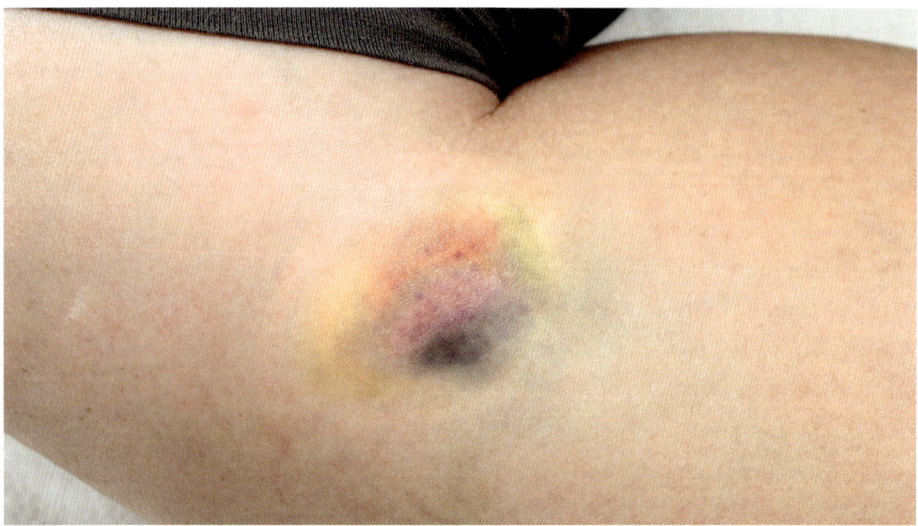

cis

blaues Licht → *trans:* Lumirubin
(wasserlöslich)

H₂O

Bilirubin (wasserunlöslich)

Doch dem kann durch eine medizinische Behandlung abgeholfen werden. Durch Bestrahlung mit kurzwelligem blauen Licht (λ_{max} = 459 nm) wird aus einer der *cis*- eine *trans*-Doppelbindung. Wasserstoffbrücken werden in der Folge aufgebrochen und die unbeschäftigte COOH-Gruppe wird für ein „Tänzchen" mit Wassermolekülen frei.[359]

Hämatom

Die neue Verbindung namens Lumirubin (lat. *lumen*, „Licht") löst sich deshalb hervorragend in Wasser und kann abschließend mit dem Urin, der, nebenbei bemerkt, dadurch seine hellgelbe Farbe erhält, aus dem Körper ausgeschieden werden.

Die ganze Farbpalette der Verbindungen, die beim Abbau von Hämoglobin entstehen, kann man an den Farben eines sogenannten „blauen Flecks" (Hämatom) studieren und sich vielleicht auf diese Weise durch chemische Reflexionen von den Schmerzen ablenken.[360]

Tatsächlich schimmern diese Verletzungen der Unterhaut in allen Farben des Regenbogens. Es finden sich darin rote, gelbe, grüne bis blaue Abschnitte. Als Folge eines Stoßes oder Schlages tritt am Anfang Hämoglobin aus den zerstörten Blutzellen aus. Kurz danach wird das rote Häm von seiner Proteinhälfte Globin getrennt. Durch die Gerinnung des Blutes verfärbt sich die betroffene Hautstelle dunkelrotblau. Durch Verlust des Eisenions und enzymatische Spaltung des Porphinringes entsteht nachfolgend das dunkelgrüne Biliverdin (abgeleitet von lat. *viridis*, „grün").* Die nächste Demontagestufe führt zum bereits bekannten Bilirubin mit seiner bräunlich gelben Farbe.** Die abschließenden Abbauprodukte, die nach Zerlegung des Hämoglobins übrig bleiben, sind farblos.

Absorbieren Farbstoffe elektromagnetische Wellen, schützen sie gleichzeitig dahinterliegende Verbindungen, denen eine solche „Strahlendusche" nicht bekommt. Diese Aufgabe kommt Pigmenten (lat. *pigmentum*, „Farbe", „Schminke") zu. Die für den Menschen wichtigsten Pigmente, die auch Melanine (altgriech. μέλας *mélās*, "schwarzblau", „dunkel") genannt werden, sind Eumelanin und Phäomelanin. Die Stickstoffatome in den polymeren Verbindungen weisen auf ihre Herkunft aus Aminosäuren hin. Die „Stammmutter" aller Melanine ist die Aminosäure Tyrosin.[361]

Das Verhältnis von Eumelanin und Phäomelanin zueinander ist für die Haarfarben der Menschen verantwortlich. Eumelanin dominiert in dunklen Haaren, während Phäomelanin für die Färbung von blonden und roten Haaren maßgeblich ist. Graue Haare entstehen, wenn im fortgeschrittenen Alter die Produktion von Melanin nachlässt. Luftbläschen im Haar lassen es dann grau oder gar weiß erscheinen. Die Haarfarbe des Menschen ist ein Indiz für sexuelle Fitness. Daher ist es nicht verwunderlich, dass sich nicht nur unzählige Modestylisten mit diesem Phänomen beschäftigen, sondern auch Naturwissenschaftler. Ein Gemeinschaftsprojekt unter der Leitung des Briten Kaustubh Adhi-

---

*   Biliverdin ist nicht nur die Ursache für das Grün im Hämatom, sondern färbt auch die Knochen von Hornfischen und Aalmuttern grün. Lange Zeit wurde diese Farbe bei den Fischen fälschlicherweise auf Eisen(II)phosphat zurückgeführt (F. Jüttner, M. Stiesch, W. Ternes, Biliverdin: the blue-green pigment in the bones of the garfish (Belone belone) and eelpout (Zoarces viviparus), *European Food Research and Technology* 2013, 236, 943–953).

**   Eine grüne bis braunschwarze Färbung deutet auf die Entstehung von Choleglobin und Verdoglobin hin, ebenfalls Abbauprodukte des Hämoglobins.

Eumelanin   Phäomelanin

R = H oder COOH
----bedeutet Fortsetzung des Riesenmoleküls

kari, an dem 37 Wissenschaftler und 6000 Probanden aus der ganzen Welt teilnahmen, führte zu der Erkenntnis, dass ein spezielles Gen für die sich ändernde Haarfarbe verantwortlich ist.[362] Das Grauhaar-Gen wurde überwiegend bei Europäern gefunden. Bei ihnen zeigen sich die ersten grauen Haare ungefähr fünf Jahre früher als bei Asiaten. Könnte man den Mechanismus, der zu den grauen Haaren führt, blockieren, würde das möglicherweise eine Revolution in der Schönheitspflege auslösen.*

In der Haut schützen Melanine die Folsäure, ein Vitamin der umfangreichen Vitamin-B-Familie, vor Zerstörung durch UV-Strahlen.**[363] Dieser Effekt ist nicht nur bei Menschen wirksam, sondern auch bei Salamandern und Kreuzottern.[364] Eine der Umwelt angepasste Pigmentierung ist notwendig, um Ausgewogenheit zwischen dem Erhalt der Folsäure auf der einen Seite und dem Aufbau einer Vorstufe von Vitamin D durch UV-Strahlung auf der anderen Seite herzustellen. Das kann für den modernen Menschen in

---

*   Erst kürzlich gingen der Schweizer Alexander A. Navarini und seine Kollegen der Frage nach, ob die hin und wieder in der Geschichte berichteten Fälle von plötzlichem „Ergrauen über Nacht" (*Canities subita*), auch Marie-Antoinette- oder Thomas-Moore-Syndrom genannt, tatsächlich existierten oder ob sie nur einer dramatischen Überhöhung der Ereignisse um diese Unglücksmenschen zuzurechnen sind. Von 196 Fällen wurden 44 als authentisch eingeschätzt, eine chemische Erklärung für diese Autoimmunreaktion des Körpers gibt es noch nicht. (M. Nahm, A. A. Navarini, E. W. Kelly, Canities subita: a reappraisal of evidence based on 196 case reports published in the medical literature, *International Journal of Trichology* 2013, 5, 63–68.)

**   Wenn eine Mutter während der Schwangerschaft zu stark UV-Strahlung ausgesetzt war oder über eine lange Zeit vegane Ernährung praktiziert hat (beides führt zu einem Folsäuremangel), kann es beim neugeborenen Kind zum „offenen Rücken" (*Spina bifida*) kommen.

seinem Mobilitätsdrang, der mittlerweile die ganze Welt einschließt, eine stetige Wanderung zwischen Scylla und Charybdis darstellen.[365] Die Pharma- und Kosmetikbranche hat daher vielfältige Angebote entwickelt, um die begrenzte angeborene Adaptionsfähigkeit des Menschen an seine Umwelt zu erweitern. In dieser Hinsicht unterstützen Sonnencremes mit synthetischen Pigmenten die Wirkung von biogenen Pigmenten bei zu starker Sonneneinstrahlung, wodurch für hellhäutige Menschen auch ein Aufenthalt in sonnenreichen Gegenden möglich ist. Andererseits kann die unzureichende Bildung von Provitamin D bei verminderter Einstrahlung im Winter oder durch zu stark pigmentierte Haut mittels externer Gaben ergänzt werden.

Unser kleiner Streifzug durch die Farben der belebten Natur hat die zentrale Rolle aufgezeigt, die der Chemie dabei zukommt. Typische farbgebende Strukturen sind konjugierte C=C-Doppelbindungen, die oftmals nicht nur einen biologisch wichtigen Farbeindruck hervorrufen, sondern als Radikalfänger wichtige protektive Aufgaben in den Zellen und Organismen haben. Sie wirken als Entschleuniger der Totaloxidation von organischen Kohlenstoffverbindungen. Dieses Prinzip wurde ausgehend von Bakterien und Pflanzen ins Tierreich übernommen, wie wir am β-Carotin gesehen haben. Der Schönheitsaspekt, der beispielsweise bei einer blühenden Wiese das Auge erfreut, ist ohne Zweifel für viele ästhetisch sensible Menschen besonders wichtig, aber aus naturwissenschaftlicher Sicht von sekundärer Bedeutung.

15 Chemische Allianzen

Die bisher besprochenen Klassen von Naturstoffen kommen meist nicht in reiner Form in lebenden Organismen vor. Die belebte Natur hält sich nicht an Einteilungsprinzipien, die sich Chemiker ausgedacht haben, um den Überblick zu behalten. Bezugnehmend auf die beiden Frankfurter Philosophen Max Horkheimer und Theodor W. Adorno könnte man daher schlussfolgern: „Klassifikation ist Bedingung von Erkenntnis, nicht sie selbst, und Erkenntnis löst die Klassifikation wieder auf."[366] Fast immer sind Naturstoffe vergesellschaftet mit anderen Naturstoffen, wobei sie über Van-der-Waals-Wechselwirkungen, Wasserstoffbrücken, kovalente oder ionische Bindungen miteinander verknüpft sein können. Schon die bereits besprochene Liaison zwischen Glucose und einem Duftstoffmolekül stellt solch ein Hybrid dar. Ähnliche Koalitionen finden sich zwischen Farbstoffmolekülen wie dem Häm und seinem Proteinpartner Globin. Ein anderes Beispiel aus diesem Buch ist das Retinal des Auges, das erst durch Bindung an ein Protein seine biologische Funktion erfüllen kann.

In derartigen Allianzen kommt jedem der Partner eine wichtige Rolle zu. Jeder Naturstoff bringt seine Eigenschaften ein, wodurch eine neue Qualität entsteht, gemäß der oft verkürzt zitierten These des griechischen Philosophen Aristoteles: „Das Ganze ist mehr als die Summe seiner Teile."[367] Aus den zahllosen Synergien, die sich beim Zusammenspiel von Verbindungen verschiedener Naturstoffklassen ergeben, wollen wir aus Platzgründen nur das Zusammenspiel von Fetten mit Kohlenhydraten oder Proteinen betrachten. Langkettige Fettsäureester sind in der Lage, bei Überschreitung einer bestimmten Konzentration geordnete Strukturen zu bilden, die zum Beispiel zu einer Fettschicht auf der Milch führen, wie in Kapitel 4.3 beschrieben. Für die Strukturierung lebender Organismen sind doppelschichtige Assoziate, die Membranen auf der Basis von Phosphorlipiden, die sich um Zellen oder Zellorganellen herum organisieren, von konstitutiver Bedeutung. Auf diese Weise werden durch die Haut auch komplexe Organismen (nicht zuletzt der Mensch) von der Außenwelt abgegrenzt. Ohne Membranen würden die fein austarierten biochemischen Prozesse in Organellen, Zellen, Organen und Organismen sofort ins Unendliche verdünnt werden und das Chaos hereinbrechen. Ich hatte schon zu Beginn des Buches am Beispiel einer Qualle die zentrale Bedeutung von biochemischen Grenzen erörtert.

Membranen, die ausschließlich auf der Basis von simplen Fettsäureestern aufgebaut sind, können zwar einen Reaktionsraum gegen äußere Einflüsse abgrenzen, trotzdem würde auf diese Weise kein lebensfähiger Organismus entstehen. Neben den Begrenzungsqualitäten muss eine Membran teilweise durchlässig sein. Die begrenzte Durchlassfähigkeit, auch als Semipermeabilität (lat. *semi*, „halb, teilweise", und *permeo*, „durchgehen, durchwandern") bezeichnet, erstreckt sich auf einströmende Nährstoffe ebenso wie auf ausströmende Abfallprodukte und unterscheidet sich von Zelle zu Zelle bzw. von Organell zu Organell. Die Information, wer hinein- und wer hinausdarf, kann nicht von gleichförmigen Strukturen wie Fettsäureestern kommen. Hierzu bedarf es entweder spezieller Kohlenhydrate, die sich vom „Allerweltszucker" D-Glucose unterscheiden, oder es ist der Einsatz von Informationsmolekülen *par excellence*, den Proteinen, gefordert.

Tatsächlich organisieren Ensembles aus Phospholipiden, Proteinen und seltenen Kohlenhydraten den Verkehr durch die Membranen von Zellen und Organellen. Den Lipiden kommt die versiegelnde Wandfunktion zu, während Proteine, die an verschiedenen Stellen die einheitliche Zellmembran unterbrechen, als Türen fungieren, die gleichzeitig kontrollieren, was hinein oder heraus soll. Bei der Verankerung der Proteine in der unpolaren Membran geben unpolare Seitenketten in den beteiligten Aminosäuren Halt. Chemische Besucher müssen sich mittels eines „Glöckchens", das aus kurzen Kohlenhydratketten besteht, die an diese Proteine angebunden sind, „anmelden", um die Membran zu durchqueren. [368]

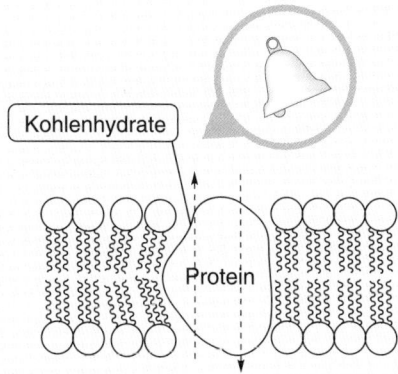

Sphingolipide, speziell Sphingomyeline, stellen mit 40 bis 65 % auch den Hauptteil der Lipidschichten der Oberhaut (Epidermis) des Menschen dar. Sie strukturieren die Haut in lamellenartige Schichten und verbinden auf diese Weise die beiden anderen Bestandteile Triglyceride und den Stabilisator Cholesterol wie Zement.[369] Eine besondere Aufgabe von Sphingomyelinen ist die Regulation des Wasserhaushaltes. Mit zunehmendem Alter nimmt die Konzentration dieser Amphiphile ab. Die Haut einer 50-jährigen Frau enthält beispielsweise nur noch halb so viele Sphingomyeline wie die einer 20-jährigen. Die Folge davon ist übermäßiger Wasserverlust, trockene Haut und Faltenbildung. An dieser Stelle setzen Rezepte für Anti-Falten-Cremes der Kosmetikindustrie an, die oft Sphingolipide enthalten.[370]

Von zentraler Bedeutung sind Sphingomyeline auch bei der Bildung von Membranen für verschiedenste Typen von Nervengeweben in Wirbeltieren.[371] Diese dicht gepackten Strukturen werden Myelin (altgriech. μυελού *myelos*, „Mark") genannt. Neben einem Lipidanteil von bis zu 70 % bestehen Myeline weiterhin noch aus 30 % Proteinen. Im Zentralnervensystem erscheinen diese Regionen weiß, weshalb sie in der Gehirnchirurgie als „weiße Substanz" bezeichnet werden. Der hohe Lipidanteil ist für die isolierende Funktion des Myelins verantwortlich, eine Eigenschaft, die von zentraler Bedeutung für die störungsfreie Erregungsübertragung durch elektrische Impulse ist. Im Unterschied zu Ummantelungen von Kupferkabeln aus Guttapercha, denen wir im Kapitel 4.2 im Zusammenhang mit Überseetelefonkabeln begegnet waren, sind Nervensysteme sich dynamisch verändernde Formationen. Sie reagieren auf äußere Reize durch Änderung der chemischen Zusammensetzung, was wiederum Änderungen neurobiologischer Strukturen nach sich zieht. Dabei wirken die Informationsmoleküle – die Proteine – aufgrund ihrer strukturellen und dynamischen Variabilität als treibende Kraft. Der Prozess dieser materiellen Veränderung wird als Myelinisierung bezeichnet und besteht in der Umhüllung der Neuronen mit Myelin während der Reizweiterleitung. Die Myelinisierung ist reversibel und spielt bei Lernprozessen aus biochemischer Sicht eine Hauptrolle. Erst diese Auf- und Abbauprozesse verleihen Gehirnen ihre neuronale Plastizität. Jüngste Untersuchungen an sozial isolierten Mäusen bewiesen beispielsweise, dass die Dicke der Myelinschicht bei den Versuchstieren nach einer medikamentösen Behandlung wieder zunehmen kann. In der Folge wurden sie zutraulicher im Umgang mit Artgenossen, woraus sich eine klare Abhängigkeit zwischen chemischer Struktur und sozialem Verhalten ergibt.[372]

Die hier nur grob skizzierte chemische Basis von Nervenprozessen lässt sich selbstredend auch auf sämtliche Gehirnfunktionen des Menschen übertragen. Jeder Mensch hat sein eigenes Gehirn, woraus sein spezielles Bewusstsein entsteht. Aus der individuellen chemischen Architektur des menschlichen Gehirns ergeben sich somit auch seine Einzigartigkeit und die individuellen Vorstellungen von der Welt. Der Mainzer Philosoph Thomas Metzinger, der sich mit neuropsychologischen Grundlagen von Erkenntnisprozessen beschäftigt, hat die daraus resultierende Sicht des Menschen auf seine Umwelt als „Ego-Tunnel" bezeichnet.[373] In der deutschen Sprache wird diese Einzigartigkeit semantisch besonders präzise in dem besitzergreifenden Ausdruck der „Meinung" eingebettet. Eine Meinung ist immer einzigartig.*

Ungeachtet dieser grundstürzenden neurochemischen Einsichten spielen die daraus folgenden mentalen Begrenzungen und Eigenheiten im Alltagsmiteinander der Menschen bisher fast keine Rolle. Das kann man zu Recht als bedauerlich bezeichnen. Man stelle sich einen Politiker vor, der seiner Kontrahentin nicht mangelnde Einsicht oder gar Lügenhaftigkeit, sondern nur eine andere chemische Gehirnstruktur zum Vorwurf macht. Möglicherweise würde durch solch ein chemie- und damit vernunftbasiertes Einfühlungsvermögen unsere Welt ein wenig objektiver und damit friedlicher werden.

---

* Meinungen, die von mehreren Menschen geteilt werden, müssten daher konsequenterweise als „Unsung" bezeichnet werden, ein Begriff, den es leider in der deutschen Sprache nicht gibt.

16 Virtuose Genetik

16.1 Das Henne-oder-Ei-Problem der Genetik – vom Einfachen zum Komplexen

Eine Chemie des Lebens, wie sie in diesem Buch vorgestellt wird, wäre unvollständig ohne einen Exkurs in die molekularen Grundlagen der Vererbung (Genetik). Der Begriff Gen wurde 1909 von dem dänischen Botaniker Wilhelm Johannsen nach dem altgriechischen Wort für Gattung (γένος *génos*) geprägt. In diesem Kapitel werden Sie viele chemische Bekannte wiedertreffen, die wir bisher betrachtet haben. Die Genetik hat sich mittlerweile als selbstständige Wissenschaft im Rahmen der Biologie etabliert. Trotzdem darf nicht in Vergessenheit geraten, dass chemische Verbindungen, die zueinander in vielseitigen Beziehungen stehen, die Basis darstellen. Gerade in der Genetik zeigt sich die enorme Komplexität und gegenseitige Abhängigkeit von Stoffwechselreaktionen in Organismen. In diesem Bereich der Biochemie werden die „chemischen Allianzen" auf die Spitze getrieben. Vieles liegt noch im Dunkeln, aber mittlerweile haben wir schon sehr detaillierte Vorstellungen, welchen Einfluss die organische Chemie gerade in diesem hochsensiblen Bereich der belebten Natur hat.

Eine zentrale Verbindung in der Genetik ist das Adenosinmonophosphat (AMP), das Sie im Rahmen des Energiehaushaltes der Zelle kennengelernt hatten. Dort war es uns als Endstation bei der Spaltung von Adenosintriphosphat (ATP) begegnet. Bei dieser Reaktion entsteht einerseits allseitig nutzbare chemische Energie, andererseits bildet sich AMP, das kein nutzloses Abfallprodukt ist, sondern eine Verbindung mit mehrfachem Verwendungspotenzial. Entweder wird AMP in das energiereiche ATP zurückverwandelt oder es dient beispielsweise als Baustein beim Aufbau der RNA (engl. *ribonucleic acid*; deutsch: Ribonucleinsäure = RNS)* Nach einer geringfügigen Modifikation ist AMP

---

* Eine weitere, sehr wichtige und weitreichende Verwendung von AMP ist die als Botenstoff, wo ein bicyclisches Derivat, das cAMP (cyclisches AMP), wirkt.

überdies für die Konstruktion der DNA (engl. _deoxyribonucleic acid_; deutsch: Desoxyribonucleinsäure = DNS) zu gebrauchen. Die Situation ist vergleichbar mit der Wahl eines
Abiturienten in Bezug auf ein künftiges Studium: Gehe ich in die Energiewirtschaft oder
nehme ich doch lieber ein Studium der Informatik auf?

Wir interessieren uns in diesem Kapitel
nicht für Fragen der Energie und wollen
den letzteren Weg betrachten. Um den
Ort des Geschehens in der Zelle auch semantisch einzugrenzen, hat der Schweizer Mediziner Friedrich Miescher bereits

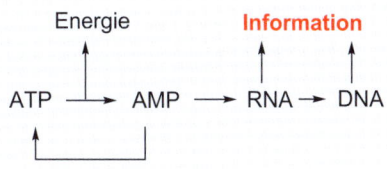

1869 den Begriff der Nucleinsäuren geprägt. Deshalb werden Sie im Laufe dieses Ab-
schnitts auf viele Trivialnamen stoßen, die Abwandlungen des lateinischen _nucleus_
(„Kern") im Namen tragen und dadurch auf ihr Vorkommen im Zellkern verweisen.

Wie wir im Zusammenhang mit dem ATP festgestellt haben, besteht AMP aus drei
Bestandteilen: dem stickstoffhaltigen Heterocyclus Adenin auf der rechten Seite und
einem Phosphatrest auf der linken; beide nehmen die D-Ribose in die Mitte.

Adenin

Wasserstoff-
brücken

Adenosinmonophosphat
(AMP)

Zucker und Adenin zusammen werden als Adenosin bezeichnet und über ein _N,O_-Ace-
tal (siehe Kapitel 5.1) zusammengehalten; dies ist ein typisches Beispiel eines Nucleo-
sids. Spielte im ATP der dreifache Phosphatrest die Hauptrolle als Energielieferant von
zellulären Prozessen, verschiebt sich nun die Aufgabenverteilung innerhalb des Moleküls. Beim Einsatz in den Nucleinsäuren übernimmt das Adenin, das im ATP nur als
Zuschauer fungierte, die maßgebliche Funktion. Zucker und Phosphatrest haben in dieser Performance nur noch „verbindende" Aufgaben als stabiles Rückgrat.

Insbesondere den Stickstoffatomen des Adenins kommt eine zentrale Bedeutung zu.
Wie Sie gleich sehen werden, bildet das äußere rechte Stickstoffatom zusammen mit der

NH$_2$-Gruppe an der Spitze den Ausgangspunkt für die Ausbildung von zwei Wasserstoffbrücken in den Nucleinsäuren RNA und DNA. Wir sollten uns darüber hinaus ins Gedächtnis rufen, dass die beiden Ringe des Adenins aus der Reaktion unterschiedlicher Aminosäuren entstehen. Aus dieser Sicht betrachtet, stellt Adenin neben anderen Stickstoffverbindungen, beispielsweise Proteinen, ebenfalls eine langlebige chemische Depotform von Stickstoff im Organismus dar.

Alle vier Stickstoffatome tragen gleichzeitig zu den Schwachstellen im Adenin bei. In ihrer unmittelbaren Nachbarschaft befinden sich C–H-Bindungen, die oxidiert werden können. In der Struktur des Adenins zeichnen sich bereits die Abbauprodukte ab: Ammoniak, Harnsäure und Harnstoff – alle drei sind uns wohlbekannt aus dem Stickstoffstoffwechsel der Zelle (Kapitel 7.2). Der erste Schritt im Abbau ist, wie wir es vielfach in diesem Buch schon exerziert haben, der Einschub von Sauerstoffradikalen in die C–H-Bindungen. Der Rest ist biochemische Routine.

Der oxidative Abbau der DNA-Bestandteile ist für Entzündungen, Krebs und Alterungsprozesse verantwortlich, die auf den Tod der Zelle und letztendlich des gesamten Organismus hinauslaufen. In Zeiten von erhöhtem Stress läuft die Energieproduktion in den Mitochondrien auf Hochtouren und damit wächst die Gefahr des Entweichens von (freien!) Sauerstoffradikalen, die nicht nur die Membranen der Zelle, sondern auch das Erbgut attackieren. Zur medizinischen Analytik von Stress dient deshalb der quantitative Nachweis von 8-Hydroxydesoxyguanosin, das aus einem weiteren Baustein der DNA, dem Desoxyguanosin, durch Einschub von Sauerstoff in die einzige C–H-Bindung (C8) entsteht.[374] Das Produkt ist wie alle anderen oxidierten Nucleobasen nicht mehr in der Lage, seiner Funktion als Informationsmolekül nachzukommen.*

Manche Pflanzen haben spezielle Abbauwege für Heterocyclen vom Adenin-Typ etabliert, um das Problem der für sie oft schwierigen Stickstoffausscheidung zu lösen und gleichzeitig noch einen biologischen Gewinn aus den Abfallprodukten zu ziehen: Sie speichern den Stickstoffabfall in Form von Alkaloiden in den Vakuolen. Das stellt für die Pflanze eine wohlfeile Verteidigung gegen die allermeisten Fressfeinde dar. Doch dieser Schutz wird, wie so oft, besonders vom Menschen ignoriert, der sich über diese Abwehrmaßnahme einfach hinwegsetzt. Zu besonderer Wertschätzung hat es in diesem Zusammenhang das Coffein im Kaffee gebracht, von dem das Liesgen in Johann Sebastian Bachs „Kaffeekantate"[375] schwärmt: „Coffee, Coffee muß ich haben,/Und wenn jemand mich will laben,/Ach, so schenkt mir Coffee ein!"

H_3C O CH_3 ... N ... N ... N ... O ... N ... CH_3

Coffein   Theophyllin   Theobromin

Auch das Theophyllin der Teepflanze (lat. *thea*, „Tee", und altgr. φύλλον *phýllon*, „Blatt") und Theobromin (altgriech. θεός *théos*, „Gott", und βρῶμα *brōma*, „Speise") aus dem Kakao stehen in der Gunst moderner Genussmenschen ganz oben.**[376] Alle drei Verbindungen unterscheiden sich nur durch Anzahl und Position der Methylgruppen, was auf ähnliche biochemische Synthesewege in den Pflanzen schließen lässt.

Der etwas ungewöhnliche Zucker D-Ribose, zwischen Phosphat und Heterocyclus im AMP, wurde bereits im Rahmen der Energiewirtschaft der Zelle vorgestellt. Das gesamte Ensemble, bestehend aus Stickstoffheterocyclus, D-Ribose und Phosphat, wird Nucleotid genannt. Es ist bemerkenswert, dass die Chemie des Lebens an dieser Stelle nicht den

---

* Das primäre Oxidationsprodukt stabilisiert sich, wobei ein Proton vom O zum N wandert. Gleichzeitig verschiebt sich die Doppelbindung. Der ganze Prozess ist ebenfalls eine Form der Tautomerie, der Sie im Kapitel 5.4 am Beispiel des Gleichgewichtes zwischen Glucose und Fructose begegnet sind.

** Kakao ist ursprünglich eine Kreation der Azteken in Mexiko (abgeleitet von *xocóatl* oder *xocólatl*, Nahuatl: *xócoc*, „bitter", *atl* „Wasser"), dessen bitterer Geschmack die Versüßung mit Zucker erfordert. Der bittere Geschmack des Kaffees (Espresso) kommt nicht in erster Linie vom Coffein, sondern von den Röstprodukten.

„Allerweltszucker" D-Glucose einsetzt, was andeutet, dass die Struktur des AMP auf Langlebigkeit hin angelegt ist. *„Mĕnē mĕne tĕqel ûfarsîn"*, heißt es im Alten Testament der Bibel (Daniel 5,25), was der Prophet Daniel mit den Worten übersetzt: „Du wurdest gewogen und zu leicht befunden." Die vielseitige D-Glucose ist offenbar zu volatil. Sie würde in Notzeiten sofort als Energiequelle missbraucht werden, was dem Verbrennen von Büchern zu Wärmezwecken gleichkommen würde. Doch Bücher darf man nicht verbrennen, auch nicht Bücher auf molekularer Ebene! Dass dieser destruktive Weg trotzdem stets auch eine Option in der chemischen Evolution dargestellt hat, erkennt man daran, dass Ribose bis heute selbst in menschlichen Zellen aus Glucose über Fructose als Konkurrenzweg zur Glycolyse hergestellt wird.[377]

Bei der Totalsynthese der Ribose ist der Phosphatrest am Ende des Zuckers von Anfang an in Form des D-Fructose-6-Phosphats mit dabei, ebenfalls ein Hinweis, dass die Verbindung nur um Haaresbreite der Zerlegung während der Glycolyse entgangen ist. Ribose entsteht durch Abtrennen der obersten Kohlenstoffeinheit, während die Glycolyse das Molekül etwas weiter unten durchtrennt.

Wie Sie schon bei der Behandlung vom ATP erfahren haben, ist die P–O–C-Bindung sehr robust. Das ist die Gewähr dafür, dass sich diese Phosphatgruppe nicht schon bei der erstbesten Gelegenheit, insbesondere durch die Reaktion mit Wasser, vom organischen Rest des Moleküls verabschiedet. Diese Aussage ist von beträchtlichem Wert, denn AMP baut zusammen mit den anderen Nucleotiden die RNA, eines der wichtigsten Informationsmoleküle in der Zelle, auf. Neben Adenin können die Rolle des stickstoffhaltigen Heterocyclus auch Guanin, Cytosin und Uracil einnehmen, wobei die Nucleoside Adenosin (A), Guanosin (G), Cytidin (C) und Uridin (U) entstehen. Die Stickstoffheterocylen werden auch Nucleobasen genannt. Die Basizität der Aminogruppen ist aufgrund einer starken Prise Aromatizität bzw. durch die Nachbarschaft zur Carbonylgruppe geringer als die von einfachen Aminen.

Die Nucleobasen stehen jeweils paarweise in einem Reaktionszusammenhang: Beispielsweise lässt sich im Cytosin die NH_2-Gruppe gegen eine OH-Gruppe austauschen und Uracil entsteht.

Diese Transformation erfolgt durch Reaktion mit Wasser. Da Ammoniak, der über einige Zwischenstufen am Ende entsteht, bei Raumtemperatur gasförmig ist, wird das Gleichgewicht der Reaktion von links nach rechts verschoben. Das organische Zwischenprodukt stabilisiert sich zum Uracil. Uracil ist somit nicht nur eine andere Nucleobase als Cytosin, sondern bereits auch dessen erstes Abbauprodukt. Ein ähnlicher Reaktionszusammenhang lässt sich zwischen Adenin und Guanin konstruieren, woraus die Grundthese dieses Buches, dass das Leben die entschleunigte Umwandlung von komplexen Verbindungen ist, selbst auf genetischer Ebene eine Bestätigung erfährt.

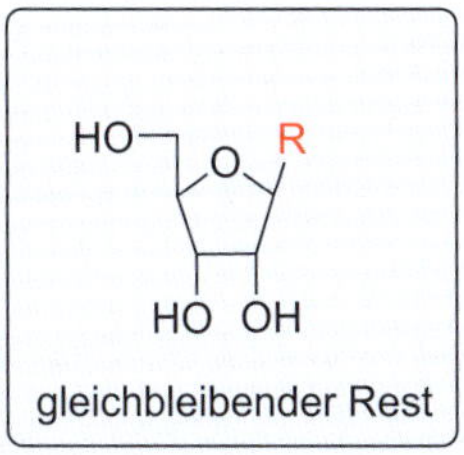

gleichbleibender Rest

häufig vorkommende Nucleoside der RNA

R =

Adenosin (A)   Guanosin (G)   Cytidin (C)   Uridin (U)

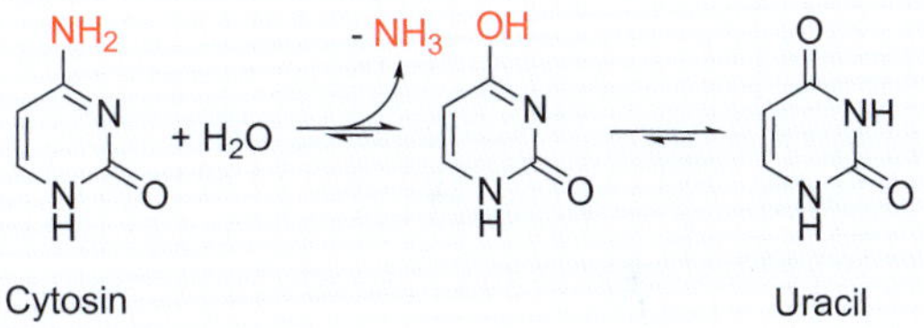

Cytosin   + H_2O - NH_3 Uracil

gleichbleibender Rest

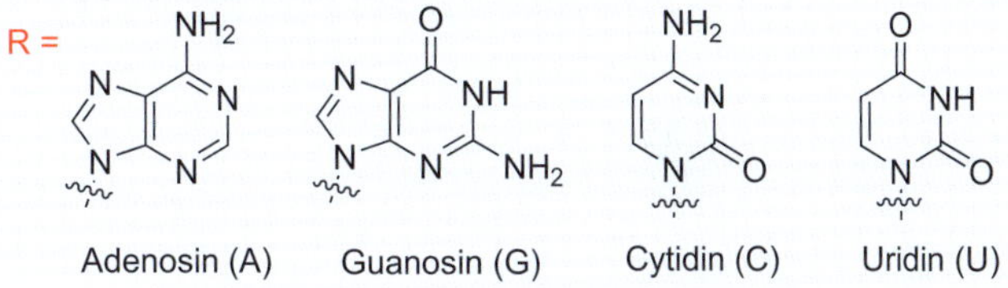

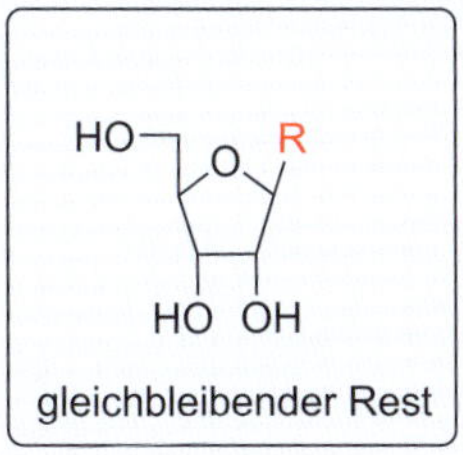

selten vorkommende Nucleoside der RNA

R =

Dihydrouridin (D)   Pseudouridin (Ψ)   Ribothymidin (T)   Inosin (I)

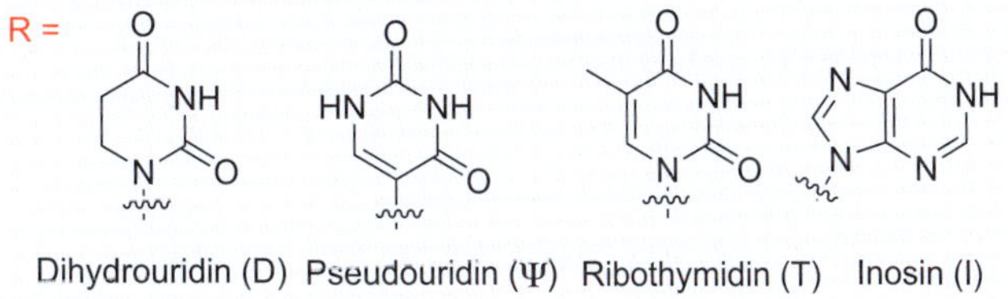

Daneben gibt es noch eine Reihe selten vorkommender Nucleoside wie Dihydrouridin, Pseudouridin, Ribothymidin oder Inosin.

Wir müssen schon sehr genau diese Formeln mit denen der Standardnucleoside von weiter oben vergleichen, um die Unterschiede zu erkennen. Man könnte meinen, es handele sich um unfertige Prototypen, an denen noch gearbeitet werden muss. Die meisten dieser Verbindungen werden mit – außerhalb von Genetikerkreisen – kaum bekannten Abkürzungen (D, Ψ, T, I) bezeichnet, was darauf hindeutet, dass wir sie im Verlauf der chemischen Evolution und damit auch im Laufe dieses Kapitels bald aus den Augen verlieren werden.

Der Phosphatrest am Ende der Ribose ist für die Bindung zu einem anderen Zucker verantwortlich.[378] Auf diese Weise wird eine große Anzahl von Nucleotiden über ein einheitliches polymeres Rückgrat miteinander verknüpft. Wie bereits an anderer Stelle in diesem Buch bedauert wurde, ist es in der modernen Biochemie vielfach üblich, auf chemische Formeln zu verzichten. Stattdessen erhalten die Riesenformeln kryptische Abkürzungen. Bei den Nucleinsäuren werden sogar nur noch einzelne Buchstaben verwendet. In diesem Fall hat das Verfahren Vorteile. Schreibt man die Abkürzungen der vier Nucleoside mehrfach hintereinander auf, entsteht eine lange Kette, in der die vier Buchstaben in unterschiedlicher Abfolge auftauchen können. Jedem Geheimdienstler würde an dieser Stelle sofort die Idee kommen, dass man auf diese Weise einen Code erzeugen kann, mit dem sich Informationen verschlüsseln lassen.*

ACAGUGUAACCCGACUGACAGUCUACCCGAGUG

---

* Tatsächlich wurde die Hypothese geäußert, dass einer der Pioniere der DNA-Entschlüsselung, Francis Crick, während seiner Dienstzeit bei der britischen Armee Kenntnis von den Bemühungen zur Aufklärung des Enigma-Codes erhalten hatte, eine Erfahrung, die möglicherweise nach dem Zweiten Weltkrieg ein hilfreicher Anstoß für die Entschlüsselung der DNA gewesen sein könnte (J. Al-Khalili, J. McFadden, *Der Quantenbeat des Lebens: Wie Quantenbiologie die Welt neu erklärt*, Ullstein, 2015).

Möchte man den Aufbau des Codes und die sich anschließende Weitergabe der Information gezielt stören, empfiehlt sich die Unterbrechung der Kette. Das nutzt die pharmazeutische Chemie, indem der untere Teil der D-Ribose, der zum nächsten Phosphat überbrücken soll, modifiziert wird. Im einfachsten Fall „schneidet" man dieses Segment mittels synthesechemischer Methoden einfach ab. Wird solch ein Artefakt als Baustein für eine schnellwachsende Kette angeboten, kommt deren Wachstum augenblicklich zum Erliegen. Auf diese Weise verhindert das Medikament Aciclovir die Synthese von funktionierenden RNAs in Herpesviren, den Auslösern von lästigen Fieberbläschen am Mund nach Erkältungskrankheiten.

Aciclovir

Azidothymidin

Cidofovir

Alternativ kann die Hydroxygruppe so modifiziert werden, dass die Verbrückungsreaktion mit Phosphat misslingt. Das resultierende Azidothymidin war eines der ersten wirksamen Präventionsmedikamente gegen HIV und wurde 1990 zugelassen. Cidofovir fehlen ebenfalls wichtige strukturelle Bestandteile, die für die Bildung einer Kette notwendig sind. Der Wirkstoff aus der Verbindungsklasse der Phosphonsäuren, die Sie schon im Zusammenhang mit dem Herbizid „Roundup" kennengelernt haben, wird zur Bekämpfung einer viralen Netzhauterkrankung bei AIDS-Patienten eingesetzt.

Die RNA ist das zentrale Informationsmolekül in Viren und Phagen. Eine große Anzahl von unterschiedlichen RNAs ist allerdings auch in höheren Organismen, einschließlich dem Menschen, als Überträger von Informationen zur Proteinsynthese tätig.* Es gibt mittlerweile keinen Zweifel, dass die RNA evolutionschemisch betrachtet noch vor der DNA entstanden sein muss. RNA ist auch heute noch für die Synthese von Enzymen, die Polynucleinsäuren herstellen (Polymerasen), zuständig und kann überdies selbst die Funktion von Enzymen übernehmen, eine Erkenntnis, für die Thomas R. Cech und Sidney Altmann den Nobelpreis für Chemie 1989 erhielten.[379]

---

* Mittlerweile sind mehr als 20 RNAs bekannt. RNA dient als primäres Informationsmolekül in Viren im Rahmen der sogenannten RNA-Welt. In höheren Organismen funktionieren sie vor allem als sekundäre Informationsüberträger, indem sie den Informationsfluss zwischen DNA und Ribosomen, den Orten der Proteinsynthese, organisieren.

Auf der Basis von RNA allein lassen sich keine komplexen und langlebigen Organismen konstruieren; sie ist nicht stabil genug. Alle RNAs haben zahlreiche reaktive Stellen, was ihre große Veränderungstendenz erklärt. Oftmals ändern nur geringfügige Modifikationen an den Stickstoffatomen die Struktur der Mutterbase mit entscheidenden Auswirkungen auf die Gesamtstruktur.*

Der zentrale Knackpunkt der RNA ist die „unbeschäftigte" zweite Hydroxygruppe in der D-Ribose. Sie kann intermolekulare Wasserstoffbrücken zwischen Stickstoffheterocyclen beeinflussen und in dieser Hinsicht selbst aktiv werden. Darüber hinaus kann es leicht zur Konkurrenz um die verbindende Phosphatgruppe zwischen den beiden Hydroxygruppen an den Kohlenstoffatomen C2 und C3 der Ribose kommen. Im schlimmsten Fall kann diese Umesterungsreaktion zum Kettenbruch führen und zwei nicht mehr miteinander verbundene RNA-Kettenenden resultieren. Diese Prozesse können völlig spontan erfolgen. Die Dauer der Stabilität von RNAs liegt zwischen wenigen Minuten bis hin zu mehreren Stunden.

Die Labilität der RNA ist die Ursache dafür, dass sich die RNA von Viren so schnell verändert und wir es in jedem Herbst mit einem neuen Typ von Schnupfen oder Grippe zu tun bekommen. Viren haben ein echtes Identitätsproblem, was die Entwickler von Impfstoffen gegen Infektionskrankheiten zur Verzweiflung treiben kann. „*Wat den eenen sin Uhl, is den annern sin Nachtigall*" ist die plattdeutsche Version von „Jeder sieht die Sache aus seiner Perspektive". Natürlich wurden auch Viren und Bakterien auf Überleben und Vermehrung evolviert. Dabei hilft ihnen die schnelle Anpassungsfähigkeit an wechselnde

---

* Das sind insbesondere Methyl- und Acetylgruppen.

Umweltbedingungen. Im Extremfall gehören dazu die innovativen Erzeugnisse der Pharmaindustrie, die sie nach einer kurzen Adaptionsphase mit Behagen verzehren.

Es erhebt sich an dieser Stelle die Frage, warum sich in der chemischen Evolution ausgerechnet jene vier Nucleobasen durchgesetzt haben, die wir weiter oben als häufig bezeichneten? Die Antwort ist: Jeweils zwei von ihnen passen perfekt wie Puzzlesteine zueinander.[380]

Ebenso wie Puzzleteilchen aus Pappe sind diese Heterocyclen entweder völlig oder annähernd planar.* Mittels zwei oder drei Wasserstoffbrücken stehen sich stets die Nucleobasen der Nucleoside A und U sowie G und C gegenüber, das heißt, sie kommen jeweils im Verhältnis von 1:1 vor. Die oppositionellen Heterocyclen können Teil einer kurzen Kette mit nur wenigen Nucleotiden sein. Es können wie bei der Cellulose oder bei vielen Proteinen auch längere Abschnitte miteinander verbunden werden. Durch den Prozess der selektiven Puzzle-Paarung, deren Zustandekommen wie immer durch einen Ordnungs- und Energiegewinn belohnt wird, ist genau festgelegt, welche Nucleobase sich auf der anderen Seite befinden muss. Man kann sich kaum vorstellen, wie lange es gedauert haben mag, unter den zahllosen chemischen Strukturen (darunter natürlich auch die oben genannten seltenen Nucleoside) genau diese Kombinationen zu selegieren.**[381] Es reicht allerdings völlig aus, sich an die Vielzahl der chemischen Verbindungen aus dem zweiten Kapitel zu erinnern, die auf der Basis des Kohlenstoffs möglich sind: Die Chemie bietet an und die Biologie wählt aus.

---

* Die in der RNA vorkommenden seltenen Basen sind meist nicht ganz eben. Bezogen auf unseren Puzzlevergleich betrifft das jene Teilchen, bei denen eine oder mehrere Ecken nach oben stehen. Es liegt auf der Hand, dass solche dreidimensionalen Teilchen nicht in ein zweidimensionales Puzzle passen und die chemische Evolution in Richtung DNA davon keinen Gebrauch machen konnte. Darüberhinaus sind die H-Atome für potenzielle Wasserstoffbrücken an der „falschen" Stelle.

** Auch AMP ist nicht aus dem Nichts entstanden. Verschiedene Theorien versuchen die Synthese der ersten Biomoleküle zu erklären. Einen der ersten Lösungsversuche stellt das berühmte Miller-Urey-Experiment (1953) dar, wobei die Bedingungen in einer hypothetischen Uratmosphäre auf der Erde (Wasser, Kohlenmonoxid, Methan, Ammoniak, Wasserstoff; elektrische Entladungen) simuliert wurden. Tatsächlich konnten die Experimentatoren am Ende die Bildung einer Reihe von Aminosäuren nachweisen. Unbeantwortet blieb bei dieser Versuchsanordnung die Frage, wie aus diesen kleinen Molekülen auch komplexere molekulare Strukturen entstehen

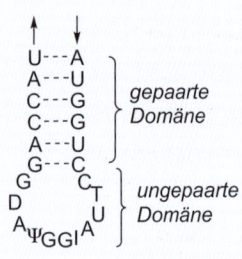

RNAs sind nicht in der Lage, lange und stabile Doppelstränge auszubilden. Viele RNAs bestehen deshalb nur aus einer einzigen Kette
mit Schleifen, in denen sich nur ab und zu die oben genannten Nucleoside gegenüberstehen.*

In diesen Abschnitten, die auch als Domänen bezeichnet werden,
sind die Nucleobasen paarweise durch Wasserstoffbrücken miteinander verbunden. In anderen Abschnitten verhindern die seltenen Basen das Prinzip der komplementären Paarung. Am
Evolutionshorizont taucht mit den gepaarten Abschnitten schon
das Wetterleuchten des nächsten Prototyps auf: die alles revolutionierende DNA.

Die unübersichtliche Situation in der RNA klärt sich sofort durch Entfernung der seltenen und damit nicht perfekt passenden Basen aus unserem Puzzlespiel. Eine weitere
Voraussetzung ist die Eliminierung der „störenden" Hydroxygruppe am Kohlenstoffatom
C2 der D-Ribose. Reaktionstechnisch bedeutet das Hydrierung oder, wie man gleichermaßen sagen kann, Desoxygenierung (lat. *de*,** „ab"; hier ist gemeint: Entfernen von
Sauerstoff). Es entsteht die Grundstruktur der DNA, die in der Konsequenz diese entscheidende Operation auch im Namen trägt: Desoxyribonucleinsäure.***

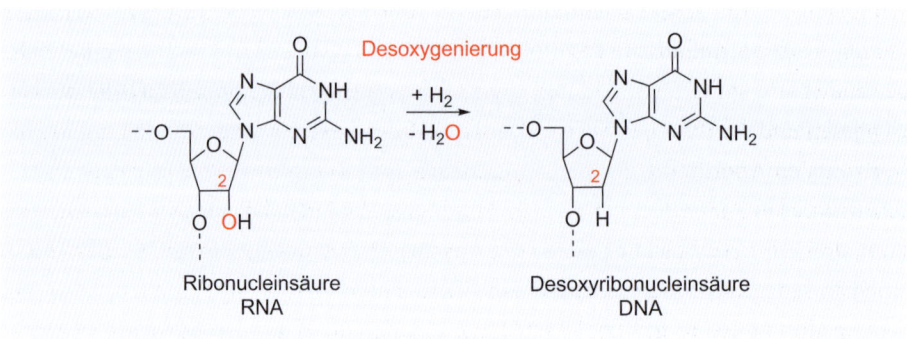

Ribonucleinsäure
RNA

Desoxyribonucleinsäure
DNA

können. Gleichzeitig stellte die Abgeschlossenheit des verwendeten Glaskolbens ein Problem
dar, da sie mit der offenen Situation auf der Urerde nicht vergleichbar ist. Spätere Hypothesen
versuchten diese Schwachstellen auszumerzen, indem sie die ersten Lebensspuren in die Tiefsee
an die Ränder der sogenannten Schwarzen Raucher bzw. direkt in das Innere von Weißen Rau-
chern verlegten. Mit den neuen Hypothesen konnte auch die Frage nach der erstmaligen Entstehung der Nucleobase Adenin und von RNA befriedigend beantwortet werden (N. Lane, *Leben.
Verblüffende Erfindungen der Evolution*, primus verlag, 2013).

*   Man unterscheidet zwischen Einzelstrang- und Doppelstrang-RNAs.

**   In der englischen Übersetzung wird die Vorsilbe „de" ohne Modifikation verwendet: *Deoxygena-
tion*, während für die bessere Sprechbarkeit im Deutschen ein „s" eingefügt wurde: Desoxygenierung.

*** Das Präfix „Desoxy" (im Englischen *deoxy*) zeigt an, dass der Ersatz einer Hydroxygruppe durch
Wasserstoff stattgefunden hat.

Kleine Ursache, große Wirkung: Durch den Verlust einer einzigen Hydroxygruppe ist nicht nur ein neuer Name entstanden, sondern die minimale Strukturänderung führt zur Bildung extrem langer und robuster Polynucleinsäureketten. Wasserstoffbrücken konkurrieren nicht mehr innerhalb einer Kette, sondern zwei DNA-Stränge verbinden sich komplementär über diesen Bindungstyp miteinander. Es entstehen hochgeordnete Strukturen, die sehr stabil sind und auch extreme Bedingungen aushalten.* In der DNA des Menschen werden ungefähr drei Milliarden Nucleoside über Phosphatbrücken miteinander verknüpft, die sich gepaart gegenüberstehen. Aufgrund der chemischen Struktur der DNA-Bausteine haben sich die Ordnungsmöglichkeiten des Gesamtgebildes potenziert, was die These des französischen Soziologen Auguste Comte unterstreicht: *„Le progrès est le développement de l'ordre.“***[382]

Solche geordneten Strukturen haben die Tendenz zur Kristallisation, wie wir schon an mehreren Beispielen festgestellt haben. Es ist daher nicht verwunderlich, dass die DNA, unmittelbar nachdem sie erstmals in reiner Form hergestellt werden konnte, mittels der damals noch jungen Röntgenkristallstrukturanalyse vermessen wurde. Pionierarbeit leistete Rosalind Franklin am *King's College* in London zwischen 1950 und 1953, indem sie die bis dahin besten Aufnahmen der DNA vorlegte. Anhand dieser Bilder schlussfolgerte die Wissenschaftlerin, dass die mit Phosphat verbrückten Zuckerketten der DNA auf der Außenseite des Moleküls liegen und dass die DNA in Form einer Helix gewendelt sein sollte. Dieser Schluss ergibt sich zwangsläufig aus der Planarität der Nucleobasen und der ihrer paarweisen Assoziate, die ohne eine kleine Abweichung von der horizontalen Anordnung nur ein zweidimensionales Muster, vergleichbar einem zweidimensionalen Puzzle, formen würden. Franklin spekulierte, dass die DNA entweder aus zwei, drei oder vier solcher Spiralketten besteht. Die beiden unkonventionellen Nachwuchsforscher James Watson und Francis Crick entwickelten umgehend aus dieser Anregung die bis heute gültige Vorstellung von der Struktur der DNA als verdrehte Sprossenleiter, indem sie mit einfachen Gerätschaften eines Chemielabors, die auch heute noch überall in Gebrauch sind, ein Modell aufbauten. Für diese kreative Leistung wurden beide mit dem Medizin-Nobelpreis des Jahres 1962 geehrt. Rosalind Franklin starb leider schon 1958 im Alter von 38 Jahren, ohne eine entsprechende Würdigung zu finden.

––––––––––––––––

*   Unlängst wurden mehrere Proben Bakterien-DNA mit einer Rakete für mehrere Minuten in den Weltraum geschossen, wo sie Temperaturen von bis zu 123 °C ausgesetzt waren. Nach der Rückkehr auf die Erde wurden keinerlei Veränderungen festgestellt (C. S. Thiel, S. Tauber, A. Schütte, B. Schmitz, H. Nuesse, R. Moeller, O. Ullrich, Functional Activity of Plasmid DNA after Entry into the Atmosphere of Earth Investigated by a New Biomarker Stability Assay for Ballistic Spaceflight Experiments, Public Library of Science [PLOS] One 2014, DOI: 10.1371/journal.pone 0112979).

**   Deutsch: „Der Fortschritt ist die Entwicklung der Ordnung."

„Watson and Crick with their DNA model"
Science Photo Library/A. Barrington
Brown/Gonville And Caius College,
© Science Photo Library

DNA ist ein paariges Makromolekül und gewendelt. Im Alltagsbetrieb der Zelle werden Teilabschnitte bei Ablesung im Gesamtprozess der Proteinsynthese oder Verdopplung, in Genetikerkreisen als identische Reduplikation bekannt, freigelegt. Es ist allerdings auch möglich, bei Temperaturen von 90 °C–100 °C die Wendeltreppe zu strecken und die intermolekularen Wasserstoffbrücken zu spalten. In der Folge werden die beiden Stränge separiert. Bringt man das Ganze wieder auf Raumtemperatur, bildet sich die originale Doppelhelix wie von Geisterhand zurück, ein schöner Beweis für ihre enorme intrinsische Stabilität.

Diese Eigenschaft haben sich die beiden Ornithologen Charles Gald Sibley und Jon Edward Ahlquist zunutze gemacht, um die genetische Verwandtschaft von Vögeln zu klären.[383] Sie mischten die DNA von zwei verschiedenen Spezies, erhitzten sie eine Zeit lang, um ein vollständiges Aufrösen zu erreichen, und kühlten abschließend die Probe wieder herunter. Durch das Mischen und Abkühlen finden nicht nur DNA-Stränge der gleichen Spezies zueinander, sondern es bilden sich auch Mischformen, die weniger perfekt zueinanderpassen. Mischungen von chemischen Verbindungen sind oftmals durch eine Erniedrigung des Schmelzpunktes charakterisiert. Ein anschauliches Beispiel ist Eis auf zugefrorenen Straßen, das mit Kochsalz bestreut wird. Das Eis taut dann schon weit unter 0 °C.* Genau diesen Effekt haben die beiden Biologen beobachtet. Sie zogen daraus die Schlussfolgerung: Je größer die Abweichung des Schmelzpunktes der Misch-DNA von dem der reinen DNA ist, desto größer sind die Unterschiede in den DNAs und desto kleiner ist die genetische Verwandtschaft ihrer Besitzer. Dieser DNA-Hybridisierungstest wird seither nicht nur genutzt, um den Verwandtschaftsgrad von Vögeln, Viren oder Bakterien nachzuweisen, sondern lässt auch Rückschlüsse auf die nächsten Verwandten des Menschen während der Evolution zu: Nicht Gorillas oder Orang-Utans stehen uns

---

* Eine gesättigte wässrige Kochsalzlösung hat einen Gefrierpunkt von −21 °C.

am nächsten, wie lange Zeit angenommen wurde, sondern Schimpansen, mit denen wir über 95 % Übereinstimmung in der DNA haben.[384] Gleichzeitig gelang es, anhand des Ausmaßes der Temperaturdifferenz des Schmelzpunktes festzustellen, wie lange die separate Entwicklung der betrachteten Spezies über Jahrmillionen bereits andauert.

Es gibt neben der „wegrationalisierten" Hydroxygruppe im Zuckeranteil noch einen weiteren Unterschied im molekularen Aufbau von DNA und RNA: Aus der Nucleobase Uracil ist Thymin geworden. Ein Seitenarm, eine CH_3-Gruppe (Methylgruppe), ragt im Thymin in unserer Darstellung links oben aus dem Molekül heraus. Das kleine Wasserstoffatom wurde durch die große Methylgruppe ersetzt. Auch diese Veränderung verlangt nach einer Erklärung. Trägt sie womöglich auch zur Stabilisierung der DNA bei?

Ein Hinweis auf des Rätsels Lösung ergibt sich aus einer speziellen chemischen Reaktion, bei der zwei Olefine jeweils an beiden Enden miteinander reagieren. Diese Reaktion ist vor allem aus der Synthesechemie bekannt. Im Ergebnis entsteht ein gesättigter viergliedriger Ring (Cyclobutan).[385]

Besonderes Interesse verdient die Beobachtung, dass diese Reaktion durch UV-Strahlung (hν) initiiert wird. Tatsächlich kommt diese Reaktion auch in der DNA zwischen benachbarten Thymidineinheiten vor. Schon beim Zeichnen der Formel des Produktes hatte ich Probleme, die

beiden dicht beieinanderliegenden CH_3-Gruppen unterzubringen. Das heißt, der Ringschluss wird durch die beiden räumlich anspruchsvollen Gruppen stärker gehemmt als ohne sie. Das ist auch gut so, denn in einem Organismus, der in seiner natürlichen Umwelt ständig den UV-Strahlen der Sonne ausgesetzt ist, würde eine Häufung dieser Reaktion viel Schaden anrichten. Das ist auch eine der Ursachen, warum Menschen exzessive Sonnenbäder vermeiden sollten, die bei ungeschützter Haut die Zelle irreversibel schädigen und in der Endkonsequenz zu Krebs führen können.* Wie Münchner Physiker im Jahr 2007 feststellten, ist die Bildung des Dimers bereits nach etwa einer Pikosekunde, also einer Billionstel Sekunde, nach der UV-Absorption abgeschlossen.[386] Zum Glück tritt diese Reaktion nicht so oft auf, da zwei benachbarte Heterocyclen nur miteinander reagieren können, wenn sie genau in einer Ebene liegen. Das wird genialerweise durch die Wendeltreppenstruktur der DNA eingeschränkt.

Ungeachtet dessen, dass die DNA wie ein *primus inter pares* als besonders stabile Verbindung im Zentrum des Geschehens steht, die sogar kristallin sein kann, ist sie ein Aktivposten in der Zelle. Wie gibt sie Informationen weiter und wie verändert sie sich? „Der Kristall ist ein chemischer Friedhof", hatte der Nobelpreisträger für Chemie Leopold Ruzicka noch 1939 lapidar statuiert.[387] Dieses Verdikt, was mittlerweile vielfach widerlegt wurde, gilt gleichfalls nicht für die DNA. Sie ist noch hinreichend labil, was zahlreiche Reaktionen ermöglicht. Schon Erwin Schrödinger (Nobelpreis 1933) hatte 1944 in seiner Schrift „*Was ist Leben?*" mit Erstaunen festgestellt, dass ein Gen eine Struktur mit charakteristischen, informationstragenden Inhalten sein muss, und vorgeschlagen, von einem „aperiodischen Kristall" zu sprechen, was eigentlich ein Paradoxon ist.[388]

Zunächst können wir festhalten, dass die DNA tatsächlich die Information für die Abfolge der Aminosäuren in den Proteinen und damit auch für den Aufbau der Enzyme, den „Heiratsvermittlern" und „Scheidungsanwälten", im chemischen Innenleben von Zellen enthält. Diese Information wird mittels RNA-Polymerasen auf die verschiedenen RNAs übertragen, materialisiert und zu den Ribosomen, den Orten der Proteinsynthese, transportiert. Da zwanzig Aminosäuren in den Proteinen vorkommen, müssen diese eindeutig in der DNA codiert werden. Mit vier einzelnen Nucleobasen könnten nur vier verschiedene Aminosäuren verschlüsselt werden. Mit Paaren von Nucleobasen erhöht sich die Zahl dieser Aminosäuren schon auf 16.** Mit einer Kombination von drei Nucleobasen könnte man theoretisch 64*** Aminosäuren verschlüsseln, was mehr als ausreichend ist, denn es gibt nur 20 kanonische Aminosäuren. Offenbar wirkte an dieser Stelle die Anzahl von Aminosäuren, die für die Organisation des Lebens erforderlich ist, als begrenzender Faktor für die Variationen der Nucleinsäuren. Ihr Potenzial ist an dieser Stelle noch lange nicht ausgereizt.

Die Kombination aus drei nacheinander verbundenen Nucleotiden wird als Codon bezeichnet. In Anbetracht des großen Überschusses an verfügbaren Codons ist es nicht

---

* Weitere Schutzmaßnahmen bei vielen Organismen, darunter auch beim Menschen, finden sich in der Pigmentierung der Haut (siehe Kapitel 14).

** 16 ergibt sich aus 4^2.

*** 64 ergibt sich aus 4^3.

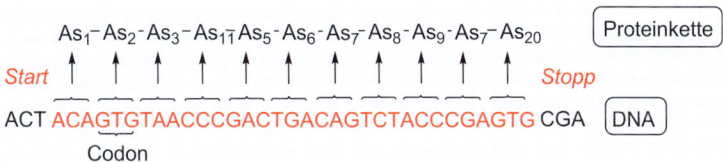

erstaunlich, dass mehrere von ihnen die gleiche Aminosäure verschlüsseln. „Start"- und „Stopp"-Codons indizieren Anfang und Ende eines Ablesevorganges und damit Anzahl und Abfolge der finalen Aminosäureketten. Damit verhalten sich die Nucleobasen wie die Buchstaben einer Schrift: Durch Kombination ergeben sich Wörter, die auf molekularer Ebene durch die Codons repräsentiert werden. Die Summe aller Codons ergibt ein Buch, in dem der grundsätzliche Bauplan des Organismus niedergelegt ist.* Schreibfehler in diesem Buch wirken sich auf die Struktur der sich daraus ableitenden Proteine aus, wobei schon das Fehlen oder auch die falsche Positionierung nur einer einzigen Aminosäure dramatische Auswirkungen haben und sich in Form von Erbkrankheiten bemerkbar machen kann.

Die Korrelation geht sogar noch weiter. Sie führt uns bis hin zu einem alten Bekannten, den Sie vielleicht an dieser Stelle gar nicht erwarten würden: den Citronensäurecyclus.[389] Er ist uns noch als besonders effizienter Energielieferant in Erinnerung. Seine Komponenten, die aus Spaltprodukten von Kohlenhydraten und Fetten gespeist werden, sind nicht nur Zwischenverbindungen auf dem Weg zum CO_2, sondern aus ihnen lassen sich u. a. eine große Anzahl von Aminosäuren gewinnen. Zu diesem Zweck müssen die Kohlenstoffskelette einiger Verbindungen des Citronensäurecyclus nur leicht modifiziert werden und am Ende eine NH_2-Gruppe als „Sahnehäubchen" erhalten und schon ist die Aminosäure fertig. In diesem Zusammenhang korreliert die erste Nucleobase in einem Dreier-Codon der DNA mit dem Aufbau einer limitierten Anzahl bestimmter Aminosäuren. Die zweite Nucleobase determiniert, welche Polarität die codierte Aminosäure haben wird. Mit diesen beiden Auswahlkriterien wird die eindeutige Korrelation zwischen den beiden ersten Nucleobasen und einer speziellen Aminosäure bereits hergestellt. Gleichzeitig können auf diese Weise 16 Aminosäuren eindeutig verschlüsselt werden.

————————————————

* Die synthetische Biologie hat nun begonnen, nicht nur in diesem Buch zu lesen, sondern „selbst verfasste Romane" zu schreiben. Durch *genetic engineering* (Manipulation der genetischen Ausstattung) gelang es kürzlich einer Forschergruppe der Stanford University in den USA, ein Hefeenzym so zu verändern, dass es anstelle seines „normalen" Produktes Alkohol die Opioidalkaloide Thebain und Hydrocodon herstellt, beides Verbindungen, die insbesondere für die Schmerztherapie von Interesse sind (S. Galanie, K. Thodey, I. J. Trenchard, M. Filsinger Interrante, C. D. Smolke, Complete biosynthesis of opiods in yeast, *Science* 2015, 349, 1095–1100).

Der dritte und letzte Buchstabe im Codon ist für die verbleibenden vier kanonischen Aminosäuren zuständig und verbessert mit seiner Anwesenheit die Mutationsstabilität. Diese Zusammenhänge existieren wahrscheinlich schon seit dem Beginn der chemischen Evolution in der Urzelle, die möglicherweise eine anorganische Zelle gewesen ist.

Informationen sind immer strukturiert und niemals chaotisch. Diese Erkenntnis hat Wissenschaftler vieler Sachgebiete veranlasst, nach Mustern in ihren Untersuchungsobjekten zu suchen. Einer der Pioniere auf diesem Gebiet war George Kingsley Zipf, der in den 1930er-Jahren ein Modell aufstellte, mit dessen Hilfe bestimmte Größen in eine Reihenfolge gebracht werden können.[390] Das Zipfsche Gesetz findet vor allem in der Linguistik Anwendung, wo die Häufigkeit von Wörtern in Texten zur Rangfolge in Beziehung gesetzt wird. Zipf hatte als erstes literarisches Werk *Ulysses* von James Joyce mit seiner Methode analysiert. Vereinfacht könnte man sagen, dass das häufigste Wort in einem Roman doppelt so häufig vorkommt wie das zweithäufigste. Letzteres kommt dreimal so oft vor wie das dritthäufigste etc. Vergleichbares gilt auch für die untersuchten Musikstücke von Mozart oder Chopin. Tatsächlich ist auch die DNA nach Zipfschen Gesetzmäßigkeiten komponiert, was in diesem Zusammenhang bedeutet, dass nicht die einzelnen Codons das wichtigste Differenzierungsmerkmal darstellen, sondern Gruppen, die vier Codons umfassen. Da die DNA die Abfolge der Aminosäuren in den Proteinen codiert, muss demzufolge auch der Aufbau der Proteine dem Zipfschen Gesetz folgen. Der Wissenschaftsautor Sam Kean beschreibt die Verblüffung, die zwei Wissenschaftler überkam, nachdem sie die Noten eines Nocturnes von Chopin in DNA übersetzt hatten:[391] Der so erzeugte genetische Code erwies sich nach Fertigstellung als Aufbauanleitung für eine der wichtigsten Enzymtypen: eine RNA-Polymerase.

16.2 Beihilfe zum Informationstransfer – Epigenetik

Die DNA liegt nicht nackt im Zellkern herum. Sie wird von Proteinen umhüllt. Diese Proteine, auch Histone genannt, schmiegen sich eng mittels basischer Aminosäureseitenketten* an den einzigen negativ geladenen Sauerstoff des Phosphats an.

Das Gebilde aus DNA und Histonen wird als Gen bezeichnet. Die Wechselwirkung zwischen NH_3^+ und PO_4^- ist eine elektrostatische Bindung zwischen einem (positiv geladenen) Kation und einem (negativ geladenen) Anion. Eigentlich sind solche Bindungen sehr stark, können aber leicht durch Wasser aufgebrochen werden, vergleichbar dem

---

* Diese stammen entweder von den Aminosäuren L-Lysin oder L-Arginin. Deren NH_3^+-Gruppen übernehmen damit die Rolle des positiv geladenen Magnesiumions im ATP.

Auflösen von Kochsalz (Na⁺Cl⁻), was für eine gute Zugänglichkeit zur DNA im Fall der Ablesung durch Enzyme (RNA-Polymerasen) wichtig ist.

Die ganze Konstruktion aus DNA-Doppelstrang und Histonen ist ein sehr stabiles Ensemble, kein Vergleich mit einem IKEA-Regal, das erst durch die allerletzte Schraube an Stabilität gewinnt. Während das Möbelstück aus Schweden schon nach dem Verlust von wenigen Zentralschrauben wieder in seine Einzelteile zerfällt, können an einzelnen Genabschnitten der DNA Ablesevorgänge ablaufen, ohne dass die Gesamtstabilität in Gefahr gerät. Daher müssen bei der Einschätzung der Eigenschaften und Potenziale eines Gens immer die Strukturen und Eigenschaften der niedermolekularen Ebene wie Zucker, Phosphat, Heterocyclen und Aminosäuren mitgedacht werden. Man sollte unbedingt in Rechnung stellen, dass auf der nächsthöheren Organisationsebene erst die Synergien zwischen den polymeren Strukturen von DNA und Histonen die Gesamteigenschaften konstituieren.

RNA und DNA stellen Codes auf molekularer Ebene dar und Codes enthalten Informationen. Natürlich wird – abgesehen vom Prozess der identischen Reduplikation – nicht fortwährend die gesamte Information eines Gens gebraucht. Da in der DNA der komplette Bauplan des Organismus steckt, wäre es kompletter Unfug, wenn ständig die gesamte DNA abgelesen würde. Man kocht ja auch nicht das ganze Kochbuch durch, wenn man nur einen Eintopf zubereiten möchte.

Für die Selektion sind die Histone verantwortlich. Diese Proteine stabilisieren nicht nur die Doppelhelix, sondern sie entscheiden gleichzeitig, welche Abschnitte der DNA für die Ablesung freigegeben werden. Sie lassen sich mit uralten Eichentüren vergleichen. Ihr Aufbau hat sich im Laufe der Evolution kaum verändert, was die Effizienz dieses Mechanismus beweist. Beispielsweise weisen die Histone von Erbse und Rind lediglich zwei Unterschiede in der Zusammensetzung der Aminosäuren auf. Insbesondere CH_3-Gruppen an den Histonen wirken wie Schlösser an diesen Türen, die signalisieren: Hier kommt keiner rein! Acetylgruppen hingegen schließen die Türen auf.

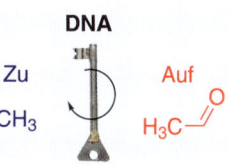

Erst seit einiger Zeit beginnt man die zentrale Rolle dieser Proteine zu verstehen, was Anfang dieses Jahrtausends zu einer neuen Wissenschaft als Ergänzung zur Genetik, der Epigenetik (altgriech. ἐπί *epí*, „dazu"), geführt hat.[392] Lange hat man ignoriert, dass die Unterschiede zwischen den DNAs verschiedener Spezies viel zu klein sind, um die tatsächlichen Unterschiede im Aussehen und Verhalten (Phänotyp) der Organismen erklären zu können. Übrigens korrelieren Größe und Konstruktion der DNA in keiner Weise mit dem Entwicklungsgrad des Organismus. Das Erbgut von Lungenfischen (*Dipnoi*) ist beispielsweise etwa zwanzigmal komplexer als das des Menschen. Pikanterweise beträgt die Übereinstimmung zwischen der DNA von Bananen und Menschen immerhin noch ungefähr 50 %.

Die Identifizierung der DNA war sicher ein gewaltiger Meilenstein, hat aber lange Zeit die Molekulargenetik in eine falsche Richtung gewiesen. Nicht immer ist das, was man gut charakterisieren kann, auch das Wichtigste. Es ist auf alle Fälle besonders stabil. „Man sieht nur, was man nachweisen kann", könnte man an dieser Stelle Goethe paraphrasieren.[393] Nur so lässt sich erklären, dass unmittelbar nach der Strukturaufklärung der DNA das zentrale Dogma der Molekulargenetik entworfen wurde: DNA verschlüsselt RNA, RNA verschlüsselt Proteine. Was nichts anderes suggeriert, als dass am Anfang der chemischen Evolution eine Verbindung existiert haben muss, die alles bestimmt hat und die bis heute unangefochten ihre Vorstellungen vom Aufbau und Aussehen der belebten Welt durchsetzt.

Ein Gang durch die chemische Evolutionsgeschichte von der RNA bis hin zur DNA zeigt zunächst nur chemische Verwandtschaften und bis heute wirkende Abhängigkeiten auf. Die vollständige Aufklärung der chemischen Struktur der Gene ist auch nicht gleichzusetzen mit dem Wissen um die ablaufenden biochemischen Mechanismen. Mittlerweile ist die Genetik, die vielfach von charismatischen und sendungsbewussten Wissenschaftlern, wie dem US-Amerikaner Craig Venter, vorangetrieben wird, in ihren Aussagen viel vorsichtiger geworden, was auch die medizinischen Perspektiven betrifft: „Weil wir aus dem Genom in Wirklichkeit nichts erfahren außer Wahrscheinlichkeiten. Und wie soll man klinisch umsetzen, dass Sie ein um drei Prozent erhöhtes Risiko für irgendetwas haben? Solche Information ist nutzlos."[394]

Am Beginn der biochemischen Evolution gab es keine einzelne Verbindung wie die RNA oder die DNA, sondern Reaktionen zwischen Verbindungen. Die Frage „Was ist zuerst da gewesen: Henne oder Ei?" ist damit unbeantwortbar geworden. Im Laufe von Millionen von Jahren hat sich ein fein austariertes Wechselspiel zwischen den einzelnen Nucleobasen, Nucleosiden, RNA, DNA, Histonen, anderen Aminosäuren und den Kohlenstoffverbindungen des Citronensäurecyclus herausgebildet, die entweder gleichzeitig oder sukzessive interagieren.[395]

Das ganze Ensemble ähnelt dem Finale des zweiten Aktes der Mozart-Oper *Le Nozze di Figaro* (*Die Hochzeit des Figaro*), bei dem sieben Personen unterschiedlicher Stimmlage zur gleichen Zeit singen. Dabei freuen sich die Bösewichter Marcellina, Basilio, Bartolo und der Graf „*Che bel colpo*" („Was für ein großer Coup"), während die Guten, also Susanna, Gräfin und Figaro, mit „*Son confusa*" („Sie sind verwirrt") ihrer Erschütterung Ausdruck geben. Und das Ganze wird vom Orchester mit seinen zahlreichen Instrumentalisten begleitet! Ungeachtet der unterschiedlichen Stimmlagen und Gesangstexte fügt sich jedoch alles zu einem großartigen harmonischen Ganzen.

„*Le nozze di Figaro*", Wolfgang Amadeus Mozart, Szenenfoto © Teatro Barocco 2016, Inszenierung, Bühne und Kostüme: Bernd R. Bienert; Foto © Barbara Palffy

Neben der intrinsischen Stabilität der einzelnen Bausteine der DNA garantiert dieses komplexe Wechselspiel die hohe Beständigkeit der DNA. Der genetische Code, wie er in lebenden Organismen angetroffen wird, ist stabiler als Millionen anderer Kombinationen, womit dem Darwinschen *survival of the fittest* auch eine zentrale Bedeutung auf genetischem Gebiet zukommt.[396]

Die Komplexität dieser Vorgänge ist beeindruckend und führt zu einer Konsequenz, die Biologen, Medizinern und letztendlich Philosophen ein neues, aber auch zentrales Problem beschert, nämlich die Frage: Wann ist ein Organismus tot? Gerade war in einem der renommiertesten englischen Fachblätter der *Royal Society of Biology* nachzulesen, dass ein bestimmter RNA-Typ, der für die Synthese von Proteinen in Zebrafischen (*Danio rerio*) verantwortlich ist, noch nach 96 Stunden Tiefkühlung bei −80 °C, und damit vier Tage nach dem Ableben der Fische, neu gebildet wurde.[397] Ein vergleichbares Phänomen wurde in Mäusen nachgewiesen. Offensichtlich verlöscht das „Lebenslicht" nicht plötzlich, sondern langsam, was man bei einem hochgeordneten chemischen System, in dem alles mit allem in Verbindung steht, auch erwarten sollte.

16.3 Wer bin ich und wenn ja, wie viele? – Stabilität versus Variabilität

In Genen findet seit Urzeiten ein ständiges Kommen und Gehen statt, während Originalstrukturen kopiert und Daten für die Proteinsynthese abgelesen werden. Auf diese Weise entern auch artfremde Nucleinsäuren die DNA und nisten sich ein, bevorzugt, um sich zu reduplizieren oder Proteinsynthese mithilfe der Wirts-DNA zu betreiben, wozu beispielsweise Viren die eigenen Voraussetzungen fehlen. Daher ist es nicht erstaunlich, dass nur 0,5 % des menschlichen Genoms (das ist die Summe aller Gene eines Organismus) exklusiv humanoid sind. 10 %–20 % stammen aus Bakterien und 5 % aus Pilzen.[398] Der größte Teil, das sind ungefähr 50 %, wurde im Laufe der Evolution durch Retroviren eingebracht.[399] Auch der moderne Mensch mit seinen 10^{12}–10^{13} Zellen wird von ungefähr 10^{14} Bakterien und 10^{16} Viren besiedelt.* Unsere Darmflora besteht aus mehr als 10^{15} oder 1 Billiarde Bakterien, die damit die Anzahl der Zellen eines erwachsenen menschlichen Körpers deutlich übersteigen.[400] Die Frage des Philosophen und Journalisten Richard David Precht: „Wer bin ich und wenn ja, wie viele?"[401], lässt sich somit aus chemischer Sicht nicht beantworten, ohne das Wirken unserer mehr als zahlreichen Mitbewohner mitzuberücksichtigen.

———————————————

* Viele dieser einzelligen Mitbewohner haben einen sehr nachhaltigen Einfluss auf den Wirtsorganismus, den man erst langsam versteht. Nicht nur schon länger bekannte Dauergäste wie *Escherichia coli* im Darm von Menschen oder Archaeen im Pansen von Rindern sind dabei in den Blickpunkt geraten, sondern auch Protozoen. Dabei handelt es sich um einzellige Urtierchen, die einen nur kurzen Aufenthalt in Menschen, anderen Säugetieren und Vögeln nutzen, um sich fortzupflanzen. Eine besonders spektakuläre Wirkung hat *Toxoplasma gondii*. Ihr Hauptwirt, die Katze, scheidet nach einer Infektion in großen Mengen mit dem Kot neue Erreger aus. Werden die Erreger von Mäusen aufgenommen, manipulieren sie deren Gehirne, was zur Folge hat, dass die Mäuse eine ungewöhnliche Sympathie für Katzen entwickeln, die aufgrund der Erbfeindschaft fast immer tödlich endet. Auf diese spektakuläre Weise wird der Fortpflanzungskreislauf des Erregers geschlossen (B. Kegel, *Die Herrscher der Welt*, Dumont, Köln 2015). *Toxoplasma gondii* soll sogar das individuelle Sozialverhalten von Menschen beeinflussen und könnte bei hohen Infektionsdichten von bis zu 50 %, wie sie vor allem in hoch entwickelten Ländern festgestellt wurden, eine Auswirkung auf die menschliche Kultur haben (K. D. Lafferty, Can the common brain parasite, Toxoplasma gondii, influence human culture? *Proceedings of Royal Society B: Biology Science* 2006, 273, 2749–2755).

Auf der anderen Seite haben alle Menschen ungefähr 99,5 % des Genoms gemeinsam, womit sich die fatale politische Diskussion über die Existenz verschiedener Menschenrassen, die in den vergangenen Jahrhunderten aufgrund mangelnder Kenntnisse in Chemie und Biologie so viel Unheil angerichtet hat, eigentlich erledigt haben sollte.*

Wie bereits erwähnt, können im Rahmen der Ablesung einzelne Abschnitte der DNA freigelegt werden, ohne dass die Gesamtstabilität des Gebildes merklich Schaden nimmt. Gleichzeitig ist aber auch die DNA den Angriffen von Sauerstoffradikalen ausgesetzt, die wie Biber an den Bäumen nagen. Ungefähr 50 000 Mutationen werden durch dieses Sauerstoffbombardement in der menschlichen DNA pro Zelle und Tag verursacht.** Insgesamt übersteht ein Mensch bis zum 80. Lebensjahr hochgerechnet 10^9 Mutationen pro Gen.[402] Dafür, dass es nicht noch schlimmer kommt, sorgen enzymatische „Reparaturtrupps", die rund um die Uhr unterwegs sind, um diese Schäden auszubessern. Dabei dient ihnen der zweite DNA-Strang als Orientierung. Ist dieser ebenfalls an der gleichen Stelle geschädigt, kann es problematisch werden. Die identische Verdopplung (Reduplikation) der DNA während der Zellteilung ebenso wie die Synthese von Proteinen und damit die von Enzymen werden gestört.

Mit großer Wahrscheinlichkeit kann es zu Veränderungen beim wiederholten Reduplizieren der DNA kommen. Endstücke an den Genen, die Telomere, werden dabei verkürzt, ein Prozess, der das Altern von Zellen und Organismen mitverursacht.[403]

Bisher wenig erforscht sind Abnutzungserscheinungen beim Ablesen der DNA im Prozess der Proteinsynthese. Wie ich bereits konstatiert hatte, ist nach moderner biochemischer Auffassung der Vergleich mit einer Einbahnstraße (= DNA generiert RNA und RNA generiert Proteine [Enzyme]) nicht mehr haltbar. Durch Einbeziehung des Citronensäurecyclus wird beispielsweise der bisher isoliert betrachtete Prozess der Informationsspeicherung und -übertragung an die sehr vitalen Mechanismen der Nahrungsverwertung und Aminosäuresynthesen angeschlossen. Auf diese Weise entstehen Rück-

---

* Leider sind diese 0,5 % Unterschied im menschlichen Genom für Körpergröße, Hautfarbe und Gesichtszüge verantwortlich, also äußere Merkmale, die auf den ersten Blick ins Bewusstsein treten und einer oberflächlichen und undifferenzierten Einschätzung Vorschub leisten.

** Die relativ hohe chemische Variabilität in zentralen Bereichen des Genoms ist auch die Voraussetzung für die hohe Anpassungsfähigkeit des Menschen im Laufe seiner Evolution. Die hat auf der anderen Seite seinen Preis: Drei von hundert Kindern kommen mit einem geistigen oder körperlichen Defekt auf die Welt (X. Nuttler, G. Giannuzzi, M. H. Duyzend, J. G. Schraiber, I. Narvaiza, P. H. Sudmant, O. Penn, G. Chiatante, M. Malig, J. Huddelston, C. Brenner, F. Camponischi, S. Ciofi-Baffoni, H. A. F. Stessman, M. C. N. Marchetto, L. Denman, L. Harshman, C. Baker, A. Raja, K. Penewit, N. Janke, W. J. Tang, M. Ventura, L. Banci, F. Antonacci, J. M. Akey, C. T. Amemiya, F. H. Gage, A. Reymond, E. E. Eichler, Emergence of a Homo sapiens-specific gene family and chromosome 16p11.2 CNV susceptibility, *Nature* 2016, 536, 205–209).

kopplungseffekte. Raffiniert ausgetüftelte Experimente einer Harvard-Forschergruppe bewiesen, dass Abschnitte der DNA, die besonders häufig abgelesen werden, ungefähr 30 Mal mehr Mutationen aufweisen als seltener aufgesuchte Stellen.[404] Noch frappierender war der Befund, dass Bakterien, denen man die Fähigkeit zum Abbau von Milchzucker (Lactose) gentechnisch genommen hatte, bei einem Überschuss an Lactose in der Nahrung erneut in der Lage waren, diesen Zucker zu verwerten. Offenbar wurde das erforderliche Enzym nach einer kurzen Phase der Anpassung, die erwartungsgemäß nicht alle Individuen überlebten, wieder hergestellt.

Die Herstellung eines solch speziellen Enzyms, das Milchzucker verarbeiten kann, der Lactase, ist nur über eine Veränderung des genetischen Codes vorstellbar. Der Vergleich der DNA mit einem herkömmlichen Buch, das nur gelesen wird, kann daher schon seit einiger Zeit nicht mehr aufrechterhalten werden. Die Metapher musste dringend erweitert werden. Am anschaulichsten ist es, wir stellen uns die DNA als ein Buch vor, dessen Inhalt während des Lesens durch besonders intensive Wünsche des Lesers geändert wird, vergleichbar zu einigen neueren Filmexperimenten, bei denen sich der Zuschauer noch während des Films entscheiden kann, ob er einen dramatischen Showdown oder ein Happy End bevorzugt. Aus diesem Blickwinkel ist die Adaptionsfähigkeit von Organismen an veränderte Nahrungs- und Umweltbedingungen, die wir im Kapitel „Man ist, was man isst" an einigen Beispielen betrachtet haben, nicht mehr ganz so erstaunlich.*
Die Geschwindigkeit der Anpassung ist von der Komplexität des genetischen Materials abhängig. Einfach konstruierte Viren-RNA kann sich schon innerhalb weniger Stunden oder Tage verändern. Die komplexe und relativ stabile Struktur der DNA von höheren Pflanzen und Tieren, die eingebettet in eine schier unüberblickbare Anzahl von stabilisierenden Wechselwirkungen mit anderen chemischen Verbindungen und Bestandteil hochkomplexer biochemischer Reaktionsnetzwerke ist, bedingt hingegen wesentlich längere Zeiträume, um sich an veränderte Umweltbedingungen im Rahmen eines Trial-and-Error-Verfahrens anzupassen. Im Unterschied zu Viren ergänzt bei höheren Organismen eine biologische Maßnahme den chemischen Schutz des genetischen Codes: die Lokalisierung des Erbgutes im Zellkern. Stabilität geht somit auf Kosten von Variabilität. Das wird an der Evolutionsgeschichte des Menschen besonders deutlich. Die Entwicklung unserer eigenen Gattung, der *Hominini*, hat ungefähr sieben bis acht Millionen Jahre ge-

---

* Diesen Ansatz verfolgt insbesondere die moderne Epigenetik, die einige Aspekte des Lamarckismus teilweise rehabilitiert hat. Im Unterschied zu Charles Darwin (1809–1882) war Jean-Baptiste Lamarck (1744–1829) der Auffassung, dass auch erworbene Eigenschaften vererbt werden können. Diese Theorie wurde lange Zeit aus verschiedensten, darunter auch gesellschaftspolitischen Gründen abgelehnt. Die Existenz von chemischen Abhängigkeiten in der Zelle als Antwort auf äußere Einflüsse bedeutet folgerichtig, dass auch die DNA davon betroffen sein muss.

dauert.[405] Diese enorm lange Zeitspanne wird neuerdings vom Max-Planck-Institut für evolutionäre Anthropologie in Leipzig für die Trennung zwischen Schimpansen und Menschen veranschlagt. Bei der Entwicklung des Menschen kommt neben sich verändernden Nahrungsangeboten noch ein weiterer Umweltdruck hinzu: die Kultur.*

---

*   Die kulturelle Evolution führt zu einer Zunahme der Intelligenz, was die Vergrößerung des Gehirns und damit des Kopfes zur Folge hatte. Menschenbabys werden meist unter großen Schmerzen geboren, da der Kopf für den Geburtskanal zu groß ist. Eine biologische Antwort anatomischer Art auf diese Herausforderung ist die Fontanelle bei Babys, die ein Übereinanderschieben der Knochenplatten des Oberschädels während der Geburt ermöglicht. Eine kulturelle Antwort ist der Kaiserschnitt, der mittlerweile in modernen Industriegesellschaften von immer mehr Schwangeren in Anspruch genommen wird.

17 Zusammenschau und Einblicke in eine komplexe Welt

Vielleicht konnte ich Sie in den vorangegangenen Kapiteln davon überzeugen, dass Chemie gar nicht so schwierig ist. Mehr noch, Chemie ist nicht nur etwas für Spezialisten in den Forschungslaboratorien und in der chemischen Industrie, sondern sie geht uns alle an, auch wenn Arthur Schopenhauer den Chemikern seiner Zeit hochmütig empfahl: „Solchen Herren vom Tiegel und der Retorte muß beigebracht werden, daß bloße Chemie wohl zum Apotheker, aber nicht zum Philosophen befähigt."[406] Insbesondere die Chemie des Lebens mit ihren wegweisenden Konsequenzen für Lebensprozesse ist nicht nur eine *Nice-to-have*-Ergänzung, die Naturwissenschaften zur Selbst- und Welterkenntnis beitragen können, sondern unverzichtbarer Bestandteil. Vor allem ist Chemie das Gegenteil von lebensfeindlich, wie es oft als Gemeinplatz in modernen Gesellschaften kolportiert wird. Ohne Grundkenntnisse in der Chemie steht die Interpretation des Menschen und der ihn umgebenden lebenden Natur auf tönernen Füßen und törichte Vorstellungen über das Wesen „natürlicher" Prozesse als direktes Gegenteil von chemischer Stoffwandlung machen sich breit.

Wesentliche Fragen bleiben zu guter Letzt noch zu beantworten, die vielleicht ein Kind in größerer Unbefangenheit stellen würde als ein Erwachsener. Wer organisiert denn das alles? Woher „weiß" das einzelne Sauerstoffatom im Luftsauerstoff, welche C–H-Bindung es attackieren soll und welche nicht? Wann wird ein Glucosemolekül in eine wachsende Stärkekette eingebaut und zu welchem Zeitpunkt wird es über die Glycolyse und den Citronensäurecyclus zu Kohlendioxid und Wasser oxidiert? Woher nimmt ein Stickstoffatom die Information, wie lange es im Organismus beispielsweise als Bestandteil eines Proteins oder eines DNA-Bausteins verbleiben kann und wann es in Form von Federn, Horn, Schuppen oder als wasserlöslicher Harnstoff aus dem Körper hinauskomplimentiert werden wird?

Eine nicht zu unterschätzende und an die biologische Evolutionstheorie gerichtete

Standardfrage des Kreationismus,[407] der als Ausgangspunkt für die Schaffung des Universums einen Schöpfergott annimmt, lautet: „Sie flanieren an einem Strand entlang und finden dort unverhofft eine Uhr. Welche Annahme ist nun naheliegender: (A) Dass diese Uhr durch bloßen ‚Zufall' (Naturgesetzlichkeiten) entstanden ist oder (B) dass sie ein Designer aka ein Uhrmacher hergestellt hat?"[408] Wir wollen hier versuchen, ohne den Uhrmacher dieser teleologischen* Hypothese auszukommen, der für alles einen detaillierten Plan hatte und bei dessen Umsetzung wir immer noch Zeuge werden. Ich möchte eine andere Theorie favorisieren, in der selbstorganisierende Systeme verantwortlich zeichnen. Das soll nicht bedeuten, dass die Verantwortung für das ganze Geschehen ohne weitere Diskussion weg vom Uhrmacher auf einen anonymen Mechanismus übertragen werden soll, sondern ich möchte konsistente Argumente für diese Theorie anführen. Die Beweisführung stützt sich auf die Faktoren Variantenreichtum, Energiegewinn, Zeitdauer und Anschlussfähigkeit.

Wie wir in Kapitel 3 festgestellt haben, ist nur der Kohlenstoff in der Lage, eine nahezu unvorstellbare Anzahl von stabilen chemischen Verbindungen zu generieren. Insbesondere durch die „Eröffnungsreaktion" mit Sauerstoff werden aus Paraffinen, also nicht reaktiven Verbindungen mit C–C- und C–H-Bindungen, Verbindungen mit funktionellen Gruppen. Diese funktionellen Gruppen, die ihren Ursprung in der Bildung von Hydroxygruppen haben, destabilisieren die ursprünglich sehr stabilen Strukturen, indem sie die elektronischen und sterischen Verhältnisse in den Alkanketten verändern. Um es mit einem Ausdruck des Revolutionstheoretikers Karl Marx zu sagen: „Man muß diese versteinerten Verhältnisse […] [hier: die Alkanketten] zum Tanzen zwingen."[409] Ist der Anfang einmal gemacht, ist die Umwandlung in andere funktionelle Gruppen nun mittels weiterer Heteroatome wie Stickstoff, Schwefel, Phosphor oder auch Halogenen kein Problem mehr, vorausgesetzt, diese Elemente befinden sich in ausreichender Quantität und in ebenfalls reaktiven Zuständen in der Nähe. Eine wichtige Bedingung somit ist: Diese neuen chemischen Verbindungen müssen sich in einem nur teilweise abgeschlossenen System zusammenfinden.** Sie bleiben dadurch zueinander in chemischer „Sichtweite", gleichzeitig bleibt der Austausch mit der Umwelt erhalten. Durch bindende oder absto-

---

* Teleologisch ist abgeleitet von Teleologie (altgriech. τελέως *teléōs*, „Zweck", „Ziel", „Vollendung", und λόγος *lógos* „Lehre").

** Der letzte gemeinsame Vorfahr aller lebenden Organismen wird liebevoll von der Evolutionsbiologie LUCA (engl. *Last universal common ancestor*, deutsch „Letzter universeller gemeinsamer Vorfahr") genannt. Er hatte wohl schon alle Attribute, die wir heute mit lebenden Einzellern verbinden. Möglicherweise hatte er noch keine organische Zellwand, sondern eine partiell durchlässige Hülle aus anorganischem Carbonat, die erste strukturbildende und energieliefernde Prozesse ermöglichte.

ßende Wechselwirkungen zwischen diesen Verbindungen, die mit einem Energie- und Ordnungsgewinn belohnt werden, entstehen komplexe Strukturen, wie wir am Beispiel von Cellulose, Stärke, Proteinen und Nukleinsäuren gesehen haben. Erst die Entropie setzt diesen Konstruktionsbestrebungen ein Ende, indem sie wieder „zur Unordnung ruft".

Auch Lipide organisieren sich zusammen mit Proteinen und Cholesterol beim Überschreiten kritischer Konzentrationen zu geordneten, teilweise durchlässigen Hüllen, den Membranen. Sie verhindern, dass weitere, gerade erst entstandene, komplexe Formationen durch Verdünnung mit Wasser sowohl die eigene Struktur als auch das Potenzial von intermolekularen Reaktionen verlieren. Je länger verschiedene Wechselwirkungen „ausprobiert" werden können, desto größer ist die Chance, dass sich komplette Reaktionskaskaden herausbilden. Dieser Zeitraum ist mit knapp vier Milliarden Jahren Erdgeschichte, in der sich biotische Strukturen entwickeln konnten, durchaus gegeben.

Die Chemie des Lebens ist nicht nur ein wesentlicher Baustein naturwissenschaftlich fundierter Weltanschauung, sondern bereichert ganz erheblich unsere Vorstellungen von der Herausbildung und dem Funktionieren komplexer Systeme. Davon können sogar die Geisteswissenschaften profitieren. Nehmen wir die einfachste Form einer chemischen Reaktion an, bei der eine Verbindung A in eine Verbindung B umgewandelt wird. Irgendwann ist von A nichts mehr übrig und nur noch B ist vorhanden.

Solche Reaktionen haben Synthesechemiker gern, weil sie übersichtlich sind und das gewünschte Produkt in quantitativer Ausbeute liefern. Gleichzeitig erlauben sie eindeutige und nachprüfbare Aussagen, was die wichtigste Bedingung reproduzierbarer Wissenschaft ist. Aus diesem Grund wird unter Laborbedingungen, die in der Biologie auch *in vitro* genannt werden (lat. „im Glas"), die „Reinigung" des Systems von allen störenden Einflussgrößen angestrebt. Dieses Ziel wird in der Laborchemie in erster Linie erreicht, indem die meisten Reaktionsparameter konstant gehalten und hochreine Reaktionspartner verwendet werden. Solche Idealbindungen sind unter *In-vivo*-Bedingungen (lat. „im Lebendigen") nicht möglich; zu viele Störgrößen können eine eindeutige Aussage am Ende verhindern.

Eine erweiterte Variante der obigen Reaktion besteht in einem chemischen Gleichgewicht zwischen A und B.

Der Begriff des Gleichgewichts nötigt uns zu einem kurzen Innehalten an dieser Stelle. Der Begriff hat eine steile Karriere in den Lebenswissenschaften Biologie und Medizin und darüber hinaus in der Umgangssprache gemacht. „Umgangssprachliche Begriffe" sind, nach Ansicht des Psychologen Norbert Bischof, „semantische Amöben. An ihnen kleben Randbedeutungen, sogenannte ‚Konnotationen', von denen man nicht sicher sagen kann, ob sie alle tatsächlich noch dazugehören".[410] Das einzige Verbindungsmerkmal ist dann nur noch das *Wort*. Im Unterschied dazu unterwerfen die Naturwissenschaften alle Begriffe rigorosen Definitionen, die eine klare und eindeutige Sprache ermöglichen. Überall trifft man mittlerweile auf permanente oder gestörte Gleichgewichte. Angeblich sind in modernen Industriegesellschaften nicht nur Gleichgewichte in der Natur ständig bedroht, sondern auch die Beziehungen zwischen den Menschen; „Resonanz", ein verwandter Begriff für Gleichgewicht, wird von einigen Soziologen als Lösung dieser Ungleichgewichte angeboten.*[411]

Die Wortkombination „Gleich-Gewicht" beschreibt ursprünglich die Situation bei einer Balkenwaage, bei der die Massen auf beiden Seiten gleich sind. Für die Allegorisierung dieses Sachverhaltes wollen wir das Gemälde des holländischen Malers Jan Vermeer *Frau mit Waage* nutzen.

„*Frau mit Waage*"
(Die Perlenwägerin),
Jan Vermeer (1662–1664),
National Gallery of Art,
Washington DC

---

* Militärische Gleichgewichte existieren zwischen Staaten, die sich in den Zeiten der Ost-West-Konfrontation zu einem atomaren „Gleichgewicht des Schreckens" aufschaukelten. Zwischen einzelnen Menschen beispielsweise in Paarbeziehungen soll es auch Gleichgewichte geben. Selbst das „innere Gleichgewicht" eines Menschen kann nach Ansicht der Psychologie aus dem Takt geraten.

Auf dem Bild ist eine junge Frau zu sehen, die mithilfe einer frei hängenden Balkenwaage das Gewicht von Perlen bestimmt. Der Ausdruck ihres Gesichtes ist hoch konzentriert, offensichtlich handelt es sich bei der Einstellung des Gleichgewichts um eine sehr diffizile Tätigkeit, die höchste Konzentration und günstige Lichtverhältnisse verlangt. Das Fenster ist fast verschlossen; Störungen sind nicht erwünscht. Früher wurde das Bild auch mit *Die Perlenwägerin* betitelt, was zwar nicht ganz der abgebildeten Szene entspricht, denn alle Perlen sind bereits auf einer Schnur aufgefädelt, aber für unsere Diskussion ist diese Benennung sehr nützlich. Ich folge damit einem Hinweis der österreichischen Kunsthistorikerin Daniella Hammer-Tugenhat, dass besonders dieses Bild „ […] eine malerische Reflexion über die Funktionsweise von Bildern als Produktion von Bedeutung und als mediale Vermittlung von Welt" ermöglicht.[412]

Nehmen wir den einfachsten Fall an, bei dem die Frau Perlen der Sorte A und Gewichte der Sorte B auf beide Waagschalen verteilt. Gleichgewicht tritt dann ein, wenn die Perlen der Sorte A auf der einen Seite genau der Masse der Gewichte B auf der anderen Seite entsprechen. Bezogen auf ein chemisches Gleichgewicht, sind dann alle Moleküle der Sorte A in die Reaktion mit Molekülen der Sorte B involviert.

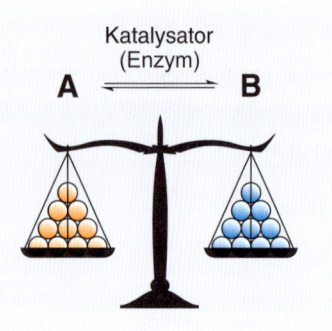

Die meisten Reaktionen verlaufen bis zu einer biochemisch relevanten Temperatur von 40 °C nur mit einer derart geringen Geschwindigkeit ab, dass makroskopisch kein Effekt wahrnehmbar wäre. Die Geschwindigkeit bis zur Einstellung des Gleichgewichtes muss daher beschleunigt werden, um biologische Relevanz zu erlangen. In unserem Anschauungsbeispiel übernimmt das Vermeers Perlenwägerin. In der Chemie würde man ihr Tun mit dem eines Katalysators und im biochemischen Spezialfall mit dem eines Enzyms vergleichen.[413] Die Perlenwägerin muss so lange Perlen oder Gewichte auf beiden Seiten auflegen oder wegnehmen, bis die Waage ausbalanciert ist. Die erforderliche Zeit bis zum Erreichen der Balance hängt von der Geschicklichkeit der Frau ab. Je versierter sie ist, desto schneller wird das gewünschte Ergebnis erzielt. Auf das chemische Gleichgewicht bezogen bedeutet das, sowohl Hin- als auch Rückreaktion werden beschleunigt. Ein Katalysator (Enzym) hat somit keinen Einfluss auf die Lage des chemischen Gleichgewichtes (in unserem Beispiel auf das gleichbleibende Masseverhältnis von Perlen und Gewichten), sondern nur auf die Geschwindigkeit seiner Einstellung. Dies ist ein wesentlicher Unterschied zum Gebrauch des Begriffes Katalysator in der Alltagssprache, wo ganz verschiedene Typen von „Katalysatoren", seien es besonders kreative Menschen oder allgemeine Rahmenbedingungen, eine Entwicklung nur in eine bestimmte Richtung forcieren sollen.

Die Verteilung der Perlen und Gewichte auf der Balkenwaage kann auch verschoben sein, sodass entweder auf der Seite von A oder von B mehr Perlen bzw. Gewichte aufliegen.

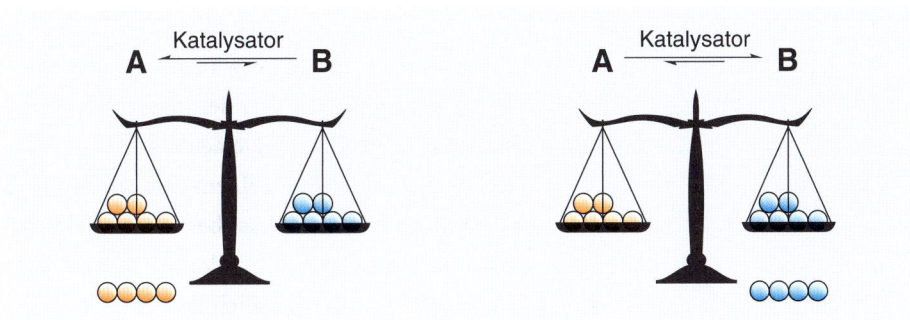

Damit sich wieder beide Waagschalen auf gleichem Niveau befinden, kann die Perlenwägerin Perlen A von der linken Waagschale nehmen. Auf die chemische Reaktion bezogen, heißt das, nur ein Teil der Moleküle A wandelt sich in B um und die gleiche Anzahl von B wird wieder zurück in A transformiert. Die nicht beteiligten Moleküle der Sorte A müssten der ganzen Geschichte so lange zuschauen, bis sie selbst an die Reihe kommen. Um aber das Gleichgewicht herzustellen, mussten Perlen bzw. – auf unser chemisches Problem bezogen – Moleküle des Typs A von der Waagschale herunter. Daher können wir für diese spezielle Situation sagen: Das Gleichgewicht ist eingestellt. Der umgekehrte Fall tritt ein, wenn die Gewichte B in der Überzahl sind. Alle drei Situationen werden in der Chemie durch die entsprechenden Gleichgewichtspfeile, die entweder gleich oder unterschiedlich lang sind, beschrieben.

Geben wir auf einer Seite der Waage Perlen hinzu, muss auf der Seite der Gewichte reagiert werden, um den Zustand des „Gleich-Gewichtes" wiederherzustellen. Wenn A und B in einem chemischen Reaktionszusammenhang stehen, werden bei Erhöhung der Konzentration von A automatisch auch mehr Moleküle der Sorte B gebildet. Nehmen mehrere Molekülsorten an der Reaktion teil, könnte man das Gleichgewicht noch treffender als gleichbleibendes Verhältnis oder „Gleichverhältnis" bezeichnen.

In der Chemie des Lebens ist es selten so, dass die nicht im Gleichgewicht involvierten Moleküle passiv in irgendeiner Ecke der Zelle oder des Organismus herumliegen.* Es

---

* Ausnahmen sind beispielsweise die Alkaloide in den Pflanzen, die als Stoffwechselendprodukte des Aminosäureabbaus in den Vakuolen gespeichert werden. Auch langlebige anorganische (Calciumcarbonat der Knochen) und organische Verbindungen (Aromaten) überdauern eine längere Zeit in Organismen ohne sichtbare Veränderung. Ungeachtet dessen nehmen sie an Stoffwechselreaktionen teil.

bieten sich für diese Reservisten fast immer andere Reaktionsmöglichkeiten an. Auf unser Waagenbeispiel bezogen, bedeutet dies, dass die überschüssigen Moleküle der Sorte A auf eine zweite Waage gelegt werden und dort in einem Gleichgewicht mit Molekülen der Sorte C stehen.

Wenn wir noch einmal zum Bild unserer Perlenwägerin zurückkehren, dann würde eine zweite Perlenwägerin die verbliebenen Perlen der Sorte A auf eine zweite Waage

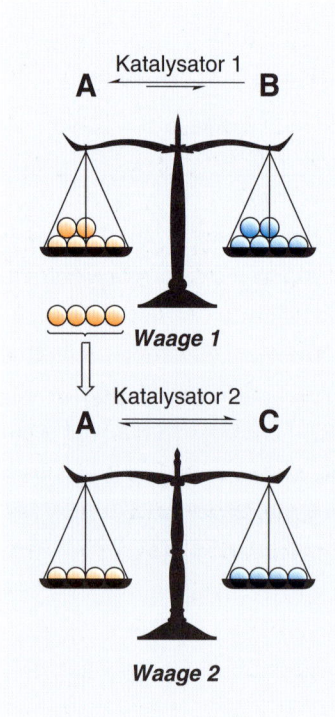

legen und versuchen, dort ein neues Gleichgewicht herzustellen. Erfahrene Perlenwägerinnen können sich auf den Arbeitsrhythmus der Kollegin einstellen, eine Eigenschaft, die auch viele Enzyme auszeichnet. Das heißt, ihre Aktivität passt sich dem Angebot an Substrat an.[414]

Eine Komplikation ergibt sich, wenn in den oberen Beispielen Perlen der Sorte A oder Gewichte der Sorte B von der Waage genommen werden, ehe sich das Gleichgewicht einpendeln konnte. Das könnte daran liegen, dass nicht die erfahrene und schnelle Perlenwägerin die erste Waage bedient, sondern eine unerfahrene und langsame Debütantin. Wenn dieser Fall eintritt, wird möglicherweise an der ersten Waage kein Gleichgewicht mehr erreicht; die Zeit zur Einstellung reichte nicht aus.

Solche nicht eingestellten Gleichgewichte spielen in der lebenden Natur eine zentrale Rolle.[415] Diese Situation ergibt sich beispielsweise, wenn aus B in einer weiteren Reaktion eine Verbindung D gebildet wird. Solange stets ausreichend B aus A zur Verfügung gestellt wird, gibt es kein Nachschubproblem für diese zweite Reaktion. Sollte diese Reaktion aber sehr schnell sein, könnte das vorgelagerte Gleichgewicht zwischen A und B an der Verbindung B „verarmen", weil B nicht mehr ausreichend aus A nachgebildet wird. Die Reaktion von B nach D muss dann warten und geht erst weiter, wenn wieder Nachschub eingetroffen ist.

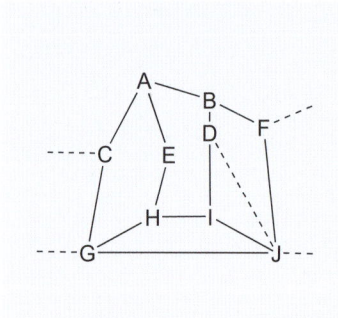

Noch komplizierter wird es, wenn die Ausgangsverbindung A selbst in zwei anderen Gleichgewichten mit den Verbindungen C und E steht. Dann konkurrieren auch C und E um A. Gleichzeitig wartet auch noch B auf Nachlieferung von A. Selbstverständlich kann B ebenfalls noch in eine Verbindung F umgewandelt werden. Die Komplexität steigert sich, wenn noch weitere Molekülsorten G, H, I, J etc. mit ihren Ansprüchen ins Spiel kommen. Wir stehen somit vor einem komplizierten Netzwerk von Verbindungen und Reaktionen.

Auf diese Weise ist Verbindung A nur rein zufällig an den Anfang unserer Diskussion gelangt. Mit anderen Worten, die Produkte aus solchen Teilreaktionen behindern oder fördern die Einstellung anderer Gleichgewichte. Durch die diskontinuierliche Aufnahme von Nährstoffen bzw. die diskontinuierliche Abgabe von Stoffwechselendprodukten stellt sich im Organismus zu fast jedem Zeitpunkt eine neue Situation ein.

Dieses Spiel, an dem bildlich gesehen eine immer größere Anzahl von Perlenwägerinnen – manche von ihnen sind erfahren, andere wiederum unerfahren, einige schnell, andere langsam – teilnehmen, kann immer weiter verfeinert werden, sodass nicht nur Sie als Leser oder Leserin den Überblick verlieren. Wir könnten mit dem Philosophen Martin Heidegger die bange Frage stellen: „Kann es gelingen, dieses Strukturganze der Alltäglichkeit des Daseins in seiner Ganzheit zu erfassen?"[416] Leider kommen bei diesem Unterfangen selbst Mathematiker an ihre Grenzen, wie der Franzose Henri Poincaré (1860–1934), einer der Pioniere der Chaostheorie, als er resignierend feststellte: „Die Dinge sind so bizarr, dass ich es nicht ertrage, weiter darüber nachzudenken".[417] Auch moderne Computer müssen sich mit Näherungsberechnungen begnügen.

Wenn wir für unsere anonyme Verbindung A in das Zentrum des Geschehens D-Glucose einsetzen, dann beschreibt das ausgetüftelteste System, das wir uns vorstellen können, nur unzureichend das, was diesem speziellen Zucker tatsächlich im Organismus passiert.* Um diesem Komplexitätsproblem aus dem Wege zu gehen, habe ich in den zurückliegenden Kapiteln einzelne Reaktionen separat besprochen. In der nachstehenden

_____

* Man kann diesen Prozess mit dem Rückstau an einem Fluss bei Hochwasser vergleichen. Ist die Talsperre vollgelaufen, staut sich das Wasser flussaufwärts und sucht sich neue Wege. Vorausschauender Hochwasserschutz baut deshalb vor und verteilt das Wasser auf Überflutungsflächen oder andere Abflüsse. Lässt der Regen am Oberlauf nach, reicht das Wasser nur noch zur Befüllung des Staubeckens. Beim nächsten Hochwasser wird der gleiche Automatismus wieder gestartet oder verbesserte Abflussmöglichkeiten gesucht. Die prominenteste „Abfluss"-Alternative in der Chemie des Lebens stellt der besprochene Citronensäurecyclus dar. An diesem Beispiel kann man gut erkennen, dass es keine dauerhaften „natürlichen Gleichgewichte" geben kann, wie oftmals behauptet wird. Biochemische Prozesse sind in einem Modus der ständigen Veränderung.

Abbildung wird ebenfalls zur Vereinfachung angenommen, dass alle Gleichgewichte eingestellt sind.*

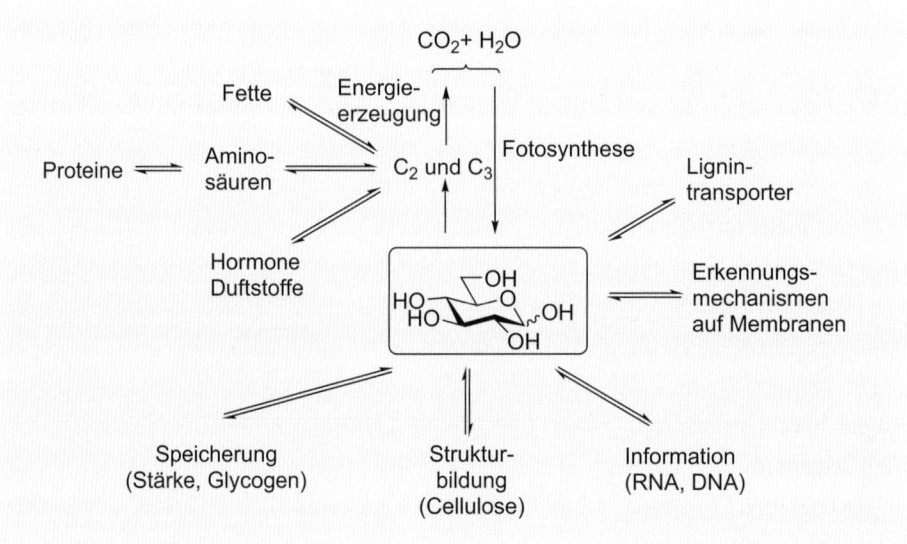

Glucose kann beispielsweise nach der anaeroben Glycolyse zu Milchsäure verarbeitet werden, wobei etwas Energie entsteht. Sie kann gleichermaßen darüber hinaus mit Sauerstoff im Citronensäurecyclus verstoffwechselt werden und am Ende bilden sich Kohlendioxid und Wasser. Parallel entsteht dazu ATP und somit noch mehr Energie. Der Verbrauch von ATP hat gleichzeitig einen Rückkopplungseffekt auf den Grad des Abbaus von Glucose. Aus Zwischenverbindungen des Citronensäurecyclus können Vorstufen für die Synthese von Aminosäuren und Fette abgezweigt werden. Nimmt die Glucose nicht diesen Weg, erfolgt ihr Einbau beispielsweise in Cellulose oder Stärke (Pflanzen) oder Glycogen (Tiere). Alternativ kann sie zur Synthese der weniger häufigen Zucker D-Ribose oder D-Desoxyribose dienen und wird zu guter Letzt Bestandteil von ATP, RNA oder DNA. Glucose kann weiterhin den Weg in den Stoffwechsel von seltenen Kohlenhydraten finden, die anschließend auf der Oberseite von Membranen als Erkennungsmoleküle wirken. Eine andere Verwendung ist die Anbindung an leicht flüchtige Abwehr- oder Geruchsstoffe, womit das schnelle Verdampfen dieser wertvollen Inhalts-

---

* Durch synthesechemische Markierung von einzelnen Kohlenstoffatomen in der D-Glucose kann man deren Schicksal im Verlauf des Stoffwechsels nachverfolgen. Beispielsweise kann an einer bestimmten Stelle des Moleküls das Kohlenstoffisotop ^{12}C gegen ^{13}C ausgetauscht werden. Das wäre so, als hätte man dem betreffenden Kohlenstoffatom ein rotes Schleifchen umgebunden.

stoffe verzögert wird. Unter bestimmten Bedingungen (Zerstörung der Zelle) wird die Bindung zur Glucose gespalten und der bisher nicht verfügbare Zucker für andere Reaktionen freigesetzt. Eine vergleichbare Variante ist der Einsatz als wasserlöslicher Transporter für die Ligninsynthese in Pflanzen.

Änderungen in der Zufuhr bzw. im Verbrauch von Glucose haben auch beim Menschen Auswirkung auf die Lage der biochemischen Netzwerke, in denen Glucose direkt oder mittelbar beteiligt ist. So ist der Glucosespiegel kurz nach den Mahlzeiten wesentlich höher als einige Stunden danach. Da ein Mensch die mit der Nahrung aufgenommene Glucosemenge meist nur schwer und die in seinem Körper ablaufenden Prozesse überhaupt nicht abschätzen kann, fordert ihn der Arzt auf, nüchtern zur Blutprobe zu erscheinen. Die Höhe des Blutzuckerspiegels nach dem Essen kann erheblich von dem Wert mit leerem Magen abweichen.* Im Normalfall kann ein gesunder Körper durch Abbau von Glycogen den Ausfall von extern zugeführter Glucose ausgleichen, obwohl, wie im Kapitel 5.4 geschildert, die Risikobereitschaft mit zunehmendem Abstand zur vorangegangenen Mahlzeit abnimmt. Auch Fettreserven können dann abgebaut werden, ein Effekt, an dem die sogenannten Low-Carb-Diäten wie beispielsweise die seit den 1970er-Jahren empfohlene Atkins-Diät zur Gewichtsreduktion ansetzen. Bei diesen nicht unumstrittenen Diätvorschriften soll durch den weitgehenden Verzicht auf kohlenhydratreiche Nahrung der Fettstoffwechsel angekurbelt werden. Es sollte aber bedacht werden, dass die Veränderung der Zusammensetzung der Makronährstoffe, in diesem Fall der Kohlenhydrate, immer auch eine Auswirkung auf die Zufuhr von Mikronährstoffen haben kann. Plötzliche Ausfälle im Fettstoffwechsel ziehen dramatische Folgen nach sich. Dies könnte zum Beispiel eine der bisher noch unzureichend aufgeklärten Ursachen für den plötzlichen Kindstod (*mors subita infantium*) sein, der Babys im ersten Lebensjahr betreffen kann.[418]

Die universellen Verwendungsmöglichkeiten von Glucose hatte ich auf die Tatsache zurückgeführt, dass sie – und nur sie – von den grünen Pflanzen im Rahmen der Fotosynthese aufgebaut wird. Sie gehört somit zu den wichtigsten Baumaterialien und chemischen Energiequellen in lebenden Systemen. Die Glucose gerät damit in die Lage des Weihnachtsmannes während einer turbulenten Kinderweihnachtsfeier. Alle Kinder bedrängen je nach Temperament mehr oder weniger den alten Herrn und jedes möchte ein Geschenk, möglichst sofort und natürlich besonders groß. Meistens behält der Weihnachtsmann in dieser Situation die Übersicht und kein Kind kommt in der Folge zu kurz.

――――――――――――――――――

* Die Angaben erfolgen durch den Arzt nach der Blutabnahme entweder in Milligramm pro Deziliter oder in Millimol pro Liter. Gesundheitlich unbedenklich sind folgende Mengen: im nüchternen Zustand 65–100 Milligramm/Deziliter, entsprechend 3,6–5,6 mmol/l; nach dem Essen 80–125 Milligramm/Deziliter, entsprechend 4,4-6,9 mmol/l.

Während jedoch der Weihnachtsmann mit seiner Autorität an der Spitze der Verteilungshierarchie steht, kann sich die Glucose auf derlei Rangfolgen nicht berufen. Sie muss sich darauf verlassen, dass ein System im Organismus entsteht, in dem sich die unterschiedlichen „Interessen" von selbst ausgleichen. Selbstverständlich können wir chemischen Verbindungen Interessen oder gar einen eigenen Willen nicht zuordnen. Sie handeln nicht intentional, sondern sie funktionieren (in ihrem System) „blind". Das Geschehen erinnert an die „unsichtbare Hand", eine Metapher, die der schottische Ökonom und Moralphilosoph Adam Smith in seiner Abhandlung „Der Wohlstand der Nationen" (1776) zur Charakterisierung der kapitalistischen Marktwirtschaft herangezogen hat und die bis heute, insbesondere im moralphilosophischen Kontext, wiederholt zitiert wird.* Danach entsteht ohne einen Plan oder einen Organisator aus Chaos Ordnung.

Mittlerweile werden solche komplizierten Arrangements, die man bisher nur ausschnittsweise und an ausgewählten Teilaspekten beschreiben kann (wie ich das in diesem Buch auch getan habe), als selbstorganisierende Systeme bezeichnet. In der Biologie wurde dafür der Begriff der Homöostase (altgriech. ὁμοῖος *homoiōs*, „gleich"; στάσις *stásis* „Stauung", „Stockung") geprägt,[419] der die Aufrechterhaltung eines Gleichgewichtszustandes eines nach außen hin unabgeschlossenen Systems durch interne regelnde Prozesse beschreibt. Wesentlich treffender scheint die Bezeichnung Homöodynamik[420] zu sein, da eine *stásis* den Stillstand und damit den Tod eines (selbstregulierenden) Systems bezeichnet. Dieser Begriff wurde für die Beschreibung sich dynamisch verändernder sozialer Systeme kreiert und kommt ohne den Begriff des Gleichgewichtes aus, der für die komplexe Gesamtsituation eines biologischen Lebewesens irreführend ist.

Selbstorganisierende Systeme hat man in sehr unterschiedlichen Bereichen der Natur- und Sozialwissenschaften aufgefunden. Für ihre Entstehung sind drei Voraussetzungen erforderlich: Unabgeschlossenheit, Ungleichgewicht und Selbstverstärkung. Solche Systeme bilden sich beispielsweise auf der Oberfläche unserer Sonne. In der Physik sind sie als dissipative Strukturen bekannt.

Dissipative Strukturen tauschen ständig Energie oder Materie mit ihrer Umgebung aus. Magnetfelder können ebenfalls kontinuierlich definierte Strukturen in wechselnder Gestalt erzeugen, wie sie beispielsweise kürzlich vom Sonnenobservatorium der NASA fotografiert wurden.

———————————————

* Die „unsichtbare Hand" als Ursache für die Entstehung von Ordnung aus Unordnung taucht immer wieder in der Geschichte auf: Aristophanes (ca. 400 Jahre v. Chr.): „Laut einer Legende aus alter Zeit werden all unsere törichten Pläne und eitlen Dünkel auf das Gemeinwohl hin geordnet." B. Mandeville (1670–1733) (Bienenfabel): „Handlungen, die hinsichtlich individueller Personen als untauglich charakterisiert werden, können für die Gesellschaft im Ganzen ihre Vorteile haben."

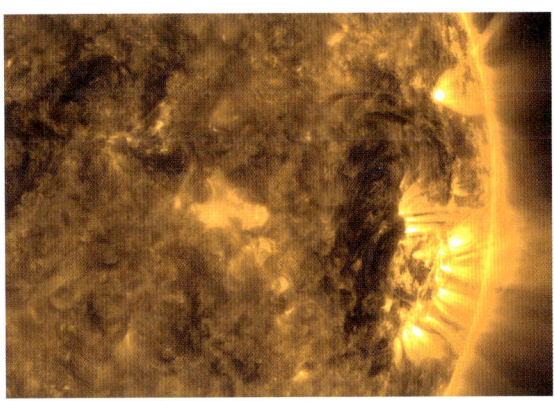

Dissipative Strukturen auf der Sonne, aufgenommen vom NASA Solar Dynamic Observatory 2016

Für die Entdeckung und Beschreibung dieses Phänomens erhielt Ilya Prigogine den Nobelpreis für Chemie des Jahres 1977. Er stellte in seiner Nobelpreisrede folgende Beschreibung vor: „*It is shown that none-quilibrium may become a source of order and that irreversible processes may lead to a new type of dynamic states of matter called ‚dissipative structures.*"*[421]

Eine Spezialform von dissipativen Strukturen stellen Rayleigh-Bénard-Muster dar,[422] wie sie beispielsweise durch Konvektionsströmung von frei schwimmenden Mikroorganismen von *Euglena gracilis* erzeugt werden.

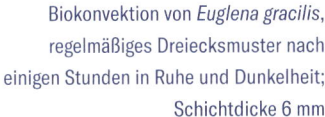

Biokonvektion von *Euglena gracilis*, regelmäßiges Dreiecksmuster nach einigen Stunden in Ruhe und Dunkelheit; Schichtdicke 6 mm

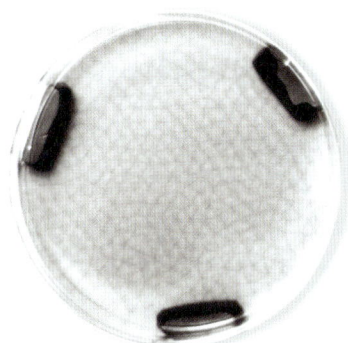

Die Triebkraft dieser Organisationsform sind Dichteunterschiede in der Flüssigkeit, die durch das Aufwärtsschwimmen der Augentierchen bewirkt werden. Bei sehr hohen

---

*   Deutsche Übersetzung: „Es zeigt sich, dass Nichtgleichgewichte eine Quelle der Ordnung werden können und dass irreversible Prozesse zu einer neuen Art von dynamischen Zuständen der Materie führen können, die wir ‚dissipative Strukturen' nennen."

Organismenkonzentrationen drängen sehr viele der grünen Kleinstlebewesen an die lichtreiche Oberfläche, um Fotosynthese zu betreiben. Da sie schwerer als Wasser sind, bricht die obere Schicht immer wieder ein und eine Konvektionsbewegung wird in Gang gesetzt. In der Folge bilden sich Netzstrukturen, in denen geordnete Drei- und Vierecke vorherrschen.

Die dissipativen Strukturen der Physik haben Gemeinsamkeiten mit biologischen Systemen. Auf diesen Zusammenhang stützten 1984 die beiden chilenischen Wissenschaftler Humberto Maturana und Francisco Varela das Konzept der Autopoiesis (altgriech. αὐτός *autós* „selbst", und ποιεῖν *poiein*, „schaffen, bauen"), das die Summe aller Prozesse der Selbsterschaffung und Selbsterhaltung eines Systems darstellt. Lebende Systeme sind letztendlich das Produkt ihrer selbst, „das heißt, es gibt keine Trennung zwischen Erzeuger und Erzeugnis. Das Sein und das Tun einer autopoietischen Einheit sind untrennbar, und dies bildet ihre spezifische Art von Organisation." Oder wie es Immanuel Kant 200 Jahre davor formuliert hat: „Ein organisiertes Produkt der Natur ist dasjenige, in welchem alles Zweck und wechselseitig auch Mittel ist."[423]

Festzuhalten ist, dass alle biologischen Prozesse auf chemischer Ebene ablaufen. Vereinfacht kann man lebende Organismen als offene, nicht abgeschlossene Behältnisse betrachten, in die chemische Verbindungen hineingehen, im System transformiert werden und in umgewandelter Form wieder herauskommen (siehe Kapitel 3). Die dabei entstehenden Rückkopplungseffekte verhelfen dem System zu einer außerordentlichen Robustheit, die – wie wir am Beispiel der Qualle gesehen haben – über die gesamte Lebenszeit des Organismus anhält, auch wenn der Organismus zu 99 % aus Wasser und damit fast vollständig aus seiner Umwelt besteht. Chemische Strukturen und deren hochkomplexe dynamische Wechselwirkungen bilden auf diese Weise die Voraussetzung für das Entstehen biologischer Systeme. Wie sagte der Biologe Dr. Ian Malcolm, gespielt von Jeff Goldblum, in dem Film *Jurassic Park* beim Anblick eines erneut erschaffenen Sauriers? „Das Leben bahnt sich seinen Weg."[424]*

Im Verlaufe des Stoffwechsels von Organismen werden höhermolekulare Verbindungen in andere und zuletzt in niedermolekulare wie CO_2, H_2O, NH_3 oder H_2S umgewandelt. Aus den energiearmen Kohlenstoffverbindungen entstehen in Cyanobakterien und grünen Pflanzen mithilfe des Sonnenlichtes neben Sauerstoff wieder komplexe energiereiche organische Strukturen. Bakterien, die zur Methanogenese in der Lage sind, erzeu-

---

* Man muss jedoch anmerken, dass selbst unter günstigsten Bedingungen (Permafrost) auch die letzten Reste intakter DNA nach weniger als einer Million Jahre verschwunden sind. Das Klonen von Rest-DNA von Sauriern, die vor mehreren 100 Millionen Jahren ausgestorben sind, wie es in dem Film als Ausgangspunkt der Story dient, ist aus chemischer Sicht nicht realistisch.

gen aus Kohlendioxid Methan. Andere wandeln Ammoniak oder Nitrate in organische Stickstoffverbindungen um. Viele dieser lebensrelevanten Verbindungen haben Milliarden Jahre chemischer Evolution hinter sich, manche wiederum sind erst vor Kurzem im Repertoire der Chemie des Lebens aufgetaucht. Bei wechselnden Umweltbedingungen (anthropogene oder nichtanthropogene Klimaveränderungen) werden sich auch in Zukunft neue chemische Strukturen herausbilden. Diese Verbindungen stehen in biochemischen Reaktionszusammenhängen, denen sie ihren chemisch-physikalischen Stempel aufdrücken, in den Reaktivitäten, Löslichkeitseigenschaften und Energieinhalte eingraviert sind. Voneinander abhängige Umwandlungsreaktionen haben Sie an einigen Kohlenstoffverbindungen in diesem Buch kennengelernt. Auch Kreisläufe anderer Elemente wie etwa die vom Sauerstoff oder vom Stickstoff sind in dieses autopoietische System integriert. Das Zusammenwirken einzelner Stoffkreisläufe, ihr Ineinandergreifen und Übergreifen auf andere wurde an einigen markanten Beispielen von DNA, RNA, Proteinsynthese und Citronensäurecyclus deutlich. Beim Vergleich zwischen den häufigen und seltenen Nucleobasen von RNA und DNA sind wir Zeuge geworden, wie unterschiedliche Etappen der chemischen Evolution in einem einzigen Organismus vorkommen. Erst nach dem „Aussortieren" einiger RNABausteine, die nicht in den dreidimensionalen Bauplan der DNA passen, konnten solch komplexe Gebilde wie Doppelhelices und sogar Gene entstehen. Das Aussortieren wurde nicht von einem hypothetischen, chemisch versierten Uhrmacher geplant und veranlasst, sondern die energetisch stabilere Form der DNA mit den sie ummantelnden Histonen hat diesen Selektionssog bewirkt. Da auch im Menschen DNA und verschiedene RNAs vorkommen, tragen wir in uns selbst ein Stück Evolutionsgeschichte.

Obwohl für eine gewisse Zeitspanne die Gesamtsituation des Organismus äußerlich unverändert scheint, gehen unaufhörlich Umbaumaßnahmen im Inneren des Systems vonstatten. In jedem Moment hat es eine andere Zusammensetzung und Konstitution. Ständig gibt es irgendwo den Versuch, dauerhafte chemische Gleichgewichte herzustellen, was aber nicht gelingt. „Die Evolution kennt keine Gleichgewichte. Sie kann bestenfalls von einem […] Ungleichgewichtszustand zum nächsten überleiten", so das Fazit des „Nichtchemikers" Peter Sloterdijk.[425] Diese Analyse deckt sich mit der des Jesuiten Pierre Teilhard von Chardin (1881–1955), der die moderne Evolutionstheorie und die christliche Heilslehre miteinander in Einklang bringen wollte: „Disharmonien oder physischer Zerfall im Vorlebendigen, Leiden beim Lebenden, Sünde im Bereich der Freiheit: keine in Bildung begriffene Ordnung, die nicht auf allen Stufen Unordnung einschließt."[426]

Solange chemische Verbindungen und Wärme das System verlassen und Nachschub einfließt, gehen diese Prozesse vonstatten, ein Ruhezustand wird nicht erreicht. Eine Unterbrechung des Nachschubs, beispielsweise durch Verknappung von Sauerstoff oder Nahrung, führt zu Inkrustationsprozessen, das heißt, die Geschwindigkeit der rasenden Formveränderung verlangsamt sich. Die Formen werden langlebiger und strukturierter. Dies kann mit dem Tod des Organismus enden und ist dann irreversibel.*

Das Prinzip der Autopoiesis dient mittlerweile auch dazu, gesellschaftliche Prozesse zu beschreiben. Sich selbst organisierende und ausdifferenzierende Systeme in den Bereichen Politik, Recht, Wirtschaft oder Medien wurden von dem großen deutschen Soziologen Niklas Luhmann im Rahmen seiner Systemtheorie nachgewiesen.[427] Letztendlich werden diese Strukturen von Menschen gebildet, von denen einer der Begründer der Soziologie in Deutschland, Norbert Elias, behauptet, dass (ihre) „Pläne und Handlungen, emotionale und rationale Regungen […] beständig freundlich oder feindlich ineinander[greifen]. Diese fundamentale Verflechtung […] kann Wandlungen und Gestaltungen herbeiführen, die kein einzelner Mensch geplant oder geschaffen hat." Daraus „ergibt sich eine Ordnung von ganz spezifischer Art […], die zwingender und stärker ist, als Wille und Vernunft der einzelnen Menschen, die sie bilden".[428] Diese wenigen Beispiele, die mühelos vermehrt werden könnten, zeigen, dass selbst die menschliche Gesellschaft als Fortsetzung der unbelebten Chemie und der belebten Natur mit anderen Mitteln aufgefasst werden kann.

Die nicht überschaubare Komplexität und wechselvolle Abhängigkeit von chemischen Reaktionen in lebenden Systemen hat obendrein zur Konsequenz, dass einfache Wenn-dann-Beziehungen, die wir Menschen schon aus Gründen der Denkökonomie und damit als Folge des Sparens von ATP bevorzugen, nur selten existieren.[429] Eine chemische Verbindung mit enorm komplexem Wirkungsspektrum hatten Sie mit dem Sauerstoff kennengelernt. Sauerstoff ermöglicht Leben, führt aber auch letztendlich zum Tod. Wir hatten darüber hinaus die gegensätzlichen Effekte auf die Gesundheit am Beispiel der Vitamine C und A in Abhängigkeit von der Konzentration und dem Ort der Wirkung analysiert. Der Schweizer Arzt und Alchemist Paracelsus (sein vollständiger Name war: Philippus Aureolus Theophrastus Bombastus von Hohenheim) hätte sich

---

* Wie am Beispiel von Zebrafischen im vorangegangenen Kapitel gezeigt wurde, können komplexe chemische und biologische Systeme ihren eigenen Tod noch eine Zeit lang „überleben". Vergleichbare Phänomene hat man beispielsweise auch in menschlichen Gesellschaften gefunden. Ein bereits länger zurückliegendes Beispiel ist die öffentliche Kommunikation in Nepal, die selbst noch nach 88 Tage funktionierte, nachdem von der Regierung das Mobiltelefonnetzwerk Anfang Januar 2005 abgeschaltet worden war, um den Kampf gegen maoistische Aufständische zu intensivieren. Festnetztelefon und Internet boten sich schnell als Alternativen an (P. H. Ang, S. Tekwani, G. Wang, Shutting Down the Mobile Phone and the Downfall of Nepalese Society, Economy and Politics, *Pacific Affairs* 2012, 85, 547–561).

über solcherlei Befunde nicht gewundert. Er hatte bereits zu Beginn der Neuzeit konstatiert: „Alle Dinge sind Gift, und nichts ist ohne Gift; allein die dosis machts, daß ein Ding kein Gift sei. […] Auch in allen guten Dingen ist Gift."[430]

Dieses kognitive Problem erschwert Gesundheitsberatern und Medizinern ihr Handwerk, da Rat suchende Klienten klare Ansagen erwarten und chemiephilosophische Betrachtungen schon aus Dringlichkeitsgründen nicht goutieren können. Der Tipp, auf eine „ausgewogene Ernährung" zu achten, ist daher eine Kapitulationserklärung vor der Komplexität, da nicht genau bekannt ist, welche genaue Zusammensetzung die Nahrung haben sollte, wenn Alter, Gewicht und aktueller Gesundheitszustand variieren. Diesen Ratschlag könnte man mit etwas Übertreibung mit dem Ölwechsel bei einem Auto vergleichen, bei dem das gesamte Fahrzeug in ein Ölbad getaucht wird. Irgendwie kommt bei diesem Verfahren das Schmiermittel bestimmt auch an jene Stellen, wo es gebraucht wird. Dies wird sich in naher Zukunft kaum ändern lassen und wir müssen mit diesen Ungewissheiten leben lernen. Vergleichbares gilt für Medikamente, wo schon der Beipackzettel mit den Nebenwirkungen anzeigt, dass sich die Wirkung nur schwer auf den gewünschten Effekt oder das kranke Organ eingrenzen lässt. Dies ist ein intrinsisches Problem der hochkomplexen Chemie des Lebens auf Basis des Kohlenstoffs, aber auch eine Herausforderung für die Wissenschaften, diese Zusammenhänge weiter zu erforschen.

18 Was kommt nach dem Kohlenstoff?

Derzeit gibt es noch keine Alternativen für den Kohlenstoff. Organisches Leben, wie wir es kennen, ist nur auf Basis dieses Elements vorstellbar. Möglicherweise könnte ausgerechnet der Kohlenstoff einen Ausweg weisen und sich selbst überflüssig machen. Der energiereiche Kohlenstoff baut mit seinen Verbindungen nicht nur biotische autopoietische Systeme auf, sondern er hat sich auch als besonders nützlich für die menschliche Kultur erwiesen. Bereits in der Eisenzeit begannen unsere Vorfahren, Holz – und damit organische Kohlenstoffverbindungen – als Brennmaterial für die Herstellung von Töpfen aus Lehm und einfachen Eisengeräten zu verwenden. Mit dieser kulturellen Leistung öffnete sich der Zugang zu dauerhaften Werkzeugen und Waffen, die den Wirkungskreis des Menschen zunehmend erweiterten. Gleichzeitig veränderte sich die Biologie des Menschen, wie ich am Beispiel des Kochens gezeigt habe. Der Verdauungstrakt wurde entlastet und pflanzliche oder tierische Giftstoffe auf der Basis von Proteinen wurden unschädlich gemacht. Nach Siegmund Freud ist auf diese Weise „[d]er Mensch […] sozusagen eine Art Prothesengott geworden, recht großartig, wenn er alle seine Hilfsorgane anlegt".[431]

Ausgerechnet eine zu allen Zeiten gering geschätzte Berufsgruppe hat bei der weiteren Entwicklung Pionierarbeit geleistet: Das waren die Köhler (ital. *carbonari*), die seit dem Altertum in Wäldern meist außerhalb der Gemeinschaft ihrem oftmals gefährlichen Tagewerk nachgingen. Die Farben der Carbonari, die im 19. Jahrhundert in der Freiheitsbewegung des Risorgimento eine bedeutende Rolle spielten, waren Schwarz, Rot und Blau, was beweist, dass sogar ein chemisches Element, hier der Kohlenstoff, in einer Fahne symbolisiert werden kann. Dieser revolutionäre Zusammenhang wurde in der Abbildung allegorisiert.

Aus chemischer Sicht bestand die Aufgabe der Carbonari darin, in den Kohlenmeilern Kohlenhydrate (Cellulose) und Lignin zu Kohlenstoff zu dehydratisieren.

$$\text{Cellulose/Lignin} \xrightarrow{300\text{-}350\ °C} C\ +\ H_2O$$

Bei der Nutzung der so erzeugten Holzkohle konnten erstmals Temperaturen bis 2700 °C erreicht werden. Mit der Verbrennung des Naturproduktes Holz waren vorher nur Temperaturen bis maximal 1500 °C möglich; der bereits enthaltene Sauerstoff verhindert das Erreichen höherer Temperaturen. Mit der Holzkohle standen der Kohlenstoff und die Köhler nicht nur Pate bei der Namensgebung einer in Italien und darüber hinaus wirkmächtigen Revolutionsbewegung,[*] sondern die hohen Verbrennungstemperaturen von Holzkohle ermöglichten es erstmals, effizient Eisen zu schmelzen. Die Holzkohle wurde später durch Braun- und Steinkohle abgelöst. Mittlerweile befinden wir uns im Erdölzeitalter, ebenfalls einem Produkt des Kohlenstoffs.

Die moderne Synthesechemie hat mit Ausnahme des Ernährungssektors die Abhängigkeit des Menschen von Naturstoffen in vielen Bereichen beendet. Am Anfang dieser nun schon über 100 Jahre andauernden Entwicklung wurden Naturstoffe modifiziert. Beispielgebend sind die Produkte aus chemisch veränderter Cellulose, die Anfang des 20. Jahrhunderts die Chemie revolutionierten. Erst nachdem es gelungen war, das stabilisierende Lignin mit seinen vielen Aromaten aus dem Holz zu entfernen und die intermolekularen Wasserstoffbrücken zwischen den verbleibenden Celluloseketten aufzubrechen, konnte Cellulose verarbeitet, zum Beispiel versponnen werden. Auf diese Weise wurden neue Verbindungen und damit Materialien mit völlig neuen Anwendungsbereichen wie Kunstseide zugänglich. Durch die Verwendung von Kohle, Erdöl und Erdgas kam eine Revolution ungeahnten Ausmaßes in Gang, bei der man sich zunehmend von den mengen- und eigenschaftsmäßig limitierten Naturstoffen löste. Deren Folgeprodukte sind heutzutage Ausgangspunkt für eine kaum noch überblickbare Vielzahl von

---

[*] Im Namen der Spaghetti Carbonara ist der Hinweis auf die Köhler und den Kohlenstoff ebenfalls noch vorhanden.

Groß- und Feinchemikalien, die aus dem Leben moderner Gesellschaften nicht mehr wegzudenken sind.

Der allergrößte Teil der synthesechemisch hergestellten Verbindungen beruht ungeachtet dessen weiterhin noch auf dem Kohlenstoff. Obwohl im Vergleich zur Energieerzeugung die Synthesechemie weniger als 5 % am Verbrauch der Kohlenstoffressourcen beteiligt ist, tritt auch hier ein Umdenken hin zu einem nachhaltigeren Umgang ein. Eine Renaissance der Naturstoffe in Form der nachwachsenden Rohstoffe wurde vor wenigen Jahren eingeläutet.[432]

Sloterdijk hat darauf hingewiesen, dass im Laufe der jüngeren Menschheitsgeschichte der Kohlenstoff die muskuläre Sklavenarbeit abgelöst hat.[433] Für den Philosophen sind besonders die fossilen Energieträger „primäre Entlastungsagenten der Moderne", womit das „Prinzip Überfluss" Einzug in die Zivilisation hielt. Diese Analyse lässt sich mühelos auch auf die synthesechemisch hergestellten Produkte erweitern. Mittlerweile deuten sich die Grenzen des „Naturarbeiters" Kohlenstoff an. Sollten auf der Erde ausnahmslos alle fossilen Kohlenstoffressourcen durch den Menschen bewirtschaftet werden, hätte dies weitreichende Folgen. Ein zentrales und mittlerweile erkanntes Problem ist die Erhöhung der CO_2-Konzentration in der Atmosphäre und die damit verbundene Änderung des Weltklimas.*

Eine völlig neue Situation mit bisher nicht prognostizierbaren Auswirkungen ergibt sich in Zukunft mit dem Verlust des Kohlenstoffpuffers in Form von Kohle, Erdgas und Erdöl. Dadurch wird der Spielraum für extensive evolutionäre Veränderungen der Chemie des Lebens auf der Basis des Kohlenstoffs eingeschränkt. Die Situation auf der Erde würde dann derjenigen vor mehreren Milliarden Jahren ähneln, als die reaktivsten „Sauerstoff- und Carbonatsammler" wie Eisen, Calcium, Mangan, Silicium, Aluminium, Phosphor und Schwefel verbraucht waren. In der Folge wurden diese oxidierbaren Elemente in reaktionsträge Eisenoxide (FeO, Fe_2O_3), Manganoxide (Mn_2O_3, MnO_2), Siliciumoxid (SiO_2), Aluminiumoxid (Al_2O_3), Phosphate (PO_4^{3-}), Sulfate (SO_4^{2-}) und Carbonate (CO_3^{2-}) umgewandelt.[434]

Prinzipiell sind konservierende oder völlig neue Szenarien im Rahmen der kohlenstoffbasierten Chemie denkbar, die mittlerweile durch die aktive Beeinflussung durch den Menschen in Ausmaß und Richtung gesteuert werden können. Die zentrale Rolle des Menschen in diesem Prozess wurde von dem Nobelpreisträger für Chemie Paul J. Crutzen im Jahr 2000 mit dem Begriff Anthropozän (altgriech. ἄνθρωπος *ánthrōpos*, „Mensch", und καινός *kainóss*, „neu", „noch nie dagewesen") belegt.[435]

---

* Gegenwärtig gelangen jährlich etwa 32 Gigatonnen Kohlendioxid durch Verbrennung fossiler Energieträger in die Atmosphäre.

Im Mittelpunkt der derzeitigen Bestrebungen stehen die sparsame und nachhaltige Verwendung von fossilen Kohlenstoffquellen und die Nutzung von alternativen Energieressourcen (Sonne, Wind, Wasserkraft). Zu diesen eher konservativen Maßnahmen gehört auch ein Vorschlag der Greifswalder Chemiker Fritz Scholz und Ulrich Hasse, der darauf abzielt, weltweit vermehrt Bäume und Sträucher anzupflanzen.[436] Diese sollen nach einer Wachstumsphase geerntet und abschließend unter anaeroben Bedingungen in Braunkohletagebauen oder anderen geeigneten Bergbaubetrieben gelagert werden. Eine Tonne Holz entspricht ungefähr 1,8 Tonnen Kohlendioxid. Auf diese Weise würden die Verkohlungsprozesse, die vor zig Millionen Jahren auf der Erde abgelaufen sind, nun durch das Zutun des Menschen wiederholt werden.

Grundsätzlich ist die Antwort auf die Frage, wie „Decarbonisierung" aussehen könnte, bisher in Politik und Gesellschaft höchst umstritten und bezieht sich ausschließlich auf die Rohstoffquellen und nicht auf die belebte Natur und den Menschen selbst. Schon der Begriff „Decarbonisierung" verlangt nach einer schonungslosen semantischen Analyse. Er wird heutzutage fast immer für den Ersatz fossiler Energieträger durch nachwachsende Rohstoffe verwendet. In diesem Kontext ist er aber falsch, da die alternativen Energieträger wie Bioalkohol, Biodiesel, Lignin etc. ebenfalls auf der Basis des Kohlenstoffs aufgebaut sind.

Für radikalere Lösungen, die ganz ohne den Kohlenstoff auskommen und die dann selbstverständlich direkt in das Herz der organischen Chemie und der Biochemie zielen, gibt es bereits Präzedenzfälle in der Evolutionsgeschichte. Beispiele aus der Vergangenheit sind die Umstellung einer urzeitlichen, relativ einfachen „Thioesterwelt" auf die komplexere und hocheffiziente „ATP-Welt".[437] Die Relikte dieser biochemischen Revolution sind heute noch in der Chemie des Lebens in Form zahlreicher organischer Schwefelverbindungen allgegenwärtig.[438] Umbrüche auf chemischem Niveau hatten stets auch grundlegende Auswirkungen auf die Biochemie in den zugehörigen biologischen Organismen. Erinnert sei in diesem Zusammenhang an die Folgen, die der Anstieg der Sauerstoffkonzentration in der Erdatmosphäre auf anaerob lebende Einzeller hatte: Sie sind möglicherweise zum größten Teil ausgestorben. Nur wenige konnten in sauerstofffreien Nischen überleben oder haben sich auf ein Alternativdasein mit oder ohne Sauerstoff eingerichtet. Auf der anderen Seite brachten Sauerstoffkonzentrationen in der Atmosphäre von über 30 % Riesenorganismen hervor, die heute nur noch als Fossilien in Naturkundemuseen bestaunt werden können. Anstelle der Saurier und Riesenlibellen traten neue Lebensformen, die an das verminderte Sauerstoffangebot von etwa 21 %, wie es heute für unsere Erdatmosphäre typisch ist, besser angepasst waren.*

----

* Neben den verschiedenen Zeiträumen und Ursachen, die für solche Katastrophen beschrieben

Änderungen der chemischen Grundlagen verdrängen herkömmliche biologische Lebensformen. Die anaeroben Einzeller machten aerob lebenden und wesentlich komplexeren Organismen Platz. Die Saurier wurden nach und nach von einer anderen, höher entwickelten Spezies, den Säugetieren, ersetzt. Diese Prozesse erinnern an die Charakterisierung der kapitalistischen Ökonomie durch den Makroökonomen Joseph Schumpeter, wonach diese „unaufhörlich die alte Struktur zerstört und unaufhörlich eine neue schafft".[439] *

Ob im Rahmen der Verknappung und den damit verbundenen klimatischen Herausforderungen der Kohlenstoff eines Tages durch andere Elemente abgelöst wird, steht in den Sternen.[440] Zumindest sind beispielsweise der Japaner Hiroshi Ishiguro und seine Kollegen, die sich mit künstlicher Intelligenz (KI) und Robotik beschäftigen, fest davon überzeugt, dass dann Bewusstsein nur noch auf der Basis von anorganischen Verbindungen realisiert werden kann und der „Ausflug" in die organische Welt beendet sein wird.[441] Das ergibt sich allein schon aus der Notwendigkeit, dass höhere Organismen auf Kohlenstoffbasis die langen Reisen zu anderen Planeten in oder außerhalb unseres Sonnensystems nicht überstehen würden. Daher sind diese Visionäre der festen Meinung, dass dieser Paradigmenwechsel innerhalb der nächsten 1000 Jahre eintreten wird. Vielleicht könnte dann doch noch ein alter Bekannter, den ich am Anfang des Buches als Grundlage für die Chemie des Lebens ausgeschlossen hatte, das Silicium, im neuen Gewand als elektronische Basis für künstliches Bewusstsein den Kohlenstoff ablösen?

---

werden, ist eines dieser Massenaussterben besonders zu erwähnen. Es ist mit dem Einschlag eines im Durchmesser ungefähr 10 km messenden Meteoriten auf der Halbinsel Yukatan im Golf von Mexiko vor etwa 66 Millionen Jahren assoziiert. Wahrscheinlich veränderte dieser Meteorit nicht nur die Zusammensetzung der Erdatmosphäre, sondern brachte eine sehr wertvolle Fracht mit sich: In der dünnen Tonschicht dieses Erdzeitalters wurde eine Anreicherung des sonst in der Erde sehr seltenen Schwermetalls Iridium („Iridium-Anomalie") und fünf weiterer Edelmetalle (Ruthenium, Rhodium, Palladium, Platin und Osmium) nachgewiesen. Diese Edelmetalle sind mittlerweile aus der modernen Synthesechemie als hocheffiziente Katalysatormetalle nicht mehr wegzudenken. Beispielgebend sind Platin und Rhodium in den Abgaskatalysatoren der Autos.

* Seit Einführung des Computers werden wir auch Zeuge, wie dieses Phänomen die immer schnellere Entwicklung von neuer Hard- und Software bestimmt.

Zitierte Literatur und weiterführende Bemerkungen

1   In diesem Kontext muss das „*Retour à la nature!*" („Zurück zur Natur!") Erwähnung finden, eine Aufforderung, die Jean-Jacques Rousseau zugeschrieben wird und die bis in die Gegenwart hinein großen Einfluss auf viele Umweltschutzbewegungen hat. Obwohl das Zitat in keiner seiner Schriften explizit auftaucht, wird vielfach mit dieser Formel die Essenz von Rousseaus politisch-theoretischer Schrift *Du contrat social ou principes du droit politique (Vom Gesellschaftsvertrag oder Prinzipien des Staatsrechts)* und des Romans *Émile ou de l'éducation (Emile oder Über die Erziehung)* zusammengefasst.

2   Dioxin ist der Sammelbegriff für eine Klasse chlorhaltiger aromatischer Verbindungen. Der Name leitet sich vom 1,4-Dioxin ab, der entsprechend den IUPAC-Regeln (siehe Kapitel 2) kennzeichnet, dass zwei Sauerstoffatome („Di-ox") in einen zweifach ungesättigten 6-Ring (Suffix: „in") eingebaut sind. Über die Stammverbindung ist noch nichts hinsichtlich der Giftigkeit bekannt. Erst durch Kombination mit jeweils zwei chlorierten Phenylringen entstehen die cancerogen wirkenden „Dioxine", die korrekt als 2,3,7,8-Tetrachlordibenzodioxin bzw. 2,3,7,8-Tetrachlordibenzofuran bezeichnet werden müssten.

3   N. Bolz, Niklas Luhmann und Jürgen Habermas, Eine Phantomdebatte. In: *Luhmann- Lektüren*, D. Baecker, N. Bolz, P. Fuchs, H. U. Gumbrecht, P. Sloterdijk (Hrsg.), Kulturverlag Kadmos, 2010, S. 34–52.

4   F. Nietzsche, *Menschliches, Allzumenschliches*, 1. Band, 5. Hauptstück, 261; Die Zukunft der Wissenschaft; Anaconda, 2006; http://www.zeno.org/Philosophie/M/Nietzsche,+Friedrich/Menschliches,+Allzumenschliches/Erster+Band/ F%C3%BCnftes+Hauptst%C3%BCck.+Anzeichen+h%C3%B6herer+und+nie derer+Kultur/251.+Zukunft+der+Wissenschaft (abgerufen am 20.10.2016).

5   K. Jaspers, *Philosophie, Band 2, Existenzerhellung*, Berlin 1973, S. 204.

6   G.-J. Krauß, J. Miersch, *Chemische Signale*, Urania-Verlag, Leipzig 1983.

7   L. Wittgenstein, *Tractatus logico-philosophicus: Logisch-philosophische Abhandlung*, edition suhrkamp, Berlin 1963, Satz 5.6.

8   T. Storm, Das ist der Herbst, in: *Herbsttag. Die schönsten deutschen Herbstgedichte*, Kindle Edition.

9   T. Eagleton, *Was ist Kultur?*, C. H. Beck, München 2009, S. 71.

10   R. Dawkins, *Das egoistische Gen. Jubiläumsausgabe*, Spektrum Akademischer Verlag, Heidelberg 2006.

11   W. von Humboldt, Werke in fünf Bänden, Band I, Wissenschaftliche Buchgesellschaft, Darmstadt, 1969, S. 235; zitiert in: N. Luhmann, *Das Erziehungssystem der Gesellschaft*, Suhrkamp Taschenbuch Verlag, 2014, S. 189.

12   E. Schrödinger, *Was ist Leben? – Die lebende Zellen mit den Augen des Physikers betrachtet*, Piper, 1987, S. 29.

13   Eine sehr detaillierte Übersicht über die historische Entwicklung von Symbolen findet sich in: A. Frutiger, *Der Mensch und seine Zeichen*, marixverlag, Wiesbaden 2011.

14   Es gibt verschiedene Typen von Formeln, die unterschiedliche Aspekte einer chemischen Verbindung symbolisieren und die sich gleichzeitig in ihrer Realitätsnähe unterscheiden. Die Haupttypen sind: Valenzstrich-, Keilstrich-, Skelett-, Konstitutions- und Summenformel.

15   J. W. von Goethe, *Faust: Eine Tragödie (erster und zweiter Teil)*, Deutscher Taschenbuch Verlag, 1997.

16   Dies wird in der *multipoint attachment theory* (MPA) beschrieben, wo zwischen Süßstoff und Rezeptor bestimmte räumliche Parameter und Wechselwirkungen angenommen werden: C. Nofre, J.-M. Tinti, Sweetness reception in man: The multipoint attachment theory, *Food Chemistry* 1996, 56, 263–274.

17   Weitere Zucker auf der Basis einer Kette mit sechs Kohlenstoffatomen sind neben Glucose und Allose Altrose, Mannose, Gulose, Galactose, Talose und Idose. Sie kommen ebenso wie die Allose im Vergleich zur Glucose wesentlich seltener in der belebten Natur vor.

18   P. Sloterdijk, *Ausgewählte Übertreibungen, Gespräche und Interviews*, Suhrkamp Verlag, 2015, S. 242.

19   E. Hedrén, V. Diaz, U. Svanberg, Estimation of carotenoid accessibility from carrots determined by an *in vitro* digestion method, *European Journal of Clinical Nutrition* 2002, 56, 425–430.

20   P. Theroux, *Das Tao des Reisens*, Atlantik, 2015; zum Beispiel: J. London, *Wolfsblut; Ein Sohn der Sonne.*

21 G. F. Hegel, *Vorlesungen über die Geschichte der Philosophie III*, Werke Band 20, Insel, S. 331; http://www.zeno.org/Philosophie/M/Hegel,+Georg+Wilhelm+Friedrich/Vorlesungen+%C3 %BCber+die+Geschichte+der+Philosophie (abgerufen am 29.11.2016).

22 Leider bleibt bei dieser Bezeichnung im Unterschied zum Trivialnamen „L-Ascorbinsäure" der Säurecharakter auf der Strecke. Organische Säuren, speziell Carbonsäuren, sind durch eine Carboxylgruppe gekennzeichnet, die man weder in der chemischen Formel noch im IUPAC- Namen von Vitamin C findet. Die Verbindung gehört zur Klasse der Lactone. Trotzdem ist Vitamin C eine Säure, die sogar etwas saurer als Essigsäure ist. Die (sauer machenden) Protonen kommen von den beiden Hydroxygruppen. Um zu dieser Aussage kommen zu können, sind aber entweder einige zusätzliche Chemiekenntnisse oder ein Experiment notwendig.

23 http://www.bk-luebeck.eu/zitate-konfuzius.html (abgerufen am 21.02.2017).

24 Französisch: „Mal nommer un objet, c'est ajouter au malheur de ce monde." A. Camus, *Sur une philosophie de l'expression, Œuvres complètes*, Gallimard Pléaide, t.I, Volume 1, 2008, S. 908.

25 Dies bezieht sich auf die Tautologie von G. Stein (1874–1946): „Rose is a rose is a rose is a rose", *Sacred Emily, Geography and Plays*, Something Else Press, 1968.

26 N. Luhmann, *Vertrauen: Ein Mechanismus der Reduktion sozialer Komplexität*, UTB GmbH, 2014.

27 N. Shubin, *Der Fisch in uns. Eine Reise durch die 3,5 Milliarden Jahre alte Geschichte unseres Körpers*, Fischer Taschenbuch, 2009.

28 K. Wolkenstein, H. Sun, H. Falk, C. Griesinger, Structure and Absolute Configuration of Jurassic Polyketide-Derived Spiroborate Pigments Obtained from Microgram Quantities, *Journal of the American Chemical Society* 2015, 137, 13460–13463.

29 http://www.amazon.de/Patchouli-Parfum-Euphoric-Patchouly-Moschus/dp/B002AF6SN6 (abgerufen am 20.10.2016).

30 Vergleiche beispielsweise den Bildungsweg des Chemikers Emil Fischer: H. Remane, *Emil Fischer. Bibliographien hervorragender Naturwissenschaftler, Techniker und Mediziner*, Band 74, Teubner Verlagsgesellschaft, Stuttgart 1984.

31 M. Kemp, Brunelleschis Blickwinkel, in: *Bilderwissen. Die Anschaulichkeit naturwissenschaftlicher Phänomene*, DuMont, Köln 2000, S. 48–50.

32 Der hier behandelte, stark vereinfacht dargestellte Sachverhalt wird in der organischen Chemie mit der „Theorie der Hybridisierung" erklärt, wobei die ursprünglich nicht äquivalenten vier Valenzelektronen des Kohlenstoffs im Grundzustand zur Bindung mit vier H-Atomen energetisch auf ein gleiches Niveau gehoben werden.

33 Entsprechend der IUPAC-Anweisung sollte sich der Keil, der vom Kohlenstoffatom im Zentrum zu dem hinteren Atom führt, verjüngen, um den räumlichen Eindruck zu verstärken. In den meisten wissenschaftlichen Manuskripten wird diese Anweisung ignoriert und der Keil vergrößert sich zum hinten stehenden Atom.

34 Natürlich können Veränderungen an der Struktur nicht nur durch weitere chemische Verbindungen, sondern auch durch Strahlung eintreten, was dann auch wieder eine Re-Aktion auf einen – in diesem Fall physikalischen – Effekt beinhaltet.

35 S. Rüther, *Gräzismen und Latinismen in der modernen organischen Chemie*, Hausarbeit im Rahmen der Ersten Staatsprüfung für das Lehramt, Rostock 2016.

36 http://ducange.enc.sorbonne.fr/REAGERE (abgerufen am 20.10.2016).

37 W. Pfeifer, *Etymologisches Wörterbuch*; zitiert in: http://dwds.de/wb/reagieren (abgerufen am 20.10.2016).

38 Als Referenz für alle anderen Elemente des Periodensystems wurden 12 g Kohlenstoff gewählt, die genau 1 Mol entsprechen. Genau genommen handelt es sich dabei um 12 g Kohlenstoff des Isotops ^{12}C.

39 Zitiert in: F. W. Graf, H. Meier (Hrsg.), *Politik und Religion. Zur Diagnose der Gegenwart*, C. H. Beck, 2013, S. 9.

40 N. Bischoff, *Das Kraftfeld der Mythen. Signale aus der Zeit, in der wir die Welt erschaffen haben*, Piper/KNO VA, 2004.

41 C. van Schaik, K. Michel, *Das Tagebuch der Menschheit. Was die Bibel über unsere Evolution verrät*, Rowohlt, 2016.

42 Zitiert in: M. Jaeger, *Fausts Kolonie: Goethes kritische Phänomenologie der Moderne*, Verlag Könighausen & Neumann, Würzburg 2005, S. 541.

43 O. Wallach (Hrsg.), *Briefwechsel zwischen J. Berzelius und F. Wöhler*, Sändig Reprint Verlag, Hans R. Wohlwend, Vaduz/Liechtenstein 1984.

44 P. Levi, *Das periodische System*, Aufbau Verlag, Berlin (DDR) 1979, S. 241.

45 http://images.google.de/imgres?imgurl=https%3A%2F%2Fwww.hzdr.de%2FFWR%2FMO MI%2FPeriodensystem.gif&imgrefurl=https%3A%2F%2Fwww.hzdr.de%2Fdb%2FCms%3 FpOid%3D25893&h=381&w=640&tbnid=J6gfOie8KMU26M%3A&docid=EU8-5i7gaRppUM&ei=ehiOV4q_CYfHgaAYsYnYCg&tbm=isch&iact=rc&uact=3&dur=742&p age=1&start=0&ndsp=37&ved=0ahUKEwiK5Penv NAhWHI8AKHZhYAqsQMwgmKA QwBA&bih=935&biw=1829 (abgerufen am 20.10.2016).

46 Elektronegativität ist ein relatives Maß für die Fähigkeit eines Atoms, in einer chemischen Bindung Elektronenpaare an sich zu ziehen. Die Elektronegativitätswerte kann man aus den meisten Darstellungen des Periodensystems einfach ablesen. Eine Faustregel besagt, dass bis zu einer Elektronegativitätsdifferenz von etwa 0,4 eine kovalente Bindung und ab ca. 1,7 eine ionische Bindung vorliegt.

47 Diese atomaren Bewegungen im Kristall sind die Ursache dafür, dass bei grafischen Darstellungen von Kristallstrukturanalysen die Atome als Ellipsoide gezeichnet werden, die in Abhängigkeit von der Temperatur während der Messungen immer größer werden (K. N. Trueblood, Diffraction studies of molecular motion in crystals, in: *Accurate Molecular Structures*, A. Domenicano, I. Hargittai (Hrsg.), Oxford Science Publications, 1992, GB, S. 199–219).

48 http://www.chemie-im-alltag.de/articles/0022/ (abgerufen am 02.11.2016).

49 R. Musil, *Der Mann ohne Eigenschaften*, Rowohlt Taschenbuch Verlag, Hamburg 1987, Erstes Buch, S. 248.

50 R. K. Thauer, A.-K. Kaster, H. Seedorf, W. Buckel, R. Hedderich, Methanogenic archaea: ecologically relevant differences in energy conservation, *Nature Reviews Microbiology* 2008, 6, 579–591.

51 *Süddeutsche Zeitung* vom 26.07.2011.

52 Ein weiteres Argument für die große Stabilität von C–C-Bindungen ist der Fakt, dass es in einem Alkan mehr C–H-Bindungen als C–C-Bindungen gibt, womit die Wahrscheinlichkeit für die C–H-Bindungsspaltung steigt. Darüber hinaus erfordert die C–H-Aktivierung eine niedrigere Energiebarriere als die C–C-Aktivierung: S. J. Blanksby, G. B. Ellison, Bond dissociation energies of organic molecules, *Accounts of Chemical Research* 2003, 36, 255– 263.

53 R. S. Bohacek, C. McMartin, W. C. Guida, The art and practice of structure-based drug design: a molecular modeling perspective, *Medicinal Research Reviews* 1996, 16, 3–50.

54 H. Winter, Benennungsmotive für chemische Stoffnamen, in: *Special Language/Fachsprache* 8, 1986, S. 155–162.

55 So in den *Hinweisen für Benutzer*, in: Berlin-Brandenburgische Akademie der Wissenschaften, Akademie der Wissenschaften in Göttingen und Heidelberger Akademie der Wissenschaften (Hrsg.), *Goethe-Wörterbuch, Band III: einwenden – Gesäusel*, Kohlhammer, Stuttgart 1998.

56 M. Dörr, J. Käßbohrer, R. Grunert, G. Kreisel, W. A. Brand, R. A. Werner, H. Geilmann, C. Apfel, C. Robl, W. Weigang, Eine mögliche präbiotische Bildung von Ammoniak aus molekularem Stickstoff auf Eisensulfidoberflächen, *Angewandte Chemie* 2003, 115, 1579– 1581; A possible prebiotic formation of ammonia from dinitrogen on iron sulfide surfaces, *Angewandte Chemie International Edition* 2003, 42, 1540–1543

57 Die gegenläufigen Pfeile symbolisieren zwei Elektronen mit entgegengesetztem Spin, die sich in dem gleichen Atomorbital (dargestellt durch die ovale Hülle) aufhalten. Vergleichbare Elektronenpaare hatten Sie schon am Peroxid kennengelernt.

58 Diese Einteilung bezieht sich auf die Säure-Base-Theorie nach S. Arrhenius, nach der Basen Verbindungen sind, die Hydroxidionen abgeben können.

59 W. M. Sinton, Does Io have an ammonia atmosphere?, *Icarus* 1973, 20, 284–296.

60 D. W. Ball, Tetrazane: Hartree-Fock, Gaussian-2 and -3, and Complete Basis Set Predictions of Some Thermochemical Properties of N_4H_6, *The Journal of Physical Chemistry A* 2001, 105, 465–470.

61 I. Bostridge, *Schuberts Winterreise*, C. H. Beck, München 2015, S. 171–174.

62 Man kann die schrittweise Oxidation am besten mit der Änderung der Oxidationszahlen (OZ) des Phosphors beschreiben. PH_3: OZ = −3; H_3PO: OZ = −1; H_3PO_2: OZ = +1; H_3PO_3: OZ = +3; H_3PO_4: OZ = +5.

63 W. B. Jensen, The Chemistry of Bug-Eyed Silicon Monsters, http://www.che.uc.edu/jensen/W.%20B.%20Jensen/Unpublished%20Lectures/Chemistry/04.%20Si%20Monsters'.pdf (abgerufen am 20.10.2016).

64 http://www.daviddarling.info/encyclopedia/S/siliconlife.html (abgerufen am 09.10.2017).

65 J. E. Reynolds, Recent Advances in our Knowledge of Silicon Chemistry, Opening address to the British Association for the Advancement of Science, *Nature* 1893, 48, 477–481.

66 H. G. Wells, Another Basis for Life, *Saturday Review* 1894, 22. Dezember, S. 676; zitiert in: *Early Writings in Science and Science fiction*, R. Philmus, D. Y. Hughes (Hrsg.), University of California Press, Berkeley 1975, S. 144–147.

67 E. Orthmann, *Der Diamantenmacher*, Verlag Neues Leben, Berlin 1976.

68 A. Alison, Possible Forms of Life, *Journal of the British Interplanetary Society* 1968, 21, 48.

69 Die Verbindung heißt Pentadecasilan und hat die Summenformel $Si_{15}H_{32}$.

70 P. Plichta, *Benzin aus Sand. Die Silan-Revolution*, F. A. Herbig, 2006.

71 G. Pohnert, Im Glashaus leben, wachsen, sich vermehren, *Nachrichten aus der Chemie* 2016, 64, 1145–1147.

72 E. Bäuerlein, Biomineralisation von Einzellern: eine außergewöhnliche Membranbiochemie zur Produktion anorganischer Nano- und Mikrostrukturen, *Angewandte Chemie* 2003, 115, 636–664; Biomineralization of Unicellular Organisms: An Unusual Membrane Biochemistry for the Production of Inorganic Nano- and Microstructures, *Angewandte Chemie International Edition* 2003, 42, 614–641.

73 N. Ehlert, P. Behrens, *UniMagazin der Leibniz Universität Hannover* 2010, 28–31.

74 W. Bains, R. Tacke, Silicon chemistry as a novel source of chemical diversity in drug design, *Current Opinion in Drug Discovery and Development* 2003, 6, 526–543.

75 P. Fuchs, Die Metapher des Systems – Gesellschaftstheorie im dritten Jahrtausend, in: D. Baecker, N. Bolz, P. Fuchs, H. U. Gumbrecht, P. Sloterdijk (Hrsg.), *Luhmann-Lektüren*, Kulturverlag Kadmos, 2010, S. 53–69.

76 Das Maximum wird mit vier kovalenten Bindungen erreicht, wobei dann das Bor die stabile Elektronenkonfiguration des Edelgases Neon erreicht.

77 W. Kliegel, *Bor in Biologie, Medizin und Pharmazie*, Springer, Berlin 2014.

78 J. Kohno, T. Kawahata, T. Otake, M. Morimoto, H. Mori, N. Ueba, M. Nishio, A. Kinumaki, S. Komatsubara, K. Kawashima, Boromycin, an anti-HIV antibiotic, *Bioscience, Biotechnology, and Biochemistry* 1996, 60, 1036–1037.

79 Y. Okami, T. Okazaki, T. Kitahara, H. Umezawa, Studies on marine microorganisms. V. A new antibiotic, aplasmomycin, produced by streptomycete isolated from shallow sea mud, *Journal of Antiobiotics* (Tokyo) 1976, 29, 1019–1025.

80 T. M. Lenton, M. Crouch, M. Johnson, N. Pires, L. Dolan, First plants cooled the Ordovician, *Nature Geoscience* 2012, 5, 86–89.

81 Abbildung adaptiert von: https://upload.wikimedia.org/wikipedia/commons/thumb/9/92/Sauerstoffgehalt-1000mj.svg/2000px-Sauerstoffgehalt-1000mj.svg.png (abgerufen am 20.10.2016).

82 J. Harrison, J. Lighton, Oxygen-sensitive flight metabolism in the dragonfly *erythemis simplicicollis, Journal of Experimental Biology* 1998, 201, 1739–1744.

83 R. W. Sterner, J. J. Elser, *Ecological Stoichiometry: the Biology of Elements from Molecules to the Biosphere*, Princeton University Press, S. 3, 47 und 135, 2002.

84 Es gibt mittlerweile auch abweichende Kalkulationen. Für eine vergleichende Wertung vieler bisher erschienener Berechnungen siehe: http://www.eoht.info/page/Human+molecular+formula (abgerufen am 20.10.2016).

85 A. Einstein, Brief an Sohn Eduard 1933, Einstein-Archiv 75–665.

86 Der Wasseranteil schwankt erheblich. Erwachsene Frau: 57 % des Körpergewichts, erwachsener Mann: 60 %, Neugeborenes: 75 %. Das ist auch der Grund, warum Babys durch radioaktive Strahlung stärker gefährdet sind.

87 Kohlenstoffatome entstanden zusammen mit Sauerstoffatomen durch Verschmelzung von Heliumkernen, nachdem die Umgebung auf den sich neu bildenden Himmelskörpern an Wasserstoff verarmte.

88 Archibald „Archie" Bunker ist ein fiktiver New Yorker Bürger, der in der seinerzeit sehr populären US-amerikanischen Sitcom der 1970er-Jahren mitspielte: *All in the Family*. Zitiert in: N. Shubin, *The Universe Within: The Deep History of the Human Body*, Pantheon Books, 2013.

89 L. Feuerbach, *Das Geheimnis des Opfers oder Der Mensch ist, was er ißt*, in: Gesammelte Werke, W. Schuffenhauer [Hrsg.], Band 2, Berlin (Akademie Verlag) 1972, S. 26–52.

90 In Übereinstimmung mit dem Soziologen Niklas Luhmann könnte man formulieren, „dass die aus der Umwelt bezogenen Funktionen" (in unserem Fall hier die chemischen Verbindungen) „bestimmend sind für die Struktur des Systems" (H. U. Gumbrecht, „Alteuropa" und „Der Soziologe", in: D. Baeker, N. Bolz, P. Fuchs, H. U. Gumbrecht. P. Sloterdijk (Hrsg.), *Luhmann Lektüren*, Kulturverlag Kadmos, 2010, S. 79).

91 G. Spencer-Brown, *Laws of Form – Gesetze der Form*, Bohmeier Verlag, Leipzig 2004.

92 H. K. Biesalski, *Mikronährstoffe als Motor der Evolution*, Springer Spektrum, 2015.

93 L. Stryer, *Biochemie*, Spektrum Akademischer Verlag, 1996.

94 C. A. Logan, A Review of Ocean Acidification and America's Response, *Bioscience* 2010, 60, 819–828

95 M. Epple, *Biomaterialien und Biomineralisation*, Teubner, Stuttgart 2003, S. 106–142.

96 M. Groß, *Nachrichten aus der Chemie* 2016, 64, 738–740; C. E. Doughty, J. Roman, S. Faurby, A. Wolf, A. Haque, E. S. Bakker, Y. Malhi, J. B. Dunning Jr, J.-C. Svenning, Global nutrient transport in a world of giants, *Proceedings of the National Academy of Sciences* 2015, 113, 868–873.

97 http://www.geo.de/GEO/natur/oekologie/staub-fuer-die-welt-55082.html (abgerufen am 20.10.2016).

98 C. Paul, G. Pohnert, Production and role of volatile halogenated compounds from marine algae, *Natural Product Reports* 2011, 28, 186–195.

99 A. Butler, J. N. Carter-Franklin, The role of vanadium bromoperoxidase in the biosynthesis of halogenated marine natural products, *Natural Product Reports* 2004, 21, 180–188.

100 S. D. Cobley, J. Rokicki, P. Turner, H. Daligault, M. Nolan, M. Land, The whole genome sequence of spingobium chlorophenolicum L-1: Insights in the evolution of the pentachlorophenol degradation pathway, *Genome Biology and Evolution* 2011, 4, 184–198.

101 H. Kierdorf, D. Rhede, C. Death, J. Hufschmid, U. Kierdorf, Reconstructing temporal variation of fluoride uptake in eastern grey kangaroos (*Macropus giganteus*) from a high- fluoride area by analysis of fluoride distribution in dentine, *Environmental Pollution* 2016, 211, 74–80.

102 F. Müller, C. Zeitz, H. Mantz, K. H. Eses, F. Soldera, J. Schmauch, M. Hannig, S. Hüfner, K. Jacobs, Elemental depth profiling of fluoridated hydroxyapatite: saving your dentition by the skin of your teeth?, *Langmuir* 2010, 26, 18750–18759.

103 H. K. Biesalski, *Mikronährstoffe als Motor der Evolution*, Springer Spektrum, 2015, S. 80– 82.

104 Diese spezielle Fettsäure ist die Docosahexaensäure (DHA), die vor allem in Fischen vorkommt.

105 S. C. Cunnane, M. A. Crawford, Energetic and nutritional constraints on infant brain development: Implications for brain expansion during human evolution, *Journal of Human Evolution* 2014, 71, 88–98.

106 C. Oxnard, P. J. Obendorf, B. J. Kefford, Post-Cranial Skeletons of Hypothyroid Cretins Show a Similar Anatomical Mosaic as *Homo floresiensis, Public Library of Science* (PLoS ONE) 2010, e13018 DOI: 10.1371/journal.pone.0013018.

107 Ein Beispiel ist das Proinsulin. Schwefelbrücken halten die Vorstufe des Enzyms Insulin zusammen. Erst durch hydrierende Spaltung der Schwefelbrücken wird das aktive Enzym generiert.

108 Andere selenhaltige Aminosäuren sind Selenohomocystein, Selenomethionin und Methylselenocystein, bei denen in der Stammverbindung der Schwefel ebenfalls durch Selen ersetzt wurde. Die organische Verbindung Selenomethionin wird beispielsweise viel leichter durch höhere Organismen aufgenommen als anorganische Selenverbindungen.

109 Das betreffende Enzym ist die Gluthationperoxidase.

110 J. K. MacFarquhar, D. L. Broussard, P. Melstrom, R. Hutchinson, A. Wolkin, C. Martin, R. F. Burke, J. R. Dunn, A. L. Green, R. Hammond, W. Schaffner, T. F. Jones, Acute Selenium Toxicity Associated With a Dietary Supplement, *Archives of Internal Medicine* 2010, 170, 256–261.

111 J. R. Valdez Barillas, C. F. Quinn, J. L. Freeman, S. D. Lindblom, S. C. Fakra, M. A. Marcus, T. M. Gilligan, É. R. Alford, A. L. Wangeline, E. A. H. Pilon-Smits, Selenium Distribution and Speciation in the Hyperaccumulator *Astragalus bisulcatus* and Associated Ecological Partners, *American Society of Plant Biologists* 2012, 159, 1834–1844.

112 Organische Stickstoffverbindungen, in denen der Stickstoff oxidiert und damit in höheren Oxidationsstufen vorkommt,

sind beispielsweise Nitroverbindungen wie das antibakteriell wirkende Chloramphenicol. Sie bilden aber nur eine sehr kleine Gruppe von Naturstoffen.

113 M. Lintern, R. Anand, C. Ryan, D. Paterson, Natural gold particles in *Eucalyptus leaves* and their relevance to exploration for buried gold deposits, *Nature Communications* 2013, 4, 1–7.

114 D. H. Rothman, G. P. Fournier, K. L. French, E. J. Alm, E. A. Boyle, C. Cao, R. Summons, Methanogenic burst in the end-Permian carbon cycle, *Proceedings of the National Academy of Sciences* 2015, 111, 5462–5467.

115 G. Diekert, U. Konheiser, K. Piechulla, R. K. Thauer, Nickel requirement and factor F430 content of methanogenic bacteria, *Journal of Bacteriology* 1981, 148, 459–464.

116 T. Kersey, R. J. Twitchett, G. D. Price, S. T. Grimes, Isotope excursions and palaeo-temperature estimates from the Permian/Triassic boundary in the Southern Alps (Italy), *Palaeography, Palaeoclimatology, Palaeoecology* 2009, 279, 29–40.

117 E. Kolbert, *Das 6. Sterben. Wie der Mensch Naturgeschichte schreibt*, Suhrkamp Verlag, 2016.

118 V. A. P. Martins dos Santos, C. Gertler, P. N. Losyshin, K. N. Timmis, A. Pühler, S. Schneiker, Alkan-Biodegradation mit *Alcanivorax borkumensis, Laborwelt* 2006, 7, 33–36.

119 S. Yoshida, K. Hiraga, T. Takehana, I. Taniguchi, H. Yamaji, Y. Maeda, K. Toyohara, K. Miyamoto, Y. Kimura, K. Oda, A bacterium that degrades and assimilates poly(ethylene terephthalate), *Science* 2016, 351, 1196–1199.

120 Y. I. Naito, M. Germonpré, Y. Chikaraishi, N. Ohkouchi, D. G. Drucker, K. A. Hobson, M. A. Edwards, C. Wißling, H. Bocherens, Evidence for herbivorous cave bears (*Ursus spelaeus*) in: Goyet Cave, Belgium: Implications for palaeodietary reconstruction of fossil bears using amino acid δ^{15}N approaches, *Journal of Quarternary Science* 2016, 31, 598–606.

121 H. K. Biesalski, *Mikronährstoffe als Motor der Evolution*, Springer Spektrum, 2015, S. 233–236.

122 D. Guatelli-Steinberg, C. S. Larsen, D. L. Hutchinson, Prevalence and the duration of linear enamel hypoplasia: a comparative study of Neandertals and Inuit foragers, *Journal of Human Evolution* 2004, 47, 65–84.

123 S. Sankararaman, S. Mallick, M. Dannemann, K. Prüfer, J. Kelso, S. Pääbo, N. Patterson, D. Reich, The genomic landscape of Neanderthal ancestry in present-day humans, *Nature* 2014, 507, 354–357.

124 Das bekannteste Coenzym zur Dehydrierung von Alkanen in biochemischen Reaktionen ist FAD (Flavin-Adenin-Dinucleotid).

125 Die letztere Darstellung wird auch als Newman-Projektion, eingeführt von Melvin Spencer Newman (1908–1993), bezeichnet. Dabei wird das Molekül entlang einer ausgewählten C– C-Einfachbindung betrachtet. Die am zweiten Kohlenstoffatom befindlichen Atome oder Atomgruppen werden an einen Kreis gemalt, der dazugehörige Kohlenstoff ist verdeckt. Die Newman-Projektion eignet sich zur Darstellung der Konformation eines Moleküls. Die Konformation beschreibt die räumlichen Anordnungsmöglichkeiten von Atomen, die durch ungehinderte Drehung entstehen.

126 Van-der-Waals-Wechselwirkungen werden auch als Dispersionswechselwirkungen oder „London-Kräfte", nach dem Physiker Fritz London (1900–1954), bezeichnet.

127 K. Autumn, M. Sitti, Y. A. Liang, A. M. Peatti, W. R. Hansen, S. Sponberg, T. W. W. Kenny, R. Fearings, J. N. Israelachvili, R. J. Full, Evidence for van der Waals adhesion in gecko setae, *Proceedings of the National Academy of Sciences* 2002, 99, 12252– 12256; M. G. Langer, J. P. Ruppersberg, S. Gorb, Adhesion forces measured at the level of a terminal plate of the fly's seta, *Proceedings of the Royal Society B* 2004, 271, 2209–2215.

128 http://www.thegeektwins.com/2011/07/how-does-spiderman-stick-to-walls- comic.html#.Vf-qwE3otjR (abgerufen am 20.10.2016).

129 Alternativ werden die Bezeichnungen Z (zusammen) für *cis* und E (entgegen) für *trans* verwendet.

130 M. M. Green, H. A. Wittcoff, *Organic Principles and Industrial Practice*, Wiley-VCH, Weinheim 2003, S. 157–167.

131 Eine ähnliche Beobachtung macht man beim Auflösen von Natriumchlorid (NaCl) in Wasser. Die Solvatisierung der Ionen ist ein energieverbrauchender (endothermer) Prozess, der erst möglich wird durch die Zunahme der Entropie beim Auflösen des geordneten Kristallgitters. In der Folge kühlt sich das System ab.

132 Im Rahmen einer ökologischen und nachhaltigen Synthesechemie ist mittlerweile ein anderer pflanzlicher Produzent von Kautschuk in den Blickpunkt der Forschung gerückt: Es ist der Russische Löwenzahn (*Taraxacum kok-saghyz*) (J. B. van Beilen, Y. Poirier, Guayule and Russian Dandelion as Alternative Sources for Natural Rubber, *Critical Reviews in Biotechnology* 2007, 27, 217–231), der sogar vor unserer Haustür wachsen kann. Die ersten Pilotanlagen zur Herstellung von Naturkautschuk wurden im Jahr 2015 von einer großen Reifenfirma in Betrieb genommen. (http://www.pflanzenforschung.de/de/journal/journalbeitrage/von-der-pusteblume-zum- autoreifen-ein-unkraut-wird-zum-10476; abgerufen am 15.08.2016).

133 M. R. Clarke, Physical Properties of Spermacet Oil in the Sperm Whale, *Journal of the Marine Biological Association of the UK* 1978, 58, 19–26; D. W. Rice, Spermaceti, in: W. F. Perrin, B. Würsig, J. G. M. Thewissen (Hrsg.): *Encyclopedia of Marine Mammals*, 2nd Edition, Academic Press, Burlington MA, 2009, S. 1098–1099.

134 https://www.deutsche-digitale-bibliothek.de/item/PFIGYMUIRP7LRC7SHZUUHAPH6AD7IIOM? sort=random_1638131 045256304025&firstHit= RV7SATN3KNXELYH2PT2YXFPGCEG2QEVT&query=*&viewType =list&lang= en&rows=100&lastHit=lasthit&hitNumber=103432&offset=103400# (abgerufen am 20.10.2016).

135 E. Mutschler, H. J. Upmeyer, A. Wenzel, *Prostaglandine*, Wissenschaftliche Verlagsgesellschaft mbH, Stuttgart 1997.

136 N. Kuhnert, Hundert Jahre Aspirin, *Chemie in unserer Zeit* 1999, 33, 213–220.

137 G. Del Raye, S. J. Jorgensen, K. Krumhansl, J. M. Ezcurra, B. A. Block, Travelling light: white sharks (*Carcharodon carcharias*) rely on body lipid stores to power ocean-basin scale migration, *Proceedings of the Royal Society B* 2013, 280: 20130836.

138 Die Formeldarstellung zeigt nicht den realen physikalischen Sachverhalt, da eine π-Bindung durch überlappende Atom-orbitallappen gebildet wird, die ober- und unterhalb der C–C-Einfachbindung liegen.

139 http://www.bfr.bund.de/cm/343/vitamin-a-aufnahme-ueber-kosmetische-mittel-sollte- begrenzt-werden.pdf (abgerufen am 20.10.2016).

140 Im 3-Ring beträgt der Winkel 60° und im 4-Ring 90°. Sie sind somit deutlich abweichend vom Tetraederwinkel von 109,5°.

141 K. R. Popper, *Logik der Forschung*, Springer, Wien 1935; H. Keuth (Hrsg.), *Karl Popper. Gesammelte Werke Band 3*, Mohr Siebeck, Tübingen 2005.

142 F. Nietzsche, *Menschliches, Allzumenschliches II, Kapitel IV. Erste Abteilung: Vermischte Meinungen und Sprüche, 7. Licht-feindschaft*, http://gutenberg.spiegel.de/buch/menschliches- allzumenschliches-ii-7344/4 (abgerufen am 20.10.2016).

143 Bei der Kreis-Darstellung geht leider die wichtige Information verloren, dass die Erklärung mit den gleich langen C–C-Bindungen im Benzen letztendlich auf drei π-Bindungen mit hierzu sechs Elektronen zurückzuführen ist.

144 G. Maier, „Aromatisch" – was heißt das eigentlich?, *Chemie in unserer Zeit* 1975, 9, 131– 141; P. von Ragué Schleyer, H. Jiao, What is aromaticity? *Pure and Applied Chemistry* 1996, 68, 209–218.

145 Man bezeichnet diese attraktiven Wechselwirkungen zwischen Aromaten auch π-π-Wechselwirkungen: C. A. Hunter, J. K. M. Sanders, The Nature of π–π Interactions, *Journal of the American Chemical Society* 1990, 112, 5525-5534.

146 J. H. Reichholf, *Mein Leben für die Natur. Auf den Spuren von Evolution und Ökologie*, Fischer, 2015, S. 458.

147 G. Forster, *Mit James Cook nach Tahiti und in die Südsee*, Kindle Edition, 2012.

148 Das „a" im Benzo[a]pyren soll die Verknüpfungsstellen der Benzenringe miteinander indizieren (es gibt auch noch Ben-zo[e]pyren). Der IUPAC-Name lautet Benzo[*pqr*]tetraphen.

149 H. Jiang, S. L. Gelhaus, D. Mangal, R. G. Harvey, I. A. Blair, T. M. Penning, Metabolism of Benzo[a]pyrene in Human Bronchoalveolar H358 Cells Using Liquid Chromatography-Mass Spectrometry, *Chemical Research in Toxicology* 2007, 20, 1331–1341.

150 C. Hertel, Naturwissenschaft um 1600, in: A. Assmann, *Sammler – Bibliophile – Exzentriker*, Literatur und Anthropolo-gie Band 1, Gunter Narr Verlag, Tübingen 1998, S. 182–191; A. H. Stephenson, *The Portrait Drawings of Lavinia Fontana: Gender, Function, and Artistic Identity in Early Modern Bologna*, M. Sc., University of Texas, 2008.

151 N. Lane, *Leben. Verblüffende Erfindungen der Evolution*, primus verlag, 2013, S. 346, Fußnote 8.

152 A. Schopenhauer, *Ich bin ein Mann, der Spaß versteht*, dtv, 2010, S. 210.

153 F. Nietzsche, *Die Fröhliche Wissenschaft*, Felix Meiner Verlag, 3. Buch, S. 125, 2014.

154 Die Totalsynthese vom Palytoxin im Syntheselabor wurde 1994 abgeschlossen und war ein Meilenstein in der Naturstoff-chemie: Y. Kishi, Natural products synthesis: palytoxin, *Pure & Applied Chemistry*, 1989, 313–324; K. C. Nicolaou, T. Montagnon, *Molecules that changed the world*, Wiley-VCH, Weinheim 2008, Kapitel 24.

155 S. Freud, *Jenseits des Lustprinzips*, Reclam, 2013, Kapitel 5.

156 http://www.spektrum.de/frage/wie-viele-zellen-hat-der-mensch/620672 (abgerufen am 20.10.2016); Ohne den program-mierten Zelltod (Apoptose) würde ein Mensch nach 80 Lebensjahren zusammen mit Knochen ca. zwei Tonnen wiegen (H. P. Sharma, P. Jain, P. Amit, Apoptosis [Programmed cell death] – A Review, *World Journal of Pharmaceutical Research* 2014, 3, 1854–1872).

157 Die Verbindungen dieser Klasse heißen Glycoside.

158 B. Ohse, A. Hammerbacher, C. Seele, S. Meldau, M. Reichelt, S. Ortmann, C. Wirth, Salivary cues: simulated roe deer browsing induces systemic changes in phytohormones and defence chemistry in wild-grown maple and beech saplings, *Functional Ecology* 2017, 31, 340–349.

159 M. Schäfer, C. Fischer, S. Meldau, E. Seebald, R. Oelmüller, I. T. Baldwin, Lipase Activity in Insect Oral Secretions Mediates Defense Responses in Arabidopsis, *Plant Physiology* 2011, 156, 1520–1534.

160 Die Beantwortung der Frage, wann eine Verbindung eine Säure ist, hängt nicht nur von der elektronischen Situation in der Ausgangsverbindung ab, sondern auch von der Struktur des Produktes. Das Anion der Ascorbinsäure (Ascorbatan-ion) ist mesomeriestabilisiert, deshalb wird die säuretypische Reaktion, die Dissoziation des Protons, nicht nur „gescho-ben", sondern auch „gezogen".

161 Die elektronenziehende Wirkung der Carbonylgruppe wird während der Glycolyse verstärkt durch die Reaktion mit der Aminogruppe von einem proteingebundenen Lysin. Dabei entsteht ein Imin (Schiffsche Base), das aufgrund der erhöh-ten Basizität des Stickstoffs gegenüber dem Sauerstoff effektiver protoniert wird. Die so gebildete $C=NH^+$-Gruppierung entfaltet eine noch höhere elektronenziehende Kraft auf die benachbarte C–C-Bindung als die C=O-Gruppe.

162 Tautomerie bezeichnet die Wanderung eines Protons unter gleichzeitiger Verschiebung einer Doppelbindung. Bei der Umwandlung von D-Glucose in D-Fructose läuft die Keto-Enol-Tautomerie gleich zweimal ab.

163 Die Verbindung ist D-Fructose-1,6-Diphosphat.

164 Offensichtlich erfolgte an dieser Stelle in der chemischen Evolution eine „Abwägung" zwischen Verknüpfbarkeit, Stabili-tät und Reaktivität; diese Eigenschaften werden durch den 6-Ring der D-Glucose und den 5-Ring der D-Fructose reprä-sentiert. Nur der 6-Ring der D-Glucose wird über die Hydroxygruppen am C1 und C4 (bzw. C6) in die (großen) Spei-chermoleküle Cellulose, Stärke oder Glykogen eingebaut. Fructose bildet nur kurze Ketten mit bis zu 100 Bausteinen (Inulin). Daher startet die Glycolyse mit der D-Glucose und nicht mit der reaktiveren D-Fructose. Aus der einge-schränkten Sicht der Energieerzeugung stellt dies einen Umweg dar, der bei Betrachtung der Gesamtsituation allerdings energetisch vorteilhafter ist.

165 Der Wirkungsgrad liegt aber immerhin noch doppelt so hoch wie bei einer Dampfmaschine, wo er maximal 16 % betragen kann.

166 D. G. Haskell, *Das verborgene Leben des Waldes. Ein Jahr Naturbeobachtung*, Kunstmann, 2015, S. 29.

167 Dieser Träger ist das Coenzym A (CoA).

168 M. Y. Eng, S. E. Luczak, T. O. Wall, ALDH2, ADH1B, and ADH1C genotypes in Asians: a literature review, *Alcohol Research and Health* 2007, 30, 22–27.

169 L. Matthies, H. Laatsch, Ungewöhnliche Pilzvergiftungen: Coprin, ein Hemmstoff des Alkohol-Abbaus, *Pharmazie in unserer Zeit* 1992, 21, 14–20.

170 J. H. Reichholf, *Ornis. Das Leben der Vögel*, C. H. Beck, München 2014, S. 171.

171 http://www.vogelforen.de/ernaehrung/83562-alkohol.html (abgerufen am 20.10.2016).

172 In der Quantenbiologie gilt es mittlerweile als gesichert, dass die Übertragung von Elektronen in der Atmungskette zwischen den einzelnen Biomolekülen durch Tunneleffekte begünstigt wird (J. J. Hopfield, Electron transfer between biological molecules by thermally tunneling, *Proceedings of the National Academy of Sciences* 1974, 71, 3640–3644).

173 E. S. Chambers, M. W. Bridge, D. A. Jones, Carbohydrate sensing in the human mouth: effects on exercise performance and brain activity, *The Journal of Physiology* 2009, 587, 1779–1794.

174 S. Danziger, J. Levav, L. Avnaim-Pesso, Extraneous factors in judicial decisions, *Proceedings of the National Academy of Sciences* 2011, 108, 6889–6892.

175 M. Spitzer, *Das (un)soziale Gehirn: Wir imitieren, kommunizieren und korrumpieren*, Schattauer, 2013, S. 171.

176 K. Lorenz, Die angeborenen Formen möglicher Erfahrung, *Zeitschrift für Tierpsychologie* 1943, 5, 235–409.

177 A. Peters, *Das egoistische Gehirn. Warum unser Kopf Diäten sabotiert und gegen den eigenen Körper kämpft*, Ullstein, Berlin 2012.

178 P. Riba-Hernandez, K. E. Stoner, D. Osorio, Effect of polymorphic color vision for fruit detection in the spider monkey *Ateles geoffroyi* and its implication for maintenance of polymorphic color vision in platyrrhine monkey, *Journal of Experimental Biology* 2004, 207, 2465–2470.

179 E. Weber, *Der Fisch, der lieber eine Alge wäre*, C. H. Beck, München 2015, S. 39.

180 G. Hellekant, Y. Ninomiya, On the taste of umami in chimpanzees, *Physiology & Behavior* 1991, 49, 927–934.

181 H. L. Fehm, W. Kern, A. Peters, The selfish brain: competition for energy resources, *Progress in Brain Research* 2006, 153, 129–140.

182 J. Lehmann, *Kohlenhydrate. Chemie und Biologie*, Thieme, Stuttgart 1996.

183 Dieser Zusammenhang wird durch die Gibbs-Helmholtz-Gleichung beschrieben: $\Delta G = \Delta H - T\Delta S$, wobei G die Gibbs-Energie, H die Enthalpie und S die Entropie darstellen. Wenn $\Delta G < 0$ ist, wächst die Kette. Bei $\Delta G = 0$ stehen Wachstum und Abbau im Gleichgewicht und bei $\Delta G > 0$ wird die Kette wieder abgebaut.

184 Die Ceiling-Temperatur (engl. *ceiling*, „Decke") ist jene Temperatur, bei der Kettenwachstum und Kettenabbau gleich schnell ablaufen und scheinbar keine Reaktion mehr stattfindet.

185 W. H. Schwarz, The cellulosome and cellulose degradation by anaerobic bacteria, *Applied Microbiology and Biotechnology* 2001, 56, 634–649.

186 B. P. Kremer, K. Richarz, *Was alles hinter Namen steckt …*, Springer, 2016, S. 136–139.

187 Der chemisch exakte Begriff dafür ist „anomerer Effekt", der einen stereoelektronischen Effekt darstellt. Dabei wird angenommen, dass bindende und antibindende Molekülorbitale miteinander wechselwirken und dass daraus die Stabilisierung des axialen Sauerstoffs resultiert.

188 C. Kirchhoff, O prigotovlenii sachara is krachmala (Über die Bereitung des Zuckers aus Stärke), *Technologisches Journal* 1812, 9, 3–26, zitiert in: G. Boeck, *Thünen-Jahrbuch* 10/2015, Books on Demand, Norderstedt 2015.

189 H. F. Bunn, P. J. Higgins, Reaction of monosaccharides with proteins: possible evolutionary significance, *Science* 1981, 213, 222–224.

190 B. Preisendörfer, *Als Deutschland noch nicht Deutschland war. Eine Reise in die Goethezeit*, Galiani-Berlin, 2015, S. 283.

191 *DIE ZEIT* vom 08.10.2015.

192 F. Pearce, *Die neuen Wilden. Wie es mit fremden Tieren und Pflanzen gelingt, die Natur zu retten*, oekom verlag, 2016, S. 22.

193 H. N. Englyst, J. H. Cummings, Digestion of Polysaccharides of Potato in the Small Intestine of Man, *American Journal of Clinical Nutrition* 1987, 45, 423–431.

194 R. D. Martin, D. J. Chivers, A. M. MacLernon, C. M. Hladik, Gastrointestinal Allometry in Primates and other Mammals, in: W. L. Jungers (Hrsg.), *Size and Scaling in Primate Biology*, New York 1985, 61–89; zitiert in: R. Wrangham, *Feuer fangen. Wie uns das Kochen zum Menschen machte – eine neue Theorie der menschlichen Evolution*, Deutsche Verlags-Anstalt, München 2009, S. 53.

195 R. Wrangham, *Feuer fangen. Wie uns das Kochen zum Menschen machte – eine neue Theorie der menschlichen Evolution*, Deutsche Verlags-Anstalt, München 2009, Kapitel 6.

196 http://marx-wirklich-studieren.net/2012/11/21/friedrich-engels-anteil-der-arbeit-an-der- menschwerdung-des-affen-18/6/ (abgerufen am 20.10.2016).

197 R. Wrangham, *Feuer fangen. Wie uns das Kochen zum Menschen machte – eine neue Theorie der menschlichen Evolution*, Deutsche Verlags-Anstalt, München 2009.

198 http://www.zeno.org/Philosophie/M/Nietzsche,+Friedrich/Die+fr%C3%B6hliche+Wissenschaft/Viertes+Buch.+Sanc-tus+Januarius/278.+Der+Gedanke+an+den+Tod (abgerufen am 07.11.2016).

199 C. Lévi-Strauss, *Mythologica I, Das Rohe und das Gekochte*, suhrkamp taschenbuch, Berlin 2000; zitiert in: R. Wrangham, *Feuer fangen. Wie uns das Kochen zum Menschen machte – eine neue Theorie der menschlichen Evolution*, Deutsche Verlags-Anstalt, München 2009, S. 17–18.

200 I. Kant, *Beantwortung der Frage: Was ist Aufklärung? Berlinische Monatsschrift* 1784, 4, 481–494.

201 D. F. Birt, T. Boylston, S. Hendrich, J.-L. Jane, J. Hollis, L. Li, J. McClelland, S. Moore, G. J. Phillips, M. Rowling, K. Schalinske, M. P. Scott, E. M. Whitley, Resistant Starch: Promise for Improving Human Health, *Advances in Nutrition* 2013, 4, 587–601.

202 P. Kumar, P. Rathi, M. Schöttner, I. T. Baldwin, S. Pandit, Differences in Nicotine Metabolism of Two *Nicotiana attenuata* Herbivores Render Them Differentially Susceptible to a Common Native Predator, *Public Library of Science* [PLOS] One 2014, 9, e95982.

203 E. Breitmaier, *Alkaloide. Betäubungsmittel, Halluzinogene und andere Wirkstoffe, Leitstrukturen aus der Natur*, Teubner, Stuttgart 2002.

204 Mittlerweile werden noch L-Selenocystein und Pyrrolysin zu den proteinogenen Aminosäuren gezählt. Dabei ist zu beachten, dass beispielsweise Selenocystein nicht über die DNA verschlüsselt wird, sondern dass eine speziell gebaute RNA (Haarnadelstruktur) ein Stoppsignal auf der DNA ignoriert, was zur Folge hat, dass Selenocystein in die Proteinkette eingebaut wird. Dieser Vorgang wird als Rekodierung bezeichnet: S. Commans, A. Böck, *FEMS Microbiology Reviews* 1999, 3, 335–351.

205 R. Jahrisch, Seekrankheit Histamin, *Österreichische Ärztezeitung*, 2009, 5, 32–41; R. Jarisch, D. Weyer, E. Ehlert, C. Koch, E. Pinkowski, P. Jung, W. Kähler, R. Girgensohn, J. Kowalski, B. Weisser, A. Koch, Impact of oral vitamin C on histamine levels and seasickness, *Journal Vestibular Research* 2014, 24, 281–288.

206 F. Nietzsche, *Jenseits von Gut und Böse, Zur Genealogie der Moral*, Kritische Studienausgabe 5, Dt. Tschenbuch-Verlag, München 2010, S. 400.

207 http://www.zeno.org/Philosophie/M/Hegel,+Georg+Wilhelm+Friedrich/Grundlinien+der+Ph ilosophie+des+Rechts (abgerufen am 20.10.2016).

208 M. Rauland, *Chemie der Gefühle*, S. Hirzel, Stuttgart 2001.

209 D. Fergusson, S. Doucette, K. Cranley Glass, S. Shapiro, D. Healy, P. Hebert, B. Hutton, Association between suicide attempts and selective serotonin reuptake inhibitors: systematic review of randomised controlled trials, *British Medical Journal* 2005, 330, 396–399.

210 K. Cho, C. M. Barnes, C. L. Guanara, Sleepy Punishers Are Harsh Punishers: Daylight Saving Time and Legal Sentences, *Psychological Science* 2016, 28, 242–247.

211 M. A. Tosches, D. Bucher, P. Vopalensky, D. Arendt, Melatonin Signaling Controls Circadian Swimming Behavior in Marine Zooplankton, *Cell* 2014, 159, 46–57.

212 W. J. Craig, Health effect of vegan diets, *American Society of Nutrition* 2009, 89, 1627S– 1633S.

213 M. Giebel, Plutarch. *Darf man Tiere essen? Gedanken aus der Antike*, Reclam 2015.

214 E. Weber, *Der Fisch, der lieber eine Alge wäre*, C. H. Beck, München 2015, S. 136.

215 B. Spooner, P. Roberts: *Fungi*, in: *Collins New Naturalist Library*, Band 96, 2005.

216 http://www.uni-potsdam.de/en/botanischer-garten/aktuelles/pflanze-des- monats/archiv/dionaea-muscipula.html; http://www.venusfliegenfalle.org/geschichte/ (abgerufen am 02.08.2017).

217 Pektine sind Polysaccharide mit der größten Anzahl an unterschiedlichen Zuckern. Dabei handelt es sich um seltene Zucker, die in kurzen Seitenverzweigungen zu finden sind. Diese Verzweigungen sind an eine lange Kette geknüpft, die hauptsächlich aus D-Galacturonsäure- und wenigen L-Rhamnose-Bausteinen aufgebaut ist.

218 J. W. Goethe, *Faust: Eine Tragödie. Erster und zweiter Teil*, dtv, 1997, Teil 1, 3. Szene.

219 S. Kent, Total chemical synthesis of enzymes, *Journal of Peptide Science* 2003, 9, 574– 593.

220 Die Abfolge von Aminosäuren in einem Protein nennt man Primärstruktur. Vor allem durch bindende Wechselwirkungen innerhalb der Kette, die von funktionellen Gruppen der einzelnen Aminosäuren ausgehen, und den Einbau von nicht aminosäurehaltigen Strukturen entstehen Sekundär-, Tertiär- und Quartärstruktur.

221 Zu diesen Bindungen gehören, neben Wasserstoff- und Disulfidbrücken, elektrostatische Wechselwirkungen zwischen unterschiedlich geladenen Gruppen, sekundäre Peptidbindungen und attraktive Wechselwirkungen zwischen Aromaten (π-π-Wechselwirkungen). J. Adamcik, R. Mezzenga, Amyloid-Polymorphie in der Energielandschaft der Faltung und Aggregation von Proteinen, *Angewandte Chemie* 2018, 130, 8502–8515; Amyloid Polymorphism in the Protein Folding and Aggregation Energy Landscape, *Angewandte Chemie International Edition* 2018, 57, 8370–8382.

222 D. Seebach, A. K. Beck, D. J. Bierbaum, The World of β- and γ-Peptides Comprised of Homologated Proteinogenic Amino Acids and Other Components, *Chemistry & Biodiversity* 2004, 1, 1111–1239.

223 L-Carnitin übernimmt die Fettsäure vom Coenzym A (CoA). Der CoA-Fettsäure-Komplex „passt" nicht durch die Mitochondrienmembran. Nach der Passage übernimmt CoA wieder die Fettsäure vom Carnitin und die Fettsäureoxidation beginnt.

224 R. A. Koeth, Z. Wang, B. S. Levison, J. A. Buffa, E. Org, B. T. Sheehy, E. B. Britt, X. Fu, Y. Wu, L. Li, J. D. Smith, J. A. DiDonato, J. Chen, H. Li, G. D. Wu, J. D. Lewis, M. Warier, J. M. Brown, R. M. Krauss, W. H. W. Tang, F. D. Bushman, A. J. Luis, S. Hazen, Intestinal microbiota metabolism of L-carnitine, a nutrient in red meat, promotes atherosclerosis,

Nature Medicine 2013, 19, 576–585; H. L. Collins, D. Drazul-Schrader, A. C. Sulpizio, P. D. Koster, Y. Williamson, S. J. Adelman, K. Owen, T. Sanli, A. Bellamine, L-Carnitine intake and high trimethylamine N-oxide in plasma levels correlate with low aortic lesions in ApoE(-/-) transgenic mice expressing CETP, *Atherosclerosis* 2016, 244, 29–73.

225 T. Z. Yuan, C. F. G. Ormonde, S. T. Kudlacek, S. Kunche, J. N. Smith, W. A. Brown, K. M. Pugliese, T. J. Olsen, M. Iftikhar, C. L. Raston, G. A. Weiss, Shear-Stress-Mediated Refolding of Proteins from Aggregates and Inclusion Bodies, *ChemBioChem* 2015, 16, 393– 396.

226 R. Prinzinger, A. Preßmar, E. Schleucher, Body temperature in birds, *Comparative Biochemistry and Physiology* 1991, 99A, 499–506.

227 L. Lee, Y. Zhang, B. Ozar, C. W. Sensen, D. C. Schriemer, Carnivorous Nutrition in Pitcher Plants *(Nepenthes spp.)* via an Unusual Complement of Endogenous Enzymes, *Journal of proteome research* 2016, 15, 3108–3117.

228 R. Sabate, L. Baxa, L. Benkemoun, N. Sánchez de Groot, B. Coulary-Salin, M. L. Maddelein, L. Malato, S. Ventura, A. C. Steven, S. J. Saupe, Prion and non-prion amyloids of the HET-s prion forming domain, *Journal of Molecular Biology* 2007, 370, 768– 783; C. Wasmer, A. Soragni, R. Sabaté, A. Lange, R. Riek, B. H. Meier, Infektiöse und nichtinfektiöse Amyloide des HET-s(218-289)-Prions haben unterschiedliche NMR-Spektren, *Angewandte Chemie* 2008, 120, 5923– 5925; Infectious and Noninfectious Amyloids of the HET-s(218-289) Prion Have Different NMR Spectra, *Angewandte Chemie International Edition* 2008, 47, 5839–5841.

229 P. Evenepoel, D. Claus, B. Geypens, M. Hiele, K. Geboes, P. Rutgeerts, Y. Ghoos, Amount and fate of egg protein escaping assimilation in the small intestine of humans, *American Journal of Physiology (Endocrinology and Metabolism)* 1999, 277, G935–G943.

230 *Shakespeares dramatische Werke*, Fünfter Band und Sechster Band, Salzwasser-Verlag GmbH, 2013, S. 275.

231 W. I. Lenin, *Die neue ökonomische Politik und die Aufgaben der Ausschüsse für politisch-kulturelle Aufklärung, Referat auf dem II. Gesamtrussischen Kongreß der Ausschüsse für politisch-kulturelle Aufklärung*, 17. Oktober 1921, zitiert nach: W. I. Lenin, *Werke*, Band 33, S. 46, Dietz Verlag, Berlin 1971.

232 N. Di-Poï, M. C. Milinkovitch, The anatomical placode in reptile scale morphogenesis indicates shared ancestry among skin appendages in amniotes, *Science Advances* 2016, 2, no. 6, e1600708.

233 Beim Friseur wird als Reduktionsmittel, das selbst oxidiert wird, Thioglycolsäure eingesetzt.

234 M. Bhutta, Sex and the nose: human pheromonal responses, *Journal of the Royal Society of Medicine* 2007, 100, 268–274.

235 A. Kruse, *Der heimliche Dirigent. Wie das Immunsystem Partnerwahl und Schwangerschaft beeinflusst*, Spektrum Akademischer Verlag, 2013.

236 Es handelt sich dabei genau gesagt um Nylon 6.6. Entsprechend der „Nylon-Nomenklatur" bestehen die beiden Grundbausteine Adipinsäure und Hexan-1,6-diamin aus jeweils sechs Kohlenstoffatomen. Mittlerweile gibt es viele andere Arten von Nylon, bei denen durch Wahl der Verbindungsbrücken zwischen den Amidgruppen die mechanischen Eigenschaften, wie z. B. starr oder elastisch, eingestellt werden können.

237 J. H. Reichholf, *Naturgeschichte(n). Über fitte Blesshühner, Biber mit Migrationshintergrund und warum wir uns die Umwelt im Gleichgewicht wünschen*, Knaus, München 2011.

238 Im biochemischen Metabolismus wird D-Glucosamin aus D-Fructose hergestellt, was aber für unsere Diskussion nicht weiter von Belang ist, da D-Fructose aus D-Glucose entsteht.

239 H. Merzendorfer, L. Zimoch, Chitin metabolism in insects: structure, function and regulation of chitin synthases and chitinases, *Journal of Experimental Biology* 2003, 206, 4393–4412.

240 B. P. Kremer, K. Richarz, *Was alles hinter Namen steckt …*, Springer, 2016, S. 76–77.

241 Dieser Zusammenhang ist auch als Prinzip nach Le Chatelier-Brown oder als das Prinzip vom kleinsten Zwang bekannt. Werden Edukte oder Produkte aus einem Gleichgewicht entfernt (beispielsweise wenn sie als Gas entweichen), verschiebt sich die Lage des Gleichgewichtes auf die entsprechende Seite.

242 http://www.hiogi.de/question/wieviel-liter-urin-produziert-ein-mensch-in-seinen-leben- 200141.html; (abgerufen am 08.11.2016).

243 B. Heinrich, *Laufen: Geschichte einer Leidenschaft*, List Taschenbuch, Berlin 2005.

244 H. Biltz, L. Herrmann, *Acidität der Wasserstoffatome in der Harnsäure: Berichte der deutschen chemischen Gesellschaft* 1921, 54, 1676–1694.

245 O. Pöggler, *Preußische Kulturpolitik im Spiegel von Hegels Ästhetik*, Vorträge G 287, Westdeutscher Verlag, Opladen 1987, S. 17, Fußnote 10.

246 D. Fahlenkamp, *Friedrich der Große – der Patient, seine Ärzte und die Medizin seiner Zeit*, Edition Rieger, Karwe 2012.

247 B. M. Rothschild, D. Tanke, K. Carpenter, Tyrannosaurs suffered from gout, *Nature* 1997, 387, 357.

248 Im Harnstoffcyclus muss für den Aufbau eines Harnstoffmoleküls je ein Äquivalent ATP „geopfert" werden.

249 Durch Oxidation der CH_3-Gruppen im Trimethylamin entstehen zunächst Halbaminale, die unter Abspaltung von Formaldehyd und unter Bildung einer NH-Gruppierung zerfallen.

250 http://www.welt.de/politik/deutschland/article123700329/Deutsche-schlachten-pro-Jahr- 750-Millionen-Tiere.html (abgerufen am 20.10.2016); https://albert-schweitzer- stiftung.de/aktuell/schlachtzahlen-2017 (abgerufen am 30.03.2018).

251 P. Sloterdijk, *Was geschah im 20. Jahrhundert? Unterwegs zu einer Kritik der extremistischen Vernunft*, Suhrkamp Verlag, 2016, S. 126.

252 Dabei handelt es sich um das Natrium-Ammonium-Tartrat.

253 I. Kant, *Prolegomena zu einer jeden künftigen Metaphysik die als Wissenschaft wird auftreten können*, Riga, bey Johann Friedrich Hartknoch. 1783, http://gutenberg.spiegel.de/buch/prolegomena-3511/1 (abgerufen am 20.10.2016).

254 Die Cahn-Ingold-Prelog-Nomenklatur, die von der IUPAC empfohlen wird, gibt im Unterschied zur relativen Bezeichnungsweise nach Fischer die absolute Konfiguration an. Im Fall eines chiralen Kohlenstoffatoms werden die vier Substituenten nach ihrer Priorität geordnet, die sich, vereinfacht formuliert, aus der Stellung im PSE ergibt, und anschließend ein Drehsinn ermittelt, der entweder (*R*) (lat. *rectus*, „rechts") oder (*S*) (lat. *sinister*, „links") ist.

255 H. Brunner, *Rechts oder links*, Wiley-VCH, Weinheim 1999.

256 D. G. Blackmond, The Origin of Biological Homochirality, *Cold Spring Harbor Perspectives in Biology* 2010, 2, 1–17.

257 R. N. Boyd, *Stardust, supernovae and the molecules of life: Might we all be aliens?*, Springer, 2012.

258 E. Jandl, *Laut und Luise*, Walter, Olten 1966.

259 V. Jacques, A. W. Czarnik, T. M. Judge, L. H. T. Van der Ploeg, S. H. DeWitt, Differentiation of anti-inflammatory antitumorigenic properties of stabilized enantiomers of thalidomide analogs, *Proceedings of the National Academy of Sciences* 2015, 112, E1471– E1479.

260 Als positiv geladene Gegenionen fungieren in ATP dipositive Metallionen, vor allem Mg^{2+}, aber auch Zn^{2+}, Fe^{2+}, Ca^{2+} oder Mn^{2+}. Weiterhin kann ein Stickstoffatom im Imidazolring zum Ladungsausgleich beitragen (W. Kaim, B. Schwederski, *Bioanorganische Chemie. Zur Funktion chemischer Elemente in Lebensprozessen*, Teubner, Stuttgart 2004, S. 291–299).

261 Jeder Phosphatrest nimmt die geometrische Form eines Tetraeders an, vergleichbar zum CH_4, was die elektrostatische Abstoßung zwischen den Sauerstoffatomen in der Pyrophosphat-Einheit noch verstärkt. Im Gegensatz dazu existieren in der P–O-Esterbindung diese Abstoßungskräfte nicht, was die hohe Resistenz vom AMP gegenüber weiterem Abbau erklärt.

262 Alkohole, Carbonsäuren oder Amine können die Rolle des Wassers übernehmen.

263 S. E. Dicarlo, H. L. Collins, Estimating ATP resynthesis during a marathon run: a method to introduce metabolism, *Advances in Physiology Education* 2001, 25, 70–71.

264 J. R. Van Wazer, E. J. Griffith, J. F. McCullough, Structure and Properties of the Condensed Phosphates. VII. Hydrolytic Degradation of Pyro- and Tripolyphosphate, *Journal of the American Chemical Society* 1955, 77, 287–291.

265 L. Duan, Q. He, K. Wang, X. Yan, Y. Cui, H. Möhwaldt, J. Li, Adenosine triphosphate biosynthesis catalyzed by F0F1 ATP synthase assembled in polymer microcapsules, *Angewandte Chemie* 2007, 119, 7126–7130; *Angewandte Chemie International Edition* 2007, 46, 6996–7000.

266 H. Sigel, Mechanistic aspects of the metal ion promoted hydrolysis of nucleoside 5'triphosphates (NTPs), *Coordination Chemistry Reviews* 1990, 100, 453–539.

267 G. Simmel, *Philosophie des Geldes*, Anaconda, 2009, S. 156–289.

268 N. Lane, *Leben. Verblüffende Erfindungen der Evolution*, primus verlag, Darmstadt 2013, S. 174–204.

269 M. Schlesewsky, I. Bornkessel-Schlesewsky, Minimalität und Unterscheidbarkeit, in: H. Fink, R. Rosenzweig (Hrsg.), *Neuronen im Gespräch. Sprache und Gehirn*, mentis Verlag, Paderborn 2008, S. 47–67.

270 M. Tomasello *Die Ursprünge der menschlichen Kommunikation*, Suhrkamp Verlag, Frankfurt 2009; R. Schrott, A. Jacobs, *Gehirn und Gedicht. Wie wir unsere Wirklichkeit konstruieren*, Hanser, München 2011.

271 F. Pearce, *Die neuen Wilden. Wie es mit fremden Tieren und Pflanzen gelingt, die Natur zu retten*, oekom verlag, 2016, S. 44–45.

272 G. Benz, *Wechselseitige Beziehungen zwischen Insekten und Pflanzen als Beispiele von Koevolution*, Naturforschende Gesellschaft in Zürich, KOPRINT AG, Zürich 1998.

273 S. Dudley, A. File, Kin recognition in an annual plant, *Biology Letters* 2007, 3, 435–438.

274 B. Hölldobler, E. O. Wilson, *Auf den Spuren der Ameisen. Die Entdeckung einer faszinierenden Welt*, Springer Spektrum, 2013.

275 M. Suchak, T. M. Eppley, M. W. Campbell, R. A. Feldman, L. F. Quarles, F. B. M. de Waal, How chimpanzees cooperate in a competitive world, *Proceedings of the National Academy of Sciences of the United States of America* 2016, 113, 10215–10220.

276 F. de Waals, *Der Mensch, der Bonobo und die zehn Gebote. Moral ist älter als Religion*, Klett Cotta, Regensburg 2015.

277 T. Klein, R. T. W. Siegwolf, C. Körner, Belowground carbon trade among tall trees in a temperature forest, *Science* 2016, 352, 342–344.

278 A. Wagner, *Arrival of the Fittest*, S. Fischer, Berlin 2015, S. 94.

279 M. Mauss, *Die Gabe. Form und Funktion des Austauschs in archaischen Gesellschaften*, suhrkamp Verlag, 1990.

280 J. Berk, P. DeMarzo, *Grundlagen der Finanzwirtschaft*, Pearson Deutschland, 2011, S. 224.

281 T. A. Becker, *Kreativität. Letzte Hoffnung der blockierten Gesellschaft?*, UVK, 2007.

282 F. Schiller, *Das Lied von der Glocke. Mit Interpretationshilfen und einem Epilog Goethes*, Books on Demand, 2009.

283 Der Anschaulichkeit halber wird das Proton als H^+ und nicht in der hydratisierten Form als H_3O^+ dargestellt, wie es tatsächlich im flüssigen Wasser vorkommt.

284 Die Dissoziation des Wassers in Oxoniumionen (H_3O^+) und Hydroxidionen (OH^-) wird als Autoprotolyse bezeichnet. Das Ionenprodukt für diese Reaktion beträgt unter Standardbedingungen etwa 10^{-14} mol^2/l^2.

285 F. Busch, C. Rajendran, K. Heyn, S. Schlee, R. Merkl, R. Sterner, Ancestral Tryptophan Synthase Reveals Functional Sophistication of Primordial Enzyme Complexes, *Cell Chemistry Biology* 2016, 23, 709–715.

286 Die Theorien werden entsprechend ihrer Begründer als Säure-Base-Definitionen nach Arrhenius, Brønsted und Lowry, Lux und Flood, Ussanowitsch oder Lewis bezeichnet.

287 R. Wolfenden, Benchmark reaction rates, the stability of biological molecules in water, and the evolution of catalytic power in enzymes, *The Annual Review of Biochemistry* 2011, 80, 645–667.

288 Der Vergleich der Wirkung eines Enzyms mit der Boxengasse beim Formel-1-Rennen wird unzureichend, wenn die tatsächlichen Beschleunigungseffekte durch Enzymkatalyse in Betracht gezogen werden, die wesentlich größer sind, als es die chemische Theorie vom Übergangszustand einer enzymkatalysierten Reaktion erklärt. Wahrscheinlich spielen auch Quanteneffekte eine erhebliche Rolle (J. Al-Khalili, J. McFadden, *Der Quantenbeat des Lebens. Wie Quantenbiologie die Welt neu erklärt*, Ullstein, 2015, S. 100).

289 Zitiert in: A. Mittasch, *Über Katalyse und Katalysatoren in Chemie und Biologie*, Verlag von Julius Springer, 1936, S. 32.

290 M. D. Toscano, K. J. Woycechowsky, D. Hilvert, Minimale Umgestaltung aktiver Enzymtaschen – wie man alten Enzymen neue Kunststücke beibringt, *Angewandte Chemie* 2007, 119, 3274–3300; Minimalist active-site redesign: Teaching old enzymes new tricks, *Angewandte Chemie International Edition* 2007, 46, 3212–3236.

291 E. H. R. C. Hultmann, in: *Principles of exercise biochemistry*, J. R. Poortmann (Hrsg.), Karger, Basel 1988, S. 78–119.

292 Adaptiert von: J. M. Berg, T. L. Tymoczko, L. Stryer, *Biochemie*, München 2007.

293 C. Holden, Peering Under the Hood of Africa's Runners, *Science* 2004, 305, 737–639.

294 D. Hawlena, O. J. Schmitz, Herbivore physiological response to predation risk and implication for ecosystem nutrient dynamics, *Proceedings of the National Academy of Sciences* 2010, 107, 15503–15507.

295 S. Yanovski, Sugar and Fat: Cravings and Aversions, *American Society for Nutritional Sciences* 2003, 133, 835S–837S.

296 J. H. Reichholf, *Das Rätsel der grünen Rose und andere Überraschungen aus dem Leben der Pflanzen und Tiere*, oekom verlag, 2011, S. 190–196.

297 Die Fassmetapher von Justus von Liebig ist eine popularisierte Form des Minimumgesetzes von Carl Sprengel aus dem Jahr 1828. Das Gesetz besagt, dass das Wachstum von Organismen durch die im Verhältnis knappste Ressource (Nährstoffe, Wasser, Licht etc.) eingeschränkt wird. In der ökonomischen Theorie der mikroökonomischen Produktion existiert eine ähnliche Abhängigkeit (Leontief-Produktionsfunktion).

298 J. H. Reichholf, *Ornis. Das Leben der Vögel*, C. H. Beck, München 2014, S. 181–187.

299 J. H. Reichholf, *Ornis. Das Leben der Vögel*, C. H. Beck, München 2014, S. 150.

300 J. H. Reichholf, *Warum die Menschen sesshaft wurden. Das größte Rätsel unserer Geschichte*, Fischer Taschenbuch, 2010, S. 132.

301 I. Kant, Gesamtausgabe in zehn Bänden, Neunter Band, Leipzig, 1839, Modes und Baumann, 1. Buch. *Vom Erkenntniß-vermögen, Fragen §*. 20, S. 159–162.

302 http://gutenberg.spiegel.de/buch/die-welt-als-wille-und-vorstellung-band-i-7134/40 (abgerufen am 02.11.2016).

303 C. Bushdid, M. O. Magnasco, L. B. Vosshall, A. Keller, Humans can discriminate more than 1 trillion olfactory stimuli, *Science* 2014, 343, 1370–1372.

304 H. K. Lichtenthaler, in: *The chemistry and biology of volatiles*, Hrsg. A. Herrmann, Wiley, Weinheim 2010, S. 11–48.

305 Vanillin wird in der Pflanze aus den Aminosäuren L-Phenylalanin, L-Tyrosin oder L-Tryptophan über mehrere Zwischenverbindungen hergestellt, wobei zwischen dem Ferulasäure- und dem Benzoatweg unterschieden wird.

306 E. Breitmaier, *Terpene. Aromen, Düfte, Pharmaka, Pheromone*, Teubner, Stuttgart 1999.

307 P. Süskind, *Das Parfum*, Diogenes, 1994, S. 391.

308 *DIE ZEIT* vom 05.09.2013.

309 M. Milinski, I. Croy, T. Hummel, T. Boehm, Major histocompatibility complex peptide ligands as olfactory cues in human body odour assessmen, *Proceedings of the Royal Society B* 2013, 280: 20122889.

310 H. Hatt, R. Dee, *Das Maiglöckchen-Phänomen*, Piper Verlag, 2008.

311 C. Brenker, N. Goodwin, I. Weyand, N. D. Kashikar, M. Naruse, M. Krähling, A. Müller. U. B. Kaupp, T. Strünker, The CatSper channel: a polymodal chemosensor in human sperm, *The EMBO Journal* 2012, 31, 1654–1665.

312 F. W. Nietzsche, *Der Wille zur Macht in der Natur. 1. Die mechanistische Welt-Auslegung*. 627; http://gutenberg.spiegel.de/buch/der-wille-zur-macht-i-6029/25 (abgerufen am 20.10.2016).

313 N. Lane, *Oxygen. The Molecule that made the World*, Oxford University Press, 2002.

314 D. Glindemann, A. Dietrich, H.-J. Staerk, P. Kuschk, Die zwei Gerüche des Eisens bei Berührung und unter Säureeinwirkung – (Haut-)Carbonylverbindungen und Organophosphine, *Angewandte Chemie* 2006, 118, 7163–7166; The two odors of iron when touched or pickled: (Skin) carbonyl compounds and organophosphines, *Angewandte Chemie International Edition* 2006, 45, 7006–7009.

315 N. C. Igwemmar, S. A. Kolawole, I. A. Imran, Effect of heating on vitamin C content of some selected vegetables, *International Journal of Scientific & Technology Research* 2013, 2, 209–212.

316 L. Rensing, M. Koch, B. Rippe, V. Rippe, Oxidativer Stress der Zelle und seine Folgen für Altern und Krankheit, In: *Menschen im Stress. Psyche, Körper, Moleküle*, Spektrum Akademischer Verlag, 2006, S. 192–213.

317 Durch die Dehydrierung entsteht aus dem Aromaten ein konjugiertes Doppelbindungssystem, das ebenfalls stabil ist, womit die Energiebarriere für diese Reaktion beträchtlich abgesenkt wird.

318 Glutathion (GSH) regeneriert in den meisten Fällen das oxidierte Vitamin C (Dehydroascorbinsäure).

319 L. Pauling, *Das Vitamin-Programm. Topfit bis ins hohe Alter*, Goldmann Verlag, 2004.

320 J. W. Piesse, Nutritional factors in calcium-containing kidney stones with particular emphasis on vitamin C. *Internatio-*

nal Clinical Nutrition Review 1985, 5, 110–129; L. D. K. Thomas, C.-G. Elinder, H.-G. Tiselius, A. Wolk, A. Åkesson, Ascorbic Acid Supplements and Kidney Stone Incidence Among Men: A Prospective Study, *JAMA International Medicine* 2013, 173, 386–388.

321 W. F. Martin, S. Garg, V. Zimorski, Endosymbiotic theories for eukaryote origin, *Philosophical Transactions of the Royal Society of London B: Biological Sciences* 2015, 370, 217–230.

322 J. Nielsen, R. B. Hedeholm, J. Heinemeier, P. G. Bushnell, J. S. Christiansen, J. Olsen, C. B. Ramsey, R. W. Brill, M. Simon, K. F. Steffensen, J. F. Steffensen, Eye lens radiocarbon reveals centuries of longevity in the Greenland shark (*Somniosus microcephalus*), *Science* 2016, 353, 702–704.

323 S. Kühn, B. Ullrich, U. Kühn, *Deutschlands alte Bäume*, BLV Verlagsgesellschaft, München 2003.

324 M. Luy, Unnatural deaths among nuns and monks: the biological force behind male external cause mortality, *Journal of Biosocial Science* 2009, 41, 831–844.

325 N. Lane, *Der Funke des Lebens. Energie und Evolution*, Theiss, 2017, S. 270–318.

326 L. Fontana, The scientific basis of caloric restriction leading to longer life, *Current Opinion in Gastroenterology* 2009, 25, 144–150.

327 R. Pamplona, M. Portero-Otín, D. Riba, C. Ruiz, J. Prat, M. J. Bellmunt, G. Barja, Mitochondrial membrane peroxidizability index is inversely related to maximum life span in mammals, *Journal of Lipid Research* 1998, 39, 1989–1994.

328 A. Kokaze, M. Yoshida, M. Ishikawa, N. Matsunaga, R. Makita, M. Satoh, K. Sekiguchi, Y. Masuda, Y. Uchida, Y. Takashima, Longevity-associated mitochondrial DNA 5178 A/C polymorphism is associated with intraocular pressure in Japanese men, *Journal of Clinical & Experimental Ophthalmology* 2004, 32, 131–136.

329 W. Adam, Biologisches Licht, *Chemie in unserer Zeit* 1973, 7, 182–191; S. Schramm, D. Weiss, R. Beckert, Leuchten nach dem Vorbild der Natur, *Nachrichten aus der Chemie* 2017, 65, 132–134.

330 D. G. Haskell, *Das verborgene Leben des Waldes*, Kunstmann, 2015, S. 176–178.

331 D.-X. Tan, L. C. Manchester, X. Liu, S. A. Rosales-Corral, D. Acuna-Castroviejo, R. J. Reiter, Mitochondria and chloroplasts as the original sites of melatonin synthesis: a hypothesis related to melatonin's primary function and evolution in eukaryotes, *Journal of Pineal Research* 2013, 54, 127–138.

332 G. W. Burton, K. U. Ingold, beta-Carotene: an unusual type of lipid antioxidant, *Science* 1984, 224, 569-573; R. C. Mordi, J. C. Walton, G. W. Burton, K. U. Ingold, L. Hughes, D. A. Lindsay, Exploratory study of β-carotene autoxidation, *Tetrahedron Letters* 1991, 32, 4203–4206.

333 K. E. Carpenter, M. Abrar, G. Aeby, R. B. Aronson, S. Banks, A. Bruckner, A. Chiriboga, J. Cortés, J. C. Delbeek, L. DeVantier, G. J. Edgar, A. J. Edwards, D. Fenner, H. M. Guzmán, B. W. Hoeksema, G. Hodgson, O. Johan, W. Y. Licuanan, S. R. Livingstone, E. R. Lovell, J. A. Moore, D. O. Obura, D. Ochavillo, B. A. Polidoro, W. F. Precht, M. C. Quibilan, C. Reboton, Z. T. Richards, A. D. Rogers, J. Sanciangco, A. Sheppard, C. Sheppard, J. Smith, S. Stuart, E. Turak, J. E. N. Veron, C. Wallace, E. Weil, E. Wood, One-third of reef building corals face elevated extinction risk from climate change and local impacts, *Science* 2008, 321, 650–563.

334 K. Krupinska, Warum wird das Blattgrün im Herbst abgebaut?, *Biologie in unserer Zeit* 2006, 36, 278.

335 B. Schäfer, Ein neuer Wirkstoff gegen eine alte Krankheit. Artemisinin, *Chemie in Unserer Zeit* 2014, 48, 216–225.

336 B. Osterath, Im Tonnenmaßstab gegen Malaria, *Nachrichten aus der Chemie* 2014, 62, 125–127.

337 P. Vaupel, The Role of Hypoxia-Induced Factors in Tumor Progression, *The Oncologist* 2004, 9, 10–17.

338 S. Becker, B. Wolf, Aktive Implantate in der Tumortherapie, *Deutsche Zeitschrift für klinische Forschung* 2012, 16, 237–246.

339 J. W. Goethe, *Faust. Eine Tragödie. Erster und zweiter Teil*, dtv, 1997, Kapitel 6.

340 Vermutlich: G. C. Tobler, Fragment über die Natur im *Tiefurter Journal*, vgl. Schriften der Goethe-Gesellschaft VII, 393 ff.; zur Forschungsgeschichte in dieser Frage: Holger Dainat, *Goethes ,Natur' oder: ,Was ist ein Autor?'*, zitiert in: K. Kreimeier, G. Stanitzek (Hrsg.): *Paratexte in Literatur, Film, Fernsehen*, Akademie, Berlin 2004, S. 101–116.

341 http://irtel.uni-mannheim.de/lehre/seminararbeiten/w96/Farbe/seminar.htm (abgerufen am 20.10.2016).

342 E. Weber, *Der Fisch, der lieber eine Alge wäre*, C. H. Beck, München 2015, S. 133–134.

343 J. H. Reichholf, *Das Rätsel der grünen Rose*, oekom verlag, 2011, S. 51.

344 http://www.textlog.de/6804.html (abgerufen am 20.10.2016).

345 H. von Euler, P. Karrer, Zur Kenntnis hochkonzentrierter Vitamin A-Präparate, *Helvetica Chimica Acta* 1931, 14, 1040–1044.

346 http://www.apotheker.or.at/internet/oeak/NewsPresse.nsf/ca4d14672a08756bc125697d004f8 841/9df120040343704dc12572b4002a255c?OpenDocument (abgerufen am 20.10.2016).

347 J. Blount, Carotenoids and life history evolution in animals, *Archives of Biochemistry and Biophysics* 2004, 430, 10–15.

348 F. Helfenstein, S. Losdat, A. P. Møller, J. D. Blount, H. Richner, Sperm of males are better protected against oxidative stress, *Ecology Letters* 2010, 13, 213–222.

349 J. H. Reichholf, *Einhorn, Phönix, Drache. Woher unsere Fabeltiere kommen*, S. Fischer, 2012, S. 19–39.

350 J. B. Harborne, *Ökologische Biochemie*, Springer Spektrum, 1993, S. 45–62.

351 Die Reduktion von Indigo wird mit Natriumdithionit ($Na_2S_2O_4$) und Natronlauge durchgeführt.

352 Caesar, *De bello Gallico*. Liber V 14, 2. (Commentarii de bello Gallico); http://www.gottwein.de/Lat/caes/bg5001.php (abgerufen am 29.10.2016).

353 B. Weber, *Koordinationschemie. Grundlagen und aktuelle Trends*, Springer Spektrum, 2014; L. Gade, *Koordinationschemie*, Wiley-VCH, Weinheim 2010.

354 Das Enzym heißt NADH-Cytochrom *b*5-Reduktase.

355 K. A. Magnus, H. Ton-That, J. E. Carpenter, Recent Structural Work on the Oxygen Transport Protein Hemocyanin, *Chemical Reviews* 1994, 94, 727–735.

356 M. Oellermann, B. Lieb, H.-O. Pörtner, J. M. Semmens, F. C. Mark, Blue blood on ice: modulated blood oxygen transport facilitates cold compensation and eurythermy in an Antarctic octopod, *Frontiers in Zoology* 2015, 12:6 (DOI: 10.1186/s12983-015-0097-x).

357 http://www.lesekost.de/HHL217.htm (abgerufen am 13.07.2017).

358 R. V. Person, B. R. Peterson, D. A. Lightner, Bilirubin conformational analysis and circular dichroism, *Journal of the American Chemical Society* 1994, 116, 42–59.

359 V. P. Mane, Device for extracorporeal photo-isomerization for hyperbilirubinemia, and method thereof, US Patent 20130345614 A1.

360 O. Ohlenschläger, A. Schiller, F. Jahns, S. H. Heinemann, Bunte Aspekte: Häm und seine Abbauprodukte, *Nachrichten aus der Chemie* 2014, 119–124.

361 G. Greco, L. Panzella, L. Verotta, M. d'Ischia, A. Napolitano, Uncovering the Structure of Human Red Hair Pheomelanin: Benzothiazolylthiazinodihydroisoquinolines As Key Building Blocks, *Journal of Natural Products* 2011, 74, 675–682.

362 K. Adhikari, T. Fontanil, S. Cal, J. Mendoza-Revilla, M. Fuentes-Guajardo, J.-C. Chacón- Duque, F. Al-Saadi, J. A. Johansson, M. Quinto-Sanchez, V. Acuña-Alonzo, C. Jaramillo, W. Arias, R. Barquera Lozano, G. Macín Pérez, J. Gómez-Valdés, H. Villamil-Ramírez, T. Hunemeier, V. Ramallo, C. C. Silva de Cerqueira, M. Hurtado, V. Villegas, V. Granja, C. Gallo, G. Poletti, L. Schuler-Faccini, F. M. Salzano, M.-C. Bortolini, S. Canizales- Quinteros, F. Rothhammer, G. Bedoya, R. Gonzalez-José, D. Headon, C. López-Otín, D. J. Tobin, D. Balding, A. Ruiz-Linares, A genome-wide association scan in admixed Latin Americans identifies loci influencing facial and scalp hair features, *Nature Communications* 7:10815, DOI: 10.1038/ncomms10815.

363 M. Brenner, V. J. Hearing, The protective role of melanin against UV damage in human skin, *Photochemistry and Photobiology* 2008, 84, 539–549.

364 J. H. Reichholf, *Mein Leben für die Natur. Auf den Spuren von Evolution und Ökologie*, S. Fischer, 2015, S. 43.

365 N. G. Jablonski, G. Chaplin, The evolution of human skin coloration, *Journal of Human Evolution*, 2000, 39, 57–106.

366 Zitiert in: M. Sell, Negative Dialektik. Begriff und Kategorien II. Adornos Analyse des Gebrauchs von Begriffen; *Theodor W. Adorno: Negative Dialektik*, A. Honneth, C. Menke (Hrsg.), Akademie Verlag, Berlin 2006, S. 76.

367 https://de.wikiquote.org/wiki/Aristoteles (abgerufen am 24.03.2017).

368 Kombinationen aus Kohlenhydraten und Proteinen werden als Glycoproteine bezeichnet. Die kurze, oftmals bäumchenartig verzweigte Kohlenhydratkette an der Oberfläche enthält meist andere Zucker als D-Glucose wie zum Beispiel D-Galactose, D-Mannose, D-Xylose oder D-*N*-Acetylneuraminsäure, was gewährleistet, dass sie eindeutig erkannt wird. Auf der anderen Seite verhindert deren Seltenheit, dass diese Zucker schnell abgebaut und verstoffwechselt werden.

369 L. Coderch, O. López, A. de la Maza, J. L. Parra, Ceramides and skin function, *American Journal of Clinical Dermatology* 2003, 4, 107–129.

370 K. C. Madison, Barrier function of the skin: „la raison d'être" of the epidermis, *Journal of Investigate Dermatology* 2003, 121, 231–241.

371 K.-A. Nave, H. B. Werner, Myelination of the Nervous System: Mechanisms and Function, *Annual Review of Cell and Developement Biology* 2014, 30, 503–533.

372 J. Liu, J. L. Dupree, M. Gacias, R. Frawley, T. Sikder, P. Naik, P. Casaccia, Clemastine Enhances Myelination in the Prefrontal Cortex and Rescues Behavioral Changes in Socially Isolated Mice, *The Journal of Neuroscience* 2016, 36, 957–962.

373 T. Metzinger, *Der Ego-Tunnel. Eine neue Philosophie des Selbst: Von der Hirnforschung zur Bewusstseinsethik*, Berlin Verlag, Berlin 2009.

374 Der analytische Nachweis erfolgt bis in den femtomolaren Konzentrationsbereich per Hochdruckflüssigkeitschromatographie (HPLC).

375 J. S. Bach, *Schweigt stille, plaudert nicht* (BWV 211).

376 American Chemical Society, Battling Bitter Coffee: Chemists Identify Roasting As The Main Culprit, *ScienceDaily*, 22. August 2007.

377 Der gesamte biochemische Mechanismus wird als Pentosephosphatweg bezeichnet.

378 Die Phosphorsäure $O=P(OH)_3$ gehört zu den dreibasigen Säuren, das heißt, sie kann mit drei Äquivalenten Base zum Phosphat (PO_4^{3-}) reagieren. Die drei Protonen können auch durch drei organische Reste ersetzt werden, wobei Phosphorsäuretriester ($O=P(OR)_3$) entstehen. In den Nucleinsäuren werden nur die Protonen von zwei HO-Gruppen durch organische Reste (hier durch Ribose) ersetzt, wovon sich die Brückenfunktion des Phosphats in den Nucleinsäuren ableitet; die dritte HO-Gruppe wird durch Neutralisation mit dem basischen Rest eines Proteins in ein Salz verwandelt.

379 http://www.nobelprize.org/nobel_prizes/chemistry/laureates/1989/cech-lecture.pdf (abgerufen am 20.10.2016).

380 Durch die Imin-Enamin-Tautomerie in Nucleobasen kann es beispielsweise zur Umkehrung der Bindungsverhältnisse in den Wasserstoffbrücken zwischen den Basenpaaren kommen. Aus Wasserstoffakzeptoren werden -donatoren und umgekehrt. Dieser Prozess ist beispielsweise mit einer Dearomatisierung des Pyrimidinringes in Adenin verbunden. Er tritt relativ selten auf, könnte aber eine Ursache für die zwar geringe, aber doch vorkommende Mutationsanfälligkeit der

Polynucleinsäuren sein. (J. Al-Khalili, J. McFadden, *Der Quantenbeat des Lebens. Wie Quantenbiologie die Welt neu erklärt*, Ullstein, 2015).

381 https://web.archive.org/web/20071206032808/http://www.geocities.com/CapeCanaveral/Lab/2948/orgel.html (abgerufen am 20.10.2016); L. Orgel, *The Origins of Life on the Earth*, Chapman & Hall, London 1973.

382 A. Comte, *Système de politique positive*, Hachette Livre BnF, 2013.

383 C. G. Sibley, J. E. Ahlquist, Phylogeny and Classification of Birds Based on the Data of DNA-DNA Hybridization, in: *Current Ornithology*, R. Johnston (Hrsg.) Volume 1, Springer, Boston 1983, Chapter 9, 245–292.

384 C. G. Sibley, J. E. Ahlquist, The Phylogeny of the Hominoid Primates, as Indicated by DNA-DNA Hybridization, *Journal of Molecular Evolution* 1984, 20, 2–15; A. Caccone, J. Powell, DNA divergence among hominoids, *Evolution (Lawrence, KS)* 1990, 43, 925–942; R. J. Britten, Divergence between samples chimpanzee and human DNA squences is 5 %, counting indels, *Proceedings of the National Academy of Sciences* 2002, 99, 13633–13635.

385 Diese Reaktion wird als [2+2]-Cycloaddition bezeichnet. Sie gehört zu den photochemisch erlaubten elektrocyclischen Reaktionen und kann mit den Woodward-Hoffmann-Regeln beschrieben werden.

386 W. J. Schreier, T. E. Schrader, F. O. Koller, P. Gilch, C. E. Crespo-Hernández, V. Swaminathan, T. Carell, W. Zinth, B. Kohler, Thymine Dimerization in DNA is an Ultrafast Photoreaction, *Science* 2007, 315, 625–629.

387 J. D. Dunitz, V. Schomaker, K. N. Trueblood, Interpretation of atomic displacement parameters from diffraction studies of crystals, *The Journal of Physical Chemistry* 1988, 92, 856–867. Mittlerweile gilt dieser Satz durch zahllose Untersuchungsergebnisse als widerlegt, insbesondere aus dem Gebiet der Chemie von Mehrphasenreaktionen: siehe auch K. Molčanov, V. Stilinović, Die chemische Kristallographie vor der Röntgenbeugung, A*ngewandte Chemie* 2014, 126, 650–665; Chemical Crystallography before X-ray Diffraction, *Angewandte Chemie International Edition* 2014, 53, 638–652.

388 E. Schrödinger, W*as ist Leben? – Die lebende Zellen mit den Augen des Physikers betrachtet*, Piper, 1987, S. 110.

389 F. J. R. Taylor, D. Coates, The code within the codons, *Bio Systems* 1989, 22, 177–187.

390 Dem Zipfschen Gesetz liegt ein Potenzgesetz zugrunde, das von der Pareto-Verteilung mathematisch beschrieben wird.

391 S. Kean, *Doppelhelix hält besser*, Hoffmann und Campe, 2013, S. 88–92.

392 B. Kegel, *Epigenetik. Wie Erfahrungen vererbt werden*, Dumont, Köln 2009.

393 Originalzitat: „Man sieht nur, was man weiß." J. W. von Goethe, Brief an Friedrich von Müller, 24. April 1819.

394 http://www.spiegel.de/spiegel/a-703085-2.html (abgerufen am 29.01.2016).

395 Im Jahr 2014 wurde von einer finnischen Arbeitsgruppe der regulierende Einfluss des Citronensäurecyclus auf das Methylierungsmuster der Histone aufgedeckt (A. Salminen, A. Kauppinen, M. Hiltunen, K. Kaarniranta, Krebs cycle intermediates regulate DNA and histone methylation: epigenetic impact on the aging process, *Ageing Research Review* 2014, 16, 45–65.). Damit wurde eine weitere Abhängigkeit zwischen dem chemischen Aufbau von Genen und dem Citronensäurecyclus gefunden.

396 S. J. Freeland, L. D. Hurst, The genetic code is one in a million, *Journal of Molecular Evolution* 1998, 47, 238–248.

397 A. E. Pozhitkov, R. Neme, T. Domazet-Lošo, B. G. Leroux, S. Soni, D. Tautz, P. A. Noble, Tracing the dynamics of gene transcripts after organismal death, *OPEN BIOLOGY rsob.royalsocietypublishing.org*, February 20, 2017, doi.org/10.1098/rsob.160267.

398 K. Mölling, *Supermacht des Lebens – Reisen in die erstaunliche Welt der Viren,* C. H. Beck, München 2015.

399 Retroviren (Abkürzung für Reverse Transkriptase Onkoviren) bilden eine große Familie von Viren mit einer einsträngigen RNA. Die RNA der Retroviren wird zunächst mittels reverser Transkription in die DNA eines Wirtes umgeschrieben. Anschließend wird sie dort eingebaut und entwickelt ihre Aktivitäten zur Proteinsynthese.

400 H. K. Biesalski, *Mikronährstoffe als Motor der Evolution*, Springer Spektrum, Heidelberg 2015, S. 34.

401 R. D. Precht, *Wer bin ich und wenn ja, wie viele? Eine philosophische Reise*, Goldmann Verlag, 2012.

402 A. Kruse, *Der heimliche Dirigent. Wie das Immunsystem Partnerwahl und Schwangerschaft beeinflusst*, Springer Spektrum, 2013, S. 42

403 M. A. Blasco, Telomeres and human disease: ageing, cancer and beyond, *Nature Reviews Genetics* 2005, 6. 611–622.

404 J. Cairns, J. Overbaugh, S. Miller, The origin of mutants, *Nature* 1988, 335, 142–145.

405 K. E. Langergraber, K. Prüfer, C. Rowney, C. Boesch, C. Crockford, K. Fawcett, E. Inoue, M. Inoue-Muruyama, J. C. Mitani, M. N. Muller, M. M. Robbins, G. Schubert, T. S. Stoinski, B. Viola, D. Watts, R. M. Wittig, R. W. Wrangham, K. Zuberbühler, S. Pääbo, L. Vigilant, Generation times in wild chimpanzees and gorillas suggest earlier divergence times in great ape and human evolution. *Proceedings of the National Academy of Sciences of the United States of America* 2012, 109, 15716–15721.

406 A. Schopenhauer, Vorrede zur Neuauflage von *Über den Willen in der Natur*, Dietz, Berlin 1991, zitiert in: A. Schopenhauer, *Die Kunst zu beleidigen*, F. Volpi (Hrsg.), C. H. Beck, 2003.

407 C. Antweiler, C. Lammers, N. Thies (Hrsg.), *Die unerschöpfte Theorie. Evolution und Kreationismus in Wissenschaft und Gesellschaft*, Alibri Verlag, Aschaffenburg 2008.

408 http://de.richarddawkins.net/articles/uhrmacher-analogie (abgerufen am 20.10.2016).

409 K. Marx, Deutsch-Französische Jahrbücher, Paris 1844, in: *Karl Marx/Friedrich Engels – Werke*, Dietz Verlag, Band 1, Berlin/DDR 1976, S. 381.

410 N. Bischof, *Psychologie. Ein Grundkurs für Anspruchsvolle*, Kohlhammer, 2009, S. 37.

411 H. Rosa, *Resonanz. Eine Soziologie der Weltbeziehung*, Suhrkamp Verlag, 2016.

412 D. Hammer-Tugenhat, *Das Sichtbare und das Unsichtbare. Zur holländischen Malerei des 17. Jahrhunderts*, Böhlau, Köln 2009, S. 193.

413 Tatsächlich erhöht der Katalysator die Reaktionsgeschwindigkeit durch die Senkung der Aktivierungsenergie.

414 In der Enzymkinetik wird diese Situation als Fließgleichgewicht (engl. *steady state)* bezeichnet, wobei selbst schwankende Substratkonzentrationen durch das Enzym ausgeglichen werden können und die Konzentration des Enzym-Substrat-Komplexes über einen bestimmten Zeitraum annähernd konstant bleibt.

415 Derartige Folgereaktionen sind typisch für chemische Transformationen, an denen Enzyme beteiligt sind. Sie können mit der Michalis-Menten-Theorie quantitativ beschrieben werden. Je mehr Einzelreaktionen beteiligt sind, die miteinander in Beziehung stehen, desto größer wird die Anzahl der voneinander abhängigen Konzentrationen. Insbesondere bei vollständigen Stoffwechselprozessen wird ein Multiparameterraum aufgespannt, der nur noch mit einem sehr großen Rechenaufwand, wenn überhaupt, dargestellt werden kann.

416 M. Heidegger, *Sein und Zeit*, Tübingen 1984, § 39, S. 241.

417 Zitiert in J. Briggs, F. D. Peat, *Die Entdeckung des Chaos*, Dtv, 2000, S. 30 oder auch 38.

418 A. J. Howat, M. J. Bennett, S. Variend, L. Shaw, P. C. Engel, Defects of metabolism of fatty acids in the sudden infant death syndrome, *British Medical Journal* 1985, 290, 1771– 1773.

419 C. Borck, Die Weisheit der Homöostase und die Freiheit des Körpers. Walter B.-Cannons integrierte Theorie des Organismus, in: *Zeithistorische Forschungen/Studies in Contemporary History*, Online-Ausgabe, 2014, 11, Heft 3, http://www.zeithistorische-forschungen.de/3- 2014/id=5150, Druckausgabe: S. 472–477.

420 H. R. Maturana, F. J. Varela, *Der Baum der Erkenntnis. Die biologischen Wurzeln des Erkennens*, Goldmann, München 1987.

421 I. Prigogine, *Time, Structure and Fluctuations*, Nobel Lecture, 8. Dezember 1977; https://www.nobelprize.org/nobel_prizes/chemistry/laureates/1977/prigogine-lecture.pdf (abgerufen am 02.11.2016).

422 E. Bodenschatz, W. Pesch, G. Ahlers, Recent developments in Rayleigh-Bénard convection, *Annual Review of Fluid Mechanics* 2000, 32, 709–778.

423 I. Kant, Kritik der Urteilskraft, § 66 Vom Prinzip der Beurteilung der innern Zweckmäßigkeit in organisierten Wesen, 1790; http://gutenberg.spiegel.de/buch/kritik-der- urteilskraft-3507/76 (abgerufen am 20.10.2016).

424 *DIE ZEIT* vom 25.02.2016.

425 P. Sloterdijk, *Was geschah im 20. Jahrhundert? Unterwegs zu einer Kritik der extremistischen Vernunft*, Suhrkamp Verlag, 2016, S. 32.

426 P. T. de Chardin, *Mein Universum*, S. 212 f. (zitiert als: https://de.wikipedia.org/wiki/Pierre_Teilhard_de_Chardin#cite_note-37).

427 N. Luhmann, *Soziale Systeme. Grundriß einer allgemeinen Theorie*, Suhrkamp Verlag, Frankfurt am Main 1987.

428 N. Elias, *Über den Prozess der Zivilisation. Soziogenetische und psychogenetische Untersuchungen,* zitiert in: A. Treibel, *Die Soziologie von Norbert Elias. Eine Einführung in ihre Geschichte, Systematik und Perspektiven*, Springer, 2008, S. 16.

429 S. Mitchell, *Komplexitäten. Warum wir erst anfangen, die Welt zu verstehen*, edition unseld, Suhrkamp, 2008.

430 *Die dritte Defension wegen des Schreibens der neuen Rezepte*, in: *Septem Defensiones 1538*, Werke Band 2, Darmstadt 1965, S. 510.

431 S. Freud, *Das Unbehagen in der Kultur. Und andere kulturheoretische Schriften*, Fischer Taschenbuch Verlag, Frankfurt am Main 2009, S. 57

432 Vgl. z. B.: H. Fischer, *Stoff-Wechsel. Auf dem Weg zu einer solaren Chemie für das 21. Jahrhundert*, Verlag Antje Kunstmann, 2012.

433 P. Sloterdijk, *Was geschah im 20. Jahrhundert? Unterwegs zu einer Kritik der extremistischen Vernunft*, Suhrkamp Verlag, 2016, S. 126.

434 A. Heintz, *Chemie und Umwelt. Ein Studienbuch für Chemiker, Physiker, Biologen und Geologen*, Springer, Wiesbaden 1991.

435 P. J. Crutzen, Geology of mankind, *Nature* 2002, 415, 23.

436 F. Scholz, U. Hasse, Permanent Wood Sequestration: The Solution to the Global Carbon Dioxide Problem, *ChemSusChem* 2008, 1, 381–384.

437 C. de Duve, The Beginning of Life on Earth, *American Scientist* 1995, 83, 428–437.

438 Das bekannteste Beispiel ist Coenzym A (CoA), das als Acylgruppenüberträger eine zentrale Rolle in vielen biochemischen Mechanismen spielt. Thiolester sind leichter spaltbar als Ester auf der Basis des Sauerstoffs. Aufgrund dieser Eigenschaft sind sie wesentlich besser an schnelle Stoffwechselreaktionen adaptiert.

439 A. Schäfer, *Die Kraft der schöpferischen Zerstörung. Joseph A. Schumpeter. Die Biografie*, Campus, 2008.

440 *DIE ZEIT* vom 17.12.2015.

441 H. Ishiguro, M. Osaka, T. Fujikado, M. Asada (Hrsg.), *Cognitive Neuroscience Robotics A. Synthetic Approaches to Human Understanding*, Springer 2016.

Bildnachweis

Höhlenmalerei in Valtorta (Spanien) (ca. 11000 Jahre v. Chr.)
Bildquelle: angelehnt an: https://upload.wikimedia.org/wikipedia/de/3/32/Valtorta_cave_painting.jpg (abgerufen am 20.10.2016).

Relief mit ptolemäischem Hieroglyphentext am Tempel von Kom Ombo (Oberägypten) (ca. 304 bis 31 v. Chr.)
Ausschnitt; Bildquelle: Tempel von Kom Ombo: Relief des Krokodilgottes Sobek, H. Storch; https://de.wikipedia.org/wiki/Datei:Kom_Ombo,_Sobek_0319.JPG.

Bisonjagd, Grotte von Chauvet (Frankreich) (17 000 v. Chr.)
Überarbeitet; Bildquelle: Thomas T., Etologic horse study, Chauvet´s cave, https://www.flickr.com/photos/56838581@N08/5602930382; Lizens: https://creativecommons.org/licenses/by-sa/2.0/.

„*Perspektivische Ansicht der Piazza della Signoria*",
Filippo Brunelleschi (Anfang 15. Jahrhundert) (Rekonstruktion nach Carlo Ragghianti)
Adaptiert nach: A. Markschies, Brunelleschi, C. H. Beck, München 2011.

„*Die Hochzeit zu Kana*" (Ausschnitt),
Paolo Veronese (1563), Louvre, Paris
Ausschnitt; Bildquelle: https://de.wikipedia.org/wiki/Datei:Paolo_Veronese_008.jpg (abgerufen am 20.10.2016).

„*Die Erschaffung Adams*", Michelangelo Buonarroti (1508–1512),
Sixtinische Kapelle, Vatikan
Bildquelle: https://de.wikipedia.org/wiki/Datei:Creaci%C3%B3n_de_Ad%C3%A1m.jpg (abgerufen am 20.10.2016).

„*Tannhäuse*r", Richard Wagner, Szenenfoto © Bayreuth 2011,
Inszenierung: Sebastian Baumgarten; Foto © Enrico Nawrath

„Vitruvianischer Mensch" Leonarda da Vinci, ca. 1490;
Überarbeitet: Bildquelle: https://de.wikipedia.org/wiki/Vitruvianischer_Mensch (abgerufen am 22.01.2019)

Sphinx: Bildquelle: http://www.urlaubplanen.org/fotos/afrika/aegypten/sehenswuerdigkeiten/sphinx-von-gizeh.jpg (abgerufen am 25.07.2017).

„*Tognina*", Lavinia Fontana (1552–1614),
Uffizien, Florenz
Bildquelle: https://de.wikipedia.org/wiki/Datei:Tognina.jpg (abgerufen am 20.10.2016).

Faltentintling: Bildquelle: Abbildung adaptiert nach: A. Schmalfuß, Faltentintlinge (Coprinopsis atramentaria), https://de.wikipedia.org/wiki/Datei:Faltentintling-1.jpg (abgerufen am 12.10.2017).

„*Le Rêve*" (Die Hängematte),
Gustave Courbet (1844), Museum Oskar Reinhart, Zürich
Bildquelle: https://de.wikipedia.org/wiki/Datei:Die_Hängematte.jpg (abgerufen am 20.10.2016).

„*Cleopatra*" (recte: *Hygieia*), Peter Paul Rubens (ca. 1615),
National Gallery Prag
Bildquelle: https://upload.wikimedia.org/wikipedia/commons/thumb/b/b9/Peter_Paul_
Rubens_-_Hygeia.jpg/416px-Peter_Paul_Rubens_-_Hygeia.jpg (abgerufen am 20.10.2016).

„*Le Bain turc*", Jean-Auguste-Dominique Ingres (1863),
 Louvre, Paris
Überarbeitet, Bildquelle:
https://de.wikipedia.org/wiki/Datei:Le_Bain_Turc,_by_Jean_Auguste_Dominique_Ingres,
_from_C2RMF_retouched.jpg (abgerufen am 20.10.2016).

Through the Looking Glass and What Alice Found There,
Lewis Carroll (1871), Abbildungen von John Tenniel
Überarbeitet; https://de.wikipedia.org/wiki/Datei:Aliceroom.jpg

„*Primavera*", Sandro Botticelli (ca. 1482),
Uffizien, Florenz
https://de.wikipedia.org/wiki/Datei:Botticelli-primavera.jpg (abgerufen am 02.11.2016).

Wirkung von Progesteron auf den CatSper-Kanal
Adaptiert von: https://www.mpg.de/1224243/sexualhormon_steuert_spermien (abgerufen am 20.10.2016).

„*La maison blanche*" (Das weiße Haus bei Nacht)
Vincent van Gogh (1890) (Öl), Eremitage, Sankt Petersburg
https://de.wikipedia.org/wiki/Datei:Whitehousenight.jpg (abgerufen am 20.10.2016).

„*De Boerenbruiloft*" (Die Bauernhochzeit) (Ausschnitt)
Pieter Bruegel der Ältere (um 1568), Kunsthistorisches Museum, Wien
Ausschnitt; Bildquelle: https://de.wikipedia.org/wiki/Datei:Pieter_Bruegel_the_Elder_-
_Peasant_Wedding_-_Google_Art_Project.jpg (abgerufen am 20.10.2016).

„*Dornenkrönung Christi*", Caravaggio (um 1602/1604),
Kunsthistorisches Museum, Wien
Bildquelle: https://de.wikipedia.org/wiki/Datei:Michelangelo_Caravaggio_072.jpg (abgerufen am 20.10.2016).

Hämatom, Foto: O. Zeidler (2018).

„*Watson and Crick with their DNA model*"
Science Photo Library/A. Barrington Brown/Gonville And Caius College
© Science Photo Library

„*Le nozze di Figaro*", Wolfgang Amadeus Mozart,
Szenenfoto © Teatro Barocco 2016,
Inszenierung, Bühne und Kostüme: Bernd R. Bienert; Foto © Barbara Palffy

„*Frau mit Waage*" (Die Perlenwägerin), Jan Vermeer (1662–1664), National Gallery of Art, Washington DC
Bildquelle: https://de.wikipedia.org/wiki/Datei:Woman-with-a-balance-by-Vermeer.jpg
(abgerufen am 20.10.2016).

Dissipative Strukturen auf der Sonne,
aufgenommen vom NASA Solar Dynamic Observatory 2016
Bildquelle: https://sdo.gsfc.nasa.gov/assets/img/latest/latest_2048_0171.jpg (abgerufen am 20.10.2016).

Biokonvektion von *Euglena gracilis*, regelmäßiges Dreiecksmuster nach einigen Stunden
in Ruhe und Dunkelheit; Schichtdicke 6 mm
Überarbeitet; Bildquelle: https://upload.wikimedia.org/wikipedia/commons/0/01/Bioconvection
_Euglena_Triangles_black_and_white.jpg (abgerufen am 20.10.2016).

Namensregister

Stichwortregister